“案例版”生物工程系列教材

发酵工程

许赣荣　胡鹏刚　主编

科学出版社
北京

内 容 简 介

本书突出典型案例与理论教学相结合的特色，理念创新，实用性强。全书以发酵工程学科的“中游”工程技术为主线，内容涵盖发酵生产原料及预处理、微生物育种及细胞培养、微生物发酵动力学、发酵过程的管理及监控、好氧发酵技术、厌氧发酵技术、发酵过程的优化、发酵和分离的耦合技术及发酵工程节能减排。在重点介绍液态发酵技术的同时，也相应增加了固态发酵技术的内容。

本书适合高等院校生物工程专业（或发酵工程专业、生物化工专业）的本科生使用，也适合从事发酵工程的技术人员参考。

图书在版编目(CIP)数据

发酵工程/许赣荣，胡鹏刚主编. —北京：科学出版社，2013
“案例版”生物工程系列教材
ISBN 978-7-03-036737-2

Ⅰ.①发…　Ⅱ.①许…②胡…　Ⅲ.①发酵工程-高等学校-教材
Ⅳ.①TQ92

中国版本图书馆 CIP 数据核字(2013)第 033925 号

责任编辑：王玉时 / 责任校对：郑金红
责任印制：张　伟 / 封面设计：迷底书装

科学出版社出版
北京东黄城根北街 16 号
邮政编码：100717
http://www.sciencep.com
北京凌奇印刷有限责任公司 印刷
科学出版社发行　各地新华书店经销
*
2013 年 3 月第　一　版　开本：787×1092　1/16
2023 年 8 月第九次印刷　印张：20
字数：509 000

定价：79.00 元

（如有印装质量问题，我社负责调换）

《发酵工程》编委会名单

前　言

自改革开放以来，中国的发酵工业逐渐成为世界同行业中生产规模最大、发酵产品最齐全、部分产品生产水平最高的行业。同时，全国各高等院校中开设的生物工程专业、发酵工程专业也如雨后春笋般涌现。这两个基本事实导致对“发酵工程”（或“发酵工程原理与技术”）这一专业课程教材的需求量猛增。

“发酵工程”这一课程在生物工程专业（或发酵工程专业）课程体系中，应是一座联系生物化学、微生物学、化学工程等专业理论课程与工程实践、产品工艺学课程的桥梁。在高等教育大众化的社会背景下，在各高校专业课程数增加但课时数缩减的情况下，教材内容必须精简并且不断推陈出新。科学出版社提出了“案例版”生物工程系列规划教材的编写设想，这正符合新形势下对教材的要求。应当说，发酵行业在国民经济中分布很广，发酵产品种类繁多，有关的案例比比皆是，但如何将理论知识和案例有机结合，使理论知识成为案例的指导，并使案例成为学生深入理解理论知识的工具，这需要深思熟虑、精心编写。

本书由江南大学许赣荣及贵州大学胡鹏刚主编。全书共分为十章，编写的具体分工为：江南大学许赣荣编写第一章，并参与了第二至四章、第六章部分内容的编写；贵州大学胡鹏刚编写第五章、第十章，并参与了第四章、第七章部分内容的编写；重庆大学王中康主要负责第三章的编写，并参与了第二章部分内容的编写；江南大学刘龙和张薄博分别编写了第八章和第九章；华南理工大学周世水参与了第四章、第七章部分内容的编写；河北科技大学李艳参与了第二章部分内容的编写；西南科技大学张建国参与了第六章部分内容的编写。各章节以发酵工程原理和技术为主线，穿插了典型案例，并加以剖析。本书的编写得到科学出版社、江南大学、重庆大学有关领导及专家的支持，在此特表感谢。

为了在本书中体现“案例”这一特色，各章节编者尽心尽力，但发酵工程在最近几十年来发展极快，由于我们的理论水平和实践经验欠缺，尤其是到发酵工厂第一线搜集的资料有限，书中难免有不足之处。在案例这一特色方面，我们虽然做了一些尝试，但深知做得还很不够，不足之处敬请读者批评指正。

编　者

2012 年 12 月 8 日

目　录

前言
第一章　绪论 …… 1
第一节　工业发酵的类别 …… 1
一、发酵工程及生物工程定义 …… 1
二、发酵方法分类 …… 3
三、通风类液态发酵和固态发酵的比较 …… 5
第二节　发酵产品及其发酵方法 …… 7
第三节　发酵工厂与生产基本流程 …… 9
一、发酵工厂的组成 …… 9
二、发酵工厂的生产流程 …… 11
三、发酵过程的主要单元操作 …… 12
第四节　生物反应器概览 …… 17
一、液态发酵生物反应器 …… 18
二、固态发酵生物反应器 …… 19
第五节　发酵工程的历史沿革与进展 …… 22
一、国内外发酵工业简史及现状 …… 22
二、发酵工业的展望 …… 23
本章小结 …… 24
思考题 …… 24
主要参考文献 …… 24
第二章　生产原料及预处理 …… 25
第一节　微生物的营养需求及原料 …… 25
一、微生物的营养需求 …… 25
二、微生物的营养要素及其功能 …… 25
三、发酵培养基的主要原料 …… 28
四、原料的预处理方法 …… 30
五、淀粉质原料液化、糖化原理及技术 …… 31
第二节　培养基配制原理 …… 33
一、微生物营养类型 …… 33
二、微生物培养基类型 …… 33
三、选用和设计培养基的原则和方法 …… 36
第三节　发酵培养基灭菌原理及技术 …… 37

一、培养基灭菌的要求 …… 37
二、无蒸煮技术 …… 45
三、原料蒸煮技术 …… 46
四、液态培养基的高温高压灭菌（间歇灭菌和连续灭菌） …… 51
五、热敏性原料的灭菌方法 …… 54
第四节 空气净化及无菌空气制备技术 …… 54
一、空气净化的意义及应用 …… 54
二、空气过滤除菌原理 …… 56
三、通风类发酵工厂无菌空气制备系统 …… 58
四、洁净厂房的空气净化系统 …… 63
本章小结 …… 65
思考题 …… 65
主要参考文献 …… 66
第三章 微生物育种及细胞培养 …… 67
第一节 微生物的分离、培养及检测 …… 67
一、微生物的接种、分离与纯化 …… 67
二、生物量检测方法 …… 68
三、微生物菌种保藏法 …… 71
第二节 微生物育种技术 …… 73
一、诱变育种 …… 73
二、杂交育种与原生质体融合育种 …… 76
三、基因工程育种 …… 76
第三节 微生物扩大培养技术 …… 77
一、影响微生物生长的因素 …… 77
二、种子扩大培养的基本过程和方法 …… 78
三、液态种子的扩大培养技术 …… 79
四、固态种子的扩大培养技术 …… 80
五、真菌孢子的扩大培养技术 …… 83
第四节 微生物生态学与混菌发酵 …… 85
一、微生物生态学 …… 85
二、混菌发酵 …… 91
第五节 动物、植物细胞培养 …… 93
一、动物细胞培养 …… 93
二、植物细胞培养 …… 102
三、微生物细胞和动物、植物细胞培养的区别 …… 106
本章小结 …… 108
思考题 …… 108

主要参考文献…… 108
第四章　微生物发酵动力学…… 109
第一节　物料平衡…… 109
一、得率系数和比速率…… 109
二、物料平衡的计算…… 111
三、物料平衡计算案例…… 118
第二节　热量平衡…… 121
一、发酵过程的热量计算…… 121
二、热量平衡计算案例…… 124
第三节　微生物发酵反应动力学…… 127
一、概述…… 127
二、分批发酵法…… 128
三、连续发酵法…… 134
四、补料分批发酵…… 139
本章小结…… 144
思考题…… 144
主要参考文献…… 144
第五章　发酵过程的管理及监控…… 145
第一节　发酵过程的监测及控制…… 145
一、发酵工厂常规检测及控制项目…… 145
二、液态发酵检测与控制…… 147
三、固态发酵检测与控制…… 152
四、生物传感器的在线检测…… 154
第二节　发酵过程杂菌污染防止和控制技术…… 160
一、发酵染菌及其原因分析…… 160
二、染菌的检查和判断…… 161
第三节　消泡及消泡方法的选择…… 162
一、泡沫的形成及其对发酵的影响…… 162
二、泡沫的控制方法…… 162
第四节　发酵的自动控制…… 164
一、发酵自动控制原理…… 165
二、发酵自动控制系统的硬件结构…… 167
第五节　发酵过程的监测及控制典型案例…… 170
一、氨基酸发酵防止噬菌体污染技术…… 170
二、纯生啤酒生产过程的防止污染控制技术…… 173
三、啤酒生产自动控制系统…… 175
本章小结…… 181

思考题…… 181
主要参考文献…… 182
第六章　好氧发酵技术…… 183
第一节　微生物的需氧及溶氧…… 183
一、溶解氧基本概念…… 183
二、微生物耗氧…… 184
第二节　发酵过程的氧传递…… 185
一、氧的传递途径与传质阻力…… 185
二、气液相间氧传递的双膜理论…… 186
第三节　影响供氧的因素及改善供氧条件的措施…… 188
一、影响推动力（$c^* - c_L$）的因素…… 188
二、影响液膜传递系数 K_L 的因素…… 189
三、影响气液比表面积 α 的因素…… 189
四、影响体积溶氧传递系数 $K_L\alpha$ 的因素…… 189
五、改善供氧条件的措施…… 192
第四节　溶解氧的测定…… 194
一、溶解氧的表示方法及测定方法…… 194
二、菌体耗氧速率 r 及体积溶氧传递系数 $K_L\alpha$ 的测定…… 197
第五节　固态发酵通风与搅拌技术…… 198
一、固态发酵的通风…… 198
二、固态发酵的搅拌（翻料）…… 202
三、固态发酵通风与搅拌的类型…… 204
第六节　好氧发酵技术的典型案例…… 210
一、高密度液态发酵的溶氧控制及流加技术…… 210
二、氧气消耗量与微生物菌体生长的定量关系…… 212
本章小结…… 212
思考题…… 213
主要参考文献…… 213
第七章　厌氧发酵技术…… 214
第一节　厌氧发酵技术概述…… 214
一、厌氧发酵技术基本理论…… 214
二、厌氧发酵的主要应用领域…… 216
三、厌氧发酵反应器…… 217
第二节　液态厌氧发酵…… 219
一、液态厌氧发酵的主要应用领域…… 219
二、燃料乙醇发酵…… 219
第三节　固态厌氧发酵…… 222

一、固态（法）厌氧发酵的主要应用领域 …… 222
第四节 半固态厌氧发酵 …… 226
一、沼气发酵综述 …… 226
二、沼气发酵的影响因素 …… 229
三、提高出气率的措施与应用 …… 231
本章小结 …… 232
思考题 …… 232
主要参考文献 …… 232
第八章 发酵过程的优化 …… 233
第一节 发酵过程优化概述 …… 233
一、发酵过程的特征 …… 233
二、发酵过程优化的研究内容 …… 234
三、用于发酵过程控制和优化的各类数学模型 …… 236
四、基于过程动力学模型的发酵过程优化 …… 238
第二节 神经网络 …… 242
一、神经网络发展史 …… 242
二、神经细胞和神经网络结构模型 …… 243
三、神经网络的互连模式 …… 245
四、神经网络的特性及实现 …… 246
五、人工神经网络的误差逆向传播学习算法简介 …… 247
六、人工神经网络在发酵过程中的应用 …… 248
第三节 细胞代谢流分布 …… 252
一、代谢通量分析的基本理论 …… 253
二、代谢通量分析的案例分析 …… 255
三、代谢通量的测定方法 …… 262
四、基于代谢流量分析的 L-谷氨酸发酵过程优化 …… 263
本章小结 …… 266
思考题 …… 266
主要参考文献 …… 267
第九章 发酵和分离的耦合技术 …… 268
第一节 发酵和分离的耦合技术概述 …… 268
一、生物反应-分离耦合过程的定义及其特征 …… 268
二、生物反应-分离耦合过程的种类及分离技术的选择依据 …… 268
三、生物反应-分离耦合过程的研究现状 …… 269
四、生物反应-分离耦合过程的发展趋势 …… 270
第二节 透析培养 …… 270
一、透析培养的研究历史 …… 270

二、透析培养的原理和技术 …… 271
三、透析培养的应用案例 …… 273
第三节 膜分离和培养耦合 …… 275
一、引言 …… 275
二、基本概念和原理 …… 276
三、膜分离和发酵耦合的应用案例 …… 278
第四节 发酵与蒸馏耦合 …… 283
一、基本概念和原理 …… 283
二、发酵与蒸馏耦合的应用案例 …… 286
第五节 萃取发酵 …… 289
一、基本概念和原理 …… 289
二、超临界流体萃取发酵的应用案例 …… 292
第六节 吸附培养 …… 295
一、原理 …… 295
二、吸附培养的案例及分析 …… 299
本章小结 …… 302
思考题 …… 302
主要参考文献 …… 302
第十章 发酵工程节能减排 …… 304
第一节 发酵工程节能减排的技术措施 …… 304
一、概述 …… 304
二、节能措施 …… 305
三、减排措施 …… 306
第二节 啤酒厂生产用水及热量回收案例 …… 307
一、啤酒厂生产用水及回收 …… 307
二、热能的节约与回收 …… 308
本章小结 …… 310
思考题 …… 310
主要参考文献 …… 310

第一章 绪 论

第一节 工业发酵的类别

一、发酵工程及生物工程定义

1. 发酵工程的定义与特点

（1）发酵工程的定义　在中国古代，“酵”的本义是酿酒用的酒曲或酒母；发酵，是指酒醅在酒曲或酒母中微生物的无氧呼吸作用下，降解糖产生二氧化碳，气泡上涌的现象。

生物化学领域的发酵是指生物的一种产能代谢类型，这一代谢过程包括以有机化合物为电子给体和电子受体的一系列氧化还原反应，同时发生各种物质的转化。发酵可理解为“微生物细胞为获取生长和生存所需能量而进行的氧化还原反应”。

千百年来，发酵的应用领域不断扩大，发酵产品种类日益增多，发酵的含义不断延伸，日趋丰富。微生物发酵是指微生物在一定的条件下，经特定的代谢途径，将物质转化为代谢产物及菌体的过程。广义上，发酵这一概念及技术也应用到植物细胞和动物细胞的培养及代谢产物的生产过程。

发酵工程（fermentation engineering），又称微生物工程，是通过大规模工业化生产的方法，人为控制各项条件，利用微生物的生长和代谢活动来获取人们所需的物质，或者为人类提供服务的技术过程。因此，发酵工程是生物学和化学工程相互交叉的学科。

发酵工程，本应包括利用微生物发酵生产产品的全过程，包括“上游”、“中游”、“下游”3个阶段。“上游”工程是指微生物菌种的筛选、鉴定、保藏和育种；“中游”工程涵盖从生产原料到发酵结束这一阶段，包括生产原料的预处理（含无菌空气的制备和水的预处理），菌种的扩大培养和大规模培养，发酵方法及发酵过程控制等；“下游”工程是指发酵产品的分离纯化，得到最终成品，还包括发酵副产品的综合利用。为避免与本系列丛书其他教材内容重复，本书的内容定在发酵“中游”工程这一范围内。

（2）发酵法的特点　以谷物类等为原料，经微生物发酵法生产各种高附加值的产品，从本质上说，属于化学反应，具有以下特点。

与一般的化工生产相比，微生物发酵法在比较温和的条件下进行。微生物发酵温度较低，压力不高，pH在中性左右。故无需耐高温和高压设备，设备投资较小。

发酵反应是在微生物自行调控下由酶催化的生物代谢反应，许多发酵产物正是代谢途径中的中间产物；有些结构复杂的产物通过化学合成法无法轻易得到，但可通过微生物发酵生物合成得到；发酵法的缺点是有些产物的生物合成路径长，副产物多，反应时间长。

发酵法可利用廉价的可再生资源生产高附加值的产品，但缺点是目前发酵法占用宝贵的粮食资源，与民争食。因此，利用可再生的非粮食原料作为发酵原料值得大力开发。

发酵产物浓度一般不高，生产过程中出现大量的副产物（废水、废渣和废气），故需要复杂的提炼设备并消耗大量的能源。副产物有可能成为环境污染源，回收发酵副产物，需要加大投资并消耗能源。

2. 发酵工程与生物工程的相互关系

生物工程是现代学科分类中的一级学科，在该学科下，分为基因工程、蛋白质工程、酶工程、细胞工程、发酵工程。但在历史上，发酵工程这一名称更为悠久，其内涵非常丰富，是发酵工程孕育了生物工程。发酵工程经历了从传统发酵工程（以发酵食品为主）到近代、现代发酵工程（发酵食品、化工产品、医药产品和农用产品），再到生物工程的过渡。

发酵工程是生物工程（bioengineering，或者称为生物技术，biotechnology）的重要组成部分。生物工程的组成如图 1-1 所示，它们之间的相互关系如图 1-2 所示。

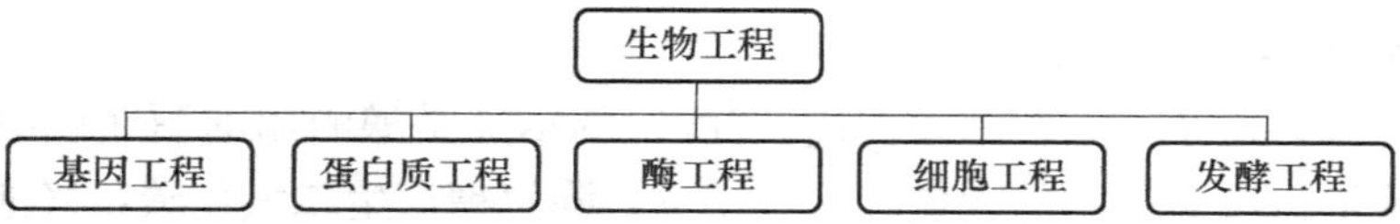

图 1-1　生物工程的组成

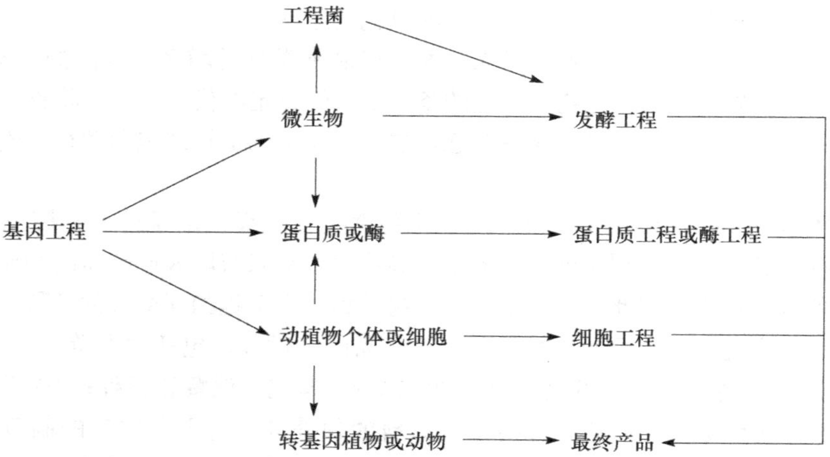

图 1-2　生物工程的组成及相互关系

发酵工程是连接生物体和生物工程产品的桥梁，是生物工程技术产业化的重要环节。

“生物化工”这一概念，在内涵上与“发酵工程”有一定的重叠，但也有一定的区别。本质上来说，发酵过程中所涉及的生物化学反应都属于化学反应。化学反应需要催化剂以加快反应速率，通过酶或通过化学催化剂均可达到加快反应速度的目的。有些采用化学催化剂才能得到的化合物，现在也可通过生物催化合成；有些化工产品的传统工艺，也可以通过生物反应而改变。近、现代发酵工程大量采用了化学工程原理、设备和单元操作技术，从而实现了发酵产品的工业化生产。从这些角度看，发酵工程和生物化工是相同的。生物化工也可认为是化学工业的一个分支。在廉价石油时代，人们曾试图用石油和天然气等石化原料生产各种发酵产品（当时研究最多的是用石油为原料生产菌体蛋白质等）。在不可再生的石化资源日益枯竭的当代，人们希望发酵工程生产更多的产品或提供更多的服务来满足社会需要。故当代生物化工的一个研究重点是利用可再生资源来大规模生产原先以石油为原料并通过化学工艺才能得到的各种大宗化工原料。

生物技术，按其应用领域可分为医药生物技术、农业生物技术、工业生物技术、能源生物技术。这些领域大部分产品的生产，都直接或间接地要通过发酵工程来实现。因此发酵工程是生物科学技术与应用之间的桥梁，是生物技术产业化的重要工程技术。

二、发酵方法分类

发酵方法可根据所采用的微生物好氧与否、发酵物料的状态、发酵操作方式和通风搅拌方式等进行分类，详见表 1-1。

表 1-1 发酵方法的分类

根据发酵物料状态	液态发酵（liquid fermentation）		固态发酵（solid-state fermentation）	
根据微生物好氧与厌氧	好氧发酵（aerobic fermentation）		厌氧发酵（anaerobic fermentation）	
根据通风（aeration）	液态通风	固态通风	无通风（液态或固态厌氧发酵）	
根据物料的混合方式（agitation 或 stir）	① 浅盘发酵； ② 机械搅拌； ③ 自吸式； ④ 气升式	① 非强制通风，无搅拌：浅盘； ②非强制通风，搅拌：转鼓式和转轴式； ③ 强制通风，搅拌：厚层通风池、圆盘制曲机； ④ 强制通风无搅拌：填料床； ⑤ 气相双动脉压力	地窖式密闭，无搅拌	堆积密闭，无搅拌
根据发酵操作方式	分批发酵（batch fermentation）	补料分批发酵（fed-batch fermentation）	连续发酵（continuous fermentation）	培养与分离的耦合

1. 好氧发酵

好氧发酵是指好氧微生物在与空气（氧气）接触的条件下生长、繁殖，氧化有机物或无机物的产能代谢过程。专性好氧微生物把氧作为最终电子受体，通过有氧呼吸获取能量。为向微生物提供充足的氧气，在发酵过程中需提供大量新鲜空气并搅拌。

2. 厌氧发酵

厌氧发酵（又称嫌气发酵，anaerobic fermentation）是指在隔绝空气的条件下，兼性微生物和专性厌氧微生物生长并进行生物化学作用，对物质进行生化降解的过程。例如，梭状芽孢杆菌引起的丙酮、丁醇发酵，沼气发酵等。对于专性厌氧微生物，氧对其有毒性作用。

3. 兼性厌氧发酵

兼性厌氧发酵（facultative fermentation）是利用兼性厌氧微生物进行的发酵。兼性厌氧微生物是指既可在有氧环境，又可在无氧环境中生活的微生物。有的兼性厌氧微生物能耐受环境中的氧，但它们的生长并不需要氧。酵母菌、乳酸菌等属于兼性厌氧微生物。例如，酵母菌在有氧条件下可利用氧快速生长、繁殖，而当环境中缺氧时，可利用葡萄糖厌氧发酵成乙醇。

4. 液态发酵

液态发酵（liquid fermentation）是最常见的发酵方式，又分为深层发酵（submerged fermentation）、表面发酵（facial fermentation）和附着培养（adhesion fermentation）。深层

发酵是在大型发酵罐中进行通风和搅拌，微生物悬浮于液体培养基中，故微生物、培养基营养成分、代谢产物的分布较均匀，过程控制容易，并易实现纯种培养；表面发酵是微生物菌体在培养基表面聚集，并形成菌膜，往往是液态静止培养时（无搅拌、无通风情况下）容易产生这种现象；附着培养是微生物附着在反应器的固体表面生长并进行代谢活动。后两种情况都是好氧微生物所进行的发酵。

5. 固态发酵

固态发酵（solid-state fermentation）过程可定义为微生物在几乎没有游离可流动水的培养基质上的生长过程及生物反应过程。

6. 分批发酵

在分批发酵（batch fermentation）过程中，培养基一次加入反应器，灭菌、接种，细胞经历滞后期、对数生长期、稳定生长期（一般不进入衰亡期）后，一次出料（放罐）。这是最简便、基本的发酵方法，其特点是：整个过程是一个时变过程，细胞浓度、基质浓度、产物浓度都随时间变化，微生物所处环境不断地变化，是不稳定的过程。

7. 补料分批发酵

补料分批发酵（fed-batch fermentation）是指在发酵初期，发酵罐内并不完全加满培养基，当菌体生长到对数生长期后即开始补料。补料的方式各种各样。根据反应器中发酵液体积的变化，分为变体积和恒体积。变体积是流加培养后，发酵液的体积逐步增加，但达到最大体积后，便不再流加；要保持恒体积发酵，则必须在流加培养的同时，排放出等体积的发酵液。

补料方式分为连续流加、不连续流加和多周期流加。每次流加方式又可分为快速流加、恒速流加、指数速率流加、变速流加。在补料分批中又有循环分批补料、循环间歇补料和循环连续补料等操作。在补料分批发酵中，根据反应器数目分类，有单级和多级之分。根据补加的培养基成分来区分，分为单一成分补料和多组分补料。

8. 连续发酵

连续发酵（continuous fermentation）过程分为两个阶段：分批培养阶段，与分批培养操作相同；连续发酵阶段，待细胞达到最适生长条件或最佳产物形成条件时，不断加入新鲜培养基，并排出等量的培养液，这是一种不间断补料的操作方式。当稀释率（通入培养基的流量与反应器操作体积之比）与细胞的比生长速率（单位质量的细胞在单位时间内细胞质量的增长量）相同时，过程即达稳定状态。此时，反应器内和出口培养液中的细胞和残余基质浓度均不再随时间变化。

9. 其他类型的发酵

在实践中还有其他类型的发酵或培养，现简要介绍几种类型。

培养与分离的耦合是在发酵装置中偶联一套分离装置，在发酵过程中不断去除对发酵有害的代谢产物，解除有害代谢产物对发酵的抑制作用；或者将细胞截留并返回到反应器内，使反应器内的细胞浓度不断提高。

混合发酵（mixed fermentation）适用在需要多种微生物的协同作用或微生物本身共栖现象时的发酵。例如，固态发酵白酒的酿造，往往是多种微生物共存、协同作用，使原料中的淀粉和蛋白质降解并生成乙醇等代谢产物；在污水处理过程中，也是多种微生物共同作用，使大分子有机物质逐步分解成乙烷和二氧化碳等物质。在混合发酵中，应注意使培养基和培养条件同时满足多种生物体的需要。

双边发酵（synchronous mashing and fermentation）是在白酒传统工艺中，含淀粉质原料在糖化发酵剂（酒曲中的霉菌及酶和酵母）作用下形成乙醇（酒精）的过程，其糖化和发酵作用同时在一起，而由不同的微生物菌株交叉进行。

在通常的分批培养中，细胞的分裂往往不能做到同步而使细胞处于不同生长阶段。若上述情况对最后产物的质量或形成有影响时，最好采用同步培养（synchronous cultivation）。芽孢杆菌可通过加温杀死其营养菌体而保留其芽孢，然后使其同步萌芽。对一般细胞而言，可采用阶段性降温培养使其不分裂但缓慢进行生长，当恢复正常温度时，大多细胞即可同时进行分裂。

灌注培养（perfusion cultivation）是指在分批培养过程的中后期不断注入新鲜培养基，并以同样的流量排出废培养基，但将细胞截留在反应器中。它与连续培养不同之处在于后者排出的培养液中包含着细胞而前者仅是废培养基。细胞的截留可借出口处的过滤或重力沉降装置来实现。由于这种培养法可以不断灌注新鲜培养基，并可排出可能存在的有害代谢产物，可以大大延长培养周期。这种培养法特别适用于细胞倍增时间长的动、植物细胞。

三、通风类液态发酵和固态发酵的比较

从发酵培养基含水量来看，液态发酵和固态发酵有明显的差别。机械搅拌通风液态发酵是目前最常见的发酵方式。发酵培养基中水分含量一般在90%左右，而固态发酵培养基中水分含量一般在50%以下。但进行更本质的分析可发现，液态发酵状态可视为物料和微生物（固相）与气泡（气相）处于一个液相为连续相的环境中，即发酵体系中气、固、液三相并存，但以液相为主；微生物的生长、生物反应、物质和热量的传递主要发生在液相体系中。固态发酵过程可定义为微生物在几乎没有游离可流动水的培养基上的生长过程及生物反应过程。从表面上看，培养基物料的状态是固态，但从微观上看，物料层（fermenting bed）同时存在固、液、气3种物质状态。其一是固态基质；其二是与固态基质紧密结合的液态水（结合水和少量的游离水）；其三是物料颗粒间隙中的气相。在固态发酵的大多数情况下（如强制通风的填料床式固态发酵、流化床固态发酵），气流可贯穿物料层，发酵物料颗粒（不连续的固相）可视为是分布于气相为连续相的环境中。固态发酵和液态发酵的物料状态如图1-3所示。从图1-4的电子显微照片中，更可体现出固态发酵物料中不连续的固相（菌丝体）分布在连续的气相中。

A

B

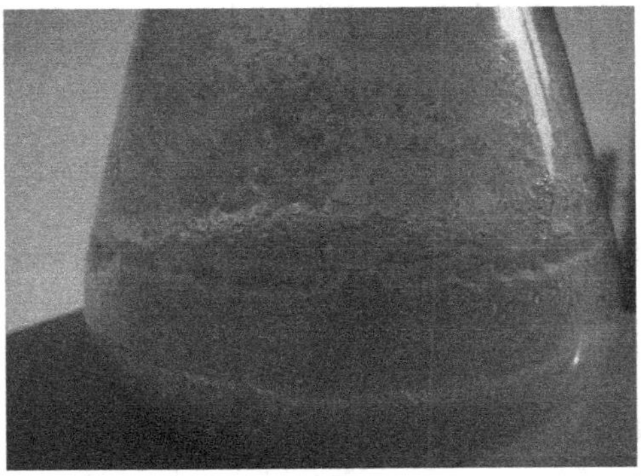

图1-3 固态发酵（A）和液态发酵（B）的物料状态

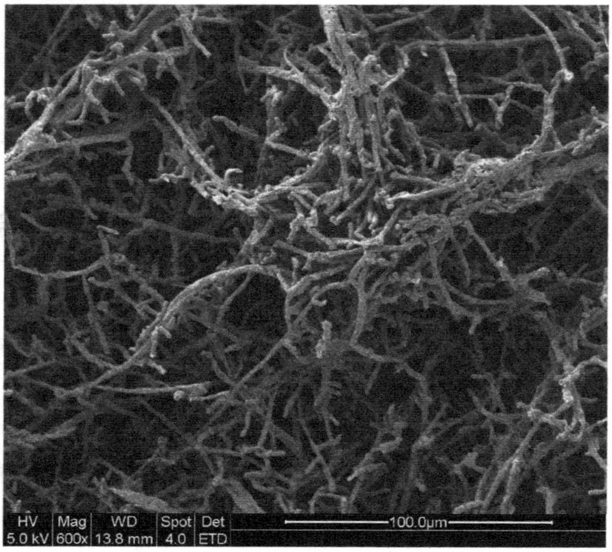

图 1-4 固态发酵菌丝体形成的空间结构显微照片

在液态发酵过程中，菌体及营养物、产物（包括热量）易于扩散，使发酵可在均质或拟均质条件下进行，便于发酵温度的控制，易于扩大生产规模；液体输送方便，易于机械化操作。这都是液态发酵的优点，同时也正是固态发酵的不足之处。固态发酵和液态发酵的比较详见表 1-2。

表 1-2 固态发酵和液态发酵的比较（Durand，1988）

项　目	固态发酵	液态发酵
培养基水分含量	低，50%左右	高，90%左右
水活度	较低的水活度，杂菌因此而不易生长	水活度高，许多微生物都可生长
培养基	原料种类少，但成分不完全明确，无机盐种类要求不多；	多种纯度高、化学物质明确的组分配合而成；
	培养基体积浓度高，高基质浓度导致产品浓度高，故体积生产率高	培养基体积浓度较低，故体积生产效率较低，高基质浓度导致流体流变学的问题，需要流加培养
通风问题	由于物料层空隙大，通风时压力降较小，通风动力消耗不大	需要高压空气，从气相到液相的传氧系数较小
混合问题（物质传递）	颗粒内的各种物质包括菌体的浓度分布不均匀，微生物的生长主要受到营养物质扩散的影响	营养物质及菌体完全分布在液体内，可搅拌，营养物质的扩散不是制约微生物生长的主要因素
产热（热量传递）	固态基质热传递系数小，代谢热的去除较为困难，常导致局部过热或过冷	水的相对含量高，水的比热容大，热传递系数大，液体流动性能好，发酵液温度控制较容易
控制	由于在线测定及菌体量的测定不易进行，发酵过程控制很困难	许多在线检测已经实用化或正在研发中，易检测菌体量，易自动控制
下游过程	由于体积产物浓度较高，下游处理较容易进行，萃取时易污染基质成分	产物浓度相对低，下游过程需分离掉大量水分，产品的纯化相对较易
污染	没有大量的水污染	产生大量的废水
动力学研究	微生物生长动力学和传递动力学研究不够	微生物生长动力学和传递动力学研究充分，可用于指导发酵反应器的设计和放大

第二节 发酵产品及其发酵方法

我国的发酵工业（也称工业生物技术产业），或者与发酵工业有等同意义的生物化工分属于轻工、医药、农业、化工、能源、环保等行业或部门。轻工行业属下的发酵工业可分为以下几大部分：酿酒（白酒、黄酒、葡萄酒、啤酒）、淀粉糖、酵母、酶制剂、有机酸、氨基酸、乙醇和生物材料。发酵工业还涉及大量的医药生物产品（如抗生素等）、农用生物制品及化工产品的生产。除提供大量发酵产品以外，发酵工业还在环境保护等领域为社会做出贡献。

我国现代发酵工业，经历了几十年的发展，已成为发酵产品品种较为齐全、产业规模宏大的一个大型产业链。涉及生物技术的工业产值达4500亿元以上。酿酒产业是发酵行业中最大的产业，发展速度最快的是啤酒。啤酒产量从20世纪80年代开始大规模扩张，近年来年产量连续多年居世界第一，2011年全世界主要啤酒生产国的年产量为2亿千升，而我国年产量在4898.8万千升。

淀粉糖的生产在许多发酵工厂，是原料预处理的组成部分，现在已独立大规模生产。目前主要通过酶解法对玉米、小麦、木薯等进行深加工，生产系列淀粉糖（葡萄糖、果葡糖浆、啤酒专用糖浆、麦芽糖及衍生品山梨醇、麦芽糖醇等）。全球淀粉糖年产量2000万t左右。其中产量最大的是果葡糖浆，其次是葡萄糖。美国是全球最大的淀粉糖生产国及消费国。我国淀粉糖的生产企业主要集中在山东省（鲁洲集团、西王集团有限公司、保龄宝公司等）。

酵母产业在我国是新兴产业。2011年全国酵母总产量超过20万t。其主要产品有活性酵母（面包发酵剂及酿酒用酵母）和非活性酵母（调味品配料）。

酶制剂行业年生产能力超过40万t，已实现工业化生产的酶制剂品种有20多种，主要是糖化酶、α-淀粉酶、蛋白酶3大类。此外还有果胶酶、β-葡聚糖酶、纤维素酶、青霉素酰化酶、碱性脂肪酶、木聚糖酶、α-乙酰乳酸脱氢酶、植酸酶等。当前的发展重点是饲料用酶、纺织工业用酶及生物能源产业用酶（含纤维素酶、木聚糖酶、果胶酶、植酸酶、酸性蛋白酶等）的生产。

有机酸产业中产量较大的主要是柠檬酸、乳酸和衣康酸。其中柠檬酸的生产规模最大，全球年产量约140万t，其中70%用于饮料。我国是世界上柠檬酸产量最大的国家。乳酸是第二大有机酸产品，用于食品工业。近年来利用淀粉质原料发酵法生产聚乳酸（PLA），这是一种可生物降解的高分子材料，在自然条件下可被微生物彻底分解成二氧化碳和水，对环境没危害，可替代石油基产品。今后其市场潜力非常大。

现在除蛋氨酸和甘氨酸外，其他氨基酸基本上都可以采用微生物发酵法生产。谷氨酸和赖氨酸是产量最大的两种氨基酸。全世界谷氨酸年产量超过200万t，主要用于调味品谷氨酸钠。赖氨酸年产量近100万t，主要用于饲料添加剂，以促进动物的生长发育。此外，苏氨酸作为饲料用氨基酸近年的发展也非常快。目前在氨基酸新品种及新工艺方面取得了长足的进步。例如，发酵法生产谷氨酰胺、L-丝氨酸、L-精氨酸、D-色氨酸都取得了重大进展。利用L-氨基酸转化为D-氨基酸也是当前氨基酸行业的新的增长点。但与日本等先进国家相比，我国的氨基酸行业产品主要是谷氨酸，价格较高的氨基酸品种偏少，主要的生产指标如产酸率、糖酸转化率、提取率等明显较低，高附加值的医药级产品较少，生产成本较高。

燃料乙醇是可再生能源，由于石油、天然气和煤的逐渐枯竭，燃料乙醇成为全世界关注的热点之一。美国和巴西是世界上最大的乙醇生产和消费国，美国以玉米为原料，巴西则主要以甘蔗为原料。目前全世界乙醇每年的产能约 3000 万 t。我国也形成了年产 600 万 t 的生产能力。但目前我国的乙醇主要用于白酒、医药及化工等行业。我国乙醇的生产原料主要是木薯、玉米和地瓜干。但我国人多地少，发展燃料乙醇虽然列为国家能源战略的一部分，但关键是发展新型的绿色生物能源，以“绿金”代替“黑金”，缓解能源短缺压力。例如，以秸秆为原料或以甜高粱为原料生产乙醇。

我国在酱油、食醋等传统发酵产品方面也向来走在世界的前列。酱油年产量 600 多万 t，占全世界产量的一半左右。

现将分属于医药、农业、化工、食品、能源与环保等行业的发酵产品列于表 1-3。

表 1-3　主要的发酵产品及发酵方法

行　业	产品类型	主要原料及微生物	发酵方法
医药及保健类产品	抗生素，如青霉素、四环素、红霉素等	淀粉、蛋白质原料；霉菌、放线菌等	搅拌、通风、液态发酵
	维生素 A、维生素 B、维生素 C、维生素 D、维生素 E		搅拌、通风、液态发酵；微生物转化法
	功能性红曲，含降胆固醇的洛伐他汀类	大米等谷物类原料，红曲菌	固态发酵为主
	益生菌制剂	各种益生菌，如酵母菌、乳酸菌等	液态发酵
	基因工程菌药用蛋白质、干扰素、抗体等	各种基因工程菌	搅拌、通风、液态发酵
	疫苗、菌苗	微生物细胞或动物细胞	
	药用氨基酸，20 种氨基酸	淀粉及淀粉质原料先转化为糖；细菌	搅拌、通风、液态发酵
	核酸类物质		搅拌、通风、液态发酵
	药用真菌发酵制品，如灵芝、樟芝		固态发酵
食品添加剂	谷氨酸、苯丙氨酸	含淀粉、蛋白质原料，先转化为糖；细菌	搅拌、通风、液态发酵
	乳酸菌素		搅拌、通风、液态发酵
	有机酸，如柠檬酸、丙酮酸等	淀粉、蛋白质原料；霉菌	搅拌、通风、液态发酵
	红曲红、红曲米	谷物类原料；红曲菌	液态或固态通风发酵
食品	酒曲，如麦曲、小曲	谷物类原料；霉菌、细菌、酵母菌等	固态好氧发酵
	白酒	谷物类原料	固态厌氧发酵
	黄酒	稻米、小麦等谷物原料	半固态厌氧发酵
	啤酒	麦芽、酒花及其制品；酵母菌	液态厌氧发酵
	葡萄酒	葡萄；酵母菌	液态厌氧发酵
	传统食醋	谷物料原料；酵母菌、醋酸菌等	先厌氧发酵成乙醇，再好氧发酵成醋
	酱油	豆、豆粕、麦麸、小麦等；米曲霉为主	固态通风制曲，半固态发酵酶解
	酱	豆、豆粕、麦麸、小麦等；米曲霉为主	固态通风制曲，半固态发酵酶解
	腌菜、泡菜	蔬菜；乳酸菌等细菌	固态厌氧发酵
	豆豉、纳豆	大豆等；枯草芽孢杆菌、黑曲霉、黄曲霉	固态好氧发酵
	腐乳	豆腐；毛霉	固态好氧发酵
	食用菌	木屑、秸秆等纤维素原料	固态好氧发酵
	微生物多糖	含淀粉、蛋白质原料；细菌	搅拌、通风、液态发酵

续表

行　业	产品类型	主要原料及微生物	发酵方法
酶制剂	淀粉酶、糖化酶、蛋白酶、纤维素酶等	含淀粉、蛋白质原料；霉菌、细菌	搅拌、通风、液态（或固态）发酵
	曲精，如酱油、酱等用的曲种	米曲霉、黑曲霉	固态发酵为主
环境保护及能源	沼气发酵	富含糖的各种废料	液态或半固态厌氧发酵
	餐厨余物及城市垃圾的处理		液态或半固态厌氧发酵
	燃料乙醇	玉米、小麦、薯类等谷物及纤维素类物质；酵母菌等	液态厌氧发酵
化工	丙酮、丁醇		液态厌氧发酵
	食用、化工及医用酒精	淀粉质原料、糖蜜原料；酵母	液态厌氧发酵为主
	乳酸	淀粉质原料、糖蜜原料；乳酸菌	
	长链二元酸		
	聚丙烯酰胺		
	聚羟基脂肪酸酯		
农业	生物农药	麦麸、米糠、黄豆饼粉、花生饼粉等；白僵菌、绿僵菌、苏云金芽孢杆菌等	固态通风发酵
	农用抗生素，如井冈霉素、浏阳霉素、华光霉素和阿维菌素	含淀粉、蛋白质原料；放线菌	液态或固态通风发酵
	微生物菌剂类产品	含淀粉、蛋白质原料	根据微生物的需氧与否决定发酵方法
	生物肥料，如根瘤菌肥、解磷菌肥、解钾菌肥、堆肥	秸秆、落叶、野草、水草、绿肥、草炭、垃圾、河泥、人畜粪尿；根瘤菌等	固态好氧和厌氧发酵
	青贮饲料	蔬菜、青草、秸秆、葡萄藤等；乳酸菌等	固态厌氧发酵为主
	生物饲料	食品及发酵工业富含蛋白质及糖的副产品；酵母菌	固态好氧发酵
	饲料的脱毒	棉籽粕、花生粕、菜油粕；黑曲霉、酵母菌等	固态好氧发酵
	生猪养殖发酵床	木屑、谷壳、秸秆等有机物垫料	固态培养复合有益微生物
	农用活菌制剂	乳酸菌、枯草芽孢杆菌等	液态或固态好氧发酵
冶金	生物浸矿	铁氧化细菌、硫氧化细菌	固态发酵

第三节　发酵工厂与生产基本流程

为了理解发酵工程的内涵，让我们由表及里，从发酵工厂的组成、发酵生产工艺流程和发酵生产技术 3 个层次进行探讨。

一、发酵工厂的组成

工业发酵生产是一个极为复杂的体系。一般发酵工厂由生产、辅助两部分组成。生产部分直接生产出半成品或最终产品，而辅助部分是为生产部分提供各种保障，以满足各种条件。

1. 生产部分

生产部分是发酵工厂的关键部分。要根据发酵微生物和产品的种类及规格选择合适的发酵原料、发酵方法、生产设备和流程。

生产部分又可细分为原料预处理、微生物菌种培养、发酵、无菌空气制备、产品提炼、产品定型及包装、分析检测等车间或部门。

原料预处理车间：原料处理的设备根据发酵产品的种类而异，常见的有原料输送设备、粉碎及筛分设备、蒸煮设备、制糖系列设备。

微生物菌种培养：菌种的培养分为实验室阶段和种子扩大培养阶段。菌种实验室负责生产菌种的保存、育种复壮、一级种子扩培；种子扩大培养车间主要负责将菌种实验室提供的一级种子逐级扩大到生产用种子。实验室的设备及设施主要有摇瓶机、超净工作台、无菌接种室、培养箱或培养室。种子扩大培养车间主要有种子罐。

发酵车间：发酵工厂最重要的部门，主要设备有发酵罐、补料罐和发酵控制台（室）。发酵车间的主要工作是负责培养基的配制、输送、灭菌、接种、发酵控制（通风、搅拌、温度、溶氧、压力、pH 和泡沫控制、补料）。

无菌空气制备车间：主要设备有取风口、空气压缩机、空气贮罐、空气冷却及加热设备、主过滤器。无菌空气用于种子扩大培养车间及发酵车间。

提炼精制车间：在发酵液（或固态发酵醅）中，有的发酵产物只占少部分，通过各种提取精制手段得到纯度高的最终产品。所用的设备大都是化工分离设备，如沉淀池、过滤机、蒸发器、蒸馏器、结晶器、干燥器、灌装机、杀菌机、各种类型的层析柱（离子交换、亲和、分子筛等）。

分析检测部门：由车间或厂部化验室分工负责，对生产过程中的原料、中间产品和成品的质量进行分析。测定项目繁多，可分为化学测定、生物测定、仪器检测 3 部分。

2. 辅助部分

发酵工厂的辅助部分是为满足生产车间或部门水、电、汽、气、冷等方面的需求而设置的。大部分发酵工厂应配置以下辅助车间或工段。

锅炉车间：负责蒸汽供应、输送，用于物料加热和培养基的灭菌。蒸汽也可由当地集中供应。

无菌空气制备系统：负责空气压缩、除尘、脱水、除油及除菌，主要向发酵车间提供无菌空气。

供水系统：负责生产用水、生活用水、冷却用水的提供。如果水质不符合要求，则应安装相应的水处理设备。

供、发电系统：小型发酵工厂一般从外部接入电源；大型发酵工厂往往自发电。发酵工厂一般不能停电，故最好应配置双线路供电。

冷却、冷冻系统和真空系统：向需要冷却、冷冻和真空的车间提供冷却剂、冷冻剂和真空。

仓库（或堆场）：包括原料、辅料、材料、半成品、成品、机修材料、包装材料等仓库（或堆场），一些原料、半成品、成品的保存还需要考虑防止蚊、虫、鼠害等措施。

厂内运输系统：包括汽车、电瓶车、手推车、叉车、吊车、电梯、传送带、气力真空输送、压力管道输送等。

维修系统：包括设备维修、仪器维修、电气维修等。

二、发酵工厂的生产流程

不同的发酵产品的生产方法各不相同，即使同一产品在不同的企业也有不同的生产方法。要了解发酵产品的生产过程及所采用的生产方法，必须了解生产流程图。流程图的类型很多，包括说明生产过程的工艺流程方框图、用于物料衡算的物料流程图、用于工程设计的设备工艺流程图或带控制点的工艺流程图等。

案例 1　谷氨酸发酵工艺流程

谷氨酸发酵是好氧发酵类型，谷氨酸经中和后制成谷氨酸钠盐（即味精）。

味精生产过程可分为 5 个部分：原料的预处理及淀粉水解糖的制取；谷氨酸生产菌种子的扩大培养；谷氨酸发酵；谷氨酸的提取与分离；由谷氨酸制成味精（图 1-5）。

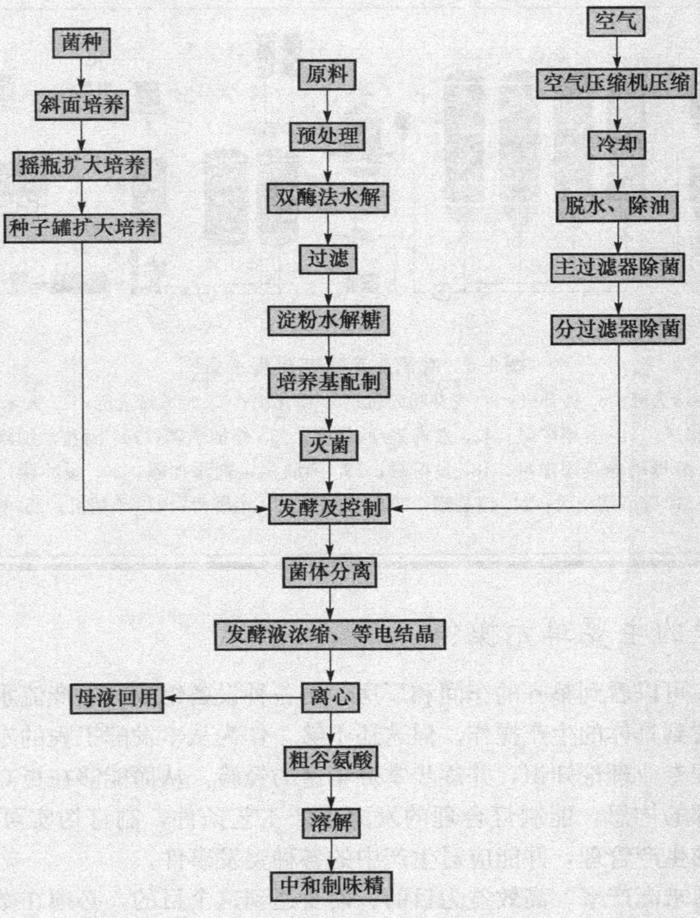

图 1-5　味精生产工艺流程简图

案例2　啤酒生产工艺流程

啤酒生产过程（工艺流程示意图见图 1-6）分为糖化麦芽汁制备和啤酒发酵两个阶段，从发酵的角度属于兼性厌氧发酵类型，发酵分为前酵和后酵。

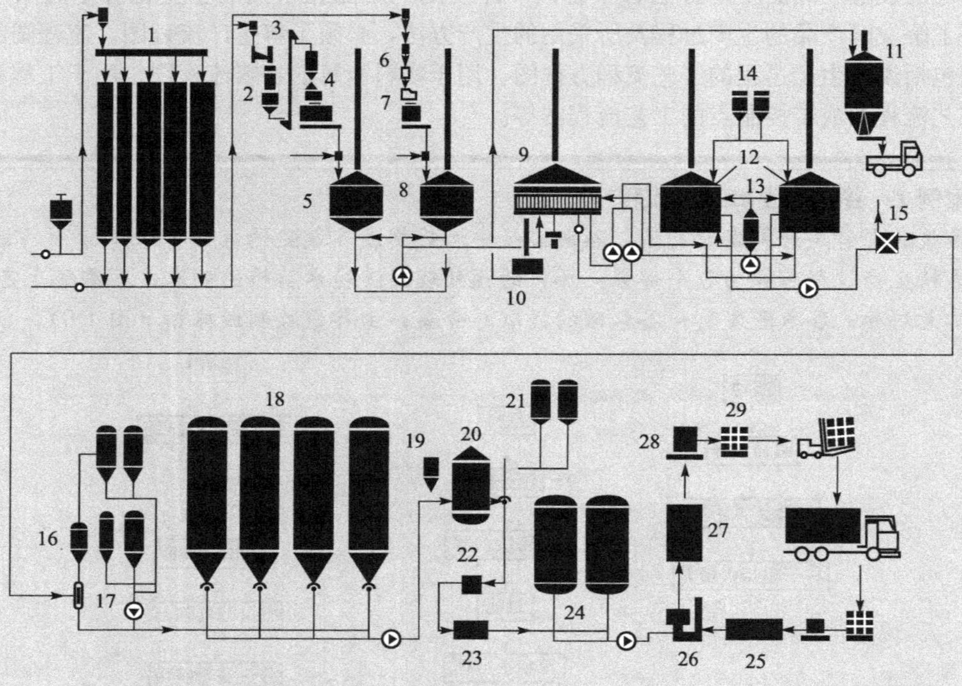

图 1-6　啤酒生产工艺流程示意图

1. 原料贮仓；2. 麦芽筛选机；3. 提升机；4. 麦芽粉碎机；5. 糖化锅；6. 大米筛选机；7. 大米粉碎机；8. 糊化锅；9. 过滤槽；10. 麦糟输送；11. 麦糟贮罐；12. 煮沸锅/回旋槽；13. 外加热器；14. 酒花添加罐；15. 麦汁冷却器；16. 空气过滤器；17. 酵母培养及添加罐；18. 发酵罐；19. 啤酒稳定剂添加罐；20. 缓冲罐；21. 硅藻土添加罐；22. 硅藻土过滤机；23. 啤酒精滤机；24. 清酒罐；25. 洗瓶机；26. 灌装机；27. 杀菌机；28. 贴标机；29. 装箱机

三、发酵过程的主要单元操作

在发酵工厂，可以看到整齐的车间和厂房，由各种设备组成的生产流水线等硬件设施和设备，甚至还可看到具体的生产操作。但这还不够，作为从事发酵工程的专业人员，需要掌握扎实的发酵工程专业理论知识，并逐步掌握丰富的经验，从而能够在更高层次上对发酵生产进行整体或局部的构思，能制订合理的发酵生产工艺条件，制订切实可行的生产操作规则，能进行有效的生产管理，并能应对生产中的各种突发事件。

发酵工厂以追求高产率、高效益为目的。而要达到这个目的，必须在微生物菌种、生产原料、生产工艺等环节上提高水平。发酵工厂生产的各个环节组成一套复杂的系统工程，它们相互影响。为了达到整体的高产率和高效益，各个环节之间的协调性也是非常重要的。

1. 微生物及种子培养

微生物菌种是高效率发酵的根本所在，用于大规模工业化生产的微生物菌种，必须是目的产物的高产菌株。人们通过微生物的筛选、基因克隆及基因改造，获得高产菌种。为了避免菌种退化，要通过育种、复壮等技术保持菌种的优势性能。因此，熟练掌握微生物基因工程理论、技术及其代谢理论是非常重要的。

通过菌种的逐级扩大培养，在短期内获得足够数量的微生物，供给发酵罐使用。从种子罐利用压力差将种子液压入到发酵罐。接种后则进行发酵阶段的控制。

种子培养阶段，需要重点关注的是微生物的生长速率、比生长速率、死亡速率等。在培养液中微生物的生长遵守自身繁殖的有关规律，同时也与培养基组成及培养环境有关。有关微生物培养的内容详见第三章。

但即使有了高产菌株，也必须在原料预处理、菌种扩大培养、发酵、提炼等环节进行工艺条件的优化，才能达到高产的目的。

2. 原料预处理

原料预处理的任务是将生产原料经过适当的处理，使之成为微生物发酵培养基的组成部分。对于许多发酵产品来说，原料成本在总生产成本中所占比例很高。选择合适的原料及合适的预处理方法，并尽可能降低能源消耗，是发酵技术人员重点考虑的内容之一。

原料预处理包括原料的输送、粉碎（制浆）、蒸煮、制糖、灭菌等工序。

3. 培养基的配制

培养基是提供微生物生长、繁殖和生物合成各种代谢产物所需要的多种营养物质的混合物。培养基包括菌种扩大培养基和发酵培养基。培养基的成分和配比，对微生物的生长、发育、代谢及产物积累，甚至对发酵生产工艺都有很大的影响。培养基成分及配比的确定必须按照生产菌种的特性及发酵的要求（并兼顾产品的提炼要求）进行最优化设计。其有关内容详见第二章。

4. 无菌操作

除传统发酵外，大多数发酵是纯种发酵，即发酵必须在无杂菌状态下进行。因此，培养基、培养设备及管道都必须经过彻底灭菌，通入的空气或中途的补料也必须是无菌的。无菌操作还包括生产过程中不得将微生物排放在环境中去。尤其是对于含抗性基因的基因工程菌，在未经严格杀菌的情况下，更不得随意排放。

灭菌是指用化学的或物理学的方法杀灭或除掉物料和设备中所有有生命的有机体的技术或工艺过程。通常利用饱和蒸汽对空罐、管道及培养基进行灭菌。灭菌方式根据操作方式分为间歇灭菌和连续灭菌；根据灭菌温度和压力分为常压蒸煮、高压高温蒸煮、高温瞬时蒸煮等。为节约能源，有的产品的发酵原料也可采用低温蒸煮或无蒸煮工艺。

培养基灭菌的关键条件主要是温度和时间。例如，液态培养基一般是 120℃（约 0.1MPa 表压）维持 20～30min；而固态培养基的灭菌温度和时间则一般较高和较长。培养基灭菌时，对其营养成分会造成一定的损失，故在满足灭菌的要求下尽可能顾及营养成分不被破坏。通过本书的学习，要重点掌握蒸汽加热灭菌的原理、微生物的热死规律（对数残留定律）、营养成分的破坏规律、影响培养基灭菌的因素等内容。

5. 无菌空气制备

在好氧发酵过程中，必须供给充足的无菌空气，同时进行搅拌。搅拌的作用是打碎空气气泡，并使物料混合、流动。不同菌种及不同发酵阶段的菌体的需氧量是不同的，发酵液的溶氧浓度（DO）直接影响微生物的酶的活性、代谢途径及产物产量。

通风类型的发酵工厂，应具备无菌空气制备系统。空气除菌常采用介质过滤的方法，可用定期灭过菌的干燥介质来阻截流过的空气中所含的微生物，从而制得无菌空气。在不同的地区，由于温度和湿度的差别，空气质量的差别，应有针对性地选择无菌空气制备流程和相关的设备。要掌握过滤除菌的机制，影响过滤除菌效率的因素，并掌握过滤除菌方面的计算。有关无菌空气制备、培养基及其灭菌的内容详见第二章。而有关溶氧及供氧方面的系统知识则在第六章中介绍。

6. 发酵控制及优化

（1）*物料衡算*　可根据物质不灭定律，用物料平衡的方法对发酵过程中的主要物质（菌体，发酵原料中的碳、氮源物质，空气用量，代谢中间产物，产物，副产物，ATP，甚至电子数）的变化进行计算。

（2）*热量衡算*　发酵时细胞在生长过程中异化代谢碳源等物质，这个过程会释放能量，部分能量存在于化合物中，部分能量以高能物质（如 ATP）的形式储存，部分能量以热量的形式释放。部分化合物合成为新的化合物时需要消耗能量。但总体来说，大部分发酵是放热的过程。发酵过程为维持一定的温度，必须通过冷却的方式降温。在培养基加热灭菌等过程中，则需要外部提供能量。这都需要通过热量平衡计算有关热量及冷却剂的用量。热量平衡计算是从事发酵工程科技人员的基本功之一，物料平衡及热量平衡的有关知识将在第四章中介绍。

（3）*发酵动力学*　发酵过程是微生物在一定的时间及空间内利用培养基中的营养物质，进行自身的生长、繁殖，并合成产物的过程。发酵动力学以研究发酵过程的反应速率和环境因素对速率的影响为主要内容。通过发酵动力学的研究，可进一步了解微生物的生理特征、菌体生长和产物形成的合适条件及各种发酵参数之间的关系，为发酵过程的工艺控制、发酵罐的设计放大和用计算机对发酵过程进行控制创造条件。

发酵动力学包括菌体生长动力学、基质消耗动力学和产物合成动力学。以菌体生长动力学为例，它是以研究菌体浓度、限制性基质（培养基中该物质浓度的高低会极大地影响菌体的生长，其他组分对于菌体生长都是过量的）浓度、抑制剂浓度、温度、溶解氧和 pH 等对菌体生长速率的影响为内容的。例如，在分批发酵中，菌体浓度 X、产物浓度 P 和限制性基质浓度 S 均随时间 t 变化而变化，但在连续发酵过程中，当营养基质的流加速度和消耗速度达到某种平衡时，菌体浓度 X、产物浓度 P 和限制性基质浓度 S 则保持不变。连续培养过程中发酵液中基质的消耗速率虽然是一个可测定的参数，但基质的消耗与许多因素有关。

基质的消耗速率 ＝补料中基质的添加速率－菌体生长消耗基质的速率－
　　产物合成用去基质的速率－菌体维持所消耗基质的速率－基质移出的速率

研究发酵动力学，要熟悉地掌握比速率（菌体比生长速率、菌体比死亡速率、营养物质的比消耗速率、产物的比生成速率）及得率（以底物消耗为基准的菌体得率系数、以底物消耗为基准的产物得率系数等）等概念。

因此，要重点关注发酵过程中菌体的生长、营养物质的消耗及产物的生成的内在规律，要掌握这三者之间是如何相互影响，又如何受到发酵环境条件的影响。用数学模型定量地表达发酵过程中各种与菌体生长、基质代谢、产物生成有关的因素，是发酵动力学研究的重要方法。

有关微生物发酵动力学的概念将在第四章中加以介绍。

(4) 发酵过程的优化 第八章介绍发酵过程的优化，发酵过程优化是指在已经获得高产菌种或基因工程菌的基础上，在发酵罐中通过操作条件的控制或发酵装备的改型改造，实现目标代谢产物生产的高产量、高转化率与高生产强度。

(5) 发酵过程的检测和控制 发酵过程的检测和控制内容主要是菌体量、培养基主要营养成分、主要的中间产物、产物、发酵温度、湿度、pH、罐压、溶解氧、进气流量、搅拌转速、流加培养基速度、消泡、液位、杂菌。特殊的分析和控制还包括 CO_2、发酵液密度、葡萄糖、氨等。

发酵工厂的许多检测项目已实现在线（或离线）检测，一些控制项目可实现人工和自动控制。采用计算机技术自动控制发酵在我国起步较晚，普及率较低。在部分发酵行业，以计算机为核心，测、管、控一体化的自动控制技术需求量很大。这部分内容在第五章介绍。

(6) 杂菌污染的检测与控制 防止菌种培养及发酵过程中杂菌及噬菌体污染，是发酵工厂极其重要的工作。这不仅直接影响到经济效益，还影响到环境保护。要系统地分析染菌的原因，并采取相应地防止污染的措施。发酵生产过程防止杂菌污染的有关内容详见第五章。

(7) 发酵与分离的耦合 有的发酵产物对发酵会产生不利的影响，欲得到最大的生产效率，必须及时将有抑制作用的发酵产物分离，故形成了一系列发酵和分离的耦合技术，分离方法可采用离心、过滤、萃取、吸附等。其有关内容详见第九章。

7. 产品的提取精制

发酵结束后，通过产品提取和精制两个阶段制得最终产品。产品的提取一般是指将产品从发酵液中提取出来，所得到的半成品中还含有各种杂质；在产品精制（或称纯化）阶段，再将杂质逐步分离，得到高纯度的最终产品。有的发酵产品也无需经过提取、精制，但必须经过一定的后处理，如采用灭菌、烘干、粉碎。

发酵产品提取、精制工艺过程的基本模式如图 1-7 所示。

在化学工程中所学到的各项单元操作技术，不能生搬硬套于发酵产品的分离纯化。一定要根据发酵液的特性及产品的特性，并根据经济效益与环境效益的最佳化原则，设计好产品分离纯化工艺流程，并选择好合适的单元操作。例如，将发酵液中的菌体与发酵液分离，可选用的分离操作方法很多，如可采用选择絮凝沉淀、过滤、离心。但哪种方法最好，需要通过实验确定。

按一般的体系，发酵“下游”工程技术的有关教学内容，是放在《发酵工程》教材内的，但本系列丛书已专门安排单独成书——《生物工程下游技术》(毛忠贵主编)，故在本书中不再详细介绍发酵“下游”工程技术。

8. 发酵工厂生产技术指标

衡量发酵工厂的生产性能的主要指标包括以下 5 个。

1) 产物浓度（产品质量/单位体积）。

2) 发酵体积产率（发酵强度）[产品质量/(单位时间·单位体积)]：计算时不仅应把发酵所用的时间考虑进去，还应计入与生产相关的其他时间，即发酵罐的维修、清洗、准备所用的时间，灭菌时间，以及接种后的延滞期时间，这样才能全面、客观地评估出工艺过程的成本效益。

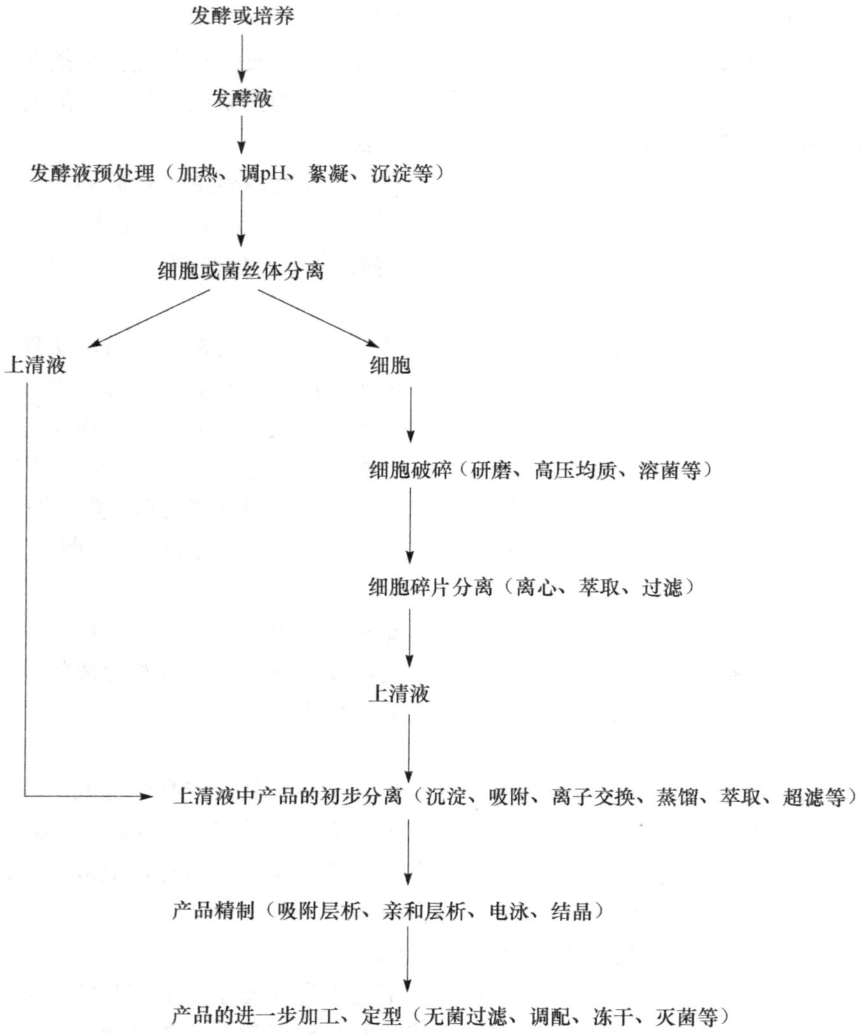

图 1-7　发酵产品提取、精制工艺过程的基本模式

3）产物得率：是指每消耗 1g（或 1mol）基质所合成的产物的克数（或摩尔数）。这里消耗的基质是指被微生物实际利用掉的基质数量，即投入的基质数量减去残留的基质数量（S_0-S）。

4）转化率：往往是指投入的原料与合成产物数量之比。

5）产量（产品质量/罐；产品质量/年）。

9. 产品的定型及包装

产品的定型是根据产品的规格要求进行含量及其他理化指标的调整。例如，酱油在生产过程中，分别得到头油、二油、三油等规格不同的半成品，这些半成品中的主要成分（如氨基酸、糖分等）含量不同，外观也有差别，故需要经过一定的调配，使最终成品的各项成分及外观必须符合一定的规格要求。

有的发酵产品直接面向消费者，有的产品作为其他企业的原料，故包装形式很多。直接面向消费者的发酵食品，在包装的过程中，必须符合食品卫生及安全的要求。

10. 发酵工厂的节能减排、副产物的综合利用、环境保护

发酵工厂产生大量的废水、废渣和废气。废水和废渣中含有大量的有机物质和无机物质，如不合理回收利用而直接排放在环境中，将严重污染环境。这些废水、废渣应看做宝贵的生物资源，可通过环境工程和生态工学的原理和方法合理利用。

发酵工业的节能环保是当代发酵工业的头等大事。发酵工业需要消耗大量的能量用于物料的加热和冷却。如何合理地利用能源，使能耗降低到发达国家的先进水平是科研界及产业界重点关注的内容。

发酵液中目的产物的浓度往往很低，大量的废水和发酵副产物在生产的不同阶段被排放出来。以前常用的末端处理方法对废水、废渣和废气进行处理，处理成本太高，应主要从生产源头及生产过程中对发酵和提取、精制工艺过程进行不断完善，尽可能地高效利用各种物质和能源，减少能耗和废物排放。

发酵生产过程中产生的含有生产菌的高浓度有机废水先提取其中的菌体蛋白质制成饲料蛋白质，再将提取蛋白质后的高浓度有机废水用喷浆造粒技术制取有机-无机复合肥。此项工艺彻底解决了高浓度有机废水的污染问题，不仅减少了污水处理成本，而且能够创造很好的经济效益及社会效益。

发酵生产过程中产生的含有生产菌的高浓度有机废水也可以应用生物技术利用发酵废水产生沼气，再通过生物脱硫后进行发电，从而将发酵后的剩余资源充分利用，并使废水达标排放。厌氧发生器将废水中90%以上的化学需氧量（COD）转化为沼气，再通过好氧处理达标生产回用或排放；废水中的硫酸盐转化为硫化氢，再通过生物反应器将硫化氢分解为单质硫，脱硫后的沼气进入内燃机发电，尾气作为预热锅炉的热源。此工艺最终使废水和废气达标排放；能用于锅炉烟气脱硫（回收单质硫，没有硫酸钙等二次污染产生）；使污水处理装置能保证长期不间断运行。

第四节 生物反应器概览

生物反应器一般是指进行生物化学反应的容器类设备，常用金属、木料、水泥等材料制成。机械搅拌通风发酵罐是一种最常见的生物反应器类型。

生物反应器的研究是研究利用微生物所具有的生物化学现象，在工业规模的生产中，如何以较少的原料和能量，高效率地获得产物，以及如何将实验室中新发现的物质和过程迅速而经济地推向工业生产的一门学问。

生物反应器具中心作用，它是为活细胞或酶提供适宜的反应环境以达到细胞增殖或产品形成的目的，它是实现产品产业化的关键设备。具体地说，其包括定量地抓住实验室中新发现的现象，有效地进行放大，以及实际采用什么样的工业设备这样的化工和机械两个方面，即研究操作过程的基本原理、设备结构、特点、设计计算、造型、组合等。

我国固态发酵白酒的泥窑（或石窑），可看做一种富含大量微生物的生物反应器。在该反应器中微生物还可在窑泥中大量繁殖，并源源不断地提供给酿酒用。除传统的发酵生物反应器外，用于生物转化（或酶转化）的反应器也属于生物反应器。容器类生物反应器总体上可分为液态发酵和固态发酵用的反应器。

当代有些学者将生物反应器的概念扩大到植物和动物等生物个体。尤其是通过转基因技术得到的转基因动物或转基因植物，作为一类特殊的生物反应器用于生产医药产品。例如，各种动物乳腺生物反应器（转基因牛、转基因猪、转基因羊等），是将药用蛋白质基因转入到这些动物中，使之在乳腺中表达这些基因编码的药用蛋白质。植物生物反应器则是各种转基因植物，利用它们表达和生产有重要药用和商业价值的产品，包括重组药用蛋白质、抗体、酶、激素、白细胞介素、血浆蛋白质和疫苗等。此外，还有昆虫生物反应器。

发酵设备的发展趋势是大型化、多样化及高度仪表化。

大型化：是指发酵设备的容积做大，在发酵设备大型化的同时，必须考虑发酵设备中各关键部件及配套设备的可靠性、可行性。

多样化：目前工业上采用的发酵反应器主要有 3 种类型。①机械搅拌型。其能处理大容积、低速下的黏性液体体系或悬浮液体系，在技术上比较成熟，但输入能量有 10%左右消耗于轴磨损，结构较复杂，维修较困难。②输液泵型。其是利用液体和气体的动量交换使流体沿一定路程循环而达到搅拌目的。它由喷嘴中心喷出的液体射流把同时由喷嘴环隙出来的气体进行动量交换，把气体冲击成细泡，进行氧气的传递，在需氧发酵过程为微生物的生长及代谢过程提供大量氧气。目前国外发展较快的有气、液两相喷嘴船环流反应器与倒喷式环流反应器。它的优点是设计合理、操作方便，但工业放大尚存在困难。③气升式。其主要利用流体本身的功能，合理利用系统的比重差使液体循环。它的优点是结构简单、搅拌均匀、动力消耗低、易于放大、适用稀薄培养基的发酵及大型化，在某些场合有逐步取代机械搅拌型的趋向。然而，在国内还主要是机械搅拌的通用型罐，自吸式及塔式多筛板等反应器处于试产阶段。此外，还有各种特殊反应器，如管道膜式、固定床、流化床、带透析装置等，其中固定化酶反应器普遍受到重视，已有盘式、球式、柱式、塔式、中空纤维式等在生产应用。在污水生化处理中，除一般曝气池和嫌气发酵池外，还有各种好气处理设备，如滴流塔、生物转盘、流化床等。工业化规模的固态发酵反应器目前主要是浅盘发酵、厚层通风发酵。

高度仪表化：国外对生物反应过程关键参数的检测，已采用各种传感器，如温度、压力、搅拌转速、气体和液体流量、液体黏度、浊度、pH、溶解氧、排气 、氧及 CO_2、葡萄糖、氨氮、铵离子等。将上述一次参数的信息输入计算机，即可获得有用的二次参数。国外有的工厂已用计算机代替常规仪表巡回检测、控制。国内在仪表控制方面比较落后，缺乏必要的监控手段，发酵和操作很多是凭经验进行控制，主要是人工控制。有些工厂也开始使用微机控制，但检测元件仍是薄弱环节。发酵过程控制现代化的主要问题是建立数学模型和对某些不能确定的量的求取。

以发酵罐为例，如果能降低染菌率，提高单罐发酵罐容积，就能大大降低单位产品、单位体积能耗，提高发酵效率。国外抗生素、谷氨酸的发酵罐一般采用机械搅拌的发酵罐，容积可达 $500m^3$。气升式发酵罐，生产单细胞蛋白质的可达 $4000m^3$。而污水生化处理装备是约 $20\,000m^3$ 的超大型设备。

一、液态发酵生物反应器

经过数十年的发展，液态发酵生物反应器种类很多，其分类见表 1-4。

表 1-4　液态发酵生物反应器

类　型	代表性反应器	特　征	应用举例
通风类型	机械搅拌通风发酵罐	机械搅拌，通风	氨基酸、抗生素等
	气升式发酵罐（内循环、外循环、鼓泡式、喷射式）	无机械搅拌，靠气流的运动使发酵搅动	酵母菌培养
	自吸式发酵罐（机械搅拌自吸式、文氏管发酵设备、伍式发酵罐）	不需要空气压缩机，在搅拌过程中自吸入空气	
厌氧类型	乙醇发酵罐	兼性厌氧	乙醇、啤酒、葡萄酒
	厌氧发酵罐	严格厌氧	丙酮、丁醇等
	沼气发酵池、上流式厌氧污泥床（UASB）厌氧消化器	UASB 由反应器的池体和三相分离器组成，厌氧反应发生在废水与污泥颗粒的接触过程，反应产生的沼气升到三相分离器被分离	沼气发酵
特殊类型	光照生物反应器 光照式管式反应器		光合细菌培养 藻类培养
	摇袋式细胞培养生物反应器	含培养基的无菌塑料袋子置于摇动平台上	动物细胞培养
	中空纤维生物反应器		动物细胞培养
	内部沉降动物细胞反应器		动物细胞培养

机械搅拌通风发酵罐是好氧类发酵工厂常用设备（图 1-8）。它是利用机械搅拌器的作用，使空气和醪液充分混合，从而促使氧在醪液中加快溶解，以保证微生物生长、繁殖、发酵所需要的氧气。

机械搅拌通风发酵罐的基本要求是发酵罐应具有适宜的径高比，罐身越高，氧的利用率较高；发酵罐能承受一定的内压和外压；要保证合适的通风量和搅拌转速；发酵罐应具有足够的冷却面积，以防止因发酵热所带来的温度升高；发酵罐内应尽量减少死角，避免藏垢积污，灭菌能彻底，避免染菌；搅拌器的轴封应严密，防止细菌侵入，防止发酵液泄漏。

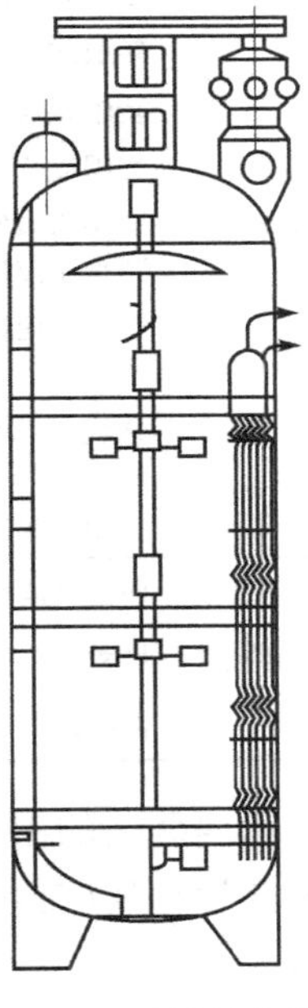

图 1-8　发酵罐结构简图

二、固态发酵生物反应器

固态发酵生物反应器是为微生物在固态物料上生长并产生代谢产物提供适宜的环境及条件的容器。反应器应满足以下基本条件：可容纳物料（密闭或半密闭）；尽可能防止外界微生物对罐内培养物的污染；防止发酵微生物泄漏到外界环境中；使培养物保持适宜的温度和湿度；对于好氧微生物应提供足够的氧气；对于厌氧微生物则要提供厌氧环境；反应器的设计应便于物料的翻拌和进出；尽可能便于发酵产物的提取；尽可能使物料分布均匀。

固态发酵生物反应器也可分为两大类型：通风型反应器和密闭型反应器。通风型固态反应器分为自然通风和强制通风。固态发酵生物反应器分类详见图 1-9 和表 1-5。

- 固态发酵生物反应器
  - 通风型
    - 无强制通风,无搅拌混料（浅盘式）
    - 强制通风,无搅拌混料（填料床式）
    - 无强制通风,连续搅拌或间歇搅拌混料（转鼓式或轴式搅拌鼓）
    - 强制通风,搅拌混料
      - 连续式
        - 气固流化床式
        - 连续搅拌通风式
        - 滚动转鼓式
      - 间歇式
    - 气相双动态脉动式
  - 密闭型
    - 地窖式
    - 堆积式
    - 密闭缸式或罐式

图 1-9 固态发酵生物反应器分类（许赣荣，2009）

表 1-5 固态发酵生物反应器

类 型	代表性反应器	特 征	应用举例
通风类型	浅盘式反应器	无强制通风，无搅拌	霉菌种子培养
	填料床式反应器	强制通风，无搅拌	
	转鼓式反应器	无强制通风，筒体转动使物料得以混合	
	转轴式反应器	无强制通风，轴搅拌使物料得以混合	
	气固流化床式反应器	强制通风，物料在气流的作用下混合	
	厚层通风发酵池 圆盘制曲机	连续（或间歇）搅拌通风反应器	红曲米发酵，米曲培养，粗酶制剂发酵
	瓶式反应器（三角瓶或塑料瓶）		食用菌培养，功能性红曲米
	袋式生物反应器	袋子可耐高温，孔径小于 0.3μm，内盛固态物料，可通风，而不被外界污染	绿僵菌的培养
	气相双动态脉动式反应器		各种类型的固态发酵
厌氧类型	地窖（酒窖）		白酒
	堆积		堆肥
	密闭罐（池）式反应器		酱油

巴西著名的固态发酵技术专家 Mitchell 等（2006）根据通风方式和搅拌混料的方式将固态发酵生物反应器分为 4 种类型。此外，还有我国科学家发明的一种新型固态发酵生物反应器。

1. 非通风，无混料型

在这种反应器中，物料层基本上是保持静止状态，或者混料操作的频率很低（如每天只进行一、二次的混料操作），空气不是直接透过物料层，而是在物料的周围（一般是在表面）循环。其典型代表是浅盘式反应器（tray bioreactor）。

2. 强制通风，无混料型

该类型反应器的外形有圆桶柱形、长方体形。反应器的底部安置穿孔的假底，物料置于其上。物料层是静止的，间歇少量的混料操作。空气从底部强制通过物料层，进入反应器的顶空层。其典型代表是填料床式反应器（packed-bed bioreactor）。

3. 非强制通风，翻料型

该类型反应器主体是卧式圆桶型，其典型代表有两种：其一是转鼓式反应器（rotating drum bioreactor，RDB），圆桶体转动带动物料滚动；另一种是轴搅拌型鼓式生物反应器（stirred drum bioreactor），也称转轴式反应器，桶体不动，由搅拌轴翻动物料。空气从圆桶的一端水平方向进入，与在圆桶内滚动或翻动的物料相接触。物料层处于连续或间歇式（混料频率较高，间隔时间以分钟或小时计）与空气接触，并进行混料操作。

转鼓式反应器一般是呈卧式水平放置，也有的转鼓桶体中心轴线与水平线成一定角度的倾斜。物料随转鼓的旋转，在桶体内的上部落下或滑下。转鼓内物料的充填率一般只有30%～35%。转轴式反应器分卧式和立式，安装在轴上的拌料桨或刮板随轴旋转，使物料翻动。这种反应器的最大缺点是由于搅拌物料混合，易产生较大的剪切力，损伤霉菌的菌丝，较适合于对剪切力不敏感的微生物的培养。

4. 强制通风，搅拌混料型

强制通风，空气穿过物料层，物料通过搅拌器进行混料或通过其他方式使物料混合。该类型的反应器可分为两种亚类型：间歇混料式和连续混料式。所谓间歇和连续，是针对通风搅拌的操作而言，并非指间歇发酵和连续发酵。现有以下几种较为成型的反应器。

1）搅拌通风反应器（stirred-aerated bioreactor）：反应器内安装搅拌装置，使物料翻动，空气不是从物料层下方的假底通入，而是从搅拌桨的末端通入到物料层中。在搅拌及强制通风的同时作用下进行发酵。这种通风的效果比在物料层下方假底均匀地从整个物料层横截面通入要差些。

2）强制通风间歇搅拌反应器：圆盘制曲机、厚层通风发酵池等都属于这种类型。根据需要从带筛孔的底板下通入空气，且搅拌一般也是间歇进行。

3）连续强制通风的反应器有两种类型：①滚动转鼓式反应器（rocking drum bioreactor）：由水平式3个同心圆柱体组成。穿孔的内圈通入空气，中间的环形圈内装培养基，外环由中间环形圈的外围和转鼓的外壁所构成。内圈和中间的环形圈都由带筛孔的钢板制成。空气可由内圈穿过中间环形圈的物料层通入到外环的空间，再从排风口排出。随着转鼓的旋转，培养基也不断运动，完成混料操作。②气固流化床（gas-solid fluidized bed bioreactor，GSFB）式反应器：气流以足够的速度从底部穿孔筛板向上吹入，使物料呈悬浮状态。既可供氧，又可使物料混合均匀，从传热和传质的角度来看，最为彻底，但能耗较大。

5. 气相双动态脉动式固态生物反应器

陈洪章等设计了一种新型的气相双动态固态发酵生物反应器——压力脉动式固态发酵反应器（陈洪章等，2004；陈洪章等，2002），该反应器包括卧式固态发酵罐、罐内压力脉动控制系统、罐内空气循环系统、盘架系统和机械输送系统。

上述分类方法以通风和搅拌混料操作为分类依据，而这两种操作又是通风型发酵反应器影响传质和传热最重要的操作，因此这种分类方法较为科学和实用。

第五节　发酵工程的历史沿革与进展

一、国内外发酵工业简史及现状

1. 古代发酵业

古代各国发酵生产以作坊式生产为主，发酵产品以发酵食品为主，发酵技术的特色是以天然发酵、厌氧发酵为主。古代人们在不知道微生物及酶的情况下，各民族建立了独特的发酵生产体系。例如，中国人擅长利用霉菌发酵生产各类食品（黄酒、白酒、醋、酱等），古代中国固态发酵技术独树一帜；而中东及欧洲等国家的人们擅长利用细菌和酵母菌发酵（啤酒、葡萄酒、酸奶）。古代发酵工业的重要事件及其意义见表 1-6。

表 1-6　古代发酵工业

时　间	事　件	特征及意义
10 000 年前	谷物的种植；动物的驯养；农耕时代的开始	解决发酵生产原料的稳定供应
公元前 6 000 年前	苏美尔人、巴比伦人啤酒发酵	酵母发酵
公元前 4 000 年前	古埃及人发酵面包	酵母发酵
公元前 2 000 年前	古埃及人用裸麦制啤酒	酵母发酵
公元前 2 500 年前	古巴尔干人制酸奶	乳酸菌发酵
公元前 2 000 年前	古亚述人酿造葡萄酒	利用葡萄皮上的酵母天然发酵
公元前 3 000～公元前 4 000 年	《书经·说命篇》："若作酒醴，尔惟曲蘖"	固态发酵法制曲、酿酒；麦芽酿醴（液态发酵）
东汉	曹操上书"九酝春酒法"	补料发酵法的提出
北魏	贾思勰的《齐民要术》，数十例制曲、酿酒、酿醋、酿酱方法的记载；"曲势"理论的提出	发酵动力学的提出
北宋	《北山酒经》系统总结黄酒生产技术	传统黄酒生产技术成熟；微生物孢子人工接种技术

2. 近代发酵工业

近代以英国工业化革命为代表，科学技术呈现飞速发展，在生命科学领域也获得突破。其典型事件是发现了微生物，建立了细胞学说，提出了发酵是酶的作用，发明了微生物纯培养技术。这些科技成果，为发酵工业朝着科学的方向发展提供了理论基础，发酵工业进入了工业化生产的轨道。近代发酵工业的重要事件及其意义见表 1-7。

表 1-7　近代发酵工业

时　间	事　件	特征及意义
1674 年	荷兰人 A. van Leeuwenhoek 自制放大倍数为 300 倍的显微镜	为观察和发现微生物奠定基础
1838 年，1855 年	德国人 M. J. Schleiden 建立细胞学说	阐明细胞是动物、植物的基本单位
1858 年	德国人 M. Traube 认为发酵是靠酶的作用	阐明了发酵的本质
1866 年	巴斯德（Pasteur）推翻微生物的"自行发生化"的观点；证实发酵是由微生物引起的；认为酒的酸败是由微生物引起的，创造了巴斯德消毒法	证实了微生物在发酵中的正面作用和负面效应
19 世纪末和 20 世纪初	R. Koch 用染色法观察细胞；确立划线分离微生物的方法；发现了结核杆菌	可获得纯种微生物，是研究和利用微生物的基础方法之一
1914～1918 年	利用纯种培养微生物，并大规模发酵生产丙酮丁醇	工业化发酵法生产的开端

3. 现代发酵工业

20 世纪上半叶以来，微生物学和生物化学等学科快速发展，为发酵工业的发展奠定了理论基础。青霉菌的发现及青霉素的市场需求促使人们加强了微生物好氧发酵技术的研究。青霉素的生产，初期采用浅盘液态发酵法，生产效率低下，以美国为主的科学家开创了液态深层通风搅拌技术，并成功地应用于青霉素发酵法生产，这一技术体系为现代发酵工业奠定了基础。

20 世纪下半叶以来，DNA 螺旋结构的发现、遗传信息、微生物遗传及育种技术、代谢调控技术在谷氨酸、核苷酸等发酵产品的应用获得极大的成功。发酵工程演变为内涵更为丰富的生物工程。现代发酵工业的重要事件及其意义见表 1-8。

表 1-8　现代发酵工业

时　间	事　件	特征及意义
1926 年	从刀豆中获得结晶的脲酶、胃蛋白酶、过氧化氢酶结晶	酶蛋白的结晶，证明酶是蛋白质
1938 年	醋、维生素 C 生产	微生物转化、酶转化的发现及应用
20 世纪 30 年代	小鼠和鸡胚培养病毒方法建立，流感、乙脑等疫苗的生产	体内动物细胞培养病毒
20 世纪 40 年代后	青霉素发酵；生物化学化工	发酵工业通风，搅拌技术的建立，深层发酵法的建立
20 世纪 50 年代	新疫苗的生产（小儿麻痹、麻疹等）	体外细胞培养物中繁殖病毒
20 世纪 50 年代后	甾体化合物的转化	微生物转化、酶转化的发现及应用
20 世纪 60 年代后	抗生素、氨基酸、核苷酸、有机酸、酶制剂等新型产品的发酵法生产	以代谢调控理论指导菌种选育、发酵，提高发酵水平
20 世纪 70 年代后	新型发酵反应器、传感器，计算机控制，发酵工程优化	采用生物化工技术及装备使发酵行业朝向大型化、自动化方向发展，提高了发酵水平
20 世纪 80 年代后	基因工程菌的构建	大量新型基因工程菌产品问世

二、发酵工业的展望

从改革开放以来，中国已建立成为世界上规模最大的发酵工业产业链。但问题也随之摆在我们面前：原料（谷物类型原料为主）、能源消耗量极大，发酵工业产生大量的三废物质，对环境造成极大地破坏。低端产品过多，而许多高端核心技术（如基因工程技术、高性能菌种、下游处理技术）并未完全掌握。

我国在“十一五”期间制定的中长期生物技术与产业发展战略研究报告中曾提出以下要求。

生物肥料、生物农药进入规模化生产阶段，逐步替代化学肥料和化学农药，形成化学肥料、有机肥料、生物肥料互为补充的新的肥料格局；

大力发展并应用可降解生物地膜，从根本上解决“白色”污染问题；

开发并应用新型添加剂、保鲜剂，发展功能食品，加速第四代食品的形成；

大力开发饲料生物技术产品，并逐步替代传统的添加剂；

在塑料工业中利用玉米和大豆等生产“绿色塑料”，减少石油用量；

纺织工业中采用生物技术，减少纺织品在染色和修整过程中毒性副产物的产生；

造纸工业中采用生物工艺显著降低制备纸浆过程中毒性副产物的排出量；

使用现代生物技术，降低糖、酱油等传统产品的生产成本；

大力发展生物材料和酶制剂，改变其依赖进口的局面；

要初步完成生物制氢的中试开发，为发展新能源提供技术储备；

沼气技术与应用要达到世界先进水平，净化农村生态环境；

微生物采油、采矿技术达到或接近世界先进水平，提高石油、采矿工业的经济效益；

开发并应用生物技术治理水污染，筛选有毒有害污染物降解菌并开发相应的新产品，大幅度提高我国污水处理能力；

开发城市有机垃圾的生物处理技术，并逐步实现产业化，改善城镇环境质量；

积累海洋生物药物技术，大力开发海洋药物与保健品，如抗艾滋病、抗肿瘤等卫生保健产品，要从海洋生物中克隆一批重要的功能基因，要在海洋生物材料、海洋生物酶的研究与应用方面取得重大突破，并形成新的产业。

本章小结

本章简要地阐明了发酵工程的定义和发酵行业的特点，系统地介绍了发酵方法及分类。用列表的形式介绍了丰富的发酵产品及相对应的发酵方法、液态及固态发酵反应器。从本章中还可了解到发酵工厂的组成结构、主要的操作单元及经典的厌氧和好氧发酵产品的生产流程。本章最后还简要地介绍了发酵工业的发展史，并对发酵工业的未来做了美好的展望。

思 考 题

1. 发酵工程、生物工程、生物化工的区别在哪里?
2. 你的家乡有哪些著名的发酵工业的企业？其主要产品是什么?
3. 列举日常生活中所涉及的发酵产品，并了解其生产原料及主要方法。
4. 发酵生产工艺流程和单元操作之间是什么关系?
5. 发酵工业是朝阳产业还是末日产业？举例说明理由。

主要参考文献

陈洪章，李佐虎. 2002. 气相双动态固态发酵装置. 中国，ZL02201135. 8.

陈洪章，徐建. 2004. 现代固态发酵原理及应用. 北京：化学工业出版社.

许赣荣，胡文锋. 2009. 固态发酵原理、设备与应用. 北京：化学工业出版社.

Durand A，Chereau D. 1988. A new pilot reactor for solid state fermentation：Application to the protein enrichment of sugar beet pulp. Biotechnology and Bioengineering，31：476-486.

Mitchell D A，Krieger N，Bevovic M. 2006. Solid-State Fermentation Bioreactors. Berlin：Springer.

第二章 生产原料及预处理

第一节 微生物的营养需求及原料

一、微生物的营养需求

微生物的化学组成与各成分含量基本反映了微生物生长、繁殖所需要的营养物质的种类与数量。因此，分析微生物细胞的化学组成与各成分含量，是了解微生物营养需求的基础，也是培养微生物时，设计与配制培养基乃至对生长、繁殖过程进行调控的重要理论依据之一。微生物由碳、氢、氧、氮、磷、硫、钾、钠、钙、镁、铁、锰、铜、钴、锌、钼等化学元素组成，其中碳、氢、氧、氮、磷、硫 6 种元素占了细胞干重的 97%，如表 2-1 所示。

表 2-1　微生物细胞中几种主要元素的相对干重含量（%）

元　素	细　菌	酵母菌	霉　菌
碳	50	49.8	47.9
氮	15	7.5	5.2
氢	8	6.7	6.7
氧	20	31.1	40.2
磷	3	1.5	1.2
硫	1	0.3	0.2

二、微生物的营养要素及其功能

微生物的 6 种营养要素是碳源、氮源、能源、生物因子、无机盐、水。

1. 碳源

碳源是指一切能满足微生物生长、繁殖所需的含碳元素的营养物。碳源物质包括糖类、脂肪、有机酸、醇或碳氢化合物。还有一些种类较少的自养型微生物，则以 CO_2 为主要碳源。蛋白质中同时含有碳、氮元素，故既是碳源，也是氮源。

碳源的主要作用：供给微生物生命活动所需要的营养和能量；构成微生物菌体细胞成分；用于合成代谢产物；碳源类物质客观上也是调节维持 pH 的成分，在液态发酵液中低分子的葡萄糖还具有调节渗透压的作用。

碳源的利用顺序：对异养微生物来说，其最适碳源是“C. H. O”型。其中，糖类是最广泛利用的碳源，其次是醇类、有机酸类和脂类等。在糖类中，单糖胜于双糖和多糖，己糖胜于戊糖，葡萄糖、果糖胜于甘露糖、半乳糖；在多糖中，淀粉明显地优于纤维素或几丁质等纯多糖，纯多糖则优于琼脂等杂多糖和其他聚合物（如木质素）。

实验室中，常用于微生物培养基的碳源主要有葡萄糖、果糖、蔗糖、淀粉、甘露醇、甘油和有机酸等。工业发酵生产中所供给的碳源，大多数来自植物体，如山芋粉、玉米粉、麸皮、米糠、糖蜜等，其成分以碳源为主，但也包含其他营养成分。

有时碳源还可影响培养基的 pH。例如，微生物利用糖质碳源时，如果供氧不足，造成有机酸积累，pH 下降。微生物利用脂肪质碳源时，需要更多的氧，如果供氧不足，也会造成有机酸积累。如果乙酸钠作为碳源，引起 pH 上升。

$$CH_3COONa + 2O_2 \longrightarrow 2CO_2\uparrow + H_2O + NaOH$$

2. 氮源

氮源是指一切能满足微生物生长繁殖所需氮元素的营养物。

氮源的作用：构成微生物细胞物质、含氮代谢物的原料，调节发酵液 pH（如在发酵罐中通入氨可起到供氮及调节 pH 的双重作用）。

氮源分为有机氮源和无机氮源。常用的有机氮源包括花生饼粉、黄豆饼粉、玉米浆、玉米蛋白粉、蛋白胨、酵母粉、鱼粉、蚕蛹粉等及它们的降解产物，尿素则是最简单的有机氮源。

培养基中的氮源可分为速效氮源和迟效氮源。蛋白质这类有机氮源为迟效氮源；而某些无机氮源或以蛋白质的各种降解产物形式存在的有机氮源则是速效氮源。这些速效有机氮源除含有丰富的蛋白质、多肽和游离氨基酸外，往往还含有少量的糖类、脂肪、无机盐、维生素及其某些生长因子。微生物在速效有机氮源培养基中，因可直接利用氨基酸和其他有机氮化合物中的各种不同结构的碳架，来合成生命所需要的蛋白质和其他细胞物质，而无需从糖代谢的分解产物来合成所需的物质，因而微生物在这些速效有机氮源的培养基中常表现出生长旺盛、菌体浓度增长迅速的特点。

异养微生物对氮源的利用顺序：一般说来，异养微生物对氮源利用的顺序是“N. C. H. O”或“N. C. H. O. X”类氮源优于“N. H”类氮源，更优于“N. O”类氮源，而最不易被利用的则是“N”类氮源。

常用的无机氮源有氨水、硫酸铵、氯化铵、硝酸盐等。多种放线菌、霉菌或细菌都能利用各种无机氮源为主要或辅助氮源。铵盐中的铵氮可以直接被菌体利用来合成细胞中的含氮物质，硝基氮必须先还原成氨后，才能被利用，因此铵盐的利用比硝基氮快。

无机氮源可分为生理酸或生理碱物质。所谓的生理酸物质，如硫酸铵，在铵离子被消耗后，硫酸根残留于发酵液中，使发酵液呈酸性。

$$(NH_4)_2SO_4 = 2NH_3\uparrow + H_2SO_4$$

而所谓的生理碱物质，如硝酸盐，在发酵液中需先被还原成 NH_3，而当 NH_3 被利用后，残留的 NaOH 使发酵液呈碱性。

$$NaNO_3 + 4H_2 = NH_3 + 2H_2O + NaOH$$

3. 生长因子

生长因子（growth factor）是指某些微生物生长所必需，而自身又不能合成或合成量不足以满足自身生长，需要外源提供的微量有机物。狭义的生长因子一般仅指维生素；广义的生长因子除维生素外，还包括氨基酸、碱基、脂肪酸等。

根据各种微生物与生长因子的关系可分以下几类：生长因子自养型微生物、生长因子异养型微生物、生长因子过量合成型微生物、生长因子缺陷型微生物。

通常由于对某些微生物所需的生长因子不了解，常在培养这些微生物的培养基里加入酵母膏、牛肉膏、玉米浆、肝浸液、麦芽汁或其他新鲜的动植物组织浸出液等物质以满足它们对生长因子的需要。

4. 无机盐类

凡微生物生长所需浓度为 $1\times10^{-4}\sim1\times10^{-3}$mol/L 的元素，称为大量元素，如 P、S、K、Mg、Ca、Na、Fe 等；凡微生物生长所需浓度为 $1\times10^{-8}\sim1\times10^{-6}$mol/L 的元素，则称为微量元素，如 Mn、Zn、Cu、Cl、Co、Mo、Ni、B、W、Sn、Se 等。不同微生物有时所需的无机盐浓度有时差别很大，上述划分只是使用上的方便。

配制微生物培养基时，对于大量元素可加入相关化学试剂，常用 K_2HPO_4 及 $MgSO_4$，它们可提供 4 种需要量最大的元素。对于微量元素，由于水、化学试剂、玻璃器皿或其他天然成分的杂质中已含有可满足微生物生长需要的各种微量元素，在配制普通培养基时一般不再另行添加。但如果要配制研究营养代谢等的精细培养基，所用的玻璃器皿应是硬质的，试剂是高纯度的，此时就须根据需要加入必要的微量元素。

要注意无机盐的使用量及添加方式。例如，磷酸盐，它是核酸、核蛋白质等重要细胞物质的组成部分，是许多辅酶（或辅基）、高能磷酸键的组成部分，它在菌体生长、繁殖和代谢活动中起着极其重要的作用；但过量的磷酸盐会促使菌体大量生长，对某些次级代谢产物（如抗生素）合成产生抑制作用，培养基中钙盐过多时，会形成磷酸钙沉淀，从而降低培养基中可溶性磷的含量。当培养基中磷和钙均要求较高浓度时，可将两者分别消毒或逐步补加。

5. 能源

能源是指能为微生物生命活动提供能量来源的营养物。

能作为化能自养微生物的能源都是一些还原态无机物，如 NH_4^+、NO_2^-、S、H_2S、H_2 和 Fe^{2+} 等。能氧化利用这些物质获得能量的微生物都是细菌，如亚硝酸细菌、硝酸细菌、硫化细菌、硫细菌、氢细菌和铁细菌等。由于化能自养微生物的存在，说明生物界的能源并非都是直接或间接的依靠太阳能。

许多碳源也是主要的微生物获取能量的主要物质。例如，葡萄糖可经过一系列的代谢途径，最终分解成二氧化碳和水，在这一过程中，则可生成大量的 ATP，这类物质是生物合成所需能源的主要提供者。

6. 水

一般情况下，水是微生物细胞及培养基中含量最大的组分。

水的存在形式有气相中的水气、液态自由水（培养基中的自由水、物料颗粒表面的水膜或水滴、毛细管内的水、颗粒间隙中的水分）、物料的结合水（bound water）。

自由水能被微生物利用，结合水则不能。结合水分为：①化学结合水，即基质中化合物的结晶水及与某些化合物以氢键连接的水分；②物理结合水，即被吸附在物料粒子外层的水分；③溶液状态的水分，包括构成液态物料的水分及构成固态物料的生物细胞内溶液、细胞破裂后排出或渗透出细胞外的溶液中的水。

对于液态发酵而言，一般只谈及培养基固形物的含量，水并不是限制性生长因子。但若培养基中含有某些吸水性非常强的物质，且其浓度足够大时，水也可能是限制性生长因子。而对于固态发酵而言，一般只谈及培养基的水分含量。水分含量的高低对微生物生长和发酵影响很大。

与水有关的更重要的参数是“水活度”（activity of water，a_W）。水活度反映了物料与水亲和能力的大小，表示物料中所含的水分作为生物化学反应和微生物生长的可利用价值。微生物对水分的吸收或排出取决于水活度。

水活度 a_w 的定义是

$$a_w = \frac{f}{f_0} \tag{2-1}$$

式中，f 为溶剂的逸度（逸度是溶剂从溶液中逃脱的趋势）；f_0 为纯溶剂的逸度。

纯水的 $a_w=1$，完全无水时 $a_w=0$。

水活度 a_w 也可定义为一定温度和压力下，溶液的蒸汽压（p）和纯水的蒸汽压（p_0）之比。

$$a_w = p/p_0$$

微生物生长所要求的 a_w 值一般为 0.60～0.99，每一种微生物的生长都有一适应范围及最适的 a_w 值，且这个值是相对恒定的。如果微生物生长环境的 a_w 值大于其生长的最适 a_w 值，细胞就会吸水膨胀，甚至引起细胞破裂。反之，如果环境 a_w 值小于微生物生长的最适 a_w 值，则细胞内的水分就会外渗，造成质壁分离，使细胞代谢活动受到抑制甚至引起死亡。为了抑制有害微生物生长，往往加入高浓度食盐或蔗糖，降低环境中的 a_w 值，使其不能正常生长，从而达到长久保存食品的目的。

7. 其他物质

前体物（precursor）：被菌体直接用于药物合成而自身结构无显著改变的物质称为前体物。前体物并非微生物生长所必需的营养物质，但它对于代谢产物的合成有促进作用。前体物以整体结构加入到新合成的物质中，在培养基中加入前体物可大大提高产物的浓度。例如，青霉素的前体物是苯乙酸及有关衍生物；金霉素的前体物是氯化物；维生素 B_{12}的前体物是钴化物；胡萝卜素的前体物是β-紫罗兰酮等。

促进剂：是指那些既不是营养物又不是前体物，但能提高产物产量的添加剂。例如，加入巴比妥盐能使利福霉素单位增加，并能使链霉菌推迟自溶，延长分泌期。

表面活性剂：对于细胞通透性有影响的物质，如 Tween-80、Toluene、TritonX-100、Span-20。在发酵液中加入适量的这些物质，可促进细胞内某些代谢产物的外泄，从而减少胞内这些代谢产物的浓度，故可促进这些代谢产物的合成。但需注意残留的表面活性剂是否影响微生物细胞的生长，是否会残留在产品中。

消泡剂：发酵工业中常用的消泡剂有天然油脂类（如玉米油、豆油、米糠油、棉籽油、鱼油及猪油等）、聚醚类（如聚氧丙烯甘油醚）、高级醇类（如十八醇）和硅酮类（如聚二甲基硅氧烷及其衍生物）。

三、发酵培养基的主要原料

用于配制培养基的原料分为天然原料及其制品和化学原料。

1. 天然原料及其制品

1）淀粉类原料：例如，谷物类原料，包括小麦、大麦、大米、小米、玉米、高粱等；谷物类加工后的淀粉纯度更高的原料，如玉米淀粉。此外，还有用玉米、大米、小麦等淀粉质原料加工而成的糖浆类原料。

葡萄糖、麦芽糖、乳糖、蔗糖和淀粉等是药物发酵生产中常用的碳源，也是各种微生物最容易利用的碳源。几乎所有的微生物都利用葡萄糖，因此葡萄糖常作为培养基的一种主要成分。但是，在发酵过程中过多的葡萄糖会加速菌体的呼吸，如果此时通风不足，致使培养基中溶解氧不能满足菌体的需要，会使一些酸性中间代谢物（如乳酸、丙酮酸、乙酸等）积累，使培养基 pH 降低，从而抑制微生物的生长和产物的合成。

淀粉分为玉米淀粉、甘薯淀粉、土豆淀粉和小麦淀粉等多种，应用于不同的药物发酵生产中可以克服葡萄糖代谢过快的弊病，同时淀粉价格比较低廉，来源也较丰富。为节约药物发酵生产所用的大量粮食，降低生产中原料成本，还可采用粗粮或粮食加工过程中的副产物等作为碳源，如玉米粉、土豆粉、葡萄糖结晶母液等。

糖蜜是糖厂生产糖时的结晶母液，是糖厂的副产物。一般糖蜜分为甘蔗糖蜜和甜菜糖蜜，两者中糖的含量和无机盐的含量都有所不同。药物发酵生产中若以糖蜜为碳源，如果使用恰当，其效果与粮食原料相似。

2）蛋白质类原料：主要是蛋白胨、鱼粉、酵母浸膏、牛肉浸膏、酵母提取物等；也可用天然的大豆、豆粕、豌豆、麸皮、玉米浆粉、液态玉米浆等。许多食品类的固态发酵产品，发酵原料较为固定，一般不会随意更换。例如，黄酒习惯上用大米为原料，豆酱用大豆为原料。

黄豆粉是发酵生产中常用的有机氮源。根据油脂含量可将其分为 3 类，全脂黄豆粉（含油脂 18%）、低脂黄豆粉（含油脂 9%）、脱脂黄豆粉（豆粕，含油脂 2%）。豆粕有两种产品：一种是在低温下提取油脂后加工制备的，另一种是在高温下提取油脂后加工制备的。棉籽饼也是应用较广泛的有机氮源。

玉米浆中含有较丰富的玉米可溶性蛋白质，是一种很容易被微生物利用的良好氮源。玉米浆是用亚硫酸溶液浸泡玉米后经过浓缩加工制成的，呈鲜黄到暗褐色、浓稠不透明的絮状悬浮物，约含 50%干物质。由于玉米的来源不同，加工条件各异，玉米浆的成分常有较大波动，在使用时应注意适当调配。

蛋白胨、酵母粉、鱼粉等也是常用的有机碳源。蛋白胨多由动物组织和植物经酸或酶水解制备的。酵母粉或酵母浸汁含有蛋白质、氨基酸、维生素等，主要来自啤酒酵母和面包酵母。商品鱼粉含有 60%左右的粗蛋白，12%左右的油脂，4%～5%的氯化钠。

3）纤维素类原料：如谷糠、各种秸秆、稻草、芒秆、木屑，可用于饲料、食用菌或燃料乙醇的生产，一般用于固态发酵，作为其他发酵物料中的填充物。

4）食品和发酵工业副产物：这些副产物含有未完全利用的蛋白质、淀粉和纤维素等，如啤酒糟、白酒糟、黄酒糟、酱油糟、柠檬酸等副产物。通过固态发酵，提高其营养价值或改善其适口性，主要用作饲料。

5）废弃物：如城市餐厨余物、废旧报纸、造纸厂纤维废渣、禽畜类排泄物、沼气发酵残渣等，含有大量的有机物，对环境造成很大的危害，也可通过固态发酵使之无害化或资源化。

2. 化学原料

例如，氮源可采用硫酸铵、氨水、尿素、硝酸铵等；无机盐可用氯化钠、硫酸镁、硫酸锰等。化学原料纯度高，成分较明确。磷酸氢二铵则同时供应磷元素和氮元素。

四、原料的预处理方法

发酵生产原料的形态多种多样，有液体状、膏状、结晶状，天然的固态原料，有颗粒状、块状、粉末状等。为了将这些原料制备成适合于微生物发酵的培养基，必须对有的原料进行适当的预处理。这些预处理方法主要是物理方法，目的是使天然原料在外观上或内在成分上变得整齐划一或均匀一致，便于后续的培养基灭菌操作，或者便于微生物的利用。

1. 固体原料的预处理

许多传统固态发酵，原料一般无需复杂的预处理，固体原料预处理的主要单元操作包括筛分、除杂、精白、清洗、浸泡、粉碎、制坯、切块、润湿等。不同的固态发酵产品有不同的原料预处理方法。以下主要叙述颗粒或粉状物料的预处理。

除杂：原料中含有灰尘杂物等，可用振动筛之类的设备对原料大米进行除杂，机械化新工艺中可利用输米时的旋风分离器进行除尘。

精白：对于黄酒或清酒酿造原料用米，因为糙米的外层（糊粉层）及胚部分含有丰富的蛋白质、脂肪、粗纤维和灰分。大量的蛋白质在黄酒发酵酿造时，会生成大量的氨基酸，脂肪在发酵过程中会出现氧化，产生酸臭和口味变苦的现象。可采用精米机对米进行精白处理，精米机采用金刚辊磨擦去外皮糊粉层。

用精米率表示米的精白程度。精米率是精白后的白米占精白前糙米的质量比例。日本清酒生产中大米的精米率为50%～70%，故其口感清爽。在我国黄酒的精米率约为90%。

破碎和粉碎：固体的破碎和粉碎是将大块物料借助机械外力粉碎成适宜程度的碎块或细粉的操作过程。粉碎目的在于减少粒径、增大比表面积。物料通过粉碎有利于提高难溶性成分的溶出度和生物利用度；并节省蒸煮时的蒸汽消耗，提高原料的利用率。

原料越细，原料的利用率越高，对于液态发酵原料处理而言，原料越细，越有利于后续的液化和糖化。但对于固态发酵物料，并不需要粉碎得很细，原料过细，颗粒间空隙小，有可能造成孔隙率降低，减少了基质内气体的体积和气体交换，影响氧气在基质内的传递，造成局部缺氧。基质含水量过大，也会降低基质的多孔性，易造成局部缺氧，厌氧菌滋生。基质水分过少，物料吸水不足，基质膨胀程度低，物料发干，微生物缺水，生长受到抑制。

根据粉碎的程度，主要分为轧碎、破碎和粉碎。①轧碎，如在黄酒生产中所用的麦曲破碎时，采用轧麦机，将麦子轧成5或6瓣。②破碎，是将大块物料用机械方法将其变为小块物料，其制品统称为碎块，直径界定尺寸在5mm以下；还有一种经破碎后的直径界定在1.5～5mm的称为“碎粒”。③粉碎则是粉碎成粒径不同的粉末状。粉末的直径界定在0.3～1.5mm，其制品称为“粉末”。“微粉碎”则是将物料粉碎成直径界定在0.05～0.3mm的粉末，称为“微粒”。还有称之为“亚微粒子”的直径为0.001～0.05mm。此外，还有超微粉碎和极微粉碎，这在固态发酵原料处理上用得很少。

用粉碎度表示物料粉碎的程度，粉碎度（n）可用下式计算：$n=D/d$。
式中，D 为粉碎前颗粒的平均直径；d 为粉碎后颗粒的平均直径。

原料粉碎可分为干法粉碎与湿法粉碎。干法粉碎：物料处于干燥状态下进行粉碎的方法。而湿法粉碎是在物料中加入适量的水或其他液体进行研磨的方法，可减少粉碎操作时的粉尘飞扬，减轻粉尘对人体的危害。

筛分：在对原料颗粒大小有严格要求的场合下，筛分可借助筛网将不同粒度的物料按粒度大小进行分离。我国工业标准筛常用“目”表示筛号，即以每英寸①上筛孔的数目来表示。例如，每英寸有100个孔的筛为100目筛，能通过100目筛的粉末称为100目粉。其孔径常用微米表示。筛网所用的材料不同，丝的直径不同，筛孔的大小也不同。筛号、筛孔内径及目号的关系可查相关的资料。例如，同为100目的筛，锦纶为材料的筛网，孔径是150μm，而如果用钢丝为材料，孔径则为170μm。

2. 液态发酵培养基原料的预处理

液态发酵培养基所用的各种原料应尽可能制备成水溶性的。因此，块状或颗粒状等固体物料在除杂之后首先应粉碎，便于配制成水溶液或悬浮液。有的糖类原料还必须先行液化、糖化制成葡萄糖溶液。

3. 纤维素类物料的预处理

秸秆或稻草等原料无法直接被微生物利用。在蒸煮或发酵前，这些原料都需要进行必要的高温、高压、酸、碱等预处理。

处理纤维素类资源需要解决的几大技术关键是：一是预处理工艺，即通过各种方法，如汽爆法、湿氧化法、稀酸法或几种方法的组合，破坏秸秆中的纤维素、半纤维素与木质素的结构，使之松散，也可使半纤维素水解；二是水解工艺，即通过酶法或酸法把上述物质中的纤维素、半纤维素水解成六碳糖和五碳糖。

物理预处理法：目的是使纤维素粉化和软化，方法有机械粉碎、蒸汽爆裂、高能辐射、微波处理、冷冻处理，以提高酶的水解转化率和生产效率。

汽爆秸秆有较强的结合水的能力。由于汽爆技术可使秸秆中的纤维素和半纤维素部分降解，以汽爆秸秆作为微生物的培养基质，不仅可作为微生物的营养物、膨松剂和纤维素酶的诱导物，而且此基质结合水的能力较强，在湿度相当大的范围内，水活度保持相当高。

化学预处理法：有臭氧法、酸水解法、碱处理法和有机溶剂处理法。其中酸水解法技术较完善，但酸法处理要在高温下进行，酸水解后要进行中和，设备投资较大，可能带来废水。

生物预处理法：主要是纤维素酶的水解。

五、淀粉质原料液化、糖化原理及技术

淀粉的水解法，有早期的酸水解法和酸-酶法，现代则广泛使用双酶法。

双酶法制糖，采用淀粉酶、糖化酶这两种酶。淀粉酶是内切酶，主要作用是将淀粉迅速液化和糊化，而糖化酶是外切酶，可将淀粉链上的单糖基逐个切下，生成葡萄糖。

双酶法制糖主要过程（工艺流程示意图见图2-1）：玉米淀粉原料经配料、糊化、液化和糖化，制备成淀粉水解糖。

淀粉制糖过程有以下3个阶段。

（1）糊化　淀粉乳加热，淀粉颗粒膨胀，晶体结构消失，变成糊状液体，淀粉不再沉淀。

（2）液化　采用α-淀粉酶进行液化，α-淀粉酶属内切型淀粉酶，它作用于淀粉时从淀粉分子内部以随机的方式切断α-1,4糖苷键，利用淀粉酶使糊化淀粉水解到一定的糊精和低聚糖程度，黏度大大降低，流动性增加。

目前市售酶制剂中，以地衣芽孢杆菌所产α-淀粉酶耐热性最高，其最适反应温度达

---

① 1英寸（1in）＝2.54cm

95℃，瞬间可为105～110℃，因此该酶又称耐高温淀粉酶。由枯草杆菌所产生的α-淀粉酶，最适反应温度为70℃，称为中温淀粉酶。

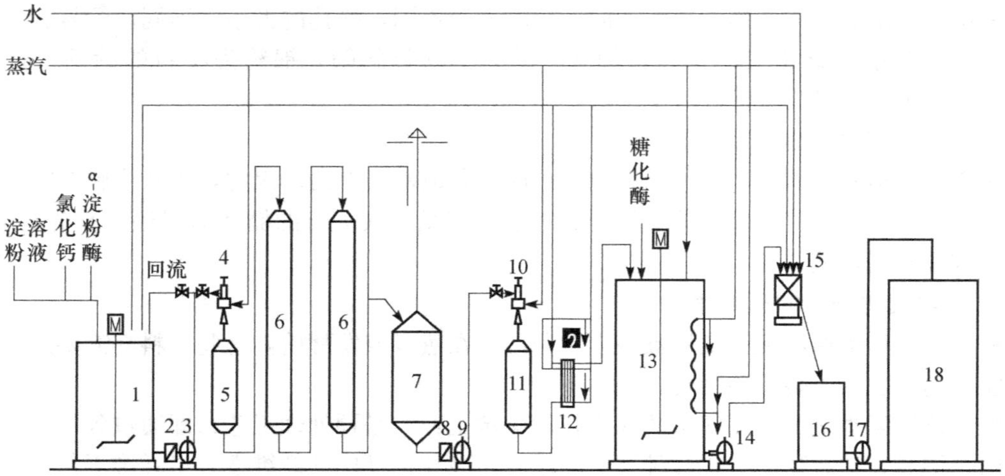

图 2-1　双酶法制糖工艺流程示意图

1. 调浆配料槽；2，8. 过滤器；3，9，14，17. 泵；4，10. 喷射加热器；5. 缓冲器；6. 液化层流罐；7. 液态液贮槽；11. 灭菌罐；12. 板式换热器；13. 糖化罐；15. 压滤机；16. 糖化液贮槽；18. 糖液贮槽

液化方法有3种：升温液化法、高温液化法和喷射液化法。

喷射液化法：先通蒸汽入喷射器预热为80～90℃，用位移泵将淀粉乳打入，蒸汽喷入淀粉乳的薄层，引起糊化、液化。蒸汽喷射产生的湍流使淀粉受热快而均匀，黏度降低也快。液化的淀粉乳由喷射器下方卸出，引入保温桶中在85～90℃保温约40min，达到需要的液化程度。此法的优点是液化效果好，蛋白质类杂质的凝结好，糖化液的过滤性质好，设备少，也适于连续操作。马铃薯淀粉液化容易，可用40%浓度；玉米淀粉液化较困难，以27%～33%浓度为宜，若浓度在33%以上，则需要提高2倍用酶量。

（3）糖化　　糖化时采用糖化酶（葡萄糖淀粉酶），该酶对淀粉的水解作用是从淀粉的非还原性末端开始，依次水解α-1,4糖苷键，顺次切下每个葡萄糖单位，生成葡萄糖。

糖化时间根据相应淀粉糖质量指标中DE值的要求而定，一般为12～48h；糖化温度一般采用55℃以上，可避免长时间保温过程中细菌的滋生。

$$(C_6H_{10}O_5)_n + nH_2O \longrightarrow nC_6H_{12}O_6$$

淀粉		水
162	18	180
1000		$X=1111$

从上式可计算得到，每1000kg淀粉可制得1111kg的糖。

DE值：用DE值表示淀粉水解的程度或糖化程度。糖化液中还原性糖以葡萄糖计，占干物质的百分率称为DE值。还原糖用斐林法等方法测定，浓度单位：葡萄糖g/100mL糖液；干物质用阿贝折光仪测定，浓度单位：干物质g/100g糖液。DE值计算如式（2-2）所示。

$$DE = \frac{\text{还原糖浓度} \times 100\%}{\text{干物质浓度} \times \text{密度}} \tag{2-2}$$

第二节　培养基配制原理

一、微生物营养类型

根据微生物生长所需要碳源的性质不同，可将微生物分成自养型（autotroph）与异养型（heterotroph）；根据微生物生长所需能量来源不同，可将微生物分成化能营养型（chemotroph）与光能营养型（phototroph）；根据其生长时能量代谢过程中氢供体性质的不同，可将微生物分成有机营养型（organotroph）与无机营养型（lithotroph），分类方式如表 2-2 所示。

表 2-2　微生物营养类型

营养类型	主要（或唯一）碳源	能　源	代表菌
光能自养	CO_2	光能	着色菌
光能异养	有机物	光能	红螺菌
化能自养	CO_2	无机物	硫杆菌
化能异养	有机物	有机物	大肠杆菌

综合起来，可将微生物营养类型划分为 4 种基本类型，即化能有机营养型（化能异养型）、化能无机营养型（化能自养型）、光能有机营养型（光能异养型）与光能无机营养型（光能自养型）。

二、微生物培养基类型

培养基（medium）是一种人工配制的、适合微生物生长、繁殖或产生代谢产物用的混合养料。因此，任何培养基都应具备微生物所需要的六大营养要素，且其间的比例应是合适的。培养基一旦配成，必须立即进行灭菌，否则很快引起杂菌丛生，并破坏其固有成分和性质。

目前自然界中只有一部分微生物能够人工培养，主要有病毒、细菌、放线菌、真菌等。应全面、准确地了解微生物细胞的生命规律，根据微生物的种类和对营养的需求来配制合适的培养基，以提高微生物可培养性，并达到代谢产物高产的目的。

由于各种微生物所需要的营养不同，培养基的种类很多。据估计目前约有数千种不同的培养基，这些培养基可根据所含成分、物理状态及不同的使用目的等而分成若干类型。

1. 按照培养基的成分分类

培养基按其所含成分，可分为合成培养基、天然培养基和半合成培养基 3 类（表 2-3）。

（1）合成培养基　　也称基本培养基，合成培养基的各种成分完全是已知的各种化学物质。这种培养基的化学成分清楚，组成成分精确，重复性强，但价格较贵，而且微生物在这类培养基中生长较慢，如高氏 1 号培养基、察氏培养基等。

（2）天然培养基　　也称复合培养基，由天然物质制成，如蒸熟的马铃薯和普通牛肉汤，前者用于培养霉菌，后者用于培养细菌。这类培养基的化学成分很不恒定，也难以确定，但配制方便，营养丰富，因此常被采用。

表 2-3 合成培养基与天然培养基比较

分 类	合成培养基	天然培养基
主要成分	准确测量的化学试剂加蒸馏水	化学成分不明确的天然物质
优点	化学成分明确，精确定量，可重复性强	配制方便，营养丰富，原料易得，培养效果好
缺点	配制繁琐，成本较高，培养效果一般	成分不明确，实验重复性差
应用	用于微生物的分类、鉴定、研究	一般用于工业生产

(3) 半合成培养基　在天然有机物的基础上适当加入已知成分的无机盐类，或者在合成培养基的基础上添加某些天然成分，如培养霉菌用的马铃薯葡萄糖琼脂培养基。这类培养基能更有效地满足微生物对营养物质的需要。

2. 按照培养基的物理状态分类

培养基按其物理状态可分为固态培养基、液态培养基和半固态培养基 3 类。

(1) 固态培养基　在液态培养基中加入凝固剂（如琼脂、明胶、硅胶等）制备成固态培养基。该类培养基常用于微生物分离、鉴定、计数和菌种保存等方面。此外，另一类固态培养基，一般采用天然谷物原料或纤维素类原料，培养基中加水较少，培养基中固形物含量较高。这种固态培养基固、液、气三相并存，气相为连续相，培养基中几乎不含游离水。在生产中，各类酒曲、米曲、红曲等均是用固态培养基培养的。

(2) 液态培养基　将各种培养基物料溶于水中，配成成分均匀的液体或细小颗粒状的悬浮液。该类培养基可视液相为连续相，微生物能充分接触和利用培养基中的养料，适于作生理等研究，由于发酵率高，操作方便，也常用于发酵工业。

(3) 半固态培养基　是在液态培养基中加入少量凝固剂而呈半固态状态。该类培养基可用于观察细菌的运动、鉴定菌种和测定噬菌体的效价等方面。

3. 按照微生物的种类分类

培养基按微生物的种类可分为细菌培养基、放线菌培养基、酵母菌培养基和霉菌培养基 4 类。

常用的细菌培养基有营养肉汤和营养琼脂培养基；常用的放线菌培养基有高氏 1 号培养基；常用的酵母菌培养基有马铃薯蔗糖培养基和麦芽汁培养基；常用的霉菌培养基有马铃薯蔗糖培养基、豆芽汁葡萄糖（或蔗糖）琼脂培养基和察氏培养基等。

4. 根据培养基在发酵生产中的用途分类

依据培养基在生产中的用途（或作用），也可将生产上应用培养基分为孢子培养基、种子培养基和发酵培养基。

(1) 孢子培养基　是供菌种繁殖孢子的一种常用固态培养基，对这种培养基的要求是能够使菌体迅速生长，产生较多优质的孢子，并要求这种培养基不易引起菌种发生变异。因此，对孢子培养基的基本配制要求是：第一，营养不要太丰富（特别是有机氮源），否则不易产生孢子；第二，所用无机盐的浓度要适量，否则会影响孢子量和孢子颜色；第三，要注意孢子培养基的 pH 和湿度；第四，所选用的各种原材料的质量要稳定。生产中常用的孢子培养基有麸皮培养基，大（小）米培养基，由葡萄糖（或淀粉）、无机盐、蛋白胨等配制的琼脂斜面培养基等。

(2) 种子培养基　是供孢子发芽和菌种生长、繁殖用的。营养成分应是易被菌体吸收利用的，同时要比较丰富与完全，其中氮源和维生素的含量要高些，但总浓度以略稀薄为宜以便菌体的生长、繁殖。种子培养基的营养成分都是一些易于吸收的碳源和氮源，如葡萄糖、硫酸铵、尿素、玉米浆、酵母膏和蛋白胨等。种子质量的好坏对发酵的影响很大，为了使培养的种子能够满足发酵的要求，必须将种子培养基和发酵的要求联系起来考虑。最后一级种子培养基的成分最好能较接近发酵培养基，这样可使种子进入发酵培养基后能迅速适应、快速生长。

(3) *发酵培养基*　是供菌种生长、繁殖和合成产物之用。它既要使种子接种后迅速生长，达到一定的菌体浓度，又要使长好的菌体能迅速合成所需产物。因此，发酵培养基的组成除有菌体生长所必需的元素和化合物外，还要有产物所需的特定元素、前体物和促进剂等。但如果生长和生物合成产物需要的总的碳源、氮源、磷源等的浓度太高，或者生长和合成两阶段各需的最适条件不同时，则应考虑采用配制浓度较低、初期用的培养基，然后采用补料流加培养基来满足发酵工艺的要求。

5. 按照培养基特殊用途分类

培养基按其特殊用途可分为加富培养基、选择性培养基和鉴别培养基。

(1) *加富培养基*　是在培养基中加入血液、血清、动植物组织提取液等某些特殊需要的营养成分配制而成的营养更为丰富的培养基。加富培养基一般用于培养对营养要求比较苛刻的微生物。在研究致病微生物时常采用加富培养基。例如，培养某些致病菌常需要在基础培养基中加入血液、血清或动植物的组织提取液等。在含有多种微生物的样品中分离某种微生物时，常需要根据欲分离的微生物的营养嗜好，在基础培养基中添加特定的营养成分，使更加有利于欲分离的目标微生物的生长、繁殖。例如，用液态培养基培养，可使微生物群体中欲要分离的目标微生物随培养时间的延长在数量逐步占据优势，以利于下一步分离；如果是用固态平板培养基培养，可使微生物群体中欲要分离的微生物较早形成菌落而利于分离。

(2) *选择性培养基*　是根据某一种或某一类微生物的特殊营养要求或对一些物理、化学抗性而设计的培养基。利用这种培养基可以将所需要的微生物从混杂的微生物中分离出来。

选择性培养基配制时可根据不同的用途选择特殊的营养成分或添加特定的抑制剂，以达到分离特定微生物的目的。

在实践中有两种方式：一种是正选择（投其所好），另一种是反选择（取其所抗）。

正选择是添加某种特定成分为培养基主要或唯一的营养物，以分离能利用该种营养物的微生物。例如，从混杂的微生物群落中选择性地分离能利用纤维素的微生物时，则把纤维素作为选择培养基的唯一碳源，把混杂的微生物群落样品涂布于此种培养基上，凡能在该培养基上生长、繁殖的微生物即为能利用纤维素的微生物。以此类推，可以分离利用各种各样营养物的微生物。

反选择是在培养基中加入某种或某些微生物生长抑制剂，以抑制所不希望出现的微生物，从而从混杂的微生物群体中分离不被抑制和所需要的目标微生物。例如，在选择培养基中加入青霉素、链霉素以抑制细菌，从而分离霉菌与酵母菌；在基因工程中，也常用加入抗生素的选择培养基来筛选带有抗生素标记基因的基因工程菌株或转化子。

(3) *鉴别培养基*　用于鉴别不同类型微生物的培养基。例如，在培养基中加入能与目的菌的无色代谢产物发生显色反应的指示剂，从而达到只需用肉眼辨别颜色就能方便地从近似菌落中找出目的菌菌落的培养基。

鉴别培养基主要用于微生物的分类鉴定和分离或筛选产生某种或某些代谢产物的微生物菌株。

案例　功能性培养基

如要了解某种微生物在利用葡萄糖时是否产酸，就在葡萄糖为唯一碳源的培养基中加入一定量的1%溴麝香草酚蓝乙醇溶液。溴麝香草酚蓝是一种在pH6.8左右时呈浅草青色，pH低于6.6时变黄，pH高于7.0时变蓝的指示剂。当培养的细菌能利用葡萄糖产酸，则使培养基呈酸性而变黄色，从而利用葡萄糖产酸这一生理生化特性得以被鉴定。

检测是否有大肠杆菌的存在可以使用伊红美蓝（eosin methylene blue，EMB）培养基，培养基中的伊红和美蓝两种苯胺染料可抑制G^+菌和一些难培养G^-菌。在低酸度下，这两种染料会结合并形成沉淀，起着产酸指示剂的作用。因此，试样中多种肠道细菌会在EMB培养基平板上产生易于用肉眼识别的多种特征性菌落，特别是*E. coli*因其能强烈分解乳糖而产生大量混合酸，表面带H^+，故可染上酸性染料伊红，伊红与美蓝结合使菌落呈现深紫色，且从菌落表面的反射光中还可看到似金龟子色的绿色金属闪光。

【案例分析】　关于选择性培养基和鉴别培养基只是为应用方便而人为划分的。实际应用时两种功能常结合在一起，如EMB培养基既是鉴别培养基又是选择性培养基。

三、选用和设计培养基的原则和方法

在微生物学研究和生产实践中，配制合适的培养基是一项最基本的工作。但是，许多工作不但要求我们去选用一种现成的培养基，而且还经常要求亲自去设计一种更合适的培养基，这就要求人们除了熟悉微生物的营养知识和规律外，还要有一套科学的设计培养基所应遵循的基本原则和方法。

1. 四个原则

（1）目的明确　　在设计新培养基前，首先要明确配制该培养基的目的，怎样培养，培养的最终目的是用于科学研究还是生产发酵。

（2）营养协调　　在一般情况下，浓度合适的营养物质才对微生物表现出良好作用，浓度大时对微生物生长起抑制作用，浓度小时不能满足微生物生长的需要。例如，培养基中氮源过多，会使菌体生长过于旺盛，pH偏高，不利于代谢产物的积累；氮源不足，则菌体繁殖量少，从而影响代谢产物的产量。碳源过多，则容易形成较低的pH，若氮源不足，易引起菌体衰老和自溶。

培养基中各营养物质之间的浓度比直接影响微生物的生长与繁殖和（或）代谢产物的形成与积累，尤其是碳氮比（C/N）（碳氮比一般指培养基中元素碳与元素氮的比值，有时也指培养基中还原糖与粗蛋白质两种成分含量之比）的影响更为明显。例如，在微生物的谷氨酸发酵中，培养基的C/N为4∶1时，菌体大量繁殖，谷氨酸积累少；当C/N为3∶1时，菌体繁殖受到抑制，而谷氨酸大量增加。要注意快速利用的碳（氮）源和慢速利用的碳（氮）源的相互配合，发挥各自的优势，避其所短。还要注意生理酸、碱性盐和pH缓冲剂的加入和搭配。

（3）理化条件适宜　　主要涉及pH、氧化还原电势及渗透压等。pH不仅影响到微生物的生长、繁殖，还会影响到代谢产物的形成。对于同一种微生物，由于 pH 的不同，形成的发酵产物也会不同。在实际生产中，调节和控制发酵液 pH 的方法应根据具体情况加以选择。pH 调节和控制的方法主要有：调节培养基的原始 pH，或者加缓冲溶液（如磷酸盐）制成缓冲能力强、pH 变化不大的培养基，或者使盐类和碳源的配比平衡；可在发酵过程中加入弱酸或弱碱进行 pH 的调节，进而合理地控制发酵条件；也可通过调整通风量控制 pH。

（4）经济节约　主要指在设计生产实践中所使用的大量培养基时应遵循的原则。

2. 四种方法

（1）生态模拟　在自然条件下，凡有某微生物大量生长、繁殖的环境，则可认为该处一定具备该微生物生长、繁殖所必需的营养和其他条件。因此，就可以模拟该天然基质或直接取用该天然基质（经过灭菌）来培养相应的微生物。

（2）查阅文献　多查阅、分析和利用文献资料上的培养基信息，对设计有自己特色的培养基配方有着重要的参考价值。

（3）精心设计　在设计、试验新配方时，常常要进行各项因素的比较或反复试验，因此工作量是很大的。为了提高工作效率，应努力借助优选法或正交试验设计法等行之有效的数学工具。

（4）试验比较　要设计一种优化的培养基，在上述 3 个方法的基础上，最终还得通过实际试验和比较来加以确定。试验的规模一般都遵循由定性到定量、由小而大地逐步扩大的原则。例如，可先在培养皿上做生长谱试验（auxanographic method），然后进行摇瓶培养试验，再进行台式发酵罐试验，最后扩大到试验型发酵罐和生产型发酵罐的规模。

第三节　发酵培养基灭菌原理及技术

一、培养基灭菌的要求

微生物发酵工业自从采用纯种培养技术以后，产品的产量和质量都有了很大提高，但对于防止发酵生产全过程的杂菌污染的要求也更高了。在整个发酵过程中，只允许生产菌存在和生长、繁殖，不允许任何其他微生物存在。特别是在种子逐级扩大培养、转接过程中和发酵的前、中期，一旦污染了杂菌，会在短时间内与生产菌抢夺营养物质，严重影响和干扰生产菌的生长和发酵作用。培养基和设备灭菌是否彻底直接关系到生产过程的成败，轻则导致所需产品的产量锐减、质量下降、分离提取困难；重则使全部培养液变质，导致培养基报废，得不到产品，使生产处于不正常状态，造成经济上的严重损失。因此，为了保证发酵培养过程正常进行，无论是在实验室还是在工业生产中，在接种要培养的生产菌株之前，必须对培养基、流加的原料、消泡剂、生产设备、管道、空气系统进行严格的灭菌，杀死所有非生产用微生物。同时，要对生产环境，即车间、器具、厂区等进行消毒，防止杂菌和噬菌体的污染。在发酵生产实践中，掌握消毒与灭菌的技术、原理和方法具有非常重要的意义。工业生产中，消毒与灭菌的方式因发酵生产方法和所用原料的不同而不同，固态发酵的培养基灭菌常与固体物料的蒸煮熟化相结合，而液态深层发酵的培养基灭菌、生产设备和管道灭菌均采用蒸汽湿热灭菌。随着发酵技术应用范围的扩大，许多新型灭菌技术在发酵工业领域得到广泛应用，如超高压灭菌技术、臭氧灭菌技术、超声波灭菌技术、微波灭菌技术、辐射灭菌技术、脉冲电场灭菌技术等。它们不仅适宜热敏性原料的灭菌，也适宜发酵产品的包装灭菌、生产器具的灭菌等。

1. 消毒与灭菌

消毒是采用物理或化学方法杀死容器、器具内外、车间、厂区等生产环境中的病源微生物，但一般只能杀死营养细胞而不能杀死细菌的芽孢和霉菌的孢子，如巴氏灭菌法（60℃，30min）。

灭菌是采用物理或化学方法杀死或除去物料、空气、容器、器具等环境中的所有微生物，包括营养细胞、细菌芽孢和霉菌孢子。

消毒不一定能达到灭菌的要求，而灭菌则可以达到消毒的目的。

2. 发酵工业灭菌技术

在现有科学技术条件下，要做到完全不染菌是不可能的。因此，只有不断提高生产技术水平，尽可能防止发酵过程染菌。一旦发生染菌，要尽快找出污染原因和污染源，并采取相应的有效措施，把染菌造成的损失降低到最小。保持发酵过程无杂菌污染，最重要的是要建立发酵工业中的灭菌技术。常用的灭菌技术有以下几种，需根据灭菌的对象和要求选用不同的方法。

（1）*干热灭菌法*　干热灭菌法是利用高温产生的干热对微生物有氧化、蛋白质变性和电解质浓缩引起中毒等作用而杀灭微生物。氧化作用导致微生物死亡是干热灭菌的主要依据。微生物对干热的耐受力比对湿热强得多，因此，干热灭菌所需要的温度较高、时间较长。最简单的干热灭菌是利用电热或红外线在加热设备内将待灭菌物品加热到一定温度杀死微生物。例如，实验室内常用的干燥箱对玻璃器皿、金属用具和其他耐高温物品等的灭菌，常采用160～170℃，保持1～2h。其优点是保持灭菌器物的干燥，但带有胶皮、塑料的物品和培养基不能用干热灭菌。干热灭菌需要的温度和时间的选择关系见表2-4。

表2-4　干热灭菌需要的温度和时间关系

灭菌温度/℃	170	160	150	140	121
灭菌时间/min	60	120	150	180	过夜

（2）*湿热灭菌法*　湿热灭菌法是利用饱和蒸汽进行灭菌的方法。热蒸汽具有很强的穿透能力，在冷凝时会释放大量热能，使微生物细胞中的蛋白质、酶和核酸分子内部的化学键，特别是氢键受到破坏，引起不可逆的变性，使微生物死亡。在有水分存在的情况下，蛋白质更易受热而凝固变性。湿热灭菌比干热灭菌更有效，温度每升高10℃，干热灭菌的灭菌速率系数增加2～3倍，而湿热灭菌对耐热芽孢的灭菌速率系数可增加8～10倍，对营养细胞则速率系数增加得更多。湿热灭菌的温度和时间需根据灭菌对象和要求来决定。常用的湿热灭菌条件为：水煮常压灭菌为100℃，40～60min；饱和蒸汽灭菌为121℃，30min。例如，实验室内使用的高压蒸汽灭菌锅、发酵车间采用的设备空消和培养基实消高压蒸汽。一般水分含量增加，蛋白质凝固变性的温度显著降低。高压蒸汽湿热灭菌是实验室、发酵生产中最常用的灭菌方法。一般培养基、玻璃器皿、无菌水、缓冲液、金属用具等都可采用此方法灭菌。

湿热灭菌法的优点是蒸汽来源容易，操作费用低廉，本身无毒；蒸汽具有很强的穿透力，灭菌彻底；蒸汽具有很大潜能，蒸汽冷凝放出2093kJ/kg的热量，蒸汽冷凝后的水分对湿热灭菌有利；蒸汽输送可借助本身的压强，调节方便，技术管理容易。但湿热灭菌也存在设备费用高，不能用于怕受潮的物料灭菌等缺点。

（3）*辐射灭菌法*　辐射是指热、光、声、电磁波等物质向四周传播的一种状态。辐射灭菌包括利用紫外线、X线、放射性物质产生的γ线、高速电子流的阴极射线、高能电磁波或高能粒子、超声波等进行灭菌的方法。以紫外线最常用，其杀菌作用主要是因为导致DNA胸腺嘧啶间形成胸腺嘧啶二聚体和胞嘧啶形成其水合物，抑制DNA正常复制。此外，空气在紫外线辐射下产生的O_3有一定的杀菌作用。波长260nm左右的紫外线灭菌效率最高。一般用30W紫外灯照射30min。紫外线对芽孢和营养细胞都能起作用，但是细菌的芽孢和霉菌的孢子对紫外线的抵抗力较强。紫外线的穿透力差，只能用于表面灭菌，对固体物料灭菌不彻底，也不能用于液体物料灭菌。一般用于无菌室、接种台和培养间等空间灭菌。空气中悬浮杂质多，灭菌效率低；温度高，灭菌效率高；湿度大，紫外灯的使用寿命长。

放射性物质^{60}Co或^{137}Cs发出的γ线，是一种波长短于0.2Å的高能电磁波，波长很短，穿透力很强，射程远，又携带高能量。当穿过生命有机体时，使机体中的水和其他物质发生电离，造成生物体细胞内的DNA断裂进而引起细胞突变，从而起到杀虫、杀灭微生物的作用。辐照杀菌的优点是温度上升快，可根据需要调整处理剂量，无有害物残留。近年来，除了医院的放射性治疗外，也广泛应用于食品保鲜和各种发酵食品在包装状态下进行的连续、大批量处理杀菌，能准确进行生产控制，过程管理简单。但是，采用放射线杀菌，对环境和操作人员都提出了更严格的要求。

微波是指频率300MHz～300GHz的电磁波，微波杀菌是电磁场的热效应和生物效应共同作用的结果。在电磁场作用下，介质中的极性分子从原来的热运动状态转为跟随微波电磁场的交变而排列取向，产生激烈的摩擦而生热。在这一微观过程中，微波能量转化为介质内的热能，使介质温度呈现为宏观上的升高。微波热效应杀菌是使蛋白质空间结构发生变化或破坏而导致变性，影响其溶解度、黏度、膨胀性、稳定性，从而失去生物活性。微波对细菌的生物效应是微波电场改变细胞膜断面的通透性能，细菌因此营养不良，不能正常新陈代谢，细菌结构功能紊乱，生长、发育受到抑制而死亡。此外，决定细胞正常生长和稳定遗传繁殖的核糖核酸（RNA）和脱氧核糖核酸（DNA）在微波场力的作用下可导致氢键松弛、断裂和重组。诱发遗传基因突变或染色体畸变，甚至断裂。简单地说微波杀菌、保鲜是微波的热效应起快速升温杀菌的作用，而非热效应则使微生物体内蛋白质和生理活性物质发生变异，而丧失活力或死亡。微波杀菌可用于实验室少量培养基的灭菌和包装发酵食品的保鲜和灭菌。

脉冲电场灭菌是利用在两个电极间产生的瞬时高压，以脉冲电场作用于被杀菌物质进行灭菌处理。其主要原理是基于细胞结构和液态培养基或食品体系间的电学特性差异而进行。当把液体作为电解质置于电场中时，液体中微生物的细胞膜在强电场作用下产生不可修复的穿孔或破裂，使组织细胞受损，导致微生物灭活。脉冲电场杀菌比加热杀菌、辐射灭菌等有明显的经济优势。其特点是灭菌时间短、简单方便、重复性好、效率高。脉冲电场灭菌可用于液态培养基、热敏性发酵添加料和食品灭菌，处理时间只需几秒就可达到商业无菌要求。

超声波是频率大于20kHz的声波，是一种机械振动在媒质中的传播过程。超声波灭菌原理是当超声波强度超过某一空化阈值时，在液体中产生空化现象，即液体中微小的泡核在超声作用下被激活，它表现为泡核的振荡、生长、收缩及崩溃等一系列动力学过程。空化泡绝热收缩及崩溃的瞬间，产生强大冲击波，使细菌或病毒丧失毒力，甚至会使细菌形态结构破裂和溶解，从而起到杀菌作用。

(4) 化学药剂灭菌法　化学药剂灭菌法的原理是利用药物与微生物细胞中的成分发生反应，使蛋白质变性、酶失活。化学药剂灭菌法可用于玻璃器皿、生产上的小器具、双手、实验室、无菌室和生产车间的环境灭菌，但不能用于培养基灭菌。原因是化学药剂会与培养基中的某些成分作用，且易残留在培养基内。化学药剂灭菌可采用浸泡、擦拭、喷洒、气态熏蒸等方法。常用的化学灭菌剂有高锰酸钾溶液、漂白粉（次氯酸钠 NaClO)、75%乙醇溶液、过氧乙酸、新洁尔灭（12-烷基 2-甲基苄基溴化铵）和杜灭芬（12-烷基 2-甲基乙苯氧乙基溴化铵）、甲醛（HCHO)、戊二醛［CHO（CH_2)$_3$CHO］、酚类化合物［苯酚（二元酚或多元酚）］、焦碳酸二乙酯（$CH_3CH_2OCOOCOOCH_2CH_3$)、抗生素、臭氧等。表 2-5 列出了常用化学药剂及使用方法。

表 2-5　常用化学药剂及使用方法

化学药剂	用　途	常用浓度	备　注
1. 氧化剂			
高锰酸钾	皮肤消毒	0.1%～0.25%	
漂白粉	发酵工厂环境消毒	2%～5%	环境消毒可直接使用粉末
2. 醇类			
乙醇	皮肤及器物消毒	70%～75%	器物消毒浸泡 30min
3. 酚类			
石炭酸	浸泡衣物、擦拭房间和桌面、喷雾消毒	1%～5% 3%～5%	
来苏水	皮肤、桌面、器械消毒		
4. 甲醛	空气消毒	1%～2% (10～15mL/m^3)	加热熏蒸
5. 铵盐			
新洁尔灭	皮肤、器械消毒	0.1%～0.25%	浸泡 30min

(5) 过滤除菌　过滤除菌的原理是利用微生物不能透过滤膜而达到除菌的目的。该方法适用于不耐高温的液态培养基或热敏性物质的灭菌和无菌空气过滤除菌。方法是用 0.01～0.45μm 孔径滤膜对压缩空气、酶溶液、啤酒及其他不耐热化合物溶液除菌。

(6) 火焰灭菌法　利用火焰直接杀死微生物的灭菌方法称为火焰灭菌法，也称为灼烧灭菌法。该方法简单、灭菌彻底，但适用范围有限，在实验室的接种操作中，各种接种器具的灭菌常用灼烧法，如接种针（环、铲）、镊子、小刀、金属小器具、玻璃三角瓶口等。

(7) 超高压灭菌法　超高压灭菌（UHP）技术，是在密闭容器内，用水作为介质对培养基或食品等物料施以 400～600MPa 的压力，从而杀死其中几乎所有的细菌、霉菌和酵母菌，而且不会像高温杀菌那样造成营养成分破坏和风味变化。超高压灭菌的机制是通过破坏菌体蛋白质中的非共价键，使蛋白质高级结构破坏，从而导致蛋白质凝固及酶失活。超高压还可造成菌体细胞膜破裂，使菌体内化学组分产生外流等多种细胞损伤，这些因素的综合作用导致了微生物死亡。超高压技术的特点是不仅能杀灭微生物，而且能使淀粉成糊状、蛋白质成胶凝状。超高压技术采用液态介质进行处理，易实现杀菌均匀、瞬时、高效。其缺点是过高的压力使能耗增加，对设备要求较高，超高压装置需要较高的投入，大规模工业生产使用尚需解决其高成本的问题。

表 2-6 列出了各种灭菌方法的特点及适用范围。

表 2-6　各种灭菌方法的特点及适用范围

灭菌方法	原理及条件	特　点	适用范围
干热灭菌法	利用热空气将微生物体内的蛋白质氧化进行灭菌	灭菌后物料可保持干燥，方法简单，但灭菌效果不如湿热灭菌	适用于金属或玻璃器皿的灭菌
湿热灭菌法	利用高温蒸汽将物料的温度升高使微生物体内的蛋白质变性进行灭菌	蒸汽来源容易、潜力大、穿透力强、灭菌效果好、操作费用低、具有经济和快速的特点	广泛应用于生产设备及培养基的灭菌
辐射灭菌法	用射线穿透微生物细胞进行灭菌	使用方便，但穿透力较差，适用范围有限	一般只用于无菌室、无菌箱、摇瓶间和器具表面的消毒
化学药剂灭菌法	利用化学药剂对微生物的氧化作用或损伤细胞等进行灭菌	使用方法较广，可用于无法用加热方法进行灭菌的物品	常用于环境空气的灭菌及一些表面的灭菌
过滤除菌法	利用过滤介质将微生物菌体细胞过滤进行除菌	不改变物料的物性而达到灭菌目的，设备要求高	常用于生产中空气的净化除菌，少数用于容易被热破坏的培养基的灭菌
火焰灭菌法	利用火焰直接把微生物杀死	方法简单、灭菌彻底，但适用范围有限	适用于接种针、玻璃棒、试管口、三角瓶口、接种管口等的灭菌

3. 湿热灭菌原理

尽管灭菌的方法很多，但发酵工业生产中对培养基和设备的灭菌，以湿热灭菌法应用最普遍，灭菌效果最好。在利用蒸汽对培养基灭菌的过程中，由于蒸汽冷凝时会释放出大量的潜热，并具有强大的穿透能力，在高温和存在水分的条件下，微生物细胞内的蛋白质极易变性或凝固而引起微生物的死亡，湿热灭菌法在培养基灭菌中具有经济和快速的特点。但高温虽然能杀死培养基中的杂菌，同时也会破坏培养基中的营养成分，甚至会产生不利于菌体生长的物质。因此，培养基与灭菌的基本要求是杀死培养基中混杂的杂菌外，还要求尽可能减少培养基中营养成分的破坏和损失。一般最常用的灭菌条件是 121℃，20～30min。

（1）*微生物的热阻*　每种微生物都有一定的生长温度范围，当微生物处于最低温度限度以下时，代谢作用几乎停止而处于休眠状态。当温度超过最高限度时，微生物细胞中的蛋白质等大分子物质会发生不可逆的凝固、变性，使微生物在很短时间内死亡。杀死微生物的极限温度称为致死温度。在致死温度下，杀死全部微生物所需要的时间称为致死时间。在致死温度以上，温度越高，致死时间越短。致死温度和致死时间是衡量热灭菌的指标。不同微生物对热的抵抗力不同，因此，它们的致死温度和致死时间也不同。微生物对热的抵抗力常用“热阻”表示。热阻是指微生物在某一特定条件（主要是温度和加热方式）下的致死时间。相对热阻是指微生物在某一特定条件下的致死时间与另一种微生物在相同条件下的致死时间的比值。一般微生物的营养细胞在 60℃加热 10min 全部死亡。细菌的芽孢能耐受较高的温度，100℃需要数分钟甚至数小时才能被杀灭。因此，衡量灭菌彻底与否，以是否杀灭芽孢细菌为标准。表 2-7 是几种微生物对湿热的相对热阻。

表 2-7　微生物对湿热的相对热阻

微生物名称	大肠杆菌	细菌芽孢	霉菌孢子	病毒
相对热阻	1	3 000 000	2～10	1～5

（2）湿热灭菌的微生物热死定律——对数残留定律　在一定温度下，微生物的受热死亡遵循分子反应速率理论。因此，微生物热死速率可以用分子反应速率表示，即微生物个数减少的速度与任一瞬间残存的菌数成正比。

$$dN/dt = -kN \tag{2-3}$$

式中，N 为培养基中残留活菌数，个；t 为灭菌时间，min；k 为反应速率常数，也称比死亡速率常数，min^{-1}。

反应速率常数 k 随微生物的种类和加热温度而变化。

积分上式，得

$$\int_{N_0}^{N_t} \frac{dN}{N} = -k\int_0^t dt \tag{2-4}$$

$$N = N_0 e^{-kt} \tag{2-5}$$

两边取对数，得

$$t = \frac{1}{k}\ln\frac{N_0}{N_t} \text{ 或 } t = \frac{2.303}{k}\lg\frac{N_0}{N_t} \tag{2-6}$$

式中，N_0 为开始灭菌时原有活菌数，个；N_t 为经过时间 t 后残留菌数，个。

式（2-6）是计算灭菌的基本公式，即对数残留定律，可以根据残留菌数 N 的要求计算灭菌时间 t。由此式可知，灭菌时间取决于污染程度（N_0）、灭菌程度（残留菌数 N_t）和 k。在灭菌过程中需考虑两个问题：一是在培养基中有各种各样的微生物，不可能逐一考虑，如果将所有微生物均作为耐热的细菌芽孢来计算灭菌的温度和时间，就得延长时间并提高温度。因此，一般只将芽孢细菌和细菌的芽孢数之和作为计算依据较合理。二是灭菌程度，即残留菌数，如果要求彻底灭菌，则时间趋于无穷，式（2-6）无意义，事实上也不可能。一般采用 $N_t=0.001$，即 1000 次灭菌中有一次失败。

以菌的残留数与菌的初始数之比的对数与时间作图，得出一条直线，其斜率为 $-k$。图 2-2为某些微生物的残留曲线。在实际生产过程中某些微生物受热死亡速率不符合对数死亡规律，如图 2-3 为嗜热脂肪芽孢杆菌的芽孢在不同温度下的死亡曲线。呈现热死亡非对数

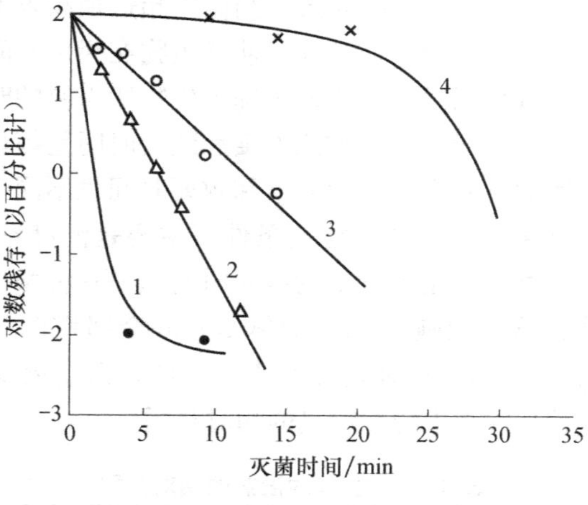

图 2-2　某些微生物的残留曲线

1. 子囊青霉，81℃；2. 腐化嫌气菌，115℃；3. 大肠杆菌，51.7℃；4. 菌核青霉，90.5℃

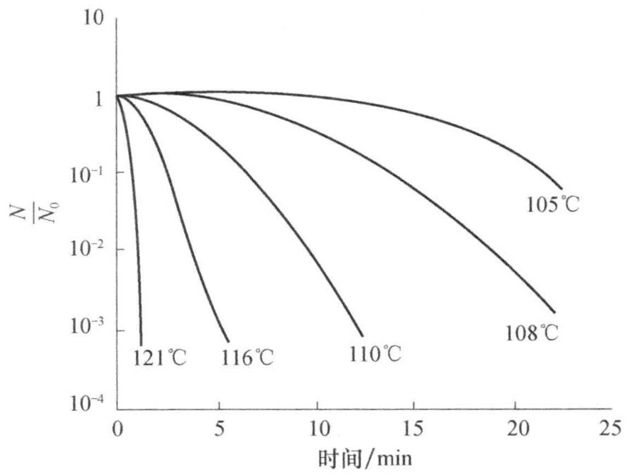

图 2-3　嗜热脂肪芽孢杆菌的芽孢在不同温度下的死亡曲线

动力学的主要是一些微生物芽孢，描述这一动力学行为以 Prokop 和 Humphrey 所提出的“菌体循序死亡模型”最有代表性。该模型假设耐热性微生物芽孢的死亡不是突然的，而是渐变的，需经历一个热敏感性的中间过程后才会死亡。

反应速率常数 k 是微生物耐热性的一种特征，它随微生物种类和灭菌温度而异。相同温度下 k 越小，则此微生物越耐热。同一种微生物在不同灭菌温度下 k 不同，灭菌温度越低，k 越小；温度越高，k 越大。因此，提高灭菌温度，k 增大，灭菌时间显著缩短。121℃某些细菌芽孢的 k 见表 2-8。

表 2-8　121℃某些细菌芽孢的反应速率常数（k）

细菌芽孢名称	k/min^{-1}
枯草芽孢杆菌 FS5230	3.8～2.6
硬脂嗜热芽孢杆菌 FS1518	0.77
硬脂嗜热芽孢杆菌 FS617	2.9
产气梭状芽孢杆菌 PA3679	1.8

反应速率常数与温度的关系可用阿累尼乌斯方程式表示

$$k = A\mathrm{e}^{-E/(RT)} \tag{2-7}$$

式中，A 为比例常数；E 为杀死细菌所需的活化能，4.18J/mol；T 为热力学温度，K；R 为气体常数，1.987×4.18J/(mol·K)。

(3) 影响培养基灭菌的因素　　灭菌温度与时间的计算和选择：在相同温度下杀灭细菌芽孢所需的时间不同是因为各种细菌芽孢对热的耐受力不同。同时，培养条件不同时，耐热性也有差别。因此，杀灭细菌芽孢的温度和时间需根据试验决定。表 2-9 是杀灭大多数细菌芽孢的温度和时间。表 2-10 是某些细菌芽孢被湿热灭菌时的温度和时间。

表 2-9　杀灭大多数细菌芽孢的温度和时间

温度/℃	100	110	115	121	125	130
时间/min	1200	150	51	15	6.4	2.4

表 2-10 某些细菌芽孢被湿热灭菌时的温度和时间

时间/min（温度/℃） 芽孢名称	100	105	110	115	120	125	130	134
炭疽杆菌	2～5	5～10						
枯草杆菌	数小时			40				
腐化嫌气菌	780	170	41	15	5.6			
破伤风梭菌	5～90	5～25						
韦氏梭菌	5～45	5～27	10～15	4	1			
肉毒梭菌	300～530	40～120	32～90	10～40	4～20			
土壤细菌	数小时	420	120	15	6～30	4		1.5～10
嗜热细菌		400	100～300	4～110	11～35	3.9～8	3.5	1
生孢梭菌	150	45	12					

培养基灭菌过程中，除微生物被杀死外，还伴随着培养基成分被破坏，在生产中必须选择既能达到灭菌目的，又能使培养基成分破坏减至最小的条件。培养基营养成分分解的动力学方程也符合一级分解反应动力学，即

$$-\mathrm{d}C/\mathrm{d}t = k'C \qquad (2\text{-}8)$$

$$\ln(C/C_0) = -k't \qquad (2\text{-}9)$$

式中，$-\mathrm{d}C/\mathrm{d}t$ 为营养物降解速度，mol/(L · h)；C 为营养物浓度，mol/L；C_0 为初始营养物浓度，mol/L；k'为营养物降解反应速率常数，s^{-1}；t 为时间，s。

在化学反应中，其他条件不变，则反应速率常数与温度的关系同样可用阿累尼乌斯方程式表示，即

$$k' = A'\mathrm{e}^{-E'/RT} \qquad (2\text{-}10)$$

式中，A'为比例常数；R 为气体常数，J/(mol · K)；T 为热力学温度，K；E'为营养物破坏所需的活化能，J/mol。

随着温度上升，微生物的死亡速率常数增加倍数要大于培养基成分的破坏速率的增加倍数，即杀死微生物速率的增加超过培养基成分破坏速率的增加。因此，可选择合适的灭菌温度和时间来调和两者之间的矛盾。达到相同灭菌效果，温度 T 越高，k'越大，所需的灭菌时间 t 越短，采用高温短时（HTST）灭菌效果好。

培养基成分对灭菌效果的影响：培养基中脂肪、糖和蛋白质的含量越高，微生物的热死亡速率就越慢，这是因为在热死温度下，脂肪、糖和蛋白质等有机物质在微生物细胞外面形成一层薄膜，该薄膜能有效保护微生物细胞抵抗不良环境，所以灭菌温度相应要高些。相反高浓度的盐类、色素等的存在则会削弱微生物细胞的耐热性，故一般较易灭菌。

培养基的物理状态对灭菌效果的影响：固态培养基比液态培养基灭菌时间长，原因在于液态培养基灭菌时，热的传递除了传导外，还有对流作用，固态培养基则只有传导作用而没有对流作用，况且液态培养基中水的传热系数要比有机固体物质大得多。实际中对于含有小于 1mm 的颗粒培养基，可不必考虑颗粒对灭菌的影响，但对于含有少量大颗粒及粗纤维的培养基的灭菌，则要适当提高温度，且在不影响培养基质量的条件下，采用粗过滤的方法预先处理，以防止培养基结块而造成灭菌的不彻底。

培养基的 pH 对灭菌效果的影响：培养基的 pH 越低，灭菌所需的时间就越短，其关系

见表 2-11。pH6～8 微生物最耐热，pH 小于 6，氢离子易渗入微生物细胞内，从而改变细胞的生理反应促使其死亡。

表 2-11　pH 对灭菌时间的影响

温度/℃	孢子数/(个/mL)	灭菌时间/min				
		pH6.1	pH5.3	pH5.0	pH4.7	pH4.5
120	10 000	8	7	5	3	3
115	10 000	25	25	12	13	13
110	10 000	70	65	35	30	24
100	10 000	740	720	180	150	150

培养基中的微生物数量对灭菌效果的影响：培养基中微生物数量越多，达到要求的灭菌效果所需灭菌时间也越长，表 2-12 所示为培养基中不同数量的微生物孢子在 105℃灭菌所需的时间。在生产实际中，不宜采用严重霉变的原料和腐败的水质，因为这类原料中不但有效成分少，而且微生物数量多，彻底灭菌比较困难。

表 2-12　培养基中不同数量的微生物孢子在 105℃灭菌所需的时间

培养基中微生物孢子数/(个/mL)	9	9×10^{2}	9×10^{4}	9×10^{6}	9×10^{8}
105℃灭菌所需时间/min	2	14	20	36	48

微生物细胞中水含量和菌龄对灭菌效果的影响：在一定范围内，微生物细胞含水越多，则蛋白质的凝固温度越低，也就越容易受热凝固而丧失生命活力。微生物菌龄不同对高温的抵抗能力也不同，年老细胞对不良环境的抵抗力要比年轻细胞强，这与细胞中蛋白质的含水量有关，年老细胞中水分含量低，年轻细胞含水量高，因此，年轻细胞容易被杀死。

灭菌中排除空气对灭菌效果的影响：蒸汽灭菌过程中，温度的控制是通过控制罐内的蒸汽压力来实现。压力表所显示的压力应与罐内蒸汽压力相对应，即压力表的压力所对应的温度应是罐内的实际温度。但是如果罐内空气排除不完全，压力表所显示的压力就不单是罐内蒸汽压力，还包括了空气分压。因此，此时罐内的实际温度就低于压力表显示压力所对应的温度，以致造成灭菌温度不够而灭菌不彻底。

拌料是否均匀对灭菌效果的影响：在整个灭菌过程中，必须保持培养基在罐内始终均匀地充分翻动，使培养基不致因翻动不均匀造成局部过热，从而过多地破坏营养物质或造成局部（也称死角）温度过低而杀菌不透等，要保持培养基翻动良好，除了搅拌外，还必须正确控制进、排汽阀门，在保持一定温度和罐压的情况下，使培养基得到充分的翻动，这是灭菌的要点之一。

泡沫对灭菌效果的影响：在培养基灭菌过程中，培养基产生的泡沫对灭菌极为不利，要注意防止培养基出现泡沫，因为泡沫中的空气形成隔层，使热量难以传递，热量难以渗透进去，不易达到微生物的致死温度，从而导致灭菌不彻底。泡沫的形成主要是由于进汽、排汽不均衡而致。如果在灭菌过程中突然减少进汽或加大排汽，则立即会出现大量泡沫，对极易发泡的培养基应加消泡剂以减少泡沫量。

二、无蒸煮技术

原料无蒸煮（即生料）发酵技术是原料不经过高温蒸煮糊化处理，微生物直接利用生淀粉进行生长、繁殖和代谢的过程。无蒸煮技术的关键是采用能够利用生淀粉的酶制剂，或者能够产生生淀粉酶的微生物进行发酵生产。生淀粉酶是指可以直接将生淀粉水解，使其液化、糖化的一组液态酶或固态酶，这些酶包括α-淀粉酶、β-淀粉酶、葡萄糖淀粉酶、解支酶等。能够产生这类酶的微生物主要有曲霉菌、根霉菌和芽孢杆菌等。我国对于无蒸煮技术的研究历史不过40年，主要是在乙醇和酿酒工业应用较多，简称为生料酿酒。近年来也有报道在酱油和醋的生产中采用无蒸煮技术。

生淀粉糖化酶可以直接水解生淀粉生产葡萄糖，将传统发酵工艺中的淀粉糊化、液化、糖化合并为一步直接糖化。其作用的原理是生淀粉酶首先与生淀粉颗粒表面结合（吸附），形成含有高焓水分子的内含复合体，内含复合体中水分子破坏维系淀粉分子螺旋结构的氢键，最后水解糖苷键。葡萄糖淀粉酶中生淀粉糖化酶Ⅲ（或Ⅰ）对生淀粉的水解能力最强。

无蒸煮技术最大的优点是节省能源。有资料报道，利用生淀粉质原料的无蒸煮乙醇发酵工艺，可节约总能耗的30％～40％。其缺点是发酵原料中富含各种杂菌，易造成原料淀粉水解和利用不彻底，原料利用率低，发酵易染菌等。采用无蒸煮技术进行发酵生产时，建议结合采用化学药剂、辐射等其他非加热式的物理和化学灭菌技术，以抑制和杀死发酵原料中所含的杂菌，或者采用混合菌种进行发酵的方式提高原料利用率。

三、原料蒸煮技术

蒸煮是指将固体发酵原料预先浸润使其吸足水分，然后通入常压或高压蒸汽，蒸煮过程也是物料继续吸收水分的过程。借助蒸汽所具有的强大穿透力，使其进入吸水后的原料中，蒸汽冷凝释放出大量潜能，物料因加热被蒸熟。同时，因蒸煮过程中，原料内细胞壁的破坏，使大分子物质水合化，便于被酶水解。在蒸煮过程中主要发生淀粉的糊化、液化和蛋白质的变性。固态发酵原料常采用蒸煮方式进行熟化和灭菌处理。

1. 原料的熟化方式

原料蒸煮熟化的目的有两个：一是使原料在常温或高温下蒸煮熟化，使蛋白质变性，淀粉糊化，纤维素软化并破坏其晶体结构。熟化后的原料更有利于微生物的利用。二是对原料进行灭菌处理。因此，原料的熟化处理关系到原料的利用率，甚至影响到发酵能否正常进行。酱油制曲原料豆粕、黄酒生产原料大米、白酒生产原料高粱和玉米、食用菌生产原料棉籽饼和锯末等固态发酵原料均采用蒸煮的方式进行灭菌，同时进行原料的适度变性，达到熟化目的。

在固态发酵行业原料熟化方式主要有蒸煮法、膨化法、焙炒法。在操作上，分为间歇式一次、间歇式多次和连续式。应根据不同产品的特点及原料的特点选择合适的熟化方法。例如，在白酒行业，原料的蒸煮采用立式蒸煮锅这种常压蒸煮设备；而对于酱油原料的蒸煮，常压蒸煮设备不利于蛋白质的适度变性，原料的全氮利用率低下，需采用高压蒸煮。

原料的熟化处理，大量消耗能量，由于高温或高压处理后的原料，还要在短时间内进行冷却处理，使之达到微生物生长的适宜温度范围，一前一后的两道工序都需要大量消耗能量。在设计时，应尽可能采用节约和回收能量的工艺路线和装置。

2. 蒸煮技术

固态发酵的物料大多采用蒸煮的方法，在蒸熟物料的同时，对物料进行较为彻底的灭菌。根据蒸煮锅的压力大小又分为常压蒸煮和高温高压蒸煮。

(1) *蒸煮原理* 原料先浸泡吸足水分，蒸煮过程中也是物料继续吸收水分的过程。蒸煮过程中，通入的蒸汽具有强大的穿透力，便于进入吸水后的原料中，蒸汽冷凝释放大量潜热，物料因加热被蒸熟，蒸煮过程中，可使原料内的细胞壁破坏，消除蒸汽渗透和扩散的障碍，并使大分子物质水合化，使它们更易被酶解。在蒸煮过程中主要发生淀粉的液化和糊化；蛋白质则发生变性。蒸煮应适度，蒸煮不足，则产生所谓的“生心”；蒸煮过度，蒸汽冷凝水多，使蒸熟后的物料过于稀烂，不成型，对后续的发酵会产生不好的效果。

淀粉的液化和糊化：原料经过蒸汽的蒸煮，原料中的淀粉颗粒吸水膨胀，细胞组织破裂，细胞间的物质和细胞内的物质开始溶解，淀粉粒的体积膨大，体积可增加 50～100 倍。淀粉呈溶解状态，黏度增加，从而完成液化和部分糊化过程，有利于后道工序中淀粉酶和糖化酶的水解作用。糊化程度可用糊化率表示。

糊化率＝(糊精或可溶性糖含量/总糖含量)×100％

蛋白质变性：在蒸汽及高温作用下，原料中的蛋白质吸水，因热产生热变性，变性后的蛋白质易于被蛋白酶分解。对于酱油制曲原料的脱脂大豆（豆粕）蛋白质，要求 90％以上适度变性，未变性的蛋白质越低越好。

谷物原料的蒸煮要求原料受热均匀，均匀吸水和膨胀，原料在蒸煮器中要保持疏松，蒸煮时间、温度和压力是重要的技术参数。在蒸煮操作中，根据原料的品种不同，可采取初蒸(或预蒸)、拨水、闷水、复蒸等操作措施。例如，对于高粱原料，初蒸时当甑内粮食温度达 100℃时，拨入 40～45℃的热水，一方面可补充高粱的水分，另一方面可促使高粱因温差而裂口，裂口后的高粱米更易吸水。原料吸水量的多少取决于闷水时间的长短和闷水时的温度高低。以糯高粱为例，一般闷水温度为 30～40℃，闷水时间为 5～12min。加水的操作可从上面拨入，也可从甑底掺入。李大和认为闷水由甑底下面掺入，物料温度较为均匀，原料吸水较均匀，掺水过程可保持粮食疏松。

(2) *常压蒸煮* 传统工艺中，原料常采用常压蒸煮。例如，黄酒生产用米的蒸煮，白酒原料的蒸煮。以黄酒生产原料大米的蒸煮为例，蒸饭的要求是熟而不糊，内无生心。但蒸饭过程中，由于蒸汽是从蒸饭机底部的筛孔上行穿过米层，由下往上蒸汽逐层被米粒吸收并放热。达到圆汽（即蒸汽从米饭上层冒出）后，仍要继续蒸煮一段时间。在蒸汽上行过程中，颗粒状的米粒不断吸收蒸汽。蒸汽进入米粒表层的速度和米粒内部吸收水分的速度应达到一定的平衡。如果米粒内部吸收水分的速度过小而蒸汽进入米粒表层的速度太快，则容易造成米粒表层吸水量过大，造成糊化过度。蒸汽更不易进入米粒内部，易造成米饭内部生心，即淀粉吸水不够，糊化不足，不便于后续水解酶的液化和糖化作用，最终导致淀粉利用率下降。蒸煮时，重要的控制参数是蒸汽压力、蒸汽量、蒸饭时间。

黄酒生产蒸饭，常压蒸煮设备有甑桶（图 2-4)、卧式蒸饭机和立式蒸饭机。对于糯米和精白过的软质粳米，一般用传统甑桶蒸 15～20min 就可达到要求。硬质粳米和籼米，质地较硬，要在蒸煮期间淋浇热水，翻匀焖一段时间再蒸。这就是所谓的“双淋、双焖、

图 2-4 传统的甑桶

双蒸”操作法。蒸饭时间也比较长。具体操作是在饭层第一次冒汽后，先浇 50～70℃的热水，水量为原料米重的 8%，重蒸一次。等第二次冒汽后，再浇热水一次，水量为原料米重的 50%～55%，再蒸一次。

现有多种成型的蒸煮设备。蒸煮方式分间歇式蒸煮和连续式蒸煮。卧式蒸饭机的使用最普遍，主要原因是卧式蒸饭机中，米层的厚度较薄，蒸汽易渗透，故物料加热均匀，所蒸米饭质量更有保证。卧式蒸饭机便于蒸煮糯米，也可胜任粳米、籼米，但蒸汽消耗大，且对米质较软、软糯的原料也会使底层糊化快而出现夹生饭的现象。而立式蒸饭机的蒸汽利用率较高，节省能源，对蒸粳米有独到的长处，但对黏糯性大的米难以胜任。

横卧式蒸饭机（图 2-5 和图 2-6）的蒸煮过程包括连续蒸煮、连续冷却及连续加曲拌料等工艺过程，其生产设备包括大米斗式提升机、热水塔、蒸饭机、松饭器、凉饭机、鼓风机、添加酒曲饼粉器及拌料器等。大米由大米斗式提升机送入蒸饭机主体的米斗上，筛带以一定的速度传送一定厚度的米层，经过密闭的蒸汽室受热，同时吸收由热水塔喷洒的定量热水，使大米蒸熟成饭后，经松饭器和鼓风机冷却，达到品温的要求，然后按比例添加酒曲饼粉，再经拌料器搅拌混合，然后定量送入发酵罐进行发酵。此过程无高压条件，为高温蒸煮技术。

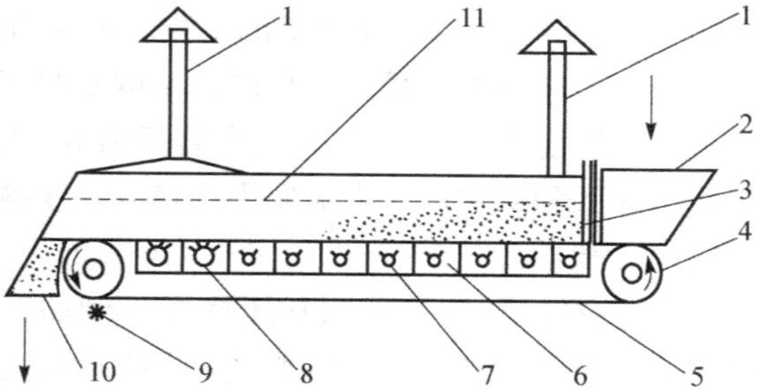

图 2-5 横卧式蒸饭机示意图

1. 排汽筒；2. 进料口；3. 米层高度调节板；4. 鼓轮；5. 不锈钢带；6. 蒸汽室；7. 蒸汽管；8. 冷风管；9. 刷子；10. 出料口；11. 米层

连续蒸饭机（卧式蒸饭机和立式蒸饭机都属于连续蒸饭机）的蒸饭机主体和冷却部分的传送速度和流量，以及大米斗式提升机和热水塔的容量和流量，均应平衡配套，根据酿酒生产工艺的要求进行合理设计，这样才能提高连续蒸饭机的生产效率。

卧式连续蒸饭机具有机械化连续操作，设备结构紧凑，使用及维修方便，降低劳动强度，提高劳动生产率，缩短生产周期等优点。同时连续蒸饭可使饭粒熟度适中且均匀，连续冷却的温度调节方便，添加曲拌料均匀，有利于操作控制，入发酵罐温度稳定，从而可提高成品的质量和出酒率。与间歇操作相比可提高生产效率 60%以上。

白酒行业的蒸煮灭菌设备是原料蒸煮灭菌和白酒蒸馏合二为一的蒸煮锅——甑锅，见图2-7。先在底锅通入蒸汽，再将新的原料、出窖的酒醅和辅料（疏松料）拌匀，同时内甑桶内逐层撒入待蒸煮物料，待圆汽后，盖上带有引酒管的顶盖，再常压蒸煮 1h 左右。蒸煮过程中，酒醅中的酒气逐层上升，从顶盖的引酒管被引入到冷凝器内，收集酒液。蒸馏完毕，将甑桶内的物料铲出到地面摊冷或用散冷机冷却到接种温度，冷却后的物料再加曲入窖发酵。

图 2-6 横卧式蒸饭机

图 2-7 白酒蒸馏和蒸煮设备——甑桶

总之，常压蒸煮方式可以满足原料灭菌的要求，但如果原料中带菌数量较多，或者原料中含有大量的耐热微生物孢子，则这种常压蒸煮的方式不能够彻底灭菌，对后继的微生物发酵带来隐患，如发酵料产生酸败和发黏。故应选择新鲜的原料，保证原料含菌较少；也可以将一次间歇蒸煮改为间断式二次蒸煮，即曲料经第一次蒸煮后不出料，使其冷却后，间隔 12h 后再进行第二次蒸煮，这样做对微生物所产生的孢子有一定的杀灭作用。但这种方式既耗能，又耗时。杀菌最彻底而且节能的方法还是高压蒸煮法。

（3）*高温高压蒸煮* 蒸煮和灭菌应当是两个目的不同的操作。蒸煮更强调原料的熟化，即淀粉的糊化和蛋白质的变性，使原料更易于被微生物利用；而灭菌是指用化学的或物理学的方法杀灭或除掉物料或设备中所有生命有机体的技术或工艺过程。有的原料只要求达到蒸煮的目的，对无菌要求不高；有的固态发酵培养基需要彻底灭菌，高温蒸汽灭菌是最常用的灭菌手段，同时也完全可满足原料蒸煮的要求，但是灭菌时间过长和温度过高，则对原料的营养成分造成破坏。

固态发酵培养基所用的原料大部分是颗粒或块状，也有的是粉状，由于水分含量相对较低，湿热灭菌时水蒸气的穿透力下降，再加上在灭菌过程中也不能像液态发酵那样进行搅拌，灭菌不均匀的特点非常显著。对于直径大于 1mm 的颗粒，蒸汽不易进入颗粒内部，故传热速率较慢，容易造成灭菌不彻底。与液态培养基相比，固态培养基的灭菌时间需要较长才能保证灭菌效果，常规情况下灭菌 121℃，30min。

高温高压蒸煮常用设备有蒸煮锅和灭菌柜。前者原料直接装入蒸煮锅内进行蒸煮，水蒸气直接和原料接触，酱油生产原料，麸曲生产原料常用蒸锅式高温高压蒸煮法。高温高压蒸煮灭菌较彻底，原料易熟化，并可节约能源。蒸煮压力及时间随原料不同而异，一般在 0.3～0.5MPa，30～60min。另一种方式是灭菌柜式，蒸汽不直接与物料接触，在蒸汽夹套内放出大量热量，将灭菌室内的温度升高，故是间接灭菌。

（4）连续蒸煮灭菌　固态发酵原料的连续蒸煮灭菌机有多种形式，常用的有 FM 连续蒸煮机、高压罐内网带传动式连续蒸煮机、管道连续蒸煮机。连续蒸煮机生产能力大，可连续不间断操作。管道连续蒸煮机可在短时间高温蒸煮物料，蒸煮温度可达 132℃，在此温度下维持 3～5min，脱压时间仅为 15s，在负压下冷却。由于时间短，对于酱油生产原料豆粕的蒸煮有利，可使蛋白质达到适当的变性，非变性蛋白质少，提高蛋白质的利用率。

案例 1　旋转式蒸煮锅

固态发酵物料蒸煮设备常用的是旋转式蒸煮锅，也称为 NK 式蒸煮锅（图 2-8）。其分为间歇式操作和连续操作两种类型。

之所以采用旋转式蒸煮锅，是因为固体物料呈粒状、片状，流动性差，不易翻动；物料吸水，加热后易结成团；物料冷却时也困难。采用旋转式蒸煮锅，在蒸煮时转鼓转动，物料在鼓内可自由落体而翻动。转鼓中心有空心横轴，转鼓固定在轴上，轴则装在支架两端的轴承中，借齿轮传动。在蒸煮时，蒸汽沿轴中心进入转鼓内，加热物料。灭菌结束后，可用真空泵沿空心轴抽真空。蒸煮锅能一锅多用，即原料拌和、润料、膨胀、预热、加压蒸煮、负压冷却等均可在一锅内进行。进出料也特别方便，出料时仅需打开锅盖，即可通过机械旋转将料倒出直至全部倒完。蒸煮锅设备制造已系列化，容积有 $1m^3$、$2m^3$、$5m^3$ 等。

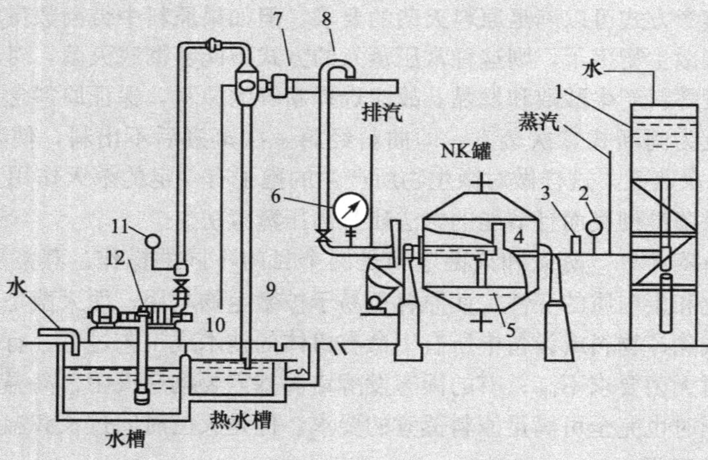

图 2-8　NK 式蒸煮锅系统示意图

1. 水罐；2. 压力表；3. 安全阀；4. 喷射管；5. 真空管；6. 真空表；7. 止回阀；8. 喷水凝汽器；9. 尾喷管；10. 除真空阀；11. 压力计；12. 涡轮泵

案例 2　酱油生产原料的蒸煮技术

酱油生产原料的蒸煮技术从最早的常压蒸煮、高压蒸煮，发展过渡到高温短时蒸煮和高温瞬时蒸煮。高温短时蒸煮或高温瞬时蒸煮，可加速蛋白质的变性，同时减少营养成分的破坏。酱油生产原料是混合原料，常用物料是豆粕、麸皮、面粉等按一定比例配成的，其中蛋白质原料是主要成分，蒸煮的目的除对原料灭菌外，就是使蛋白质变性。如果蒸煮压力过高、时间过长，会使蛋白质变性过度。变性过度的蛋白质使物料发黏，蛋白质中氨基酸和糖分结合形成褐变物质，难以被酶分解而降低原料的利用率。蒸煮不足则产生过多的非变性蛋白质。

1）酱油生产原料常规蒸煮法。酱油生产配料为：豆粕 1050kg，麸皮 300kg，面粉 150kg。用 5m^3 旋转蒸煮锅，操作程序为：先将冷榨豆粕粉送入蒸煮锅内，开动旋转蒸煮锅，一边转动一边加入蒸汽。干蒸到锅内物料温度达 110℃，然后关蒸汽，打开排气阀，使锅内压力降至 0。再开水泵，将 800kg 水放入锅内，蒸煮锅再次旋转 20min 以上。再加入麸皮和面粉，旋转 10min 后，再通蒸汽，使压力升到 50kPa，蒸 10min，关蒸汽。打开排气阀再使压力降至 0。最后，再通蒸汽，关排气阀，使锅内料温达 120℃。在 150kPa 保压 3～4min，排汽，使压力降至 0。立即开水力喷射泵真空冷却 10～15min。在蒸煮期间，压力不断发生变化，有助于原料内颗粒的破碎，使营养成分更易释放。同时，由于压力的突然升降，对微生物的杀菌效果也更好，对蛋白质的四级结构破坏也较明显。便于水分的吸收，为蛋白质的变性创造了条件。

2）酱油生产原料高温短时蒸煮技术。不同原料吸收水的速度不同，故所需要的蒸煮时间也不同。豆粕原料，尤其是冷榨豆粕粉，其蛋白质分子由四级结构组成，在冷榨处理过程中，蛋白质变性不充分，一般要预蒸煮。尤其是当采用高温短时蒸煮法时，预蒸煮更有必要。预蒸煮可使蛋白质结构变得松散，改变其疏水性能，便于水分迅速吸入，为蒸煮时蛋白质的适度变性创造条件，这样可明显提高原料消化率和酱油出品率。预蒸时，将 2500kg 冷榨豆饼装入容量为 5m^3 旋转式蒸煮锅内，开动旋转式蒸煮锅，排尽管道内冷凝水后，开蒸汽预蒸到 112kPa（1.2kg/cm^2）40min，再闷锅保温 10min，关闭蒸汽，迅速脱压使蒸汽压力降至常压。

高温短时蒸煮法是将预蒸好的豆饼装入定量仓内，定量流入加水绞龙输送器内，加水量为 90%～100%，水温为 45～50℃，润胀豆饼与一定量的麸皮混合，经预热绞龙进装料罐内，罐内蒸气的气压为 400～450kPa（即 4～4.5kg/cm^2），混合原料进入罐内蒸煮 2min，或者采用 0.18～0.19MPa 以上的饱和蒸汽，蒸煮时间不超过 10min，接着迅速使蒸料冷却至 100℃。

总之，高温短时蒸煮法整套工艺可用“润料透、压力高、时间短、脱压快、降温快”来概括。有些旋转式蒸煮锅达不到加温或降温时间短的技术要求，因此在设备及管道方面都要改进。例如，进汽管和排气管的直径应加大，才能达到进汽快、压力高、脱压快的要求。这在酱油原料的 NK 蒸煮罐的改造上得到成功应用。

四、液态培养基的高温高压灭菌（间歇灭菌和连续灭菌）

1. 间歇灭菌

（1）间歇灭菌的温度变化　液态培养基间歇灭菌也叫分批灭菌或实罐灭菌。培养基的间歇灭菌就是将配制好的培养基放在发酵罐或其他装置中，通入蒸汽将培养基和所用设备一起进行加热灭菌的过程。间歇灭菌过程包括升温、保温和冷却 3 个阶段。图 2-9 为培养基间歇灭菌过程中的温度变化。

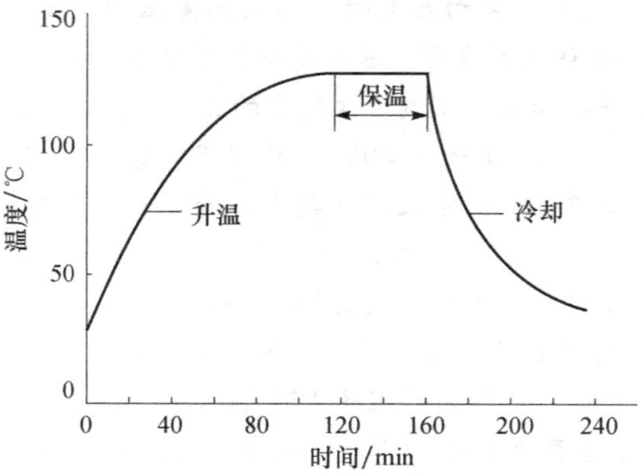

图 2-9　培养基间歇灭菌过程中的温度变化

(2) 间歇灭菌的计算　如果不计升温阶段所杀灭的菌数，把培养基中所有的菌均看做在保温阶段（灭菌温度）被杀灭，这样可以粗略地求得灭菌所需的时间。

[例 2-1]　有一发酵罐内装 $40m^3$ 培养基，在温度 121℃下进行实罐灭菌。原污染程度为 2×10^5 个/mL 耐热细菌芽孢，121℃时灭菌速度常数为 $1.8min^{-1}$。求灭菌失败概率为 0.001 时所需要的灭菌时间。

解：$N_0=40\times10^6\times2\times10^5=8\times10^{12}$（个）

$N_t=0.001$（个）

$k=1.8$（min^{-1}）

灭菌时间：

$$t=\frac{2.303}{1.8}\lg\left(\frac{8\times10^{12}}{0.001}\right)=20.34(\text{min})$$

但实际上，培养基在加热升温时（即升温阶段）就有部分菌被杀灭，特别是当培养基加热至 100℃以上时，灭菌作用很明显。因此，保温灭菌时间实际上比上述计算的时间要短。严格地说，在降温阶段也有杀菌作用，但降温时间较短，计算时一般不考虑。

(3) 间歇灭菌的工艺操作　间歇灭菌在发酵罐或其他装置中进行，将在配制罐中配制好的液态培养基，通过专用管道输入发酵罐等培养设备中，然后开始灭菌。在进行培养基的间歇灭菌之前，通常先将发酵罐等培养装置的空气分过滤器进行灭菌，并且用空气将分过滤器吹干。开始灭菌时，应先放去夹套或蛇管中的冷水，开启排气管阀，通过空气管向发酵罐内的培养基通入蒸汽进行加热。同时，也可在夹套内通蒸汽进行间接加热。当培养基温度升到 70℃时，从取样管和放料管向罐内通入蒸汽进一步加热，当温度升到 121℃，罐压为 1×10^5Pa（表压）时，打开接种、补料、消泡剂、酸、碱等管道阀门进行排汽，并调节好各进汽、排汽阀门的排汽量，使罐压和温度保持在一定水平上进行保温。

在保温过程中，应注意凡在培养基液面下的各种进口管道都应通入蒸汽，而在液面以上的其余各管道则应排放蒸汽，这样才能不留死角，从而保证灭菌彻底。保温结束后，依次关闭各排汽、进汽阀门，待罐压低于空气压力后，向罐内通入无菌空气，在夹套或蛇管中通冷水降温，使培养基的温度降到所需的温度，进行下一步的发酵培养。

间歇灭菌的优点是不需要专门的设备，投资少，对设备要求简单，对蒸汽的要求也比较低，而且灭菌效果可靠。

2. 连续灭菌

(1) 连续灭菌的温度变化　培养基的连续灭菌是将配制好的培养基在向发酵罐等培养装置输送的同时进行升温、保温和冷却而进行灭菌。如图 2-10 为培养基连续灭菌过程中的温度变化。可看出连续灭菌时，培养基可在短时间内加热到保温温度，并且能很快地被冷却，因此，可在比间歇灭菌更高的温度下进行灭菌，而由于灭菌温度很高，保温时间就相应地可以很短，极有利于减少培养基中营养物质的破坏。

［例 2-2］ 若将［例 2-1］中的培养基采用连续灭菌，灭菌温度为 131℃，此温度下灭菌速度常数为 15min^{-1}。求灭菌所需要的维持时间。

解：$N_0=2\times10^5$（个/mL）

$N_t=1/40\times10^{-6}\times10^{-3}=2.5\times10^{-11}$（个/mL）

灭菌时间：

$$t=\frac{2.303}{15}\lg\left(\frac{2\times10^5}{2.5\times10^{-11}}\right)=0.15\times15.8=2.37(\text{min})$$

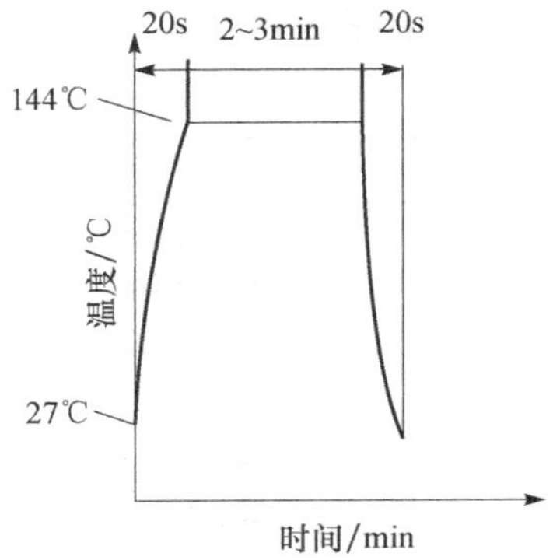

图 2-10 培养基连续灭菌过程中的温度变化

(2) 连续灭菌工艺流程 培养基连续灭菌的基本工艺流程见图 2-11。基本流程说明如下。

1）配料罐。将配制好的料液预热为 60～70℃，以避免连续灭菌时由于料液与蒸汽温度相差过大而产生水气撞击声。

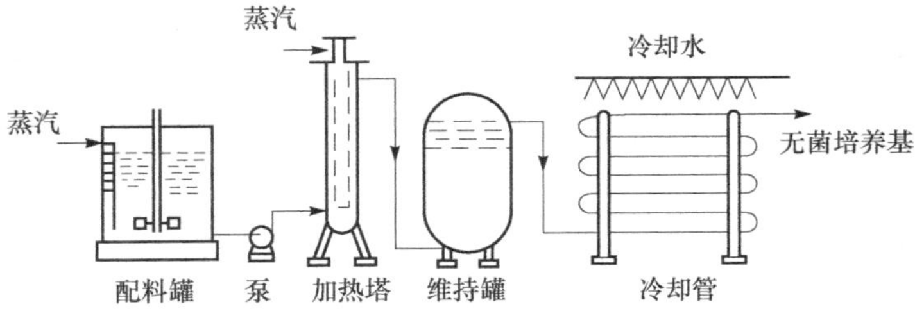

图 2-11 培养基连续灭菌的基本工艺流程示意图

2）加热塔。也称为连消塔，其作用是使高温蒸汽与料液迅速接触混合，并使料液的温度很快升高到灭菌温度（126～132℃）。

3）维持罐。连消塔加热的时间很短，光靠这段时间的灭菌是不够的，维持罐的作用是使料液在灭菌温度下保持 5～7min，以达到灭菌目的。

4）冷却管。从维持罐出来的料液要经过冷却管进行冷却，生产上一般采用冷水喷淋冷却为 40～50℃后，输送到预先已经灭过菌的罐内。

生产上还常采用喷射加热连续灭菌和薄板换热器连续灭菌两种流程，分别见图 2-12 和图 2-13。

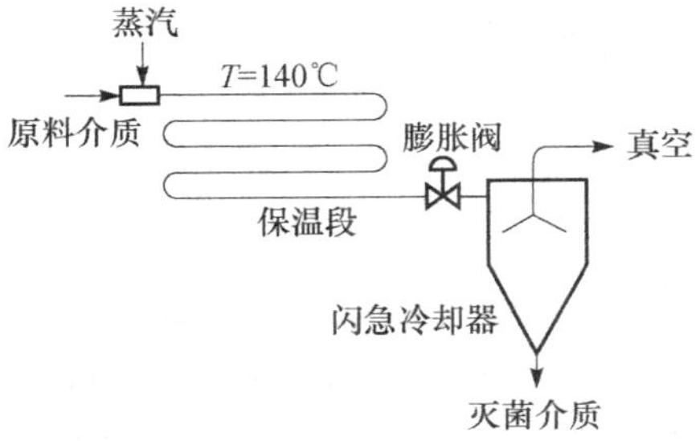

图 2-12 喷射加热连续灭菌流程示意图

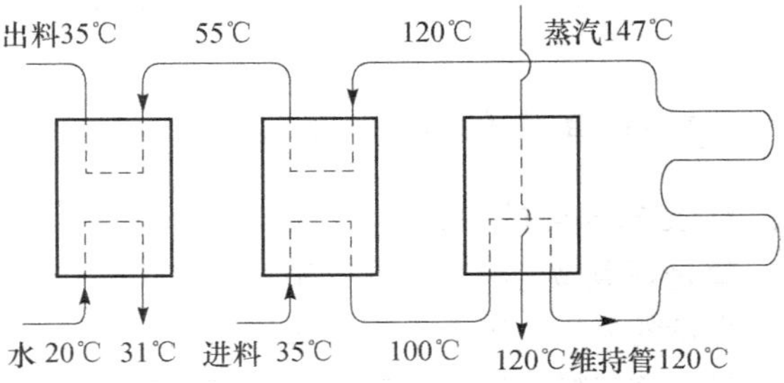

图 2-13 薄板换热器连续灭菌流程示意图

3. 间歇灭菌与连续灭菌的比较

培养基间歇灭菌和连续灭菌都有各自的优缺点，比较于表 2-13。两种灭菌方式对同种发酵产品收率的影响见表 2-14。

表 2-13 培养基间歇灭菌和连续灭菌的优缺点比较

灭菌方式	优点	缺点
连续灭菌	1. 灭菌温度高，可减少培养基中营养物质的损失 2. 操作条件恒定，灭菌质量稳定 3. 易于实现管道化和自控操作 4. 避免了反复地加热和冷却，提高了热的利用率 5. 发酵设备利用率高	1. 对设备要求高，需设置加热和冷却装置 2. 操作较麻烦 3. 染菌的机会较多 4. 不适合于含大量固体物料的灭菌 5. 对蒸汽的要求高
间歇灭菌	1. 设备要求低，不需另外设置加热和冷却装置 2. 操作要求低，适于手动操作 3. 适合于小批量生产规模 4. 适合于含有大量固体物质的培养基灭菌	1. 培养基的营养物质损失较多，灭菌后培养基的质量下降 2. 需进行反复的加热和冷却，能耗较大 3. 不适合于大规模生产过程的灭菌 4. 发酵罐的利用率较低

表 2-14 不同条件下灭菌对产物维生素 B_{12} 收率的影响

培养基成分/%			灭菌过程的类型和条件				产物收率
			类型	灭菌温度/℃	灭菌时间/min	pH	维生素 B_{12}/(μg/mL)
葡萄糖	玉米浆	动物浸膏					
2.0	1.9	0.8	间歇	121	45	6.5	5.0
2.1	1.9	1.0	间歇	121	25	4.4	88
2.0	1.9	0.9	连续	135	5	6.5	360
2.0	1.9	1.0	连续	135	5	4.4	656
酒糟水	大豆浸膏						
4	—		间歇	121	120	4.8	0.1
4	—		连续	163	13	4.8	1.2
2	2		间歇	121	90	5.7	1.3
2	2		连续	163	13	5.7	2.0

五、热敏性原料的灭菌方法

对于热敏性原料的灭菌，最常用的方法是过滤除菌。该法的优点是对原料的破坏可降至最低程度。

第四节 空气净化及无菌空气制备技术

一、空气净化的意义及应用

1. 空气净化的意义

氧是好氧微生物生长、繁殖及合成代谢产物所必需的原料。好氧微生物在培养过程中需要消耗大量的氧气，工业生产中氧的来源是空气。而空气中含有大量尘埃并附着各种各样的微生物，如果这些微生物随空气进入发酵培养系统，会在适宜的条件下大量繁殖，与生产用微生物竞争性消耗培养基中的营养物质，产生各种副产物，严重干扰或破坏发酵纯培养过程的正常进行，使发酵产率下降，甚至使培养过程彻底失败导致倒罐，造成重大的经济损失。因此，必须将空气中的尘埃去除，同时将微生物滤除或杀死，制备成无菌的空气给发酵系统提供氧气。根据《药品生产质量管理规范》(GMP) 的要求，生物制品、药品的生产场地也需符合空气洁净度要求，并有相应的管理手段。因此，无菌空气的制备就成为发酵工程中的一个重要环节。

空气净化的方法很多，但各种方法的除菌效果、设备条件和经济指标各不相同。实际生产中所需的除菌程度根据发酵工艺要求而定，既要避免染菌，又要尽量简化除菌流程，以减少设备投资和正常运转的动力消耗。

2. 空气中微生物的分布

空气（即大气）是一种气态物质的混合物，由氮气、氧气、二氧化碳、惰性气体、水蒸气及悬浮在空气中的尘埃所组成。尘埃中主要有构成地壳的无机物质微粒、烟灰、植物花粉和各种微生物。空气中微生物的数量与环境有关，随地区、季节、气候、空气洁净度等因素变化。一般潮湿、温暖的地区和季节，空气中微生物的数量较多。接近地球大气层比高空微生物含量高。人口密集的地方比人口稀少的地方微生物含量高。一般城市空气中含菌量为 $1\times10^3 \sim 1\times10^4$ 个/m^3。空气洁净度越差指所含颗粒型尘埃越多，附着的微生物也越多。空气中微生物依附在尘埃上，两者之间的关系为

$$y = 0.003x - 2.6 \tag{2-11}$$

式中，y 为空气中的微生物数量，个/m^3；x 为空气中的尘埃颗粒数量，个/m^3。

3. 发酵用无菌空气的质量标准

发酵生产所用微生物种类不同，则其生长能力强弱、生长速度快慢、培养周期长短和培养条件不同，对无菌空气的要求和程度也不同，但一般按 1×10^{-3} 的染菌概率，即在 1000 次培养过程中，只允许一次是由于空气含菌而造成的染菌，致使培养过程失败。也可以把 100 级作为无菌空气的洁净指标。

100 级：每立方米空气中尘埃粒子数最大允许值≥0.5μm 的为 3500，≥5μm 的为 0；每立方米空气中微生物最大允许数为 5 个浮游菌，1 个沉降菌。

美国联邦宇航局等级标准：100 级（直径小于 0.5μm 粒子数少于 3.5 个/L），温度 25～40℃，湿度 30%～45%。相关要求如下：①连续提供一定流量的压缩空气；②空气的压强（表压）0.2～0.4MPa；③进入过滤器之前，空气的相对湿度小于 70%；④进入发酵罐的空气温度可比培养温度高 10～30℃。

4. 空气灭菌、除菌的方法和要求

空气灭菌的方法有 3 种，空气除菌的方法有 1 种。

(1) 热灭菌　空气热灭菌是基于加热后微生物体内的蛋白质（酶）氧化变性得以实现。但要提高空气温度，不必用蒸汽或载热体加热，可直接利用空气压缩时的温度升高来实现。不同温度下杀菌所需的时间见表 2-15。若空气经压缩后温度能够升高为 200℃以上，保持一定时间后，便可实现干热灭菌。多变压缩公式为

$$T_2 = T_1(P_2/P_1)m^{-1}/m \tag{2-12}$$

式中，T_1 为压缩前的空气温度，K；T_2 为压缩后的空气温度，K；P_1 为压缩前的空气压强，Pa；P_2 为压缩后的空气压强，Pa；m 为多变指数，一般为 1.25。

表 2-15　不同温度下杀死空气中微生物所需的时间

温度/℃	200	250	300	350
所需时间/s	15.1	5.1	2.1	1.05

(2) 辐射灭菌　α线、β线、X线、γ线、紫外线、超声波等从理论上都能破坏蛋白质等生物活性物质，从而起到杀菌作用。辐射灭菌一般仅用于表面的灭菌及有限空间空气的灭菌，对于大规模空气的灭菌还无法应用。

(3) 静电灭菌　静电灭菌是利用静电引力来吸附带电粒子而达到除尘灭菌的目的。悬浮于空气中的微生物，大多数带有不同的电荷，没有带电的微粒进入高压静电场时都会被电离成带电微粒，但对于一些直径很小的微粒，它所带的电荷很小，当产生的引力等于或小于气流对微粒的抢带力或微粒布朗扩散运动的动量时，则微粒就不能被吸附而沉降，因此，静电除尘灭菌对很小的微粒效率较低。静电除尘灭菌器示意图如图 2-14 所示。

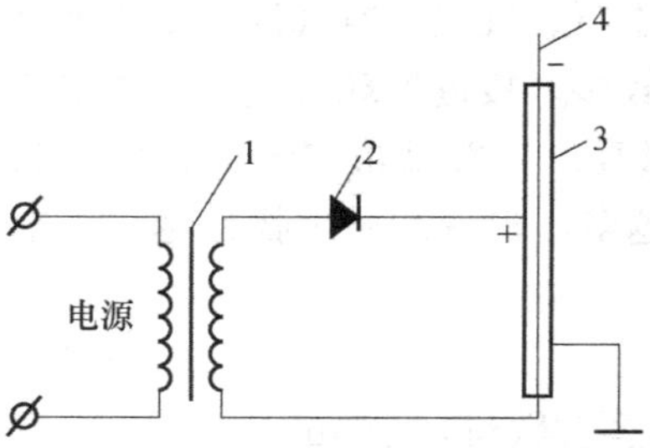

图 2-14　静电除尘灭菌器工作原理示意图

1. 升压变压器；2. 整流器；3. 沉淀电极；4. 电晕电极

(4) 介质过滤除菌　介质过滤除菌法是让含菌空气通过过滤介质，以阻截空气中所含尘埃和微生物，而制得无菌空气的方法。通过过滤除菌处理的空气可达到无菌，并有足够的压力和适宜的温度以供好氧微生物培养过程之用。

介质过滤除菌原理：将过滤介质填充到过滤器中，空气流过时借助惯性碰撞、阻截、扩散、静电吸附、沉降等作用将尘埃微生物截留在介质中，达到除菌的目的。

介质填充床过滤器有以下几种。

1）纤维或颗粒介质填充床过滤器：过滤介质包括棉花、玻璃纤维、腈纶、涤纶、维尼纶或活性炭等。

2）折叠式硼硅酸超细纤维过滤器：过滤介质有超细玻璃纤维。

3）烧结金属、陶瓷过滤器。

还可以用膜过滤（绝对过滤）器除菌。其原理是利用微孔滤膜（microporous membrane）对空气进行过滤，膜的孔径为 0.2～0.45μm，大于这一孔径的微生物能绝对截留。膜过滤器的过滤介质有聚四氟乙烯、偏聚二氟乙烯、聚丙烯和纤维素酯膜等。

二、空气过滤除菌原理

空气过滤所用的过滤介质，其间隙一般大于细胞颗粒，空气中的微生物菌体依靠气流通过介质滤层时，基于滤层纤维的层层阻碍，迫使空气在流动过程中出现无数次改变气流速度和方向的绕行运动，从而导致微生物微粒与滤层纤维间产生撞击、拦截、布朗运动、重力及静电引力等，从而把微生物微粒截留、捕集在纤维表面上，实现了过滤的目的。

1. 布朗扩散截留作用

直径很小的微粒在很慢的气流中能产生一种不规则的直线运动称为布朗扩散。布朗扩散的运动距离很短，在较大的气流、较大的纤维间隙中不起作用，但在很慢的气流速度和较小的纤维间隙中布朗扩散作用大大增加微粒与纤维的接触滞留机会。假设微粒扩散运动的距离为 x，则离纤维小于或等于 x 的气流微粒都会因为扩散运动而与纤维接触，截留在纤维上。由于布朗扩散截留作用的存在，大大增加了纤维的截留效率。

2. 拦截截留作用

在一定条件下，空气速度是影响截留效率的重要参数，改变气流的流速是改变微粒的运动惯性力。通过降低气流速度，可以使惯性截留作用接近于零，此时的气流流速称为临界气流速度。气流速度在临界速度以下，微粒不能因惯性截留于纤维上，截留效率显著下降，但实践证明，随着气流速度的继续下降，纤维对微粒的截留效率又回升，说明有另一种机制在起作用，这就是拦截截留作用。

由于微生物微粒直径很小、质量很轻，它随气流流动慢慢靠近纤维时，微粒所在主导气流流线受纤维所阻改变流动方向，绕过纤维前进，并在纤维的周边形成一层边界滞留区。滞留区的气流流速更慢，进到滞留区的微粒慢慢靠近和接触纤维而被黏附截留。拦截截留的截留效率与气流的雷诺数和微粒同纤维的直径比有关。

3. 惯性撞击截留作用

过滤器中的滤层交织着无数的纤维，并形成层层网格，随着纤维直径的减小和填充密度的增大，所形成的网格也就越细致、紧密，网格的层数也就越多，纤维间的间隙也就越小。当含有微生物颗粒的空气通过滤层时，空气流仅能从纤维间的间隙通过，由于纤维纵横交错，层层叠叠，迫使空气流不断地改变运动方向和速度。由于微生物颗粒的惯性大于空气，当空气流遇阻而绕道前进时，微生物颗粒未能及时改变它的运动方向，而撞击纤维并被截留于纤维的表面。

惯性撞击截留作用的大小取决于颗粒的动能和纤维的阻力，其中尤以气流的速度显得更为重要。惯性力与气流流速成正比，当空气流速过低时惯性撞击截留作用很小，甚至接近于零；当空气的流速增大时，惯性撞击截留作用起主导作用。

4. 重力沉降作用

重力沉降起到一个稳定的分离作用，当微粒所受的重力大于气流对它的拖带力时微粒就沉降。就单一的重力沉降情况来看，大颗粒比小颗粒作用显著，对于小颗粒只有气流速度很慢才起作用。一般它是配合拦截截留作用而显著出来的，即在纤维的边界滞留区内微粒的沉降作用提高了拦截截留的效率。

5. 静电吸引作用

当具有一定速度的气流通过介质滤层时，由于摩擦会产生诱导电荷。当菌体所带的电荷与介质所带的电荷相反时，就会发生静电吸引作用。带电的微粒会受带异性电荷的物体吸引而沉降，此外，表面吸附也属于这个范畴，如活性炭的大部分过滤效能是表面吸附的作用。

利用介质过滤除菌时，上述各种除菌的机制示意图见图 2-15。在过滤除菌过程中，

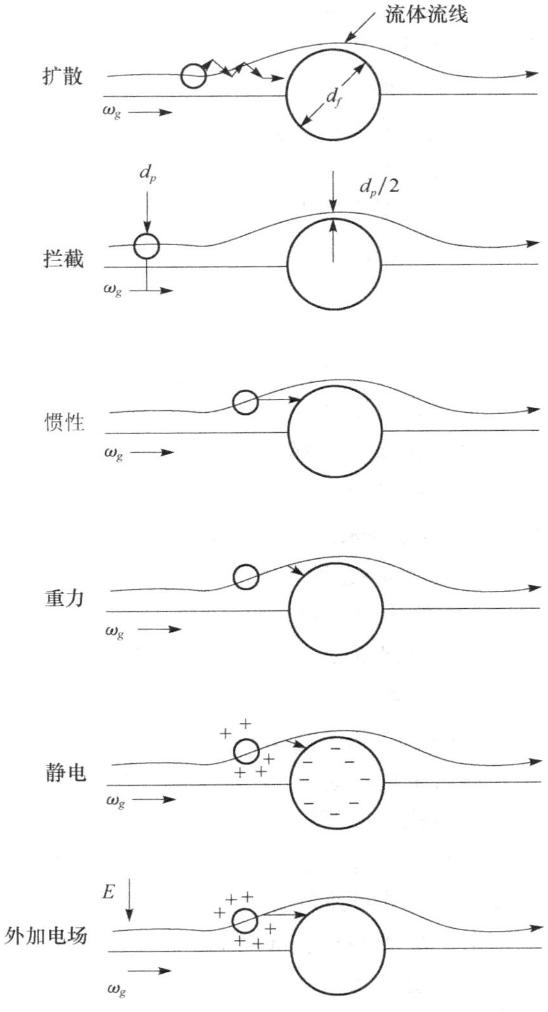

图 2-15 过滤除菌时各种除菌机制示意图

ω_g. 气流速度，m/s；d_f. 过滤介质纤维的直径，mm；d_p. 尘埃颗粒直径，mm；E. 外加静电力，C

很难分辨上述各种机制所作贡献的大小。一般认为惯性撞击截留、拦截截留和布朗扩散截留的作用较大，重力沉降和静电吸引的作用较小。当气流速度较大时，除菌效率随空气流速的增加而增加，惯性撞击截流起主要作用；当气流速度较小时，除菌效率随气流速度的增加而降低，布朗扩散截留起主要作用；当气流速度中等时，可能截流起主要作用。

三、通风类发酵工厂无菌空气制备系统

空气净化的方法常采用介质过滤法。经冷却的压缩空气带有大量水分或油，在过滤前将空气中的水和油除去，才能保持过滤介质的干燥状态，以保证过滤除菌效率。同时，供给发酵罐的无菌空气需具有一定的压力，以维持发酵过程中的罐压力。由此就构成了一个无菌空气的制备系统，这是发酵工程中非常重要的一环。

1. 无菌空气制备系统的组成及设备

要制备较高无菌程度、具有一定压力的无菌空气以克服空气在预处理、过滤除菌及有关设备、管道、阀门、过滤介质等的压力损失，以及在培养过程中维持一定的罐压，无菌空气制备系统必须有空气压缩机供气设备，同时还要具有高效的过滤除菌设备，以除去空气中的尘埃和微生物颗粒。其他附属设备则要求尽量采用新技术以提高效率，精简设备流程，降低设备投资、运转费用和动力消耗，并简便操作。

空气过滤除菌的一般工艺过程为：吸入空气→前过滤→空气压缩机→压缩空气冷却至适当温度→分离除去油和水→加热至适当温度，相对湿度为50%～60%→空气过滤器→无菌空气。

无菌空气制备系统主要由空气的预处理和空气过滤除菌两部分组成。空气预处理的目的有两个：一是提高压缩前空气的洁净度；二是去除压缩后空气中所带的油和水。空气过滤除菌的目的是借助各种过滤介质的拦截、惯性、静电等原理将空气中的尘埃颗粒和附着的微生物去除。无菌空气制备系统及设备包括以下几种。

（1）采风口　采风口应建在工厂的上风口，远离烟囱，高10m以上，设计气流速度8m/s。也可将采风口建成采风室，直接构筑在空压机房的屋顶上。提高压缩前空气洁净度的主要措施是提高空气吸气口的位置和加强吸入空气的前过滤。一般认为，高度每升高10m，空气中微生物含量下降一个数量级。

（2）粗过滤器　为了保护空气压缩机，常在空气吸口处设置粗过滤器或前置高效过滤器，作用是拦截空气中颗粒较大的尘埃，减少进入空气压缩机的灰尘和微生物含量，以减轻压缩机的磨损和主过滤器的负荷，提高除菌空气的质量。要求前置过滤器过滤效率高，阻力小。通常采用布袋过滤器、填料过滤器、油浴洗涤和水雾除尘装置等。过滤介质可用泡沫塑料（平板式）或无纺布（折叠式）。例如，布袋过滤器是将滤布缝制成与骨架相同形状的布袋，绷紧缝于骨架上，缝紧会造成短路的空隙。填料式粗过滤器是采用油浸铁丝网、玻璃纤维或其他合成纤维等。油浴洗涤装置是空气进入装置后通过油层洗涤，空气中的微粒被黏附而逐渐沉降于油箱底部而除去。

（3）空气压缩机　空气压缩机提供动力，克服设备阻力。为了克服空气输送过程中过滤介质等阻力，吸入的空气需经空气压缩机压缩，空气压缩机有往复式、螺杆式和涡轮式空气压缩机。目前常用的空气压缩机有涡轮式和往复式两种。涡轮式空气压缩机有输气量大，输出空气压力稳定，效率高，无易损部件，获得的空气不带油雾等优点。往复式空气压缩机

出口压力不稳定，空气带油雾，导致传热系数降低，给空气冷却带来困难，如果油雾分离不干净，带入过滤器会堵塞过滤介质的纤维间歇，增大空气压力损失。

（4）*空气冷却设备*　空气被压缩后，温度会显著上升，压缩比越高，温度也越高。若将高温压缩空气直接通入空气过滤器，会引起过滤介质的炭化或燃烧，而且会增加培养装置的降温负荷和培养液水分的蒸发，对微生物生长和生物合成都不利，因此要将压缩空气降温。空气储罐的作用是消除压缩空气的脉动，若选用涡轮式或螺杆式空气压缩机，由于其排汽均匀而连续，可省去空气储罐。空气冷却设备一般有列管式换热器和翅板式换热器。采用列管式换热器，空气走壳程，冷却水走管程。为增加冷却水的流速，提高传热系数，采用双程或四程结构。夏天第一级冷却器可用循环水来冷却压缩空气，第二级冷却器采用 9℃的低温水冷却压缩空气。由于空气被冷却到露点以下会有凝结水析出，冷却器外壳的下部应设置排除凝结水的接管口。从节能观点考虑，空气储罐应布置在空压站附近，空气冷却器布置在发酵车间外。这样可以利用压缩空气总管管道沿程冷却空气，减少冷却器的热交换量。

（5）*气液分离设备*　气液分离指压缩空气的除水、除油。经冷却降温后的空气相对湿度增大，如果冷却温度低于露点温度，空气会析出水分，使过滤介质受潮失效。同时由于空气经压缩机压缩后不可避免地会夹带润滑油。在冷却器后安置气液分离设备，除去空气中的水和油，保护过滤介质。湿空气的析水随温度、压力等物理因素而变化。分离空气中的油和水有两类设备可供选用，一类是利用离心力进行沉降的旋风分离器，另一类是利用惯性进行拦截的介质过滤器，即丝网分离器。旋风分离器是利用离心力进行气-固或气-液沉降分离的设备，具有结构简单、阻力小、分离效率高的特点，对 10μm 的粒子，旋风分离器的分离效率为 60%～70%。丝网除沫器为圆筒内填充 100～150mm 的金属丝网，可除去 1μm 以上的雾滴，去除率约 98%。当丝网除沫器直径小于 1m 时，可将金属丝网绕成消防带状填入容器内；当直径大于 1m 时，可把金属丝网多层叠在一起。

（6）*空气加热设备*　采用列管式加热器，空气走管程，蒸汽走壳程；或者采用套管式加热器，空气走管程，蒸汽走夹套。

（7）*空气过滤器*　按过滤介质孔隙将空气过滤分为两类：绝对过滤和深层过滤。绝对过滤介质孔隙小于被拦截的微生物，如用聚四氟乙烯或纤维素酯材料做成的微孔滤膜过滤器。深层过滤的介质孔隙大于被拦截的微生物但介质有一定的厚度。

纤维及颗粒状介质过滤器一般被用作发酵工厂的总过滤器，直径 2.5～3m，常用的介质有：①棉花，常用未脱脂棉，纤维长 2～3cm，直径 16～20μm，密度 1520kg/m^3，使用时填充密度 130～150kg/m^3，填充率 8.5%～10%。其特点是有弹性，纤维长度适中。②玻璃纤维，用无碱玻璃纤维，直径 3～20μm，密度 2600kg/m^3，使用时填充密度 130～280kg/m^3，填充率 5%～11%，为减少玻璃纤维的粉碎、提高除菌效率和填放方便，可用酚醛、呋喃树脂等将树脂合成具有一定填充率和形状的过滤垫后再放入过滤器。其优点是纤维直径小，不易折断，过滤效果好。③活性炭，常用的颗粒状活性炭为小圆柱体，大小为 3mm×10mm～3mm×15mm。颗粒密度 1140kg/m^3，填充密度 470～530kg/m^3，填充率约 44%，要求质地坚硬不易压碎，颗粒均匀。颗粒活性炭不单独作为过滤介质，常与纤维介质分层堆放成过滤床。

滤纸过滤器以超细玻璃纤维为过滤介质，玻璃纤维纸很薄，纤维间孔隙率为 1～1.5μm，厚 0.25～0.4mm，密度 2600kg/m^3，填充率为 14.8%。一般应用时将 3～6 张滤纸叠合在一起使用，属于深层过滤技术。其过滤效率相当高，对大于 0.3μm 的颗粒去除率为 99.99%以上。而且阻力较小，因此压降也小。其缺点是强度不大，因此常用酚醛树脂、甲基丙烯酸树脂、密胺树脂、含氢硅油等增韧剂或疏水剂处理，以提高防湿能力。

金属烧结管空气过滤器由单根、几十根或上百根金属微孔滤管安装在不锈钢过滤器壳体内。压缩空气进入壳程，通过金属微孔滤管的壁除去杂菌和尘埃颗粒，得到无菌空气，由管程排出。其特点是使用寿命长，气体阻力小，安装维修方便。在使用时为防止空气管道中的铁锈、微粒和蒸汽管道中铁锈对金属微孔滤管的污染，在金属烧结管过滤器之前要加装与其匹配的空气预过滤器和蒸汽过滤器。

微孔膜过滤器的过滤介质的空隙小于 0.5μm，甚至小于 0.1μm，能将空气中所有大于 0.01μm 以上的微粒和几乎所有空气中夹带的微生物真正滤除，也是绝对过滤器，由耐高温且疏水厚度为 150μm 的聚四氟乙烯膜构成。为增强膜芯的强度，用不锈钢做中心柱，把附加里衬的滤膜做成折叠型的过滤层绕在不锈钢中心柱上，外加耐热的聚丙烯外套。为延长微孔膜过滤器的使用寿命，使用时应配置与膜过滤器相匹配的空气预过滤器和蒸汽过滤器，以除去管道内的铁锈、污垢和微粒对微孔膜的污染。绝对过滤易于控制过滤后的空气质量，节约能量和时间，操作简便。微孔滤膜类过滤介质用于滤除空气中的细菌和尘埃。除有滤除作用外，还有静电作用。通常在空气过滤之前应将空气中的油、水除去，以提高微孔滤膜类过滤介质的过滤效率和使用寿命。

2. 空气过滤除菌的工艺流程

无菌空气制备流程需根据生产厂所在地区及地理位置、气候环境和设备条件来制订。原则上需吸风条件好，加强除水设施，以尽量降低过滤器的负荷并保持干燥，提高空气的无菌程度。生产用空气除菌流程有以下 6 种。

(1) *两级冷却、加热除菌流程*　两级冷却、加热除菌流程示意图见图 2-16。空气从采气口进入过滤系统前，先经粗过滤器过滤，再进入压缩机，经压缩升温后的压缩空气经过两次冷却后，再被加热和过滤。这是一个比较完善的空气除菌流程，可以适应各种气候条件，能充分分离油和水，让空气在较低的相对湿度下进入过滤器，以提高过滤效率。该流程的特点是两次冷却、两次分离、适当加热，能提高传热系数、节约冷却用水、油和水分离比较完全。

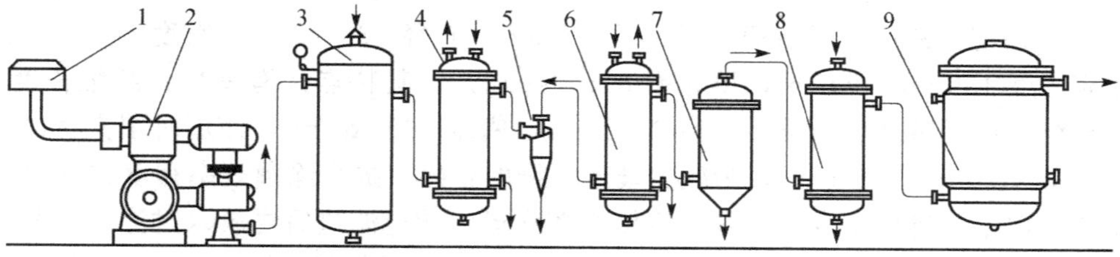

图 2-16　两级冷却、加热除菌流程示意图

1. 粗过滤器；2. 压缩机；3. 贮罐；4，6. 冷却器；5. 旋风分离器；7. 丝网分离器；8. 加热器；9. 过滤器

(2) *冷热空气直接混合式空气除菌流程*　冷热空气直接混合式空气除菌流程示意图见图 2-17。经粗过滤和压缩后的空气，从贮罐出来后分成两部分，一部分进入冷却器，冷却

到较低温度，经分离器分离油、水后与另一部分未处理过的高温压缩空气混合，混合空气的温度可有 30～35℃，相对湿度 50%～60%，再进入过滤器。该流程的特点是可以省去第二冷却后的分离设备和空气再加热设备，流程简单，利用压缩空气来加热析水后的空气，冷却水用量少等。该流程适用于中等湿度地区。

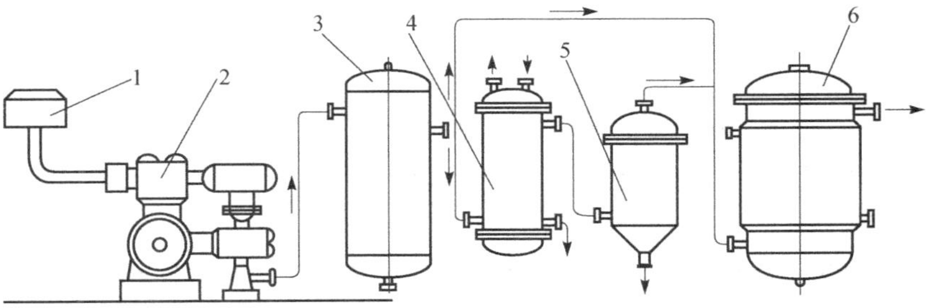

图 2-17　冷热空气直接混合式空气除菌流程示意图

1. 粗过滤器；2. 压缩机；3. 贮气罐；4. 冷却器；5. 丝网分离器；6. 过滤器

(3) 高效前置过滤空气除菌流程　　高效前置过滤空气除菌流程示意图见图 2-18。该流程采用高效率的前置过滤设备，利用压缩机的抽吸作用，使空气先经过中、高效过滤器后，再进入空气压缩机，这样可降低主过滤器的负荷。经高效前置过滤设备过滤后，空气的无菌程度已经相当高，再经冷却、分离，入主过滤器过滤，就可获得无菌程度很高的空气。采用前置过滤器正是该流程的特点。

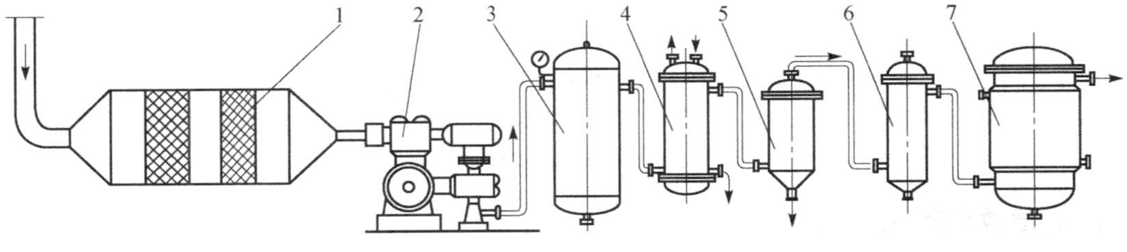

图 2-18　高效前置过滤空气除菌流程示意图

1. 高效前置过滤器；2. 压缩机；3. 贮气罐；4. 冷却器；5. 丝网分离器；6. 加热器；7. 过滤器

(4) 将空气冷却至露点以上流程　　图 2-19 是将空气冷却至露点以上的空气除菌流程示意图。该流程将压缩空气冷却至露点以上，使空气在相对湿度 60%～70%以下进入过滤器。此流程适用于北方和内陆气候干燥地区。

(5) 利用热空气加热冷空气流程　　该流程利用压缩后的热空气和冷却后的冷空气进行热交换，使冷空气的温度升高，降低相对湿度。该流程对热能的利用合理，热交换器可同时兼做贮气罐。利用热空气加热冷空气流程示意图见图2-20。

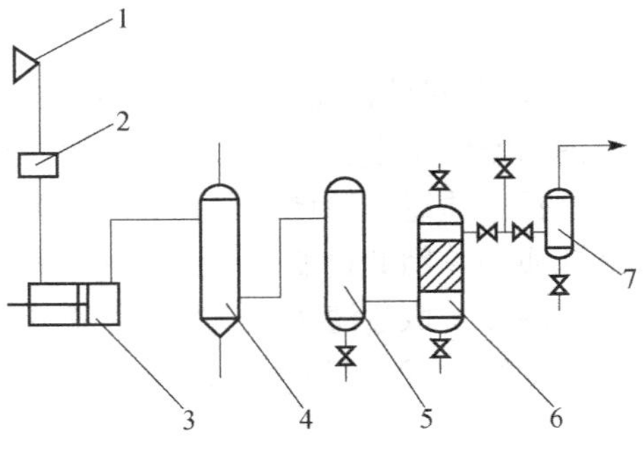

图 2-19　将空气冷却至露点以上流程示意图

1. 高空采风；2. 粗过滤器；3. 压缩机；4. 冷却器；5. 贮气罐；6. 空气总过滤器；7. 空气分过滤器

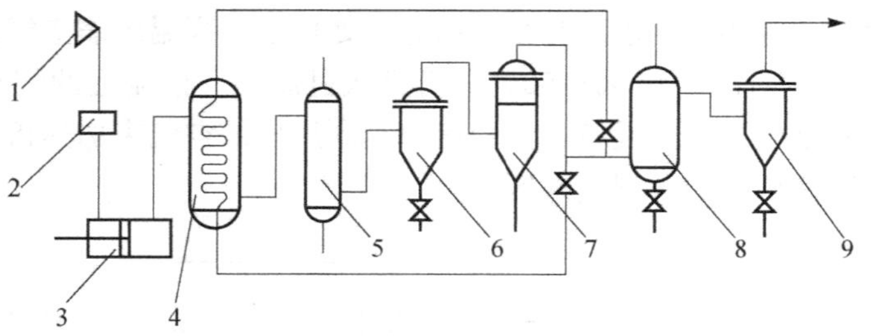

图 2-20 利用热空气加热冷空气流程示意图

1. 高空采风；2. 粗过滤器；3. 压缩机；4. 热交换器；5. 冷却器；6，7. 析水器；
8. 空气总过滤器；9. 空气分过滤器

（6）一次冷却和一次析水的空气过滤流程　该流程将压缩空气冷却至露点以下，析出部分水分，然后升温使相对湿度为60%左右，再进入空气过滤器，采用一次冷却一次析水。该流程示意图见图 2-21。

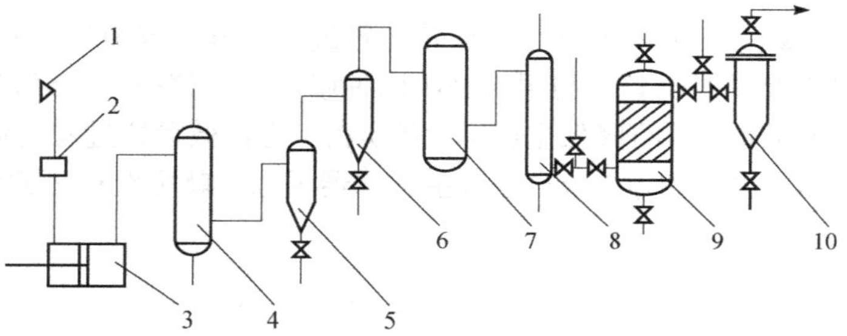

图 2-21 一次冷却和一次析水的空气过滤流程示意图

1. 高空采风；2. 粗过滤器；3. 压缩机；4. 冷却器；5，6. 析水器；7. 贮气罐；8. 加热器；
9. 空气总过滤器；10. 空气分过滤器

3. 过滤效率及影响因素

（1）过滤效率的计算　介质过滤效率是指被过滤介质层捕集的尘埃颗粒数与空气中原有颗粒数之比，即

$$\eta = \frac{N_1 - N_2}{N_1} = 1 - \frac{N_2}{N_1} = 1 - P \tag{2-13}$$

式中，N_1 为过滤前空气中的尘埃颗粒数；N_2 为过滤后空气中的尘埃颗粒数；P 为穿透率，即过滤后空气中残留颗粒数与原有颗粒数之比；η 为过滤效率，%。

根据介质过滤除菌机制，它不是面积过滤，而是依靠很多层细小的纤维将空气中颗粒拦截在介质中，因此过滤效率是随滤层厚度的增加而提高的。在一定条件下，可以通过计算确定滤层厚度。取过滤床厚度中一段微小长度 dL，经过此厚度过滤介质过滤后，空气中颗粒数的减少数 $-\mathrm{d}N$ 可以用下式表示：

$$-\mathrm{d}N = KN\mathrm{d}L \tag{2-14}$$

式中，N 为空气中尘埃数，个；L 为滤床厚度，cm；K 为常数，cm。

将上式移项后积分，得

$$-\int_{N_0}^{N_S}\frac{\mathrm{d}N}{N}=K\int_0^L\mathrm{d}L \tag{2-15}$$

$$\ln\frac{N_S}{N_0}=-KL \tag{2-16}$$

$$L=\frac{1}{K}\ln\frac{N_0}{N_S} \tag{2-17}$$

式中，N_0 为空气过滤器进口空气中尘埃粒子数；N_S 为过滤后出口空气中尘埃粒子数。式（2-16）称为对数穿透定律。常数 K 与气流速度、纤维直径、介质填充密度及空气中颗粒大小等有关。

（2）影响过滤除菌效率的因素　介质过滤除菌与介质纤维直径关系很大，在其他条件相同时，介质纤维直径越小，过滤效率越高。对于相同的介质，过滤效率与介质过滤层厚度、介质填充密度和空气流速有关。

介质过滤层厚度与过滤效率的关系：在填充密度不变时（180～185kg/m^3），随空气流量的变化，过滤层厚度对过滤效率的影响很大。

介质填充密度与过滤效率的关系：在不同空气流量时，增加维尼龙和棉花的填充密度，可以提高过滤效率。

空气流速与过滤效率的关系：在空气流速很低时，过滤效率随气流速度增加而降低，当气流速度增加到临界值后，过滤效率随气流速度增加而提高。空气流过过滤层时所产生的压强降，直接影响操作费用和通气发酵效率。因此，在选择过滤介质时，要考虑过滤效率，同时又要使压强降低。

总之，要提高过滤效率需综合考虑过滤介质的直径、介质过滤层厚度、介质填充密度和空气流速的关系。

（3）提高过滤除菌效率的措施　减少进口空气的含菌量；设计和安装合理的空气过滤器，选用除菌效率高的过滤介质；设计合理的空气预处理设备，以达到除油、水和杂质的目的；降低进入空气过滤器的空气的相对湿度，保证过滤介质在干燥状态下工作。

四、洁净厂房的空气净化系统

发酵企业洁净厂房，特别是制药厂空气净化系统是 GMP 的重要组成部分，GMP 即优质生产实践（good manufacturing practice）。GMP 涉及实际生产设备的设计和布局、设备和规程、生产人员的培训、过程输入（如原材料和菌种）的控制、产品的管理等各个方面。药品 GMP 是药品生产全过程实施质量管理、保证生产出优质药品的一整套系统、科学的管理规范，是药品生产和质量管理的基本准则。制药厂房的空气净化系统提供的空气质量将直接影响在该环境中生产药品的微粒和微生物污染的水平，从而影响药品生产的质量。传统的 GMP 标准无菌洁净系统已在纯生啤酒无菌灌装过程中推广和应用。低温膜过滤纯生啤酒生产需要在无菌灌装技术下完成，无菌洁净室是保证纯生啤酒生产的硬件设施。GMP 规定洁净室厂房应按生产工艺及产品质量要求划分为不同等级的洁净级别。所谓洁净室就是指一个封闭的隔离空间，通过特殊的高效空气过滤器输入洁净的空气，使该区域的空气达到应有的洁净度。洁净室空气的尘埃数与活微生物数应符合相关规定，温度和湿度也应与产品的工艺要求相适应。

案例　纯生啤酒包装车间的空气净化系统

1. 纯生啤酒无菌灌装洁净室的洁净等级和要求

纯生啤酒无菌灌装洁净室是在特定的环境条件下运行的，厂区内工艺布置应遵循“三协调”原则，即人流物流协调、工艺流程协调、洁净级别协调。洁净室厂房设计重点为防污染、防混淆、防差错事故措施。洁净室的整厂规划，其硬件设备、材料和工艺技术运行参数应满足环境要求，按照洁净室运行的热湿负荷进行主体工艺参数确定。环境参数包括当地大气压强，夏季空调运行时干球温度和湿球温度；大气中的尘埃颗粒和沉降（浮游）菌浓度；洁净度等级要求。洁净室、洁净空调系统使用的安装材料、施工、设计、加工制造、设备、自控、电气装置、检验、试验、验收等均应符合相关标准及规范。所有计量仪器必须符合国家法定计量标准。洁净室设备应易于检测、清洗、润滑及维修。洁净室空气洁净度等级及标准见表 2-16。

表 2-16　洁净室空气洁净度等级及标准

洁净度	尘埃颗粒数/(个/m³)	(≥5μm)	微生物数 浮游菌/(个/m³)	沉降菌/(个/m³)	换气次数
100	≤3 500	0	≤5	≤1	垂直层流 0.3m/s，水平层流 0.4m/s
10 000	≤350 000	≤200	≤100	≤3	≥20 次/h
100 000	≤3 500 000	≤20 000	≤500	≤10	≥15 次/h

注：洁净室悬浮粒子浮游菌和沉降菌的测定，可参考《医药工业洁净室（区）悬浮粒子、浮游菌和沉降菌的测试方法》(GB/T16292～16294—1996)。

目前设计建造的纯生啤酒无菌灌装洁净室一般分为十万级（换气次数一般 15～20 次/h），万级换气次数（一般 20～30 次/h），局部千级（换气次数最高达 50 次/h）三个级别。洁净度万级及以上区域要求达到的温度一般 20～25℃、湿度一般 45%～65%；洁净度万级及以下区域的温度一般 18～25℃、湿度一般 50%～65%等。纯生啤酒无菌灌装万级洁净室区域包括整个灌装间，从冲瓶机至压盖机。万级洁净室内能控制和调整风量、温度、显示湿度等。其中十万级洁净室区域为输瓶间（从洗瓶机出瓶至冲瓶机前）。而灌装机后半段至压盖出口用局部千级无菌风吹风。

2. 无菌洁净室组合式空调机组

纯生啤酒无菌灌装洁净室空气净化系统包括通风、空气过滤、空气冷热调节 3 大部分。空调机组的工艺流程一般为：回风机→排回风、进新风→初效过滤→表冷除水→送风机→中效过滤→消音→高效过滤→洁净室。

空气净化采用空气过滤、气流排污、提高室内空气静压等措施来达到目的。空气处理还要按满足工作人员的舒适性来调节进入洁净室空气的温度和相对湿度。洁净度的级别无需要求太高，空气净化系统装备的选择在满足洁净度要求前提下，应尽可能的简化。纯生啤酒生产最重要的是生产运行时的管理，洁净度级别设计得很高，超过生产实际对质量的需要，完全没有必要，不但加大了成本投入和生产运行费用，而且如果生产时管理不当，实际上也并不能达到设计的效果。

空气净化的三级过滤为初效过滤、中效过滤和高效过滤。初效过滤就是新风过滤，滤除 5μm 以上的尘粒，可滤除不超过 20%的 0.3μm 尘粒。中效过滤，主要滤除 1μm 以上尘粒和 20%～30%的 0.3μm 尘粒。高效过滤 HEPA（high efficiency particle air filter）是过滤系统的终端，主要滤除 1μm 以下的尘粒和微生物，可滤除 99.7%的 0.3μm 尘粒。

纯生啤酒无菌灌装洁净空调机组的各项技术参数，应根据洁净区的各项参数决定。与传统的 GMP 标准设计的空调运行环境不同的是，纯生啤酒无菌灌装及 CIP 泡沫清洗时相对湿度一般为 80%～90%，最高能达 100%，高湿的环境为微生物繁殖提供了良好条件，因此纯生啤酒洁净室空调最特别的要求就是应能迅速高效地除去回风中的水蒸气。

机组的漏风率须符合国家标准。机组应设冷凝排水口，排水应畅通，无溢出和渗漏，不锈钢凝结水盘出口高于设备底座，保证冷凝水管坡向排水处，冷凝水支管上应设 100mm 水封。机组的进回风口应有柔性连接，机组安装须有隔振装置。机组旁设置电控柜，箱体采用双层钢板（外面为彩钢板材料、里面为不锈钢），中间为聚氨酯发泡。

风管材料采用镀锌钢板，250～500mm 厚度不小于 0.75mm；600～1000mm 厚度不小于 1mm。消音设备应采用金属微穿孔板型，连接风管的法兰之间采用橡胶板密封，不能使用石棉。

总之，整个洁净系统至少有三级空气过滤，可拆卸，易于清洗室内采用全自动集中控制。选用的设备材料要满足洁净技术、消防规范的要求。无菌风要科学循环使用。无菌风气流采用单向流形式，上送下回，回风口分布于洁净室两侧，送风速度要均匀，室内出风口风速满足洁净技术要求。室内温度可调，相对湿度控制在 45%～65%。新风量不小于总风量的 40%。

本章小结

根据微生物的化学元素组成，微生物的主要营养要素是：碳源、氮源、能源、生物因子、无机盐、水。微生物培养基按其物理状态可分为固态培养基、液态培养基和半固态培养基 3 类。依据培养基在生产中的用途（或作用），可将培养基分为孢子培养基、种子培养基和发酵培养基。应根据目的和需要合理设计培养基的种类及配方。

双酶法制糖是原料处理的重要方法之一，其主要过程包括玉米淀粉原料的配料、糊化、液化和糖化过程。

灭菌技术是发酵工业最重要的单元操作技术。应根据不同场合及要求选择合适的灭菌方法。高温高压湿热灭菌技术是液态培养基最常用的灭菌方法。高温蒸煮技术则是固态培养基常用的灭菌方法。

空气中含有大量尘埃并附着各种各样的微生物，对于好氧发酵，必须供给符合要求的无菌空气。无菌空气的制备技术也应根据发酵企业的实际情况，选用合适的生产流程及设备。过滤除菌是目前制备无菌空气的常用方法。

思考题

1. 如何计算培养基物料中的 C/N 比？

2. 配制发酵培养基时应注意哪些问题?

3. 分析淀粉水解制糖的意义，并考察糖液制备的不同方法，比较其优缺点。

4. 根据对数残留定律，如何确定培养基的灭菌时间? 发酵工业上采用高温瞬时灭菌的依据是什么?

5. 分析培养基间歇灭菌和连续灭菌过程的温度变化。

6. 无菌空气制备和洁净空气的制备方法及效果评价有何不同?

主要参考文献

董其武，陈菊英. 1995. 浅谈豆饼预蒸煮用于高短法蒸料的重要性. 中国调味品，(2)：21-23.

张建华，陶绍木，彭昌亚，等. 2005. 高温流化法糊化在黄酒生产中的应用. 酿酒，32 (2)：79-81.

第三章 微生物育种及细胞培养

第一节 微生物的分离、培养及检测

无论是从事发酵行业的科研工作还是生产工作，微生物的分离、培养、检测等都是常规的工作，掌握其基本原理和技术是非常重要的。

一、微生物的接种、分离与纯化

1. 微生物接种

微生物常用以下 8 种接种方法。

划线接种：这是最常用的接种方法，即在固体培养基表面做来回直线形的移动，就可达到接种的作用。常用的接种工具有接种环、接种针等。在斜面接种和平板划线中就常用该法。

三点接种：在研究霉菌形态时常用此法。该法是把少量的微生物接种在平板表面上成等边三角形的三点，让它们各自形成菌落后，来观察、研究它们的形态。除三点外，也有一点或多点进行接种的。

穿刺接种：在保藏厌氧菌种或研究微生物的动力时常采用该法。做穿刺接种时，用的接种工具是接种针，用的培养基一般是半固体培养基。它的做法是用接种针蘸取少量的菌种，沿半固体培养基中心向管底做直线穿刺，如某细菌具有鞭毛而能运动，则在穿刺线周围能够生长。

浇混接种：该法是将待接的微生物先放入培养皿中，然后再倒入冷却至 45℃左右的琼脂培养基，迅速轻轻摇匀，这样菌液就达到稀释的目的。待培养基凝固之后，置合适温度下培养，就可长出单个的微生物菌落。

涂布接种：与浇混接种略有不同，就是先倒好平板，让其凝固，然后再将菌液倒入平板上面，迅速用涂布棒在表面做来回涂布，让菌液均匀分布，就可长出单个的微生物的菌落。

液体接种：从固体培养基中将菌体洗下，倒入液体培养基中，或者从液体培养物中，用移液管将菌液接至液体培养基中，或者从液体培养物中将菌液移至固体培养基中，都可称为液体接种。

注射接种：该法是用注射的方法将待接的微生物转接至活的生物体内，如人或其他动物中，常见的疫苗预防接种就是用注射接种接入人体，来预防某些疾病。

活体接种：活体接种是专门用于培养病毒或其他病原微生物的一种方法，因为病毒必须接种于活的生物体内才能生长、繁殖。所用的活体可以是整个动物；也可以是某个离体活组织，如猴肾等；也可以是发育的鸡胚。接种的方式是注射，也可以是拌料喂养。

2. 分离、纯化

含有一种以上的微生物培养物称为混合培养物（mixed culture）。如果在一个菌落中所有细胞均来自于一个亲代细胞，那么这个菌落称为纯培养物（pure culture）。在进行菌种鉴定时，所用的微生物一般均要求为纯培养物。得到纯培养物的过程称为分离、纯化，方法有许多种。

倾注平板法：把微生物悬液通过一系列稀释，取一定量的稀释液与熔化好的保持在40～50℃的营养琼脂培养基充分混合，然后把此混合液倾注到无菌的培养皿中，待凝固之后，把这平板倒置在恒箱中培养。单一细胞经过多次增殖后形成一个菌落，取单个菌落制成悬液，重复上述步骤数次，便可得到纯培养物。

涂布平板法：把微生物悬液通过适当的稀释，取一定量的稀释液放在无菌的已经凝固的营养琼脂平板上，然后用无菌的玻璃刮刀把稀释液均匀地涂布在培养基表面上，经恒温培养便可以得到单个菌落。

平板划线法：最简单的分离微生物的方法是平板划线法。用无菌的接种环取少许培养物在平板上进行划线。划线的方法很多，常见的比较容易出现单个菌落的划线方法有斜线法、曲线法、方格法、放射法、四格法等。当接种环在培养基表面上往后移动时，接种环上的菌液逐渐稀释，最后在所划的线上分散着单个细胞，经培养，每一个细胞长成一个菌落。

富集培养法：富集培养法的方法和原理非常简单。通过创造一些条件只让所需的微生物生长，在这些条件下，所需要的微生物能有效地与其他微生物进行竞争，在生长能力方面远远超过其他微生物。所创造的条件包括选择最适的碳源、能源、温度、光、pH、渗透压和氢受体等。在相同的培养基和培养条件下，经过多次重复移种，最后富集的菌株很容易在固体培养基上长出单菌落。如果要分离一些专性寄生菌，就必须把样品接种到相应敏感宿主细胞群体中，使其大量生长。通过多次重复移种便可以得到纯的寄生菌。

厌氧法：在实验室中，为了分离某些厌氧菌，可以利用装有原培养基的试管作为培养容器，把这支试管放在沸水浴中加热数分钟，以便逐出培养基中的溶解氧。然后快速冷却，并进行接种。接种后，加入无菌的石蜡于培养基表面，使培养基与空气隔绝。另一种方法是在接种后，利用 N_2 或 CO_2 取代培养基中的气体，然后在火焰上把试管口密封。有时为了更有效地分离某些厌氧菌，可以把所分离的样品接种于培养基上，然后再把装有已接种培养基的培养皿放在完全密封的厌氧培养装置中。

二、生物量检测方法

生物量（biomass）泛指各种生物体的总量。生物量的表示方法有多种，如微生物菌体的生物量可用质量体积浓度（g/L）表示；有些生物体无法测定其质量，可用悬浮液的浊度表示。培养皿上的生物量甚至用丝状菌的菌丝体长度表示。

微生物生物量的检测方法主要有两种：直接检测生物量和间接检测生物量。

1. 直接检测法

直接检测菌体生物量，首先要使菌体和培养基质分离。在固态发酵过程中，对于单细胞微生物可以采用直接检测法。

(1) 质量法　质量法较适合于悬浮培养的细胞（如细菌、酵母菌），分湿重法和干重法。湿重法是称量湿细胞的质量，该法操作简便，测定时间短。但不同生理周期的细胞，其水分含量不同；或者操作条件不同时，会造成同一湿重的细胞，其干重不同，故湿重法的结果不准确。干重法的结果较为准确。其方法是取一定体积的培养液，离心沉降，收集菌体；为洗去细胞表面黏附的培养基质，应将菌体水洗若干次，再离心分离；最后将菌体在一定温度下烘至恒重。烘干的温度根据微生物的种类会有所不同。根据菌体干重和取样体积，计算得到菌体的质量体积浓度（g/L）。

对于固态培养霉菌等丝状菌，由于菌丝体与培养基质缠绕，无法得到纯净的菌丝体，很难用质量法直接测定菌丝体的干重。为了测定固态培养菌丝体的生物量，可将微生物培养在明胶或卡拉胶上，将明胶或卡拉胶在温和条件下融化，过滤后即可收获菌体。也可采用平板培养法测定培养皿上的菌落的菌体量。其方法是将微生物接种于培养皿中，培养后，利用加热煮沸的方法将琼脂融化，趁热过滤，取过滤介质上的滤出物（菌丝体）洗净，烘干称重。但这些方法仅限于实验室研究，因为在明胶或琼脂培养基上的菌体量，与在谷物原料的固态培养基上生长的菌体量有所不同，故无法真实反映菌体的生长。还有一种直接检测霉菌菌丝体的方法是将菌体培养在膜上。将膜覆盖在固态培养基上，接种并培养好以后，将膜揭开，菌丝体会附着在膜上，由此可获得较纯的菌丝体的干重。但有些菌丝体可能会渗入在培养基中，揭膜时不能完全收获菌丝体，从而造成菌丝体的损失。该法可用于对间接法所测定的菌体量进行标定。例如，在麦芽汁平板上铺一层无菌的玻璃纸，吸取孢子悬浮液均匀涂布于膜上，培养后将菌膜从玻璃纸上剥下，80℃烘干至恒重，称重，得到菌体的干重。

对于细菌或酵母菌等单细胞的固态发酵，可用过滤法获取菌体，烘干后称取菌体干重。用该法，对于培养在麸皮或海绵上的酵母菌，可获得100%的回收率。

(2) 比浊法　比浊法，又称浊度测定法，为测量透过悬浮介质的光强度来确定悬浮物质浓度的方法，这是一种光散射测量技术。悬浮颗粒在液体中造成透射光的减弱，减弱的程度与悬浮颗粒的量相关，可定量测定在溶液中呈悬浮状态物质的浓度。该法可用于悬浮细胞菌体量的测定，但应当用无菌的培养液做空白对照，测定波长一般为400～680nm。菌体浓度应稀释在合适的范围内，使测定液中的OD值控制在0.3～0.6。

(3) 计数法

直接计数法：用特定的细菌计数板或血细胞计数板，在显微镜下计算一定容积样品中微生物的数量。但该法不能区分微生物的死活。

也可采用膜过滤法进行直接计数，即将样品通过膜过滤器，然后将滤膜上的细菌进行荧光染色，在荧光显微镜下即可观察并计算膜上一定面积中的细菌数。

$$每毫升原菌液细菌数 = 每小格平均细菌数 \times 400 \times 1000 \times 稀释倍数$$

间接计数法：该法又称为活菌计数法，即将样品经一系列的10倍稀释，然后选择3个稀释度的菌液，分别取0.2mL放入无菌培养皿中，长出菌落后计数。

每毫升原菌液活菌数＝同一稀释度3个以上重复培养皿菌落平均数×稀释倍数×5

2. 间接检测法

可用一些间接的方法检测菌体的组成物质。例如，通过细胞组分的检测间接检测生物量，从而估算固态发酵微生物菌体生物量。这些组成物质包括葡糖胺（glucosamine）、麦角甾醇（ergosterol）、核酸、总糖、蛋白质。

微生物细胞中（细胞核、细胞壁或细胞膜）含有某些特征性的化合物，它们是在微生物生长过程所形成的。例如，真菌的细胞壁中葡糖胺的含量丰富，真菌细胞膜中的麦角甾醇含量丰富。这些特征性化合物的含量与细胞生物量也有较稳定的关系，并且具有明显的光谱特征。可用分光光度计法或高效液相色谱（HPLC）法来测定。但具体用哪种化合物作为生物量的依据，还需通过实验确定。

要测定生物量，必须首先建立这些化合物与菌体干物质含量的关系式。纯菌体的干物质可用膜培养法、琼脂平板培养法和液体培养法获得。然后测定菌体中的葡糖胺、麦角甾醇等成分的含量，建立其含量与菌体量之间的标准曲线。同时应建立葡糖胺、麦角甾醇等成分的分析方法。

但是不同的培养时间及培养条件下，有些成分的含量会发生变化。例如，培养基中营养成分不良，红曲菌中麦角甾醇含量会较高。其原因可能是麦角甾醇多存在于菌体的质膜中，营养不良时孢子增多，质膜加厚，麦角甾醇含量增加。由此推论，固态发酵时的菌体中的某些成分的含量与液膜法培养的菌体中的某些成分的含量会有所不同。

案例　通过葡糖胺的检测间接检测生物量

用葡糖胺的含量间接表达菌体干重是许多研究者所采用的方法。葡糖胺是几丁聚糖的组成成分之一。

dos Santos 用液态培养法得到菌体量与葡糖胺的系数是 $f_c=1.78$mg/g 干菌体。测定固态发酵培养物中的葡糖胺含量 P（mg/g），由此计算固态发酵中菌体量 $X=P/1.78$（g，干重）。

但 Nagel 的研究结果表明，微生物固态发酵时，葡糖胺的含量取决于基质，但葡糖胺的含量还与菌龄有关，和菌体的培养方法有关。培养时间越长，葡糖胺的含量越高，但菌龄和葡糖胺的含量并不是成正比关系，而是成 S 形的。据此，Nagel 等提出了一个与菌龄有关的葡糖胺的含量的计算公式（3-1）。

$$G_X(t-\lambda)=44.61+\frac{43.65}{\left(1+\exp\left(-\frac{((t-\lambda)-61.70)}{12.34}\right)\right)} \tag{3-1}$$

式中，G_X 为菌体中葡糖胺的含量，mg/g 干菌体；t 为培养时间；λ 为菌体到达生长对数期的时间。

葡糖胺的测定方法：精密称取干菌体 0.3g，加 60%的硫酸 2mL，25℃浸泡 24h，用水稀释至硫酸浓度为 1mol/L，置于 250mL 三角瓶中，9.8×10^4Pa 高压下加热 1h，冷却后用 1mol/L 的氢氧化钠中和至 pH7。定容至 100mL，取 2mL 样液（空白为 0.5mL 蒸馏水）加 1mL 乙酰丙酮试剂（3.5mL 乙酰丙酮+50mL 1.2mol/L 的 Na_2CO_3），沸水浴加热 3min，冷却后加入 2mL 无水乙醇、1mL 对二氨基苯甲醛试剂（1.33g 对氨基苯甲醛溶于 25mL 无水乙醇及 25mL 浓盐酸的混合液中，棕色瓶保存，现配现用）。振荡，再加入 4mL 无水乙醇，60℃保温 1h，495nm 处测定其吸光度。

3. 其他方法

例如，成像分析法，通过数字化图像处理技术，将固态发酵过程中微生物在培养基质上的生长过程拍摄下来。在固态培养基质中，培养基的形貌特征随菌体的生长而呈现不同的图像，因而可建立菌体生长和基质-菌体分形动力学模型，可建立固态发酵在线检测菌体量及基质的有效方法。

又例如，成像分析法也可用于观察霉菌菌丝的生长，霉菌的生长表现为仅在其菌丝顶端生长。其比生长速率 μ 与菌丝延长的最大速率 U_r 成正比。故菌丝生物量的比生长速率与菌丝顶端成正比，而顶端的数量与分叉的频度 Φ 成正比。固态发酵或表面培养的菌丝长度 L_c 值可直接通过成像分析法在位测定。通过计算可得到菌丝顶端的比生长速率。

三、微生物菌种保藏法

微生物在使用和传代过程中容易发生污染、变异甚至死亡，因而常常造成菌种的衰退，并有可能使优良菌种丢失。菌种保藏的重要意义就在于尽可能保持其原有性状和活力的稳定，确保菌种不死亡、不变异、不被污染，以达到便于研究、交换和使用等各方面的需要。

无论采用何种保藏方法，首先，应该挑选典型菌种的优良纯种来进行保藏，最好保藏它们的休眠体，如分生孢子、芽孢等。其次，应根据微生物生理、生化特点，人为地创造环境条件，使微生物长期处于代谢不活泼，生长、繁殖受抑制的休眠状态。这些人工造成的环境主要是干燥、低温和缺氧，另外，避光、缺乏营养、添加保护剂或酸度中和剂也能有效提高保藏效果。

微生物菌种的保藏方法有多种，如低温斜面保藏法、液体石蜡保藏法、砂土管保藏法等。

1. 低温斜面保藏法

保藏培养基：麦芽汁琼脂培养基、马铃薯琼脂培养基或米曲汁琼脂培养基。接种后在30℃培养 7～10d，放在冰箱内或室温下保存。2 个月移植一次，存放地点保持干燥。或者用土豆葡萄糖培养基生长的斜面菌种，经培养 10d 后，放置 4℃冰箱，可存放 3～6 个月。其缺点是菌株仍有一定程度的代谢活动能力，保藏期短，传代次数多，菌种较容易发生变异和被污染。

PDA 培养基：200g 新鲜马铃薯，加水煮并取汁制成 1000mL，加葡萄糖 20g，琼脂 15g。

2. 液体石蜡保藏法

该法是在无菌条件下，将灭过菌并已蒸发掉水分的液体石蜡倒入培养成熟的菌种斜面（或半固体穿刺培养物）上，液体石蜡层高出斜面顶端 1cm，使培养物与空气隔绝，加胶塞并用固体石蜡封口后，垂直放在室温或 4℃冰箱内保藏。使用的液体石蜡要求优质无毒、化学纯，其灭菌条件是：150～170℃烘箱内灭菌 1h；或者 121℃高压蒸汽灭菌 60～80min，再置于 80℃的烘箱内烘干除去水分。

由于液体石蜡阻隔了空气，使菌体处于缺氧状态下，而且又防止了水分挥发，使培养物不会干裂，能使保藏期延长 1～2 年，或者更长。这种方法操作简单，它适于保藏霉菌、酵母菌、放线菌、好氧性细菌等，对霉菌和酵母菌的保藏效果较好，可保存几年，甚至长达 10 年。但对很多厌氧性细菌的保藏效果较差，尤其不适用于某些能分解烃类的菌种。

3. 砂土管保藏法

这是一种常用的长期保藏菌种的方法，适用于产孢子的放线菌、霉菌及形成芽孢的细菌，对于一些对干燥敏感的细菌，如奈氏球菌、弧菌和假单胞杆菌及酵母菌则不适用。

其制作方法是先将砂与土分别洗净、烘干、过筛（一般砂用 60 目筛，土用 120 目筛），按砂与土的比例为（1～2）∶1 混匀，分装于小试管中，砂土的高度约 1cm，以 121℃蒸汽灭菌 1～1.5h，间歇灭菌 3 次。50℃烘干后经检查无误后备用。也有只用砂或土作载体进行保藏的。需要保藏的菌株先用斜面培养基充分培养，再以无菌水制成 $1\times10^{8}\sim1\times10^{10}$ 个/mL 菌悬液或孢子悬液滴入砂土管中，放线菌和霉菌也可直接刮下孢子与载体混匀，而后置于干燥器中抽真空 2～4h，用火焰熔封管口（或用石蜡封口），置于干燥器中，在室温或 4℃冰箱内保藏，后者效果更好。

砂土管保藏法兼具低温、干燥、隔氧和无营养物等各条件，故保藏期较长、效果较好，且微生物移接方便，经济简便。它比液体石蜡保藏法的保藏期长，达 1～10 年。

4. 麸皮保藏法

麸皮保藏法，也称曲法保藏，即以麸皮作载体，吸附接入的孢子，然后在低温干燥条件下保存。其制作方法是按照不同菌种对水分要求的不同，将麸皮与水以一定的比例（1∶0.8～1∶1.5）拌匀，装量为试管体积 2/5，湿热灭菌后经冷却，接入新鲜培养的菌种，适温培养至孢子长成。将试管置于盛有氯化钙等干燥剂的干燥器中，于室温下干燥数日后移入低温下保藏；干燥后也可将试管用火焰熔封，再保藏，效果更好。

该法适用于产孢子的霉菌和某些放线菌，保藏期在 1 年以上。因操作简单、经济实惠，工厂较多采用。中国科学院微生物研究所采用麸皮保藏法保藏曲霉，如米曲霉、黑曲霉、泡盛曲霉等，其保藏期可达数年至数十年。

5. 冷冻真空干燥保藏法

冷冻真空干燥保藏法，又称冷冻干燥保藏法，简称冻干法。它通常是用保护剂制备拟保藏菌种的细胞悬液或孢子悬液于安瓿管中，再在低温下快速将含菌样冻结，并减压抽真空使水升华，将样品脱水干燥，形成完全干燥的固体菌块，并在真空条件下立即融封，造成无氧真空环境，最后置于低温下，使微生物处于休眠状态，而得以长期保藏。常用的保护剂有脱脂牛奶、血清、淀粉、葡聚糖等高分子物质。

由于该法同时具备低温、干燥、缺氧的菌种保藏条件，保藏期长，一般为 5～15 年，存活率高，变异率低，是目前被广泛采用的一种较理想的保藏方法。除不产孢子的丝状真菌不宜用该法外，其他大多数微生物（如病毒、细菌、放线菌、酵母菌、丝状真菌等）均可采用这种保藏方法。但该法操作比较繁琐，技术要求较高，且需要冻干机等设备。

保藏菌种需用时，可在无菌环境下开启安瓿管，将无菌的培养基注入安瓿管中，固体菌块溶解后，摇匀复水，然后将其接种于适宜该菌种生长的斜面上适温培养即可。

6. 液氮超低温保藏法

液氮超低温保藏法，简称液氮保藏法或液氮法。它是以甘油、二甲基亚砜等作为保护剂，在液氮超低温（－196℃）下保藏的方法。其主要原理是菌种细胞从常温过渡到低温，并在降到低温之前，使细胞内的自由水通过细胞膜外渗出来，以免膜内因自由水凝结成冰晶而使细胞损伤。

液氮低温保藏的保护剂，一般选择甘油、二甲基亚砜、糊精、血清蛋白、聚乙烯氮戊环、Tween-80 等，但最常用的是甘油（10%～20%）。不同微生物要选择不同的保护剂，再通过试验加以确定保护剂的浓度，原则上是控制在不足以造成微生物致死的浓度。

该法操作简便、高效，保藏期一般可在 15 年以上，是目前被公认的最有效的菌种长期保藏技术之一。除了少数对低温损伤敏感的微生物外，该法适用于各种微生物菌种的保藏，甚至连藻类、原生动物、支原体等都能用该法获得有效的保藏。该法的另一大优点是可使用各种培养形式的微生物进行保藏，无论是孢子或菌体、液体培养物或固体培养物均可采用该保藏法。其缺点是需购置超低温液氮设备，且液氮消耗较多，操作费用较高。

要使用菌种时，从液氮罐中取出安瓿管，并迅速放到 35～40℃温水中，使之冰冻融化，以无菌操作打开安瓿管，移接到保藏前使用的同一种培养基斜面上进行培养。从液氮罐中取出安瓿管时速度要快，一般不超过 1min，以防其他安瓿管升温而影响保藏质量，并且取样时一定要戴专用手套以防止意外爆炸和冻伤。

7. 其他方法

酒曲（药）的保藏：选取生产性能优良的酒曲（药），干燥后置于干燥低温处保藏。该法保藏，保藏期长达 5 年，5 年后也可从其中分离到所需的微生物。

种曲的短期保藏：三角瓶培养的种曲，可用干燥法降低水分后保藏。具体方法是将三角瓶内的种曲倒入灭过菌的净纸上，放入盘中，在灭过菌的干燥箱内 35～40℃烘干，使水分降低为 13%以下。然后用无菌的纸袋装好，封口，装于塑料袋中，置于 4℃冰箱保存。保存期一般在 1 个月内。红曲米及麸曲培养物可用该法保存。

第二节 微生物育种技术

微生物是发酵的基础要素之一。发酵微生物包括细菌、酵母菌、放线菌和霉菌。根据微生物是否需要氧，分为好氧菌、兼性厌氧菌和厌氧菌。微生物性能的优劣，是发酵成败的关键因素。人们通过微生物育种方法来提高微生物的性能，以达到缩短发酵时间、提高目标产物产量、减少副产物生成、提高原料利用率等目标。

微生物育种的方法通常分为自然育种和人工育种两类。自然育种周期长，现一般采用人工育种。人工育种可大幅度减少时间，提高效率。人工微生物育种方式主要有 3 种，诱变育种、杂交育种和基因工程育种。

一、诱变育种

诱变育种是通过物理和化学诱变剂等促进生物体突变的因子，使生物体发生突变为主要手段，从突变子中筛选高产菌株的一种育种方法。

1. 诱变因子

诱变因子包括化学因子、物理因子、生物因子。化学诱变剂包括碱基结构类似物（5-溴尿嘧啶、8-氮鸟嘌呤、2-氨基嘌呤等）和烷化剂（主要是烷化碱基，如硫酸二乙酯、亚硝基胍、羟胺、嵌合剂吖啶类染料等）；物理诱变剂包括电离辐射、紫外线、放射性钴^{60}Co、高能离子束等；生物诱变剂包括噬菌体、转座子等，是将外源生物基因片段整合到细胞的染色体上或质粒上。

诱变育种，其理论基础是基因突变。突变包括染色体畸变和基因突变。

2. 诱变育种的基本方法

诱变育种分为两个基本步骤：菌种的诱变及突变子的筛选。突变子分为正突变和负突变，一般认为获得高产性能的菌株为正突变。诱变育种的基本方法如下。

(1) 出发菌株的选择　出发菌株可以是筛选到的野生菌株，也可以是现有的生产菌株，但都要求出发菌株具有某一目标产物的生产能力，对诱变剂敏感，此外出发菌株还需具有生产方面的优良性能。在诱变前，应对出发菌株进行产量、生理特性、形态等方面的基础性研究，将诱变后获得的诱变子与其在相同条件下进行对比。

诱变用的菌种，应将其培养至合适的生理周期，一般制成一定浓度的悬浮液，可采用细胞、孢子、原生质体等类型。诱变前测定其菌体或孢子浓度，以便计算诱变后的突变率、致死率等指标。菌体或孢子悬浮液应均匀打散，避免诱变时剂量不匀或涂培养皿时无法得到单菌落。

（2）选择诱变剂　选择诱变剂包括选择合适的诱变剂及合适的诱变剂量的确定。可采用单一诱变剂或多种诱变剂顺序处理，多种诱变剂处理效果往往较好，若是已诱变过的菌株再次诱变，宜选择和上次不同的诱变剂效果可能会更好。诱变剂的剂量的选择需要不断摸索，一般用多个剂量进行诱变处理，剂量越大，则突变率和致死率越高。对于化学诱变剂，其剂量和诱变剂的浓度、处理时间、温度等是需要考虑的因素；对于射线类的诱变剂，主要考虑因素是射线源的强度、放置距离、处理时间。近年来，采用放射性钴^{60}Co照射或高能量离子束轰击，甚至将菌种进行卫星搭载，利用太空的高能量粒子进行诱变育种，得到了超乎寻常的结果。

（3）诱变过程　对于化学诱变，先配制好细胞或孢子悬浮液，配制好诱变剂的溶液；按一定的比例将两者混合，处理一定时间后终止诱变反应；然后将处理后的菌体悬浮液涂布于已准备好的装有培养基的培养皿进行恒温培养。

化学诱变剂操作实例：将微生物在培养基中培养，使之处于对数生长期。用 20g/L 的 NaOH 调节菌体悬浮液的 pH 至 8.0，加入亚硝基胍（NTG），使其最终浓度为 100～400μg/mL（应做不同剂量），在 37℃水浴中摇 20min，取出 1mL 菌体悬浮液到 19mL 预冷至 0℃的培养基中，用于测定其残余活细胞数，作致死率曲线。其余的细胞悬浮液通过离心，去除上清液，细胞泥再重新悬浮于新鲜的培养基中，培养过夜。培养液稀释涂布于含有培养基的培养皿上。作出诱变率曲线，挑选突变菌落。

由于各种物理、化学诱变剂对人体同样具有毒害作用，操作时应注意安全。

（4）突变子的筛选　诱变后的菌体悬浮液或孢子悬浮液尽快涂布于装有培养基的培养皿进行培养，培养一定时间后，对其进行观察计算，计算突变率和致死率。突变子的筛选，要根据实验目的精心安排筛选方案。突变子的类型很多，要通过初筛和复筛两个阶段最终获得符合我们要求的正突变株。

1）初筛。需要采取合适的方法，在诱变后大量的菌落中进行筛选才能更加高效、快速地筛选到所需要的突变株。俗话常用所谓的“筛子”一词来表示用什么方法来快速筛选所需要的微生物。微生物突变的类型很多，如形态变异型、营养缺陷型、抗性变异型、发酵条件变异型等。初筛时，可直接在培养皿上选取突变子，必要时，也可通过摇瓶发酵试验确认。

透明圈法：以高产淀粉酶的细菌筛选为例，可在肉汤培养基中加入一种呈蓝色的淀粉（starch azure），涂布诱变后的菌液后，培养一定时间，分泌淀粉酶的菌落的外围有一明显的褪色圈。淀粉酶活性越高，该褪色圈的直径越大，可直接在蓝色的琼脂背景下清晰地看到该褪色圈。因而在初筛时可直接了解该菌落产淀粉酶活性的高低。对于产蛋白酶的诱变菌株的筛选，则常用加入酪蛋白的琼脂培养基作为初筛的“筛子”，产蛋白酶活力高的菌落，也会产生直径较大的透明圈。

营养缺陷型筛选法：在氨基酸、核苷酸高产菌筛选时，常用营养缺陷型筛选法。诱变后的突变子，可能某代谢途径的酶基因发生变异，因而导致某末端产物无法合成。该末端产物无法合成，则有可能导致该末端产物的前端的某代谢产物会大量积累。该突变子的培养基中必须加入该末端产物，该突变子才能生长、繁殖。因此，营养缺陷型突变子的筛选往往采用两种培养基（一种是在基本培养基加入末端产物；另一种是不加该末端产物），采用影印法，从对应的菌落中筛选到该营养缺陷突变子。

抗反馈阻遏和抗反馈抑制突变株的筛选：末端产物往往具有反馈阻遏或反馈抑制的特性，因而其浓度一般不会太高。若要微生物高产这些末端产物，就必须解除反馈阻遏或反馈抑制，即采用突变方法，使控制该末端产物的调节基因或操纵基因发生突变，使产生的阻遏蛋白不再能和末端产物结合，或者结合后不能作用于已突变的操纵基因。这样的突变子，即使已产生大量的末端产物，但仍可源源不断地合成该末端产物。在筛选抗反馈阻遏和抗反馈抑制突变株时，常在培养基中加入该末端产物的结构类似物。该结构类似物能与阻遏蛋白或变构酶结合，引起反馈调节作用，但它们不能代替末端产物参与生物合成，它们的浓度不会降低，它们与阻遏蛋白或变构酶的结合是不可逆的。阻遏蛋白或变构酶是有限的，不能发挥正常的作用，因而末端产物仍可源源不断地被合成，因此突变子仍能繁殖形成菌落。末突变的细胞则因该末端产物不能合成，无法供应细胞所需要的营养而死亡。

抗性突变株的筛选：包括对抗生素、金属离子、温度、噬菌体等的抗性（或敏感型）突变株的筛选。

2）复筛。在初筛的基础上，对某些突变子进行进一步的性能测试，根据性能的好坏取舍。复筛过程包括对培养皿上的菌落做进一步验证试验及摇瓶发酵，并结合产物检测的试验。

诱变育种技术虽然效率不高，但即使在基因工程技术较为发达的今天，诱变育种技术仍是不可缺少的育种手段，常用于细菌、酵母菌和霉菌的诱变。目前的许多高产菌，如黑曲霉、米曲霉和红曲菌等都是经过诱变育种得到的。

案例 L-脯氨酸高产菌选育谱系及说明

菌株谱系	L-脯氨酸（g/L）
JNPP-1	31.7
↓ 紫外线诱变	
JNPP-N-Suc（$NaCl^r$、Suc^g）	38.9
↓ 亚硝基胍诱变	
JNPP-NSS（$NaCl^r$、Suc^g、SG^r）	45.6

案例过程说明如下。

该菌种选育过程包括物理诱变和化学诱变两个阶段。每个阶段均以一定的筛选模型（如抗性筛选或生长优势筛选模型）获取所需要的突变子。以逐步提高目标产物（L-脯氨酸）的含量。

1）$NaCl^r$：表示耐高浓度 NaCl 突变株的筛选。耐高浓度 NaCl 的突变株，说明该突变株可生长在高渗透压的培养基中，这对于高浓度发酵有利。

2）Suc^g：表示在琥珀酸为唯一碳源的培养基中细胞生长速度快的突变株。琥珀酸是四碳有机酸，是合成脯氨酸的前体物质，故用琥珀酸生长优势作为筛选模型。

3）SG^r：表示磺胺胍抗性。在一般情况下，菌株在磺胺胍存在情况下不能生长，只有抗性菌株才能生长，而抗性菌株往往和高产脯氨酸有一定的关联性。

二、杂交育种与原生质体融合育种

杂交育种可以使亲株的遗传物质进行交换和重新组合，结合双亲本的优良性状于一体，改变亲株的遗传物质基础，扩大变异范围，从而获得新遗传特性的重组体。

原生质体融合育种属于杂交育种，是通过人为的方法，使遗传性状不同的两个细胞的原生质体进行融合，借以获得兼有双亲遗传性状的稳定重组子的过程。但与常规的杂交育种相比，具有以下优势：①能够大幅度的提高亲本之间的重组频率。细胞壁是微生物细胞之间物质、能量交流的屏障，阻碍了细胞遗传物质的交换和重组。原生质体是去除了细胞壁的细胞，除去了细胞间物质交换的主要障碍。②原生质体在融合过程中是亲本整套染色体参与交换，遗传物质转移和重组性状较多，集双亲本优良性状的机会加大。③能够扩大重组的亲本范围。原生质体去除了细胞壁，因此可以做到种间、属间甚至是门间等远缘杂交。在原生质体融合育种步骤中，亲本的选择至关重要，亲本要含有需要的优良性状，此外亲本菌株最好携带一定的遗传标记，从而便于重组体的检出，简化工作。

原生质体是被剥除了细胞壁的细胞，对于外界环境变得十分敏感，特别是对渗透压，因此必须在有一定浓度的高渗溶液中才能保持原生质体的完整和稳定，这种高渗溶液被称为稳渗剂。渗透压稳定剂的作用是溶解破壁酶及维持原生质体的完整和稳定，对于原生质的制备和再生至关重要。适宜的渗透压稳定剂，能够使原生质体细胞内环境与外界环境的渗透压保持平衡，具有保护生成原生质体的作用；此外，一些无机盐类的渗透压稳定剂对酶活性有一定的促进作用，影响原生质体的生成量。

原生质体可以灭活后再进行融合育种，分为单亲灭活和双亲灭活等方式。例如，种间单亲灭活原生质体融合育种，在原生质体融合之前，将其中一方亲本原生质体热灭活，使其丧失再生能力，与另一亲本融合后，在代谢上得以互补，被灭活的原生质体在融合过程中起到遗传物质载体作用。

三、基因工程育种

基因工程是在分子水平上对基因（或DNA分子片段）进行操作的技术，是将外源基因通过体外重组后导入受体细胞内，使这个基因能在受体细胞内复制、转录、翻译表达的操作。它是用人为的方法将某一“供体”生物的遗传物质——DNA大分子提取出来，在离体条件下用适当的工具酶进行切割后，把它与作为载体的DNA分子连接起来，然后与载体一起导入某一更易生长、繁殖的“受体”细胞中，以让供体生物的遗传物质在受体生物内“安家落户”，进行正常的复制和表达，从而获得新物种的一种崭新技术。

基因工程育种的基本步骤：①基因分离（供体细胞）；②DNA分子的酶切与连接；③载体构建及重组载体的构建；④遗传转化（重组载体引入宿主细胞）；⑤重组子的筛选及鉴定。

基因工程育种可减少盲目性，提高育种的效率，但若涉及食品、医药产品方面的微生物菌种育种时，必须非常慎重。因为涉及基因工程菌的转基因食品的安全性，所以受到各国政府的严格监管。

第三节　微生物扩大培养技术

微生物资源丰富，在食品、药品、水产、化工、纺织、石油、国防等工业上有很广泛的用途。目前，微生物代谢产物的开发应用越来越多，已大规模工业化生产的有上百种。

菌种的扩大培养就是把保藏的菌种，即砂土管、冷冻干燥管中处于休眠状态的生产菌种接入试管斜面活化，再经过茄子瓶或摇瓶和种子罐，逐级扩大培养后达到一定的数量和质量的纯种培养过程。这些纯种的培养物称为种子。

作为大规模生产的微生物工业用菌种，应尽可能满足下列要求：①菌种能在廉价原料制成的培养基上迅速生长和大量合成目的产物。②菌种细胞的生长活力强，培养和发酵条件温和，接种后在发酵罐中能迅速生长。③菌体总量和浓度能满足大容量发酵罐的要求。④菌种抗噬菌体能力强，以防止感染噬菌体而造成“倒罐”现象的发生。⑤菌种生理状态稳定，如菌丝形态、菌丝生长速率和种子培养液的特性等符合要求，不易退化，可保证发酵生产和产品质量的稳定性。⑥菌种不是病原菌，不产生任何有害的物质和毒素，以保证产品的安全。

一、影响微生物生长的因素

微生物的生长，除了受本身的遗传特性决定外，还受到外界许多因素的影响，如营养物浓度、温度、水分、氧气、pH 等。微生物的种类不同，培养的方式和条件也不尽相同。影响微生物生长的因素很多，简要介绍如下。

1. 营养物浓度

细菌的生长速率与营养物的浓度有关：$\mu=\mu_{max}S/(K+S)$，营养物浓度与生长速率的关系曲线是典型的双曲线。

K 值是细菌生长的基本特性常数。它的数值很小，表明细菌所需要的营养物浓度 S 非常低，因此在自然界中，它们到处生长。然而营养太低时，细菌生长就会遇到困难，甚至还会死亡。这是因为除了生长需要能量以外，细菌还需要能量来维持它的生存。这种能量称为维持能。此外，随着营养物浓度的增加，生长速率接近最大值。

2. 温度

在一定的温度范围内，每种微生物都有自己的生长温度三基点：最低生长温度、最适生长温度和最高生长温度。在生长温度三基点内，微生物都能生长，但生长速率不一样。微生物只有处于最适生长温度时，生长速度才最快，倍增时间最短。超过最低生长温度，微生物不会生长，温度太低，甚至会死亡。超过最高生长温度，微生物也要停止生长，温度过高，也会死亡。一般情况下，每种微生物的生长温度三基点是恒定的，但也常受其他环境条件的影响而发生变化。

根据最适生长温度的不同，可将微生物分为 3 个类型：嗜冷微生物、中温微生物、嗜热微生物。

对于同一微生物来说细胞生长和代谢产物积累的最适温度也往往是不同的。例如，青霉素生产菌的最适生长温度为 30℃，而产生青霉素的最适生长温度为 25℃；黑曲酶的最适生长温度为 37℃，而产生糖化酶和柠檬酸的最适生长温度都为 32～34℃；谷氨酸生产菌的最适生长温度为 30～32℃，而代谢产生谷氨酸的最适生长温度却为 34～37℃。

3. 水分

水分是微生物进行生长的必要条件。芽孢、孢子萌发，首先需要水分。微生物是不能脱离水而生存的。但是微生物只能在水溶液中生长，而不能生活在纯水中。

4. 氧气

按照微生物对氧气的需要情况，可将它们分为以下5个类型。

(1) *需氧微生物*　这类微生物需要氧气供呼吸之用。没有氧气便不能生长，但是高浓度的氧气对需氧微生物也是有毒的。很多需氧微生物不能在氧气浓度大于大气中氧气浓度的条件下生长。绝大多数微生物都属于这个类型。

(2) *兼性需氧微生物*　这类微生物在有氧气存在或无氧气存在情况下都能生长，只不过所进行的代谢途径不同罢了。在无氧气存在的条件下，这类微生物进行发酵作用，如酵母菌的无氧乙醇发酵。

(3) *微量需氧微生物*　这类菌是需要氧气的，但只在0.2个大气压下生长最好。这可能是由于它们含有在强氧化条件下失活的酶，此酶只有在低压下作用。

(4) *耐氧微生物*　这类微生物在生长过程中不需要氧气，但也不怕氧气存在，不会被氧气所杀死。

(5) *厌氧微生物*　这类微生物在生长过程中不需要分子氧。分子氧存在对它们生长产生毒害，不是被抑制，就是被杀死。

二、种子扩大培养的基本过程和方法

种子扩大培养的任务是为了获得大量的活力强的种子，以便在发酵罐的发酵培养过程中尽可能地缩短延迟期。延迟期的长短与种子的接种量、接种龄及其生理条件都有关系。种子最好采用处于对数生长期的菌种，此时的微生物细胞具有较强的代谢活力。种龄对于能生成芽孢的种子尤为重要，因为芽孢是在对数生长后期开始形成的，如接种物中含有大量芽孢，则给随后的发酵带来较长的延迟期。

种子制备的过程大致可分为实验室种子制备阶段和生产车间种子制备阶段，其流程如图3-1所示。实验室种子制备阶段是指琼脂斜面至固体培养基扩大培养（如茄子瓶斜面培养）或液体摇瓶培养，培养物可分为两类：对于不产芽孢和孢子的微生物，最终是获得一定数量和质量的菌体，如谷氨酸的种子培养；对于产孢子的微生物获得一定数量和质量的孢子。生产车间种子制备阶段是种子罐扩大培养，最终一般都是获得一定数量的菌丝体。菌丝体比孢子要有利，菌丝体发酵时间短有利于获得好的发酵结果。

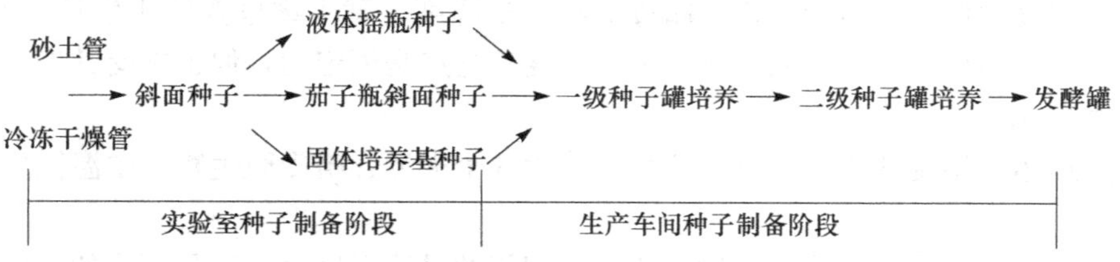

图3-1　微生物菌种扩大培养流程示意图

1. 种子扩大培养的类型

种子的制备一般采用两种方法：固体孢子培养法和液体种子培养法。对于产孢子能力强或孢子发芽、生长、繁殖快的菌种可以采用固体培养基培养孢子，孢子可直接作为种子罐的种子，这样操作简便，不易污染杂菌；对于产孢子能力不强或孢子发芽慢的菌种，可以用液体种子培养法。

2. 种子罐级数确定

种子罐的级数取决于菌种生长特性、孢子发芽及菌体繁殖速度、所采用发酵罐的容积等。对于细菌来说，菌体生长快，种子用量比例少，级数也较少，一般采用二级发酵，即茄子瓶→种子罐→发酵罐。对于霉菌来说，霉菌生长较慢，如青霉菌，需要三级发酵，即孢子悬浮液→一级种子罐（27℃，40h 孢子发芽，产生菌丝）→二级种子罐（27℃，10～24h，菌体迅速繁殖，粗壮菌丝体）→发酵罐。对于放线菌来说，放线菌生长更慢，采用四级发酵。对于酵母菌来说，酵母生长比细菌慢，比霉菌、放线菌快，通常用一级种子接种即可。

确定种子罐级数需注意一些问题。种子级数越少越好，可简化工艺和控制，减少染菌机会。但种子级数太少，接种量小，发酵时间延长，降低发酵罐的生产率，增加染菌机会。虽然种子罐级数随产物的品种及生产规模而定，但也与所选用工艺条件有关。例如，改变种子罐的培养条件，加速孢子发芽及菌体的繁殖，也可相应地减少种子罐的级数。

3. 接种龄和接种量的确定

接种龄是指种子罐中培养的菌丝体开始移入下一级种子罐或发酵罐时的培养时间。通常接种龄以菌丝体处于生命极为旺盛的对数生长期，且培养液中菌体尚未达到最高峰时较为合适。过于年轻的种子接入发酵罐后往往会出现前期生长缓慢，整个发酵周期延长；过老的种子会引起生产能力下降而菌丝过早自溶。不同品种或同一品种而工艺条件不同，其接种龄是不一样的，一般要经过多次试验来确定。

接种量是指移入的种子液体积和接种后培养液体积的比例。例如，大多数抗生素发酵的最适接种量为 7%～15%，由棒状杆菌进行谷氨酸发酵的接种量只需 1%。采用较大的接种量可以缩短发酵罐中菌丝体繁殖到达高峰的时间，但是，如果接种量过多，往往使菌丝体生长过快，培养液黏度增加，造成溶解氧供应不足而影响产物的合成。

4. 种子罐培养的作用

种子罐培养一方面使菌种获得足够的数量，另一方面种子罐中的培养基更接近发酵罐培养的醪液成分和培养条件。例如，通无菌空气、搅拌形式等，以使菌体适应发酵环境。

5. 种子培养基和培养条件

优良的种子培养基能保证在生产中获得大量优质孢子或营养细胞，对于种子培养基的要求：①营养成分完整丰富，氮源比例高；②原料较精，总浓度较低；③主要成分尽可能同发酵培养基一致；④pH 较稳定，利于菌体正常生长和发育。适当控制 pH、温度、通气和搅拌等条件，尽可能与发酵罐的起始条件相似。

三、液态种子的扩大培养技术

液体种子制备分为好氧培养和厌氧培养两类。①好氧培养，对于产孢子能力不强或孢子发芽慢的菌种，可以用液体摇瓶培养法。将孢子接入含液体培养基的摇瓶中，于摇瓶机上恒温振荡培养，获得菌丝体，作为种子。活化斜面→三角瓶种子（或茄子瓶种子）→摇床→种子罐（1、2 级）→发酵罐。②厌氧培养，如酵母菌，活化斜面→不同水平三角瓶的逐级培养（20mL→100mL→500mL）→卡式罐（6～200L）→发酵罐。

案例 1　枯草芽孢杆菌生产杆菌肽发酵时液态种子（三级）扩大培养的程序

芽孢杆菌属（*Bacillus*）的细菌能够产生多种抗菌物质，包括脂肽类、肽类、磷脂类、类噬菌体颗粒和细菌素等，在生物医药方面具有重要的应用价值。

斜面（37℃培养箱活化 24h）→一级种子（4L 摇瓶，摇床 28℃，160r/min，培养18～24h）→二级种子（750L 种子罐，6h）→三级种子（6000L 种子罐，培养形成最大生物量）→发酵罐。

一级种子培养基：胰蛋白胨 10.0g，酵母膏 5.0g，NaCl 5.0g，蒸馏水 1000mL，pH7.2。二、三级种子培养基：液体发酵培养基含葡萄糖 20.0g/L，胰蛋白胨 5.0g/L，谷氨酸钠 2%～5%，$MgSO_4$ 0.5g/L，KCl 0.5g/L，KH_2PO_4 1g/L，$FeSO_4$ 0.15mg/L，$MnSO_4$ 5.0mg/L，$CuSO_4$ 0.16mg/L，pH7.0。将米糠、麸皮、碎玉米与三级种子液均匀混合进行工业发酵。

案例 2　谷氨酸生产液态种子（二级）扩大培养技术

国内谷氨酸发酵种子扩大培养普遍采用二级种子培养的流程，即斜面菌种（30～32℃，活化 18～24h）→一级种子培养（摇瓶培养，摇床上恒温 32～33℃，100r/min，9～10h）→二级种子培养（种子罐，32～34℃，搅拌转速 150～300r/min，12～14h）→发酵罐。

一级种子培养基：葡萄糖 2.5%，尿素 0.5%，$MgSO_4 \cdot 7H_2O$ 0.05%，磷酸二氢钾 0.12%，玉米浆 2.5%～3.5%，硫酸亚铁、硫酸锰各 2mg/L，调节 pH7.0，加水至 1000mL 三角瓶分装培养基 200mL。

二级种子培养基：葡萄糖 45g/L，$MgSO_4 \cdot 7H_2O$ 0.7g/L，磷酸二氢钾 1.5g/L，糖蜜 125g/L，玉米浆 250g/L，纯生物素 18.8μg/L，硫酸亚铁、硫酸锰各 2mg/L，实消，121℃保温 10min，实消前不需调节 pH，实消降温后用液氨调节至 pH7.0。

四、固态种子的扩大培养技术

1. 固态种子培养流程

相对于液态发酵的种子液而言，用固态培养方式得到的种子称为固态种子（制曲用的种子也称为种曲）。传统上酿造行业常采用固态种子接种。人工接种固态种子早在宋代时就有文献记载，如宋代《北山酒经》中记载“以旧曲末逐个为衣”的人工接种方式，即将挑选当年质量好的小曲作为种子，用于下一年的种子。故传统上的固态种子，实际上是经过比较后认为质量较好而被保留的种曲。固态种子的优点是，固体种子可长期保存，有的种曲保存数年其性能也未下降；固体种子可远距离携带或运输，量大时运输成本也低得多；固态种子培养设施也相对简单。完全可用常规的固态发酵设施。固态种子使用方便，随时可用。但固态种子生产过程中，如果条件较差，可能会染菌，致使种曲中含杂菌数高，这种情况应尽量避免。

现代人工接种所需的固态种子，可通过菌种的逐级扩大培养方式，在短时间内大量培养。人工纯粹扩大培养种曲的过程一般分为 3 步：试管（或茄子瓶）原种（一级种子）→三角瓶种子（二级种子）→曲盘（或种曲机）培养的种曲（三级种子，即生产用种子）。

2. 种曲机纯粹培养生产用种曲

人工纯粹培养种曲是采用三角瓶培养的二级种子，再经过一次扩大培养，制成三级种子（生产用种子）。但在并不严格的场合下，三级种子的培养过程中，传统上将培养物料堆积于曲盒、竹匾和金属盘中，然后将其置放于消毒较彻底的培养室内进行培养。故这样三级种子的培养并非是严格的纯粹培养，培养过程中仍有许多机会染菌，操作上也以人工操作为主。为保证纯粹培养，现代则越来越多地采用完全密闭，通入无菌空气的“种曲机”作为三级种子的培养装置，浅盘式或搅拌式固态发酵罐为其主要形式。

种曲培养机（图 3-2 和图 3-3）是具有原料蒸煮、灭菌、降温、接种、培养等功能为一体的设备。

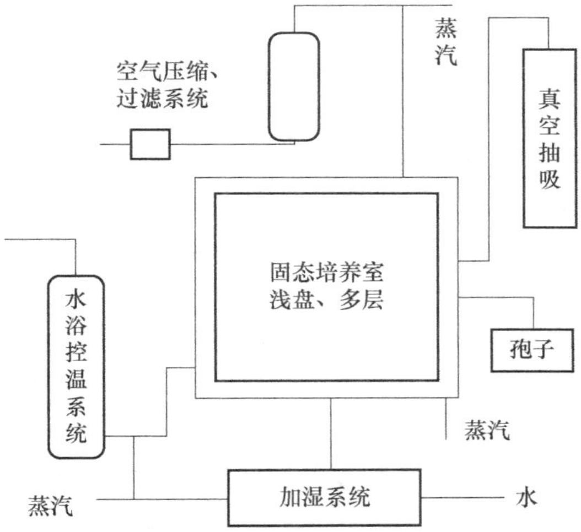

图 3-2　种曲培养机系统示意图

图 3-3　浅盘式种曲培养机

种曲培养机的特点：种曲培养机功能比较齐全，原料投放以后，直至菌种培育成功，均处在一个密闭的环境中。而该环境具有灭菌、降温、接种、调温、调湿、补充氧气及翻曲的功能。整个菌种的培养过程可避免杂菌污染。操作可实现自动控制，避免人为操作失误，对菌种培育产生不良影响。种曲培养机培育比常规方法培育的菌种，杂菌少、酶活高；种曲培养机比常规制备菌种占用厂房面积小，节省劳动力、减轻劳动强度、改善劳动环境，投料量每批 100kg 左右。

种曲培养机主要用于工厂最后一级菌种的扩大培养。种曲机和传统的种曲培养室的原理相同，关键是要满足微生物生长所需的温度、湿度、空气和无菌环境。但种曲培养机集原料蒸煮、灭菌、降温、接种、培养等功能为一体。它和种曲培养室区别之一是种曲培养室是允许人员进出的，这是造成染菌的原因之一。而种曲培养机则将种曲的培养限定在一个密闭的容器内。种曲培养机中还有一个关键装置是将孢子粉用真空方式吸入到种曲培养机内，进行孢子粉的人工接种。

唐伟强等设计了一种浅盘式种曲培养机（图 3-3）。该种曲培养机分为两部分：培养室和附属装置。培养室是一个卧式的夹套式压力容器。培养室内有小车，车内放置 10～20 个培养盘，曲料放在培养盘内。培养室内还设有循环室内空气用的风扇、种曲流向分配盘和加湿雾化器等。

附属装置包括种曲供给装置（二级种曲贮罐、无菌压缩空气供给装置）、空气供给装置（空压机、压缩空气贮罐、过滤器和灭菌装置）、真空吸引装置（水力喷射器，用于培养室内物料降温）、温度调节装置（控温台、温冷水调温装置和加湿装置）。

案例 1　红曲种曲的培养

红曲固态发酵法有“固态种子”和“液态种子”两种培养及接种方式。固态种子则有两种类型：“人工纯粹培养种曲”及“自然种曲”。后者不是一种完全的纯粹培养。

下面试述一例红曲种曲扩大培养及接种操作的过程。这一过程并非完全无菌操作。

红曲种曲的培养流程：

试管斜面→米饭三角瓶培养→成熟种曲→低温烘干或晒干→一级种子→一级种子无菌水浸泡→磨浆制种曲酱（种曲：水：乙酸＝1：11：0.2）→种曲酱→接种（种曲酱：米＝6.2：100）→二级种曲窖培养（曲料装袋，升温培养，45～50℃，20h 左右）→摊薄→培养→装框浸水（加乙酸，大米质量的 0.2%）→沥水→堆积培养，36℃→摊薄培养→浸二水→堆积培养 23h，34℃→浸三水→沥干→堆积培养→翻拌→低温烘干→二级种子。

图 3-4　红曲种曲酱

三角瓶培养的红曲米作为种曲，干燥磨粉后浸泡于乙酸水溶液中制成种曲酱（图 3-4），作为种子与米饭混合。从以上可以看到，一级种子相当于三角瓶培养，基本上可达到无菌状态，但二级种子的培养，实际上相当于红曲米的发酵，一般需要 8d 左右的时间。在培养过程中，主要控制培养温度、酸度、水分、湿度和通风。由于红曲米的固态接种过程中，并非处于严格的无菌状态下，在种曲上及接种操作上仍然有许多环节会污染杂菌。这是红曲固态接种方面值得改革的重大问题。

案例 2　厚层通风制备“曲精”

一些规模较大或专门生产种曲的企业，采用厚层通风法制曲精，“曲精”是商品化供应的“种曲”。例如，酱油用曲精是米曲霉在开放的条件下生产的种曲孢子集合体，而并非是严格无菌操作条件下生产的，故曲精中含有一定的杂菌，因而曲精只能作为种曲用于制曲。国内许多中小型酒厂、酱油厂、豆酱厂、面酱厂、醋厂和腐乳厂不具备自行制备种曲的培养条件，曲精的生产和供应随之兴旺起来。目前许多供应商可供应各种类型的专用种曲，如酱油专用种曲、豆酱专用种曲、豆豉专用种曲、面酱专用种曲、腐乳专用种曲、白酒或黄酒专用种曲及酿醋专用种曲。有的复合种曲是多种种曲混匀而成。例如，某复合菌种酱油曲精是以沪酿 3.042 为基础，与其他微生物菌株配合而成的混合菌制成的种曲，适用于低盐固态、高盐稀态、天然晒露等各种发酵工艺的制曲过程，对提高酱油的全氮得用率、氨基酸成率、色泽、口感、香气、体态等都有明显的效果。

某制酱专用曲精是采用蛋白酶和糖化酶活力较高的米曲酶和黑曲霉孢子为主体，按4∶1～5∶1的比例复配而成，既能改善面酱、豆酱的风味，又能加快成熟速度，缩短发酵时间。

五、真菌孢子的扩大培养技术

固态发酵常用霉菌作为发酵微生物，而霉菌基本上都能产生孢子。固态种子常用孢子数及孢子的质量衡量固态种子的质量。霉菌主要依靠各种孢子进行繁殖。微生物孢子是微生物用于繁殖的特殊细胞，形态多样，分为有性孢子和无性孢子两大类。有性孢子是以两个细胞核融合的产物为中心，或者以该产物再分裂形成的核为中心所形成的孢子，有接合孢子、担孢子、子囊孢子和卵孢子 4 种。无性孢子是不经过细胞核融合，而以细胞直接分裂所形成的繁殖结构，分为厚垣孢子、分生孢子、节孢子、芽生孢子、孢囊孢子和粉孢子。例如，孢囊孢子是菌丝或孢囊梗顶端膨大生成的孢子囊内所形成的无性孢子。有的微生物既有有性繁殖，也有无性繁殖，所产生的孢子则既有有性孢子，也有无性孢子。霉菌主要用无性孢子进行繁殖。

固态培养法产生孢子的效率明显高于液态培养法。真菌孢子不仅可作液体种子接种用，在工业上孢子粉也可作为产品。例如，以真菌孢子为生物杀虫剂，是将真菌的孢子加工的制剂喷洒在农作物上，通过孢子来侵染农作物害虫。因此，需要大量的真菌孢子粉。必须通过孢子粉固态培养条件的优化，以提高大规模工业化生产孢子的效率。孢子培养条件的优化包括培养基的优化和培养条件的优化。

1. 孢子种子接种方法

实验室环节的孢子种子接种，先制备孢子悬浮液，取斜面菌种一只，加入适量无菌水和少量灭菌过的玻璃珠，充分振荡后用三层无菌擦镜纸过滤，滤液以血球计数板计数，使孢子浓度达 1×10^6 个/mL。

在试管或茄子瓶斜面种中加入一些灭过菌的玻璃珠；在振荡器中振荡；在斜面中加入无菌水或 0.01%Tween-20 水溶液，再次振荡；用无菌的尼龙纸过滤得孢子悬浮液；用振荡仪再次使孢子悬浮液均匀。

工业化种曲机的孢子接种，首先用孢子收集罐收集孢子。利用种曲机内的真空系统，将孢子直接吸入种曲机内曲盘内的曲料上。由于孢子质量小，在真空状态下在种曲机内可均匀分布于曲料上。一般种曲机的曲盘上曲料厚度仅有数厘米，故即使孢子附着于曲料表面，但仍能在曲料上正常生长、繁殖。

2. 真菌孢子培养工艺条件

真菌孢子的培养，一般用产孢子培养基（如土豆葡萄糖琼脂培养基）。产孢子培养基是供菌种繁殖孢子的一种常用固体培养基，对这种培养基的要求是能够使菌体迅速生长，产生较多优质的孢子，并要求这种培养基不易引起菌种发生变异。因此，对产孢子培养基的基本配制要求是：①营养不要太丰富（特别是有机氮源），否则不易产生孢子；②所用无机盐的浓度要适量，否则会影响孢子量和孢子颜色；③要注意产孢子培养基的 pH 和湿度。生产中常用的产孢子培养基有麸皮培养基，大（小）米培养基，由葡萄糖（或淀粉）、无机盐、蛋白胨等配制的琼脂斜面培养基等。所选用的各种原材料的质量要稳定。可用斜面试管或茄子瓶培养霉菌，使它产生大量的孢子。

产孢子培养基的优化应根据不同菌种而定。使用化学成分明确的简单培养基进行实验可清楚地阐明哪些成分对于提高孢子产量有明显的作用。响应面分析法则可更清楚地阐明各成分的相互作用。

Ooijkaas 等基于统计的实验，通过三个阶段的优化，最后得出了固态培养盾壳霉（*Coniothyrium minitans*）生产孢子（可作为生物农药）的最佳培养基（g/L）：琼脂 15，淀粉 139.67，尿素 4.63，KH_2PO_4 2.0，$CaCl_2 \cdot 2H_2O$ 5mg/L，$MgCl_2 \cdot 6H_2O$ 0.1，硫铵素 2，微量元素浓缩液 68.09mL/L，MES [2-(*n*-morpholino) ethanesulfonic acid] 150mL/L。微量元素浓缩液由下列物质组成（g/L）：EDTA 1，$ZnSO_4 \cdot 7H_2O$ 0.2，$FeSO_4 \cdot 7H_2O$ 0.5，$Na_2MoO_4 \cdot 2H_2O$ 0.02，$CuSO_4 \cdot 5H_2O$ 0.02，$CoCl_2 \cdot 6H_2O$ 0.04，$MnCl_2 \cdot 4H_2O$ 0.1。上述的微量元素都被实验证实有促进孢子产生的作用。硫铵素也被认为对于该真菌产孢子具有促进作用。经过实验证实 MES 是一种很好的 pH 缓冲剂。经过优化后的培养基，产孢子由 4×10^9 个/9cm 平皿提高到 3×10^{10}个/9cm 平皿，提高了约 7 倍。

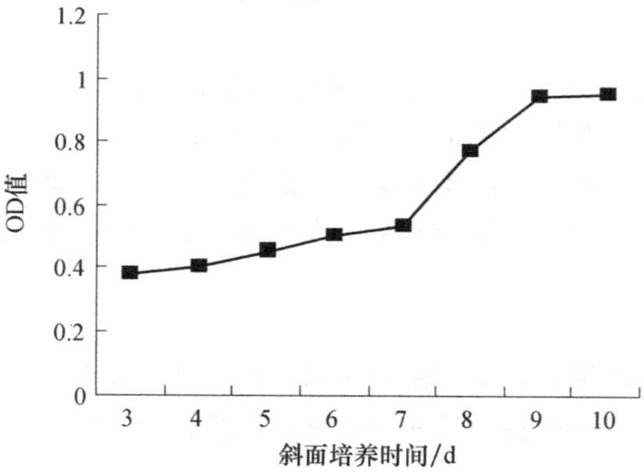

图 3-5 斜面培养时间与孢子悬液 OD 值（750nm）的关系

孢子培养时间的长短根据微生物的种类而定。培养时间一般控制在孢子成熟、孢子量多时终止培养，如果继续培养，则进入斜面衰老菌丝自溶阶段，过于衰老的孢子会导致生产能力下降。孢子的培养时间对孢子质量有重要影响。通过测定不同培养时间的红曲菌 9901 斜面的孢子悬液的 OD 值（750nm）来衡量孢子浓度的高低。图 3-5 是红曲菌在 PDA 培养基上培养时间与孢子浓度的关系。

由图 3-5 可见，红曲菌在 PDA 培养基上生长到第 9d 其孢子浓度达到最大值，之后基本保持不变，由此确定红曲菌在 PDA 培养基上 25℃培养 9d 即可。

3. 微生物孢子的收获

微生物孢子可直接作为产品，如用于生物杀虫剂的孢子，可在固态发酵结束后直接干燥或粉碎，一般来说，干燥时的温度必须控制在一定的范围内，以保证孢子的生物活度不至于降低，干燥温度宜控制在 30～35℃，不得超过 50℃。也可将发酵产物和成型剂挤压成粒状产品，然后进行流化床干燥。

固态种子（种曲）的质量，主要体现在孢子数、产酶特性及酶活力。此外，种曲的杂菌数也是一个非常重要的指标。种曲是活的休眠状态微生物，宜保藏在阴凉干燥处，严禁日晒、高温。在正常条件下产品保质期应半年以上。种曲中含孢子数较多，为能保证与制曲原料充分混匀，一般都要将种曲与面粉等按一定比例混匀，混匀后再与制曲原料混合。

案例　绿僵菌孢子液固两相培养

蝗绿僵菌（*Metarhizium acridum*）是专门寄生各种蝗虫的重要杀虫真菌之一。通过液态和固态两相发酵，收集分生孢子，制备油悬浮剂用于蝗虫绿色防控，因此孢子粉就是产品的重要形态。产品已在国内蝗虫发生区用于大面积飞机防治蝗虫灾害。具有环境友好、不影响生物多样性和持续控制蝗灾的优点。孢子粉生产工艺采用液态培养种子、固态培养孢子的方法。

1）绿僵菌母种平板活化：从低温冰箱取出甘油保存的原种在1/4 SDAY平板上活化，28℃条件下菌丝体生长并产孢后作为平板母种。

2）绿僵菌液体母种三角瓶摇瓶发酵：切取3个直径为1cm的平板母种菌饼接入装有200mL 1/4 SDAY液体培养基的三角瓶中，在26～28℃条件下摇床培养（180～200r/min）72h。1/4 SDAY液体培养基（蛋白胨、酵母浸膏、葡萄糖）的初始pH为6.0～6.5。

3）绿僵菌液体菌种分级制备30L、300L和3000L发酵种子罐：培养基均为1/2 SDAY，初始pH为6.0～6.5，接种量分别为1L、20L和200L。发酵条件：pH控制在5.0～6.5，发酵温度为26～28℃；发酵前期（8～12h）保持转速依次为50～100r/min、50～75r/min和20～50r/min；发酵中期转速依次为100～300r/min、75～250r/min、50～150r/min；发酵中期通过调节通气与转速尽量推迟溶氧下降；罐压为0.02～0.05MPa。3000L发酵种子罐菌种保存：降罐压调至0.1MPa，温度低于20℃，时间控制在5d之内。

4）固体发酵物料灭菌与接种发酵：不同物料灭菌在旋转灭菌柜中进行。大米（4t）或麦麸（2t）高温加压湿热蒸汽旋转灭菌，121℃灭菌1h后加无菌水400L，真空加水循环冷却至30～35℃接菌200～400L，混合20～30min后出料。大米含水量38%～40%、麦麸含水量45%～50%。固体发酵在封闭透气清洁式发酵装置中28℃左右进行；温度≥32℃采取降温措施，温度≤25℃采取升温措施。发酵前期（1～8d）湿度控制在80%～90%，后期降湿箱内温度控制在28℃以下。发酵周期15d，通风干燥收集孢子粉（摘自重大生物公司绿僵菌孢子粉生产规程）。

【案例分析】　上述工艺流程利用自主创制的兼具物料灭菌、接种搅拌和自动分装为一体的真空旋转高压灭菌接种分装设备，以及透气封闭清洁式固体发酵箱实现了杀虫真菌的液-固两相发酵工艺的产业化。对于虫生真菌的规模化清洁式生产具有一定的借鉴意义。

第四节　微生物生态学与混菌发酵

一、微生物生态学

微生物生态学（microbial ecology）是生态学的一个分支学科，它是研究微生物群体——微生物区系（microflora）或正常菌群（normal flora）对其周围的生物和非生物环境条件相互作用规律的科学。微生物学生态学的研究包括以下内容：①微生物的分布、种群组成、数量和活力与环境的关系；②微生物种群间的共生、偏利、竞争等关系；③微生物种群在环境中的消长、结构及其与所处环境的相互关系；④微生物在所处的生态系统物质循环和能量流动中的作用和机制；⑤微生物产生的代谢产物和微生物对各种代谢产物的合成或分解；⑥微生物所处的环境对微生物的影响及规律，微生物与环境因子充分作用；⑦环境中微生物群体的结构功能与动态。

研究微生物的生态有着重要的理论意义和实践价值。例如，研究微生物的分布规律及极端环境下微生物生命活动的规律，有助于开发丰富的菌种资源，防止有害微生物的活动，同时也为研究生物的进化提供理论基础。研究微生物间及其与其他种生物间的相互关系，有助于发展新的微生物农药、微生物肥料及积极防治人和动、植物病虫害，也有利于发展食品混菌发酵、序列发酵和生态农业；研究微生物在自然界物质循环中的作用，有利于阐明地球进化和生物进化的原因，了解微生物在自然界物质转化过程中的作用有助于发展综合利用，为净化和保护环境提出理论依据和各种技术措施；也可促进探矿、冶金、保护环境、提高土壤肥力及开发生物能（沼气）等各项生产事业的发展。

微生物种类繁多，繁殖迅速，适应环境能力强，因此广泛分布于自然界中，无论是陆地、水体、空气、动物、植物及人体的外表面和内部的某些器官，甚至在一些极端环境中都有微生物的存在。

微生物生态学的研究对于剖析固态发酵微生物是非常有用的一门学科。在我国，对固态法白酒、酱油和醋的生产过程的微生物生态进行了初步的研究。但目前对固态发酵过程的微生物生态的研究还刚刚起步，大量的工作还有待于深入。

1. 环境中的微生物

(1) 土壤中的微生物　土壤是微生物良好的生活场所——第一大天然培养基。土壤具有绝大多数微生物所需的生活条件，土壤的矿物质提供了矿质养料；土壤中的有机物提供了良好的碳源、氮源和能源；土壤的酸碱度接近中性，是一般微生物最适合的范围；土壤的持水性、渗透压、保温性等使土壤成为了微生物的天然培养基。因此，土壤中的微生物的数量和种类最多。对微生物来说，土壤是微生物的“大本营”；对人类来说，土壤是人类最丰富的“菌种资源库”。

(2) 水体中的微生物　江、河、湖、海广阔的水域和地下水具备微生物生活的各种条件，是微生物栖息的第二大天然场所。在江、河、湖、海、地下水中都有微生物存在。习惯上把水体中的微生物分为淡水微生物和海洋微生物两大类型。

(3) 空气中的微生物　空气本身不含微生物生长、繁殖所需要的营养物质和充足的水分，而且日光对细菌等微生物生命活动有很大影响，因此，空气不是微生物生长、繁殖的良好场所。然而，空气中还是含有一定数量的微生物。这是由于土壤、人和动、植物体等物体上的微生物不断以微粒、尘埃等形式飘逸到空气中而造成的。

空气的气溶胶对动、植物病原菌的传播、发酵工业中的污染及工农业产品的霉腐等都有很重要的关系。因此，在发酵工厂中，在空气进入空气压缩机前有时要用粗过滤器过滤掉个体较大的微生物。

(4) 食品上的微生物　在食品的加工、包装、运输和储藏等过程中，都不可能进行严格的无菌操作，食物可能会被各种微生物所污染，其中包括病原菌。罐头食品也会被一些耐热厌氧性芽孢梭菌和芽孢杆菌所污染，这是造成罐头食品腐败的主要原因。在合适的温度、湿度条件下，污染的微生物又会迅速繁殖。因此，食品上常常有各种微生物分布着，且保存时间稍长，就会使食品迅速变质。例如，肉类罐头变质时，可检出嗜热脂肪芽孢杆菌和凝结芽孢杆菌等“平酸菌”；还可分离到热解糖梭菌等产酸产气菌及分解蛋白质的生孢梭菌、溶组织梭菌和肉毒梭菌等厌氧梭状芽孢杆菌。除“平酸菌”外，在生长过程中都会产生大量的 CO_2 和 H_2，从而引起罐头膨胀（“胖听”）。其中的肉毒梭菌还会产生对人、畜有剧毒的细菌外毒素——肉毒毒素。

（5）酿造食品中的微生物　在传统发酵过程中，曲、醅、醪、糟等物料都是一种混合培养物。以含高粱原料的醋醅为例，它首先被能消化或氧化高粱的微生物侵袭，在氧耗尽后，靠近高粱周围变成厌氧环境，这时发酵性的微生物开始活跃、繁殖起来。发酵产物可扩散到仍然有氧的区域继续被氧化，或者在厌氧条件下被厌氧微生物的厌氧性氧化所利用。其中有一小部分被彻底氧化成 CO_2 和 H_2O，而另一大部分作为中间产物（如乙醇、乳酸等）继续积累或参加转化。而当环境随着工艺过程的改变（如翻醅、倒缸），可能又有好氧过程的出现，好氧性微生物的数量又可继续增加，氧气被消耗后再变为厌氧环境，随着温度、水分、pH、氧化还原值（rH_2）、渗透压、营养条件的不断变化，微生物区系及活力也在不断变化，直至酿造过程结束。

2. 微生物间的相互关系

种间共处：两种微生物相互无影响地生活在一起，不表现出明显的有利或有害关系，如乳杆菌和链球菌。

互生：微生物间比较松散的联合，在联合中一方或双方都有利，如氨化菌和硝化菌。

共生：两种微生物紧密结合在一起形成一种特殊的共生体，在组织和形态上产生了新的结构，在生理上有一定的分工。共生分为互惠共生和偏利共生，如藻类与真菌共生形成的地衣。

拮抗：两种微生物生活在一起时，一种微生物产生某种特殊的代谢产物或改变环境条件，从而抑制甚至杀死另一种微生物。

竞争：生活在一起的微生物，为了生长争夺有限的营养或空间，结果使两种微生物的生长均受到抑制。竞争在自然界普遍存在，是推动微生物发展和进化的动力。

寄生：一种生物生活在另一种生物体表或体内，从后者的细胞、组织或体液中取得营养，前者称为寄生物，后者称为寄主，寄生物一般对寄主是有害的，如噬菌体与细菌。

捕食：一种微生物直接吞食另一种微生物，如原生动物对细菌的捕食。捕食关系在控制种群密度、组成生态系食物链中具有重要意义。

包含相互作用的偏利共生、互惠共生等关系使得混合发酵成为可能，启发了人们采用不同菌株进行混合发酵。当几种微生物有机结合在一起时，就有可能产生好于单菌发酵的效果。例如，胡纯铿等采用无根霉 A-23 和普通变形杆菌 V-81 混合发酵 L-苹果酸，前者产生延胡索酸，后者具有高活性延胡索酸酶，这样后者就可利用前者产生的延胡索酸生产苹果酸。

3. 传统的微生物生态学

固态发酵领域中，对白酒行业的微生物生态学的研究较多，微生物生态方面的研究集中于企业周边自然环境中的微生物，制曲和酒醅的发酵微生物（包括酒醅的摊晾和堆积，酒窖内的发酵）这几个方面。每个白酒生产企业，由于所在的地理位置的特殊性，其微生态环境都会有一定的特殊性。

20 世纪八九十年代，我国评定了一批名优白酒生产企业，对它们所处地理位置的分布进行分析，可发现，这些名优白酒厂大多分布在四川、贵州、江苏、湖北，基本上处于北纬 30°～40°，其共同的特征是四季分明、夏季温度高、气候湿润。尤其四川的名优白酒企业最多，而当地的气候正是以高温潮湿为特征。高温潮湿的环境对于微生物的生长非常有利，是微生物多样性的基础。

范光先等对茅台酒的周边环境（土壤、水、空气等），制曲及酒醅中的微生物生态进行了长期的研究。表 3-1 是分离到的微生物种类的统计结果。

表 3-1　茅台酒厂环境、制曲及酒醅中的微生物的种类

微生物类型	环境/株	制曲/株	酒醅/株
细菌	53	40	41
酵母菌	11	18	28
霉菌	49	35	16
放线菌	34	4	
总数	147	97	85

微生物的多样性，造成其丰富多彩的代谢产物，这正是许多传统固态发酵产品风味物质种类多，数量多，风味独特的内在因素。在固态发酵过程中，由于同时存在多种微生物，其生态学也呈现非常复杂的规律。人们希望了解在固态发酵过程中，参与发酵的微生物的种类有哪些；它们的数量分布如何；它们在一个完整的发酵过程中是怎样演变的；哪些微生物对发酵起关键作用；这些起关键作用的微生物，对环境因素的要求是什么；如何使它们更好更快地繁殖；这些微生物的代谢产物是什么；其代谢产物对环境、对终端发酵产物、对其他微生物有什么作用；如何分离到有益的关键微生物；等等。这些都是微生物生态学的重点研究内容，通过微生物生态学的研究，为更好地利用这些微生物打下基础。

多菌种发酵的特点还体现在微生物之间的共生、互生、拮抗关系，这可使固态发酵保持一种平衡状态。红曲菌或黄曲霉和酵母菌用于制曲或酿酒就是一种典型的互生和共生关系。霉菌具有丰富的水解酶，可水解淀粉和蛋白质，所产生的糖和氨基酸可作为酵母菌生长、繁殖的营养，并发酵成乙醇及合成自身蛋白质，既满足了酵母菌的需要，同时也避免了所生成的糖转变成酸。

根据微生物的来源，固态发酵微生物的多样性有以下几种类型。

野生菌多菌种混合型：不采用人工接种，参与发酵的微生物大多是野生型，它们来自生产原料、环境生产、工具或材料、空气；在同一酒厂的不同局部环境，都存在着种类繁多的不同的微生物菌群。一些固态发酵产品的发酵也正需要来源复杂的各种微生物。通过丰富的操作经验和发酵控制，使有益微生物能迅速生长、繁殖，并避免有害微生物的滋生。应当通过各种手段了解参与发酵的微生物哪些是有益的，哪些是有害的。

人工接种与野生型多菌种混合型：当人们认识到固态发酵中参与发酵的微生物的种类及其变化规律后，便有意识地分离纯化这些微生物，将有益微生物经过人工培养，接种到培养物中。在生产操作过程中，许多环节会带入野生菌，这些微生物对生产没有太大的负面影响，有的甚至对生产有益。故由人工接种微生物和其他野生菌共同发酵还是被人们认可的。由于生长温度、水分含量和选择性原料等因素，人工接种的微生物具有生长优势，其他野生菌的带入客观上也不会产生太大的负面影响。但一旦侵入的杂菌数量多，而且培养条件发生变化，这些污染的微生物可能会占据生长优势，使发酵受到影响。生产中，许多不正常的发酵，甚至发酵失败，往往是由于污染的有害杂菌超过有益菌。

人工接种多菌种混合型：将纯培养的多种微生物分别扩大培养，先后或同时接种到培养物上，进行发酵。例如，人们认识到乌衣红曲主要是红曲菌、黑曲霉和酵母菌是发挥作用的3种微生物，现已都分离纯化到相应的菌种，并应用于乌衣红曲的大规模生产。但要准确了解发酵过程中有哪些微生物参与发酵，哪些是有益的，哪些是有害的；哪些菌种在哪个生产阶段发挥作用，参与发酵的微生物之间存在什么关系，通过什么手段来知道微生物的种类和数量，这正是发酵微生物生态学的研究重点。

案例　酒窖中的微生物生态

酒窖是白酒发酵的场所，酒窖中的微生物生态是由窖泥和发酵的酒醅（或称糟醅）作为载体。

窖泥不仅具有土壤的共性，还具有其独特的性质。窖泥是微生物的大本营，造成这种现象的主要原因是窖泥（尤其是老窖泥）长期与糟醅接触，由于营养成分的丰富及局部的特殊环境，使窖泥中富集了大量的酿酒微生物。

吴衍庸认为即使在同一酒厂，在不同的局部环境中，微生物生态也呈现丰富多彩的现象。酒曲、发酵酒窖外环境、窖泥、窖内发酵基质中的微生物种类及数量都呈现不同的变化规律。

通过微生物生态学的研究，发现了己酸菌是老窖泥中的功能菌，这种菌是老窖生产性能的指示菌，它的多少与酒的质量有明显的关系。在老窖泥中，梭状芽孢杆菌中己酸菌占优势，窖泥中含有己酸菌 8.1×10^{7} 个/g；在新窖泥中，丁酸菌为优势菌，含 2.11×10^{4} 个/g，己酸菌仅有 3.13×10^{3} 个/g，但是随着窖的使用，窖泥中己酸菌逐渐占优势。在窖泥中还发现了甲烷菌，它和己酸菌共栖于窖泥中，互利生长，有利于己酸的高产。这一研究成果为人工模拟老窖、人工培养老窖泥、提高白酒的质量提供了理论基础。

胡承等对泸州老窖窖泥的研究结果表明，窖泥微生态系统是由厌氧异养菌、甲烷菌、己酸菌、乳酸菌、硫酸盐还原菌和硝酸盐还原菌等多种微生物组成的微生物共生群落系统。在该微生物群落中随窖泥层次分布顺序的不同和窖泥的化学生态的不同，菌类菌种呈现明显的区别。

由于不同层次的窖泥厌氧程度的不同，对于厌氧异养菌，老窖泥中的厌氧异养菌数量明显多于新窖，一般随窖泥上、中、下层顺序递增。老窖泥中的甲烷菌数量随窖池上、中、下顺序递增；己酸菌也随窖池上、中、下顺序递增。新窖中的窖泥和老窖中窖泥中己酸菌和甲烷菌的分布也有区别。在老窖泥中，这两种菌分布较多；而新窖泥中则未检测出这两种菌。

张肖光等发现，在窖泥中甲烷菌和己酸菌存在互惠共生关系。在专性己酸菌生长培养基中加入己酸菌生长所需的碳源，分别进行甲烷菌和己酸菌的发酵实验。检测结果表明，两种菌混合共酵所产己酸比单性发酵高8.69%；所产甲烷比单性发酵高22.2%。两种菌共酵还能提高出酒率并提高酒的优质品率。

在老窖中的糟醅中，微生物种群分布总体呈现上、中、下层递增趋势特征，从数量上具体如下：上层糟醅中，硫酸盐还原菌＞厌氧异养菌＞乳酸菌＞硝酸盐还原菌＞己酸菌＞甲烷菌；中层糟醅中，硫酸盐还原菌＞厌氧异养菌＞乳酸菌＞硝酸盐还原菌＞己酸菌；下层糟醅中，厌氧异养菌>乳酸菌>硫酸盐还原菌>己酸菌>甲烷菌>硝酸盐还原菌；厌氧异养菌、甲烷菌和己酸菌均随糟层的上、中、下顺序而递增，这主要是下层的厌氧程度比较大，适合于己酸菌和甲烷菌这些厌氧微生物的生长。

4. 微生物分子生态学

由于大多数微生物处于“存活但不能培养”的状态，这极大程度地限制了对微生物群落结构的研究。这使人们无法确定固态发酵过程中霉菌、酵母菌及细菌的消长规律（所谓微生物菌相变化规律）。对这些微生物的类型及作用，我们认知很少。

近年来，通过分子生态学技术分析固态培养物中的微生物的种群和数量正在不断开展。通过分子生态学技术分析固态培养物中的微生物具有明显的优点。从进化的角度来看，有些生物大分子可看做分子计时器。通过比较不同种类生物的大分子序列的改变量来确定它们彼此之间系统发育相关性或进化距离。

所谓分子生态学，是一种通过直接分析、检测样品中各种微生物的基因组 DNA（RNA）来对某个生态环境中的微生物数量及种类结构进行判断的技术。近年来，随着分子生物学、PCR 技术和分子生态学技术的发展，许多新的技术和方法正逐步应用到固态发酵微生物生态学的研究。这些方法有：①16S rRNA/DNA 方法；②随机扩增多态性（random amplified polymorphism DNA，RAPD）；③16S rRNA 原位杂交法；④微量多项试验鉴定系统和快速自动化微生物检测仪。

许伟等借助了微生物分子生态学的方法［变性梯度凝胶电泳（DGGE）技术结合基因克隆文库构建技术］，通过醋醅中微生物的总 DNA 的提取，对醋醅样品中的细菌 16S rRNA 进行 PCR 扩增和克隆测序分析，并构建系统发育树。从序列分析的结果来看：其中的 5 个操作单元（OTU）属于乳酸杆菌属（*Lactobacillus*）、2 个属于醋酸杆菌属（*Acetobacter*）、1 个属于葡糖醋杆菌属（*Gluconacetobacter*）、2 个属于葡萄球菌属（*Staphylococcus*）、2 个属于肠杆菌属（*Enterobacter*）、2 个属于假单胞菌属（*Pseudomonas*）、1 个属于黄杆菌属（*Flavobacterium*）、1 个属于中华根瘤菌属（*Sinorhizobium*），其与具有最高同源性的菌株的相似性为 93.8%～100%。乳酸杆菌、醋酸杆菌随着发酵的进行变化不明显，葡萄球菌、肠杆菌、假单胞菌、黄杆菌和中华根瘤菌呈下降趋势，而葡糖醋杆菌在发酵后期才出现。其中的真菌全部属于酵母菌，其变化波动比较大，与具有最高同源性的菌株的相似性为 96.84%～100%。乳酸杆菌多为厌氧菌，但是在乙酸好氧发酵过程中存在，且丰度很高，共有 5 种。笔者推断可能和镇江恒顺香醋使用的乙酸固态分层发酵工艺有关，传统的固态分层发酵工艺与实际意义上的通风发酵有所不同，这个环境可能是一个微氧环境，或者说不同位置的醋醅的氧含量是不一样的，甚至有局部厌氧或痕量氧存在的可能，这可能是恒顺香醋发酵醋醅中存在不同微生物的主要原因。

乙酸发酵过程中共发现 5 种真菌，分别为 *Saccharomyces cariocanus*、*Saccharomyces paradoxus*、*Saccharomyces bayanus*、*Saccharomyces cerevisiae isolate* WI1 和 *Saitoella complicata strain* IAM 12963，它们均属于酵母属，并且与具有最高同源性的菌株的相似性分别为 100%、100%、99.45%、99.45%和 96.84%。在醋醅发酵过程中没有发现霉菌。

Luca Cocolin 等用 PCR-DGGE 方法监测了意大利香肠的自然发酵过程中微生物群落的

变化。他们通过不同引物的比较，确定了 P1、P2 这对引物。通过对发酵过程中的细菌 16S rDNA V1 区进行扩增，并进行克隆测序分析，发现在香肠发酵过程中存在的菌群主要有 3 种乳酸杆菌 *Lactobacillus pantarum*、*L. curvatus*、*L. sake*，环丝菌 *Brochothrix thermosphacta*，肠球菌 *Enterococcus* sp.，葡萄球菌 *Staphylococcus* sp. 和 *Rocuria* spp. 等。

潘力等用 RAPD 分析法，对不同来源的酱油米曲霉进行了分析。该实验提取了 7 株米曲霉的基因组 DNA，筛选了扩增多态性效果较好的 3 对引物，PCR 扩增出 23 个多态性标记。确定了这 7 株米曲霉的遗传亲缘关系。从形态上看，这 7 株米曲霉在菌落形态特征（如菌落在不同培养基上的颜色、高度、质地、形状、直径、分生孢子及生长程度）均有不同程度的相似性，但也有各种特征不完全相同的。有些菌根据形态学分析结果是相似的，但用 RAPD 分析却得出它们之间有较大的遗传分化；从米曲霉产中性蛋白酶的高低来看，有些酶活相差甚远的菌，但遗传亲缘关系却较近。笔者认为，传统的真菌鉴别和分类，主要依据其形态和细胞的生理生化特征，尤其是有性生殖阶段的形态特征，而控制这些特征的基因在整个遗传信息中所占的比例较小；而 RAPD 分析则是通过不同的引物得到可能覆盖整个基因组的多态性信息。因此，以形态特征为依据的传统分类结果，与以 DNA 水平的特征为依据的分类结果会存在差异。

方华等设计出通用引物来扩增 ITS（内源转录间隔区，internal transcribed spacer）序列以分析相关真菌种水平之间的差异。通过扩增真菌的 ITS 保守序列，通过序列比对，从而对黄酒麦曲中的霉菌进行鉴定。PCR 扩增后的产物经纯化后用于测序，测序结果经 DNAMAN 软件去除载体后，将所得的 ITS rDNA 序列提交到 GenBank 数据库，利用 Blastn 工具进行序列比对，对优势霉菌进行鉴定。最后鉴定得到麦曲中的 5 株优势菌的种属名称。

二、混菌发酵

混菌发酵（mixed culture fermentation），称为混合发酵（或混合培养），它是指多种微生物混合在一起共用一种培养基进行发酵。单一菌种发酵则称为纯种发酵，或者纯培养。现代发酵工业以纯种发酵为主，而传统的固态白酒和酱油的发酵都是多菌培养发酵的结果。在自然界微生物之间的共生与互生关系也是双菌与多菌共同生存的常例，这种关系反映了微生物存在着代谢“接力棒”的依赖状态，能相互改善生存条件。例如，酒曲的制作，某些葡萄酒、白酒的酿制，湿法冶金，污水处理，沼气池的发酵等都是混合发酵。这些混合发酵中菌种的种类和数量大都是未知的，人们主要是通过培养基组成和发酵条件来控制，达到生产目的。随着对微生物群落结构的相互作用认识的发展，对混合发酵技术研究和开发的深入，采用已鉴定的两种以上分离纯化的微生物作为菌种，共用同种培养基进行发酵，也有人将此称为限定混合培养物发酵。

混合发酵有以下 3 个突出优势。

1）充分利用培养基、设备、人员和时间，可以在共同的发酵容器中经过同一工艺过程，提高所需产品的质和量，或者获得两种或多种产品，即可做到三少一多：生产人员少，原材料和能源消耗少，设备和器材少，而生产的产品的效益高或种类多。

2）发酵能够获得一些独特的产品，而纯种发酵是很难做到的。例如，国内外享有盛誉的茅台酒，就是众多的微生物混合发酵的产品，据气相色谱和质谱分析，它含有各种醇类、酯类、有机酸、缩醛等几十种化合物，其风味优异而独特，目前还不可能将茅台酒制作的混合微生物逐一分离，纯培养，分别发酵再将发酵产物配制成茅台酒。现代微生物发酵产品如果要实现混合发酵生产，需要对所有菌株特性深入研究，利用它们的互利关系，使所用混合菌种取长补短，发挥各自的优势，生产出成本低、质量优的产品或多种产品。

3）混合的多种菌种，增加了发酵中许多基因的功能，通过不同代谢能力的组合，完成单个菌种难以完成的复杂代谢作用，可以代替某些基因重组工程菌来进行复杂的多种代谢反应，或者促进生长代谢，提高生产效率。例如，在酒曲中除了有米曲霉外，华根霉（*Rhizopus chinensis*）可发酵生产延胡索酸。

案例　混合培养与发酵的乌衣红曲

乌衣红曲是福建、浙江等地盛行的混合培养的酒曲。用大米为生产原料，制法上与红曲米相似，但参与乌衣红曲发酵的微生物至少有红曲菌、黑曲霉和酵母菌。曲的表面被黑曲霉所包裹，呈黑色，观察曲内部断面，则是由外及里呈红色至白色。此外，还有黄衣红曲，黄衣则来自黄曲霉的菌丝及孢子。

乌衣红曲具有平衡的糖化及发酵作用。由于涉及 3 种以上的微生物的生长、繁殖，制作技术难度非常大。传统上，需要曲公和曲母作为种曲。用现代的观点来看，这些种曲实际上是红曲菌占优势或黑曲霉占优势的种曲。现代已采用纯种培养的红曲菌（红色红曲菌或紫色红曲菌）和黑曲霉（As 3.4427 或 As 3.4309）作为菌种；酵母菌种采用自黄酒醪中分离到的酿酒酵母。菌种分别培养，然后在适当时间接入培养物中，继续培养。故基本上解决了技术难题。

在培养上，由于红曲菌、酵母菌和黑曲霉的最适生长温度不同，生长速度也不同，应综合考虑培养温度。由于这 3 种微生物，红曲菌生长速度较慢，而且培养条件较为苛刻，而黑曲霉一般生长条件较为粗放，酵母菌是与红曲菌伴生的，培养时应尽量满足红曲菌的生长条件，其培养温度尽量符合红曲菌的要求。现有地面培养法和厚层通风培养法两种工艺。

乌衣红曲生产的基本工艺流程为：

籼米→浸渍→蒸煮→摊晾→接种→入曲池堆码→养花→通风培养→喷水→通风培养→乌衣红曲成品

接种：乌衣红曲的接种操作涉及多种菌种的培养，故两种菌种投入量非常重要。

接种操作是在蒸煮并摊冷的米饭中，接入黑曲霉种子（可采用三角瓶培养），接种量为 2%～3%。先用少量米饭将黑曲霉种子拌和均匀，再撒入米饭内，随后再加红曲醪作为红种曲子。红曲醪用量是米饭量的 0.6%～0.8%。也有的在接种时加入酵母纯培养菌种。

红曲醪是用红曲米、米饭和冷开水三者制成，比例为红曲米∶米饭∶冷开水＝1∶2∶3。优良的红曲米作为种子，先用冷开水浸泡，加入米饭，装入坛中。入坛的物料温度保持在 28～30℃，培养过程最高温度不超过 36℃，投料后 24h 内打耙一次，传统法培养5～7d，也有的地方培养 48h。

黑种曲和红曲醪的用量比应掌握恰当。经验上，先固定好黑曲霉种子的用量，然后改变红曲醪的用量，由红曲醪的接种量多少来控制乌衣红曲中红曲与黑曲的比例。具体的是看初期培养阶段的“曲花”颜色，以呈金黄色为好。

接种后是保温培养阶段，传统方法是将接种后的曲料装入箩中，上面覆盖麻袋，使品温保持在 30～34℃，在曲房内培养。通风池培养的，则将曲料装入麻袋中，堆积在曲池上保温，使红曲尽快生长。

乌衣红曲的培养阶段，传统工艺有倒箩、堆积、平摊、喷水等操作，即将装在竹箩内的曲料（箩内曲料中心温度为 43℃左右）倒在地面上，使温度降为 30℃左右，经翻拌后再堆积，温度再上升为 43℃左右即开耙翻拌，翻拌和再堆积，品温上升为 41℃左右再开第二耙，堆积后待品温升为 38℃左右开第三耙。三耙以后，将物料由正方形改条形堆积，厚度在 10～20cm。控制品温在 33～35℃。待饭粒表面有 70%～80%已长成红色，即可用木耙将曲料逐渐摊开，品温控制在 30～32℃。每隔 1～2h 用木耙翻料一次。倒箩后经 24h 左右培养，曲料表面基本上长满红色菌，并呈干燥现象时，可进行第一次喷水。每 50kg 原料喷水 2～4kg，并用耙翻拌，使曲料吸水。品温控制在 30～35℃。再经 3～4h，曲料红色加深，并呈干燥状，进行第二次喷水，喷水量为每 50kg 喷水 4～4.5kg。每隔 1.5h 翻耙一次。直到菌丝结饼时，再翻耙一次。以后则不再翻耙，直至产生黑色孢子。传统作法是将装有曲料的竹箩浸入水中几分钟，再取出。

乌衣红曲通风培养法为现代所创，与传统法的区别主要是采用通风池培养，接种及堆积养花阶段的方法与传统法相同。待养花结束后，将曲料移至通风池内，料层厚度为15～20cm。温度控制在 33～35℃，每隔 3～5h 翻拌一次。三次喷水操作同前。接种后，培养 84～96h即可出曲。培养时间明显短于传统法。

第五节　动物、植物细胞培养

一、动物细胞培养

动物细胞培养是指离散的动物活细胞在体外人工条件下的生长、增殖的过程。动物细胞培养开始于 20 世纪初，到 1962 年规模开始扩大，发展至今已成为生物、医学研究和应用中广泛采用的技术方法，利用动物细胞培养生产的具有重要医用价值的生物制品有各类疫苗、干扰素、激素、酶、生长因子、病毒杀虫剂、单克隆抗体等，已成为医药生物高技术产业的重要部分，其生物制品已占世界生物高技术产品市场份额的 50%。

1. 动物细胞培养的营养需求

离体培养细胞对营养的需求基本上与在体相同，主要包括氨基酸、糖类、无机盐类、维生素、蛋白质、脂类等几个方面。

（1）氨基酸　　必需氨基酸是动物细胞本身不能合成的，因此，在制备培养基时需加入必需氨基酸，另外还需要半胱氨酸和酪氨酸。而且由于细胞系不同，对各种氨基酸的需求也不同。有时也加入其他非必需氨基酸，氨基酸浓度常常限制可得到的最大细胞密度，其平衡可影响细胞存活和生长速率。在细胞培养中，大多数动物细胞需要谷氨酰胺作为能源和碳源。

（2）葡萄糖　　多数培养基都含有葡萄糖以作能源。它主要经糖酵解作用代谢形成丙酮酸，并可转化成乳酸或乙酰乙酸进入柠檬酸循环形成 CO_2。对胚胎细胞和转化细胞，乳酸在培养基中的积累特别明显，说明不是像体内那样完全由柠檬酸循环发挥作用。

(3) 无机盐　盐中 Na^+、K^+、Mg^{2+}、Ca^{2+}、Cl^-、SO_4^{2-}、PO_4^{3-} 和 HCO_3^- 等金属离子及酸根离子是决定培养基渗透压的主要成分。对悬浮培养，减少钙可使细胞聚集和贴壁最少，碳酸氢钠浓度与气相 CO_2 浓度有关。

(4) 维生素　Eagle 基本培养基中只含 B 族维生素，其他维生素都靠从血清中取得。血清浓度降低时，对其他维生素的需求更加明显，但也有些情况，即使血清存在，一些维生素也必不可少。维生素对细胞培养的限制可从细胞存活和生长速率看出，而不是以最大细胞密度为指标。

(5) 有机添加剂　复杂培养基都含有核苷、柠檬酸循环中间体、丙酮酸、脂类及其他各种化合物。同样，当血清量减少时，必须添加这类化合物，它们对克隆和维持某些特殊动物细胞有益。

(6) 血清　用于细胞培养的血清主要是牛血清，培养某些特殊细胞也用人血清、马血清等。这是因为血清中含有大量的蛋白质、核酸、激素等丰富的营养物质，对促进细胞生长、繁殖、黏附及中和某些物质的毒性起着一定的作用。最常用的是牛血清，人血清用于一些人细胞系。

选择用牛血清培养细胞的原因主要是来源充足，制备技术成熟，经过长时间的应用考验人们对其有比较深入的理解。

牛血清分为小牛血清（calf serum，CS）、新牛血清（newborn calf serum，NCS）、胎牛血清（fetal bovine serum，FBS）。小牛血清取自出生 10～30d 的小牛；新牛血清取自出生 24h 之内的新生牛；胎牛血清应取自剖腹产的胎牛。显然，胎牛血清是品质最高的，因为胎牛还未接触外界，血清中所含的抗体、补体等对细胞有害的成分最少。牛血清对绝大多数哺乳动物细胞都是适合的，但并不排除在培养某种细胞时使用其他动物血清更合适。牛血清中含有丰富的细胞生长必需的营养成分，具有极为重要的功能。

2. 动物细胞培养基

用于动物细胞培养的培养基的种类很多，按其物质状态分为半固体培养基和液体培养基两类；按其来源分为天然培养基和合成培养基两类。

(1) 天然培养基　天然培养基是指来自动物体液或利用组织分离提取的一类培养基，如血浆、血清、淋巴液、鸡胚浸出液等。组织培养技术建立早期，体外培养细胞都是利用天然培养基。目前最普遍使用的天然培养基是血清，以胎牛血清、新生牛血清和小牛血清最为常见。但是由于天然培养基制作过程复杂、批间差异大，逐渐被合成培养基所替代。现在天然培养基常被作为添加剂与合成培养基合用，常见的血清添加比例为 5%～20%。

(2) 合成培养基　合成培养基是在对细胞培养时所需各种营养仔细研究的基础之上，根据细胞所需物质的种类和数量严格配制而成的。其包括糖类、氨基酸、脂类、无机盐、维生素、微量元素和细胞生长因子等。

基本培养基：早期研制的合成培养基单独使用虽能使细胞生存但往往不能很好的生长、增殖，需要添加一定量的血清才能成为真正的“完全培养基”，故常将其称为基本培养基，常见的 MEM、DMEM、RPMI1640、199 等均属此类。

无血清培养基：无血清培养基是一种不需要添加血清就可维持培养细胞存活、生长、增殖的合成培养基。

无蛋白质培养基：目前，这种无蛋白质培养基是对通过添加植物水解物来代替动物激素、生长因子等的作用来饲养细胞的。

限定化学成分培养基：限定化学成分培养基同样是一种不含动物蛋白质的培养基，与无蛋白质培养基的不同点在于其没有添加植物水解物，而是使用了一些已知结构和功能的小分子化合物。因此，这种培养基的所有成分都是明确的，是目前研究细胞分泌产物的一种最佳培养基。

从20世纪50年代初，Parke、Eagle等设计出合成培养基后，从纯天然培养基到合成培养基、从鸡胚浸出液发展到动物血清，直至20世纪60年代设计出无血清培养基。从生物技术发展的趋势来看，不含动物蛋白质的培养基具有广泛的应用前景，许多利用基因工程技术重组的蛋白质最终要应用于人体，如果在生长过程中使用了含有动物蛋白质的培养基，纯化过程就比较复杂，最终要达到一定的质量标准也有一定的难度。因此，从对人类和动物保健品安全性的长远考虑来看，无血清培养基、无蛋白质培养基及限定化学成分培养基就成为细胞培养基的主要发展趋势。表3-2列出了常见动物基础细胞培养基的种类。

表3-2　常见动物基础细胞培养基名称及概述

基础细胞培养基名称	概　述
199细胞培养基	1950年由Morgan等设计，除BSS外，含有53种成分，添加适量的血清后，可用于多种细胞培养，广泛用于病毒学、疫苗生产等
BME细胞培养基	基础Eagle培养基（basal medium Eagle），1955年由Eagle设计，BSS+12种氨基酸+谷氨酰胺+8种维生素。简单、便于添加，适于各种传代细胞系和特殊研究用，在此基础上改良的细胞培养基品种有MEM、DMEM、IMDM等
MEM细胞培养基	低限量Eagle培养基（minimal essential medium，MEM），1959年修改配方，删去赖氨酸、生物素，增加氨基酸浓度，适合多种细胞单层生长，是一种最基本、适用范围最广的培养基，是一种被广泛应用的培养基 需要注意的是，MEM细胞培养基有含Earle's平衡盐的类型，也有含Hanks'平衡盐的类型；有高压灭菌型的，也有过滤除菌型的；还有含非必需氨基酸的类型。生产和科研时，应根据实际情况注意选择合适的MEM细胞培养基 另外，因MEM培养基营养成分所限，针对生产特定细胞培养与表达时，并不一定是使用效果最佳或最经济的培养基
DMEM细胞培养基	DMEM是由Dulbecco改良的Eagle培养基，各成分量加倍，分低糖（1000mg/L）和高糖（4500mg/L）。细胞生长快。附着稍差的肿瘤细胞、克隆培养用高糖效果较好，常用于杂交瘤的骨髓瘤细胞和DNA转染的转化细胞培养。例如，中国仓鼠卵巢细胞（CHO）细胞表达生产乙肝疫苗、CHO细胞表达促红细胞生成素（EPO）
IMDM细胞培养基	IMDM是由Iscove's改良的Eagle培养基，增加了几种氨基酸和胱氨酸量。可用于杂交瘤细胞培养，以及无血清培养的基础培养基
RPMI1640细胞培养基	Moore等于1967年在Roswell Park Memorial Institute研制，针对淋巴细胞培养设计，BSS+21种氨基酸+11种维生素等，广泛适于许多种正常细胞和肿瘤细胞，也用作悬浮细胞培养
Ham's F10、Ham's F12细胞培养基	1963年、1969年由Ham设计，含微量元素，可在血清含量低时用，适用于克隆化培养。Ham's F10适用于仓鼠、人二倍体细胞，Ham's F12适用于CHO细胞
DMEM/Ham's F12细胞培养基	DMEM和Ham's F12细胞培养基按照1∶1比例混合效果最佳，营养成分丰富，且可以使用较少血清，或者作为无血清培养基的基础培养基

3. 动物细胞体外培养类型

体外培养细胞时，主要有两种培养体系：一种是贴附依赖型细胞，另一种是悬浮型细胞。

（1）*贴附依赖型细胞*　　大多数培养细胞贴附生长，属于贴附依赖型细胞，依据培养细胞在体外的形态大致可将其分为以下4种类型。

1）上皮细胞型：细胞多呈扁平不规则多角形，中央有圆形细胞核，细胞彼此紧密相连成单层膜。生长时呈膜状移动，处于膜边缘的细胞总与膜相连，很少单独行动。此型细胞多起源于内、外胚层的细胞（如皮肤表皮及其衍生物、消化管上皮、肝胰、肺泡上皮等）。例如，来源于人类胚肾的 HEK293 细胞，来源于人类肝脏组织的 HEPG2 细胞，来源于人类子宫颈的 HeLa 细胞就属此类。

2）成纤维细胞型：细胞多呈梭形或不规则三角形，中央有卵圆形细胞核，呈放射状生长。除真正的成纤维细胞外，起源于中胚层间充质组织的心肌、平滑肌、成骨细胞、血管内皮等均呈此型形态。另外，也常将一些与成纤维细胞形态类似的培养细胞归为此类。常见的成纤维细胞型细胞有源自小鼠胚胎的 NIH 3T3、小鼠结缔组织的 L929、中国仓鼠卵巢的 CHO、叙利亚地鼠肾脏的 BHK-21 等。

3）游走细胞型：细胞多呈散在生长，一般不连成片，具有活跃的游走或变形运动能力，且方向不确定。此型细胞不稳定，有时难以和其他细胞进行严格区别。

4）多型细胞型：一些细胞，如神经细胞由于难以确定其稳定的形态，常归于此类。

（2）*悬浮型细胞*　有一些类型的细胞在体外培养时不需要贴附，而是悬浮生长。这些细胞的胞体常呈圆形，多见于一些造血系肿瘤细胞，其特点是生长速度较快、传代方便。常见的 U937、HL60、K562 造血系肿瘤细胞均属此类。

4. 培养细胞的生长特点

（1）*贴附*　大多数哺乳动物细胞在体外生长时需附着在一定底物（如塑料、胶原、玻璃）或其他细胞做成的饲养层细胞上才能生长、分裂。贴附之前的细胞一般为球体样，在一些特殊的能促进细胞贴附的物质（如Ⅲ型胶原、血清扩展因子）的帮助下，细胞先吸附到底物上，随后与底物附着并伸展成一定的形状。

不同细胞的贴附能力不同，如巨噬细胞、成纤维细胞等的贴附能力较强，能在数分钟至数十分钟内贴附到固相表面；而神经元、羊水细胞等的贴附能力则较弱，一般需要数小时乃至更长的时间才能贴附到固相表面。

（2）*接触抑制与密度依赖性*　对于相当一部分体外培养的贴附细胞来说，随着细胞不断的生长与分裂，当相邻两个细胞彼此靠近时，其中之一或两个细胞便会停止移动而不至于重叠起来，转而朝向未生长有细胞的空间生长，这种现象被称为接触抑制（contact inhibition）。而进一步的生长会使细胞密度变得越来越大直至形成一个细胞单层，在此过程中，细胞与培养基接触的面积也会因此而减少，此时，细胞的分裂便会停止，但细胞还会存活一段时间，这种现象被称为密度抑制（density inhibition）或密度依赖性。通常，细胞的这种密度依赖性与培养基中血清的浓度关系密切。

与体外培养的正常细胞不同，转化细胞或恶变的肿瘤细胞的接触抑制特性降低或丧失，导致细胞重叠生长。同时，转化细胞或恶变的肿瘤细胞的密度依赖性调节也常常降低，对血清的依赖性也降低，可以生长到一个较高的终末细胞密度。

5. 动物细胞培养的基本条件

（1）*培养环境*　培养环境（包括细胞生长的液体环境、培养基质、培养瓶、皿、支持物等）无毒和无菌是保证培养细胞生存的首要条件。置于体外培养后的细胞失去了对微生物和有毒物质的防御能力，一旦被污染或自身代谢物积累等，可导致细胞变性、衰退、死亡。

（2）*温度*　所有细胞都要受到温度变动的影响，大多数细胞只能耐受很窄的温度变化范围。多数哺乳动物细胞培养温度为37℃，一般（36.5±0.5）℃均可耐受。培养细胞对低温的耐受力比对高温强。温度上升不超过39℃时，细胞代谢强度与温度成正比，细胞代谢随温度降低而缓慢。

（3）气相　体外培养的细胞对气体环境也有一定的要求。多数细胞在培养时需要O_2的存在，但O_2的分压多维持在略低于大气中的O_2分压的水平，这是因为过高的O_2分压会造成细胞的损伤。CO_2也是细胞培养所需要的，其与培养基pH的维持密切相关，CO_2浓度的升高会引起培养基pH降低。体外培养细胞时的气体环境常由95%的空气和5%的CO_2构成，针对培养对象的不同，CO_2的浓度常为2%～10%。

（4）pH　适宜大多数细胞生长的培养基pH多维持在7.0～7.4。尽管各细胞株之间细胞生长最佳pH变化很小，但一些正常的成纤维细胞系以pH7.4～7.7最好，转化细胞以pH7.0～7.4更合适。为确定最佳pH，最好做一个简单的生长试验或特殊功能分析。

酚红常用作指示剂，pH7.4呈红色，pH7.0变橙色，pH6.5变黄色，而pH7.6呈红色中略带蓝色，pH7.8呈紫色。由于对颜色的观察有很大的主观性，必须用无菌平衡盐溶液和同样浓度的酚红配一套标准样，放在与制备培养基相同的瓶子中。

细胞在培养过程中所释放出的代谢产物（尤其是CO_2）会造成培养基pH的迅速下降，很不利于细胞的继续生长。为了尽可能长时间的将培养基的pH稳定在适当范围，常借助CO_2-碳酸氢盐缓冲体系或有机缓冲体系［如4-羟乙基哌嗪乙磺酸（HEPES）］来解决这一问题。下面的反应式可以用来说明CO_2-碳酸氢盐缓冲体系的作用原理。

$$NaHCO_3 + H_2O \rightleftharpoons Na^+ + OH^- + H_2O + CO_2\uparrow$$

上式说明，只要维持CO_2的浓度处于一个相对恒定的状态，上述反应就会保持平衡，此时培养基中的OH^-的浓度也就会相对稳定，换言之，培养基的pH也相对恒定。同时，这也是为什么在培养细胞时要维持一定浓度CO_2的重要原因之一。

（5）渗透压　离体的细胞必须生长在等渗的液体环境中才能维持细胞的正常形态结构，并有助于细胞对出入细胞的物质进行调控。渗透压的大小主要由培养基中各种盐成分的浓度决定。尽管大多数细胞对渗透压都有一定的耐受性，但适宜的渗透压常会因细胞的种类及物种来源不同而异。例如，培养人类细胞的理想渗透压为290mOsm/kg；培养大多数哺乳类动物细胞的理想渗透压多为260～320mOsm/kg；培养小鼠细胞的理想渗透压多为320mOsm/kg左右。

（6）黏度　培养基的黏度主要受血清含量的影响，在多数情况下，对细胞生长没有什么影响。在搅拌条件下，用羧甲基纤维素增加培养基的黏度，可减轻细胞损害。这对在低血清浓度或无血清条件下培养细胞显得尤为重要。

6. 动物细胞培养的生长过程

体外生长的培养细胞受营养条件、生长空间等因素的限制，当细胞增殖到一定密度后，则需要分离出一部分细胞和更新营养液进行扩大培养，此过程称传代（subculture）。每次传代以后，细胞的生长和增殖过程都会受一定的影响。加之很多细胞特别是正常细胞，其在体外的生存也不是无限的过程，这就使得细胞在体外培养时的生长过程与体内有着一系列不同的生存特点。

（1）培养细胞的生命期　培养细胞的生命期（life span of culture cell）是细胞在培养中持续增殖和生长的时间。体内组织细胞的生命期与完整机体的死亡衰老基本一致。体外培养细胞的生命期与细胞的种类、性状和原供体的年龄等情况密切相关。例如，来源于人胚的二倍体成纤维细胞可在体外连续传代 30～50 代，150～300 个细胞增殖周期，相当于一年左右的生存时间。相比之下，那些来自成体或衰老个体的细胞的生存时间则较短，如体外培养的肝细胞或肾细胞一般仅能传几代或十几代。

通常，体外培养细胞的全部生命期大致可被分为 3 个阶段。

原代培养期：原代培养也称初代培养，是从机体中取出细胞接种培养到第一次传代之前的这一阶段。此期的细胞呈现出活跃移动的特点，可见细胞分裂，但不旺盛。处于原代培养阶段的细胞与体内原组织在形态结构和功能活动上有很大的相似性。细胞群具有明显的异质性，细胞间的相互依存性强，在软琼脂培养基培养时细胞集落形成率很低。

传代期：传代期通常是培养细胞全生命期中持续时间最长的时期，原代培养的细胞经传代后常被称作细胞系（cell line）。一般情况下，正常体细胞在传代 10～50 次后，细胞分裂的能力就会逐渐减弱，甚至完全丧失，细胞便进入衰退期。

衰退期：处于衰退期的培养细胞，增殖速率已经变得很慢或不再增殖，直至最后衰退死亡。

以上主要是针对体外培养的机体正常细胞，对于体外发生转化的细胞和肿瘤细胞而言，永生性（immortality）或恶型性（malignancy）的获得使得这类细胞获得持久性的增殖能力，这样的细胞群体常被称为无限细胞系（infinite cell line）或连续细胞系（continuous cell line）。

（2）培养细胞的一代生存期　培养细胞的一代生存期，是指细胞从接种后到再次传代培养之前的这一段时间，它与细胞世代（generation）或倍增（doubling）时间不同。例如，某一细胞系为第 60 代细胞，即指该细胞系已传代了 60 次。就培养细胞的一代生存期而言，细胞通常可以倍增 3～6 次。

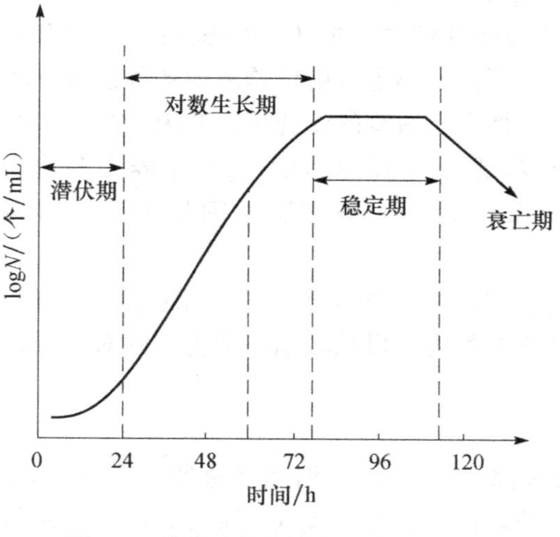

图 3-6　培养动物细胞的一代生长过程

培养细胞的一代生存期，一般可被分为 4 个阶段，如图 3-6 所示。

1）潜伏期。以贴壁生长的培养细胞为例，刚刚经历传代接种的细胞，常在培养基中呈现悬浮状态，此时细胞的细胞质回缩，胞体呈圆球形。紧接着，悬浮细胞便会贴附于底物表面上，此过程称贴壁。各种细胞贴附速度并不相同，这与培养细胞的种类、培养基成分和底物的理化性质等密切相关。待细胞贴附于支持物后，细胞便开始进一步伸展成极性细胞，但这距离细胞进入生长和增殖期还有一定时间，称为潜伏期（latent phase）。细胞潜伏期的长短与细胞接种密度、细胞种类及培养基性质等密切相关。通常，原代培养细胞的潜伏期较长，需 24～96h 或更长时间，而连续细胞系和肿瘤细胞的潜伏期则较短，仅 6～24h。另外，细胞接种密度大时潜伏期常会变短。

2）对数生长期。细胞分裂相开始出现并逐渐增多，便标志着潜伏期的结束和对数生长期（logarithmic growth phase）的开始。对数生长期是细胞增殖分裂最旺盛的阶段。对数生长期细胞分裂相数量的多少常作为判定细胞生长旺盛与否的一个重要标志，一般用分裂指数（mitotic index，MI）来表示，即分裂相在整个细胞群中所占的百分比。体外培养细胞的分裂指数受细胞种类、培养液成分、营养条件、pH、培养箱温度等多种因素的影响。一般细胞的分裂指数多为0.1%～0.5%，原代细胞分裂指数较低，连续细胞和肿瘤细胞分裂指数可高为3%～5%。对数生长期是细胞一代生存期中活力最好的时期，因此是进行各种实验最好的和最主要的阶段。

3）稳定期与衰亡期。当细胞数量达饱和密度后，细胞遂停止增殖，进入稳定期（也称停滞期，stagnate phase；或者平台期，plateau phase）。此时细胞数量不再增加。处于此期的细胞虽不增殖，但仍有代谢活动，随着培养液中营养渐趋耗尽、代谢产物的积累、pH的降低，此时需要进行及时的传代培养，否则细胞会因营养匮乏、中毒等原因，发生形态改变，重则从底物脱落死亡进入衰亡期。

7. 原代培养和传代培养

（1）原代培养　将动物机体中待培养组织从机体中取出，然后用各种消化性酶（如胰蛋白酶）消化，或者用机械方法处理，将组织分离成单细胞，最后添加适当的培养基培养，使细胞得以生存、生长和繁殖，这一过程称原代培养。原代培养的细胞由于其和机体细胞在形态结构、功能等方面非常接近，常被用作药理实验重要的研究材料。

（2）传代培养　当细胞在培养瓶长成致密的单层后，通常已经没有足够的生长空间和营养条件满足细胞进一步生长的需求。为使细胞能继续生长，同时使细胞的数量扩大，就必须进行传代再培养。同时，传代培养也是一种将细胞种保存下去的方法，也是利用培养细胞进行各种实验的必经过程。通常，悬浮型细胞可通过直接补充培养基后再分瓶的方法进行传代，方法相对简单，而贴壁细胞则需经消化后才能分瓶培养。

8. 细胞系或细胞株

原代培养物经第一次传代培养后的细胞，常被称为细胞系。由某一细胞系分离出来的、在性状上与原细胞系有一定差异的细胞系，常被称为该细胞系的亚系（subline）。从一个经过鉴定的细胞系采用选择法或单细胞克隆进一步所得到的细胞群，常被称为细胞株（cell strain）。由原细胞株进一步分离培养出的与原株性状不同的细胞群，又被称为亚株（substrain）。

大多数细胞系在有限的代数内以不变的形式增殖，当超过有限世代后，它们可能有两种情况，一是衰老死亡，二是发育成永久细胞系或称连续细胞系。

有限细胞系转换成永久细胞系的过渡期称为转换期（crisis），其转换过程在动物细胞培养中称为体外转化（*in vitro* transformation）。

永久细胞系有如下特征：细胞形态变化，如细胞变小，黏附性减少，具有较高的核质比；生长速率增加，倍增时间缩短；对血清的依赖性减小；贴壁依赖性降低；细胞异倍体和非整倍体增加，细胞接种到体内后，生癌率上升。

9. 动物细胞培养方法

动物细胞的体外培养有两种类型。一类是贴壁依赖性细胞，大多数动物细胞，包括非淋巴组织的细胞和许多异倍体体系的细胞都属于这一类型，这一类需采用贴壁培养。另一类是非贴壁依赖性细胞，来源于血液、淋巴组织的细胞，许多肿瘤细胞（包括杂交瘤细胞）和某些转化细胞属于这一类型，这一类可采用类似微生物培养的方法进行悬浮培养。

（1）贴壁培养　贴壁培养是指大多数动物细胞在离体培养条件下都需要附着在带有适

量正电荷的固体或半固体的表面上才能正常生长，并最终在附着表面扩展成单层。

其基本操作过程是：先将采集到的活体动物组织在无菌条件下采用物理（机械分散法）或化学（酶消化法）的方法分散成细胞悬液，经过滤、离心、纯化、漂洗后接种到加有适宜培养液的培养皿（瓶、板）中，再放入二氧化碳培养箱进行培养。用此法培养的细胞生长良好且易于观察，适于实验室研究。但贴壁生长的细胞有接触抑制的特性，一旦细胞形成单层，生长就会受到抑制，细胞产量有限。如要继续培养，还需将已形成单层的细胞再分散，稀释后重新接种，然后进行传代培养。

（2）悬浮培养　悬浮培养是指少数悬浮生长型动物细胞在离体培养时不需要附着物，悬浮于培养液中即可良好生长，如杂交瘤细胞等。

悬浮生长的细胞其培养和传代都十分简便。培养时只需将采集到的活体动物组织经分散、过滤、纯化、漂洗后，按一定密度接种于适宜培养液中，置于特定的培养条件下即可良好生长。传代时不需要再分散，只需按比例稀释后即可继续培养。此法操作简单，培养条件相对均一，传质和传氧较好，细胞增殖快，产量高，容易放大培养，是大规模培养动物细胞的理想模式。但动物细胞体积小，密度低，只有少数种类的细胞适于悬浮培养。

从培养方式来看，动物细胞无论是贴壁培养或是悬浮培养，均可采用分批式、分批补料式、半连续式、连续式等多种培养方式。从培养系统来看，主要采用中空纤维培养系统和微载体系统，且以灌注式连续培养方式为佳。

（1）分批式培养（batch culture）　分批式培养是指先将细胞和培养液一次性装入反应器内进行培养，细胞不断生长，同时产物也不断形成，经过一段时间的培养后，终止培养。在细胞分批式培养过程中，不向培养系统补加营养物质，而只向培养基中通入氧，能够控制的参数只有 pH、温度和通气量。因此，细胞所处的生长环境随着营养物质的消耗和产物、副产物的积累时刻都在发生变化，不能使细胞自始至终处于最优的条件下，因而分批式培养并不是一种理想的培养方式。动物细胞分批式培养过程的特征如图 3-7 所示。

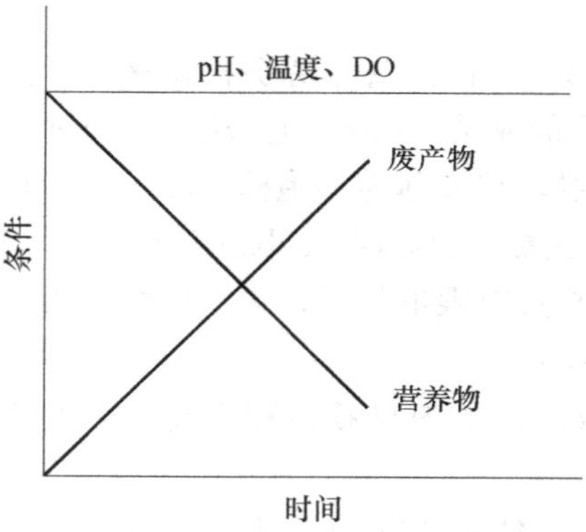

图 3-7　动物细胞分批式培养过程的特征

细胞分批式培养的生长曲线与微生物细胞的生长曲线基本相同。在分批式培养过程中，可分为延滞期、对数生长期、减速期、平稳期和衰退期 5 个阶段。

分批式培养过程中的延滞期是指细胞接种后到细胞分裂繁殖所需的时间，延滞期的长短根据环境条件的不同而不同，并受原代细胞本身的条件影响。一般认为，细胞延滞期是细胞分裂繁殖前的准备时期，一方面，在此时期内细胞不断适应新的环境条件，另一方面又不断积累细胞分裂繁殖所必需的一些活性物质，并使之达到一定的浓度。因此，一般选用生长比较旺盛的处于对数生长期的细胞作为种子细胞，以缩短延滞期。

细胞经过延滞期后便开始迅速繁殖，进入对数生长期，在此时期细胞随时间呈指数函数形式增长，细胞的比生长速率为一定值。

细胞通过对数生长期迅速生长、繁殖后，由于营养物质的不断消耗、抑制物等的积累、细胞生长空间的减少等原因导致生长环境条件不断变化，细胞经过减速期后逐渐进入平稳期，此时，细胞的生长、代谢速度减慢，细胞数量基本维持不变。

在经过平稳期之后，由于生长环境的恶化，有时也有可能由于细胞遗传特性的改变，细胞逐渐进入衰退期而不断死亡，或者由于细胞内某些酶的作用而使细胞发生自溶现象。

由于分批式培养过程的环境随时间变化很大，而且在培养的后期往往会出现营养成分缺乏或抑制性代谢物的积累使细胞难以生存，不能使细胞自始至终处于最优的条件下生长、代谢，在动物细胞培养过程中采用此法的效果不佳。

（2）分批补料式培养（fed-batch culture）　分批补料式培养，也称流加培养，是指先将一定量的培养液装入反应器，在适宜的条件下接种细胞，进行培养，使细胞不断生长，产物不断形成，而在此过程中随着营养物质的不断消耗，不断地向系统中补充新的营养成分，使细胞进一步生长代谢，直到整个培养结束后取出产物。分批补料式培养只是向培养系统补加必要的营养成分，以维持营养物质的浓度不变。由于分批补料式培养能控制更多的环境参数，使得细胞生长和产物生成容易维持在优化状态。

分批补料式培养过程的特征如图 3-8 所示。分批补料式培养的特点就是能够调节培养环境中营养物质的浓度：一方面，它可以避免在某种营养成分的初始浓度过高时影响细胞的生长代谢及产物的形成；另一方面，它还能防止某些限制性营养成分在培养过程中被耗尽而影响细胞的生长和产物的形成。同时在分批补料式培养过程中，由于新鲜培养液的加入，整个过程的反应体积是变化的。

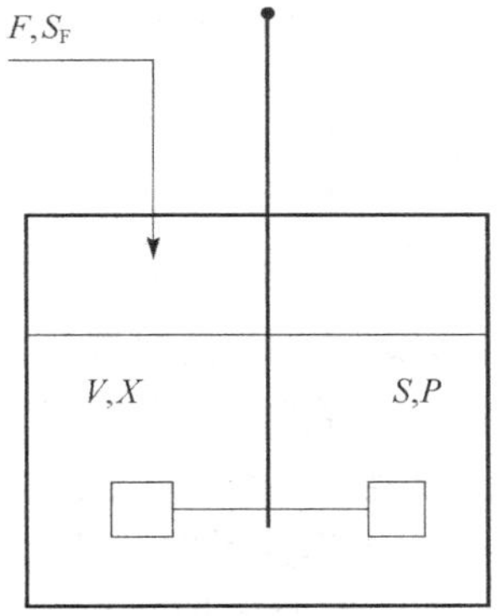

图 3-8　流加式培养过程的特征

F. 培养液的流加速率；S_F. 流加培养液中基质浓度；V. 反应器内液体的体积；X，S，P. 分别为定常态下的菌体、底物和产物浓度

（3）半连续式培养（semi-continuous culture）　半连续式培养是在分批式培养的基础上，将分批式培养的培养液部分取出，并重新补充加入等量的新鲜培养基，从而使反应器内培养液的总体积保持不变的培养方式。

（4）连续式培养（continuous culture）　连续式培养是指将细胞种子和培养液一起加入反应器内进行培养，一方面新鲜培养液不断加入反应器内，另一方面又将反应液连续不断地取出，使反应条件处于一种恒定状态。与分批式培养不同，连续式培养可以保持细胞所处环境条件长时间地稳定，可以使细胞维持在优化的状态下，促进细胞的生长和产物的形成。由于连续式培养过程可以连续不断地收获产物，并能提高细胞密度，在生产上已被应用于培养非贴壁依赖性细胞。

动物细胞的连续式培养一般是采用灌注培养。灌注培养是把细胞接种后进行培养，一方面连续往反应器中加入新鲜的培养基，同时又连续不断地取出等量的培养液，但是过程中不取出细胞，细胞仍留在反应器内，使细胞处于一种营养不断的状态。高密度培养动物细胞时，必须确保补充给细胞足够的营养及除去有毒的代谢物。灌注培养时用新鲜培养液进行添加，确保上述目的的实现。通过调节添加速度，则使培养保持在稳定的、代谢副产物低于抑制水平的状态。采用此法，可以大大提高细胞的生长密度，有助于产物的表达和纯化。

由于连续式培养过程可以连续不断地收获产物，并能提高细胞密度，在生产中广泛被采用。例如，英国 Celltech 公司采用灌注培养杂交瘤细胞，连续不断地生产单克隆抗体，获得巨大经济效益。虽然灌注培养具有不少优点，但也存在培养基消耗量比较大，操作过程复杂，培养过程中易受污染等缺点。

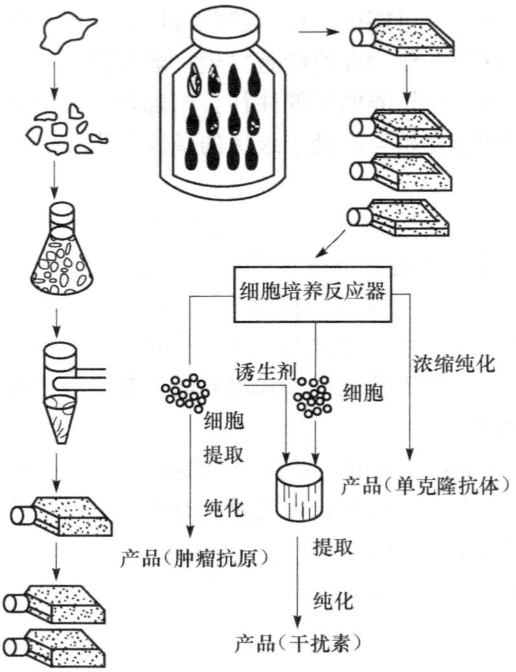

图 3-9　动物细胞大规模培养的工艺流程

10. 动物细胞大规模培养工艺

动物细胞大规模培养的工艺流程如图 3-9 所示，先将组织切成碎片，然后用溶解蛋白质的酶处理得到单个细胞，收集细胞并离心。获得的细胞植入营养培养基中，使之增殖至覆盖瓶壁表面，用酶把细胞消化下来，再接种到若干培养瓶以扩大培养，获得的细胞可作为“种子”进行液氮保存。需要时，从液氮中取出一部分细胞解冻，复活培养和扩培，之后接入大规模反应器进行产品生产。需要诱导的产物或病毒感染后才能得到产物的细胞，需在生产过程中加入适量的诱导物或感染病毒，再经分离、纯化获得目的产品。

11. 细胞的冻存与复苏

为了保存细胞，特别是不易获得的突变型细胞或细胞株，要将细胞冻存。冻存的温度一般用液氮的温度，为－196℃，将细胞收集至冻存管中加入含保护剂（一般为二甲基亚砜或甘油）的培养基，以一定的冷却速度冷冻后，最终保存于液氮中。在极低的温度下，细胞保存的时间几乎是无限的。

复苏一般采用快速融化方法，即从液氮中取出冻存管后立即放入 45℃水中，使之在 1min 内迅速融解，然后将细胞转入培养器皿中进行培养。

冻存时保护剂的选用、细胞密度、降温速度及复苏时温度、融化速度等都对细胞活力有影响。

二、植物细胞培养

植物细胞培养是在植物组织培养技术基础上发展起来的。植物细胞培养是在离体条件下，将愈伤组织或其他易分散的组织置于液体培养基中进行振荡培养，得到分散成游离的悬浮细胞，通过继代培养使细胞增殖，形成单细胞无性系或再生植株，或者生产代谢产物的技术。它不仅揭示了高等植物细胞方面的重大理论问题，而且在实践上已被广泛用于农业、医药、食品、化妆品、香料等生产上。

1. 植物细胞培养的营养需求

无论培养目标设计是针对细胞生长还是针对代谢产物的积累，其培养基主要由碳源、有机氮源、无机盐、植物生长激素、有机酸和一些复合物质组成。

（1）*碳源*　蔗糖或葡萄糖是常用的碳源，果糖比前两者差。其他的糖类不适合作为单一的碳源。通常增加培养基中蔗糖的含量，可增加培养细胞的次生代谢产物量。

（2）*有机氮源*　通常采用的有机氮源有蛋白质水解物（包括酪蛋白水解物）、谷氨酰胺或氨基酸混合物。有机氮源对细胞的初级培养的早期生长阶段有利。L-谷氨酰胺可代替或补充某种蛋白质水解物。

(3) 无机盐 对于不同的培养形式，无机盐的最佳浓度是不相同的。通常在培养基中无机盐的浓度应为25mmol/L左右。硝酸盐浓度一般采用25～40mmol/L，虽然硝酸盐可以单独成为无机氮源，但是加入铵盐对细胞生长有利。如果添加一些琥珀酸或其他有机酸，铵盐也能单独成为氮源。培养基中必须添加钾元素，其浓度为20mmol/L，磷、镁、钙和硫元素的浓度为1～3mmol/L。

(4) 植物生长激素 大多数植物细胞培养基中都含有天然的和合成的植物生长激素。激素分成两类，即生长素和分裂素。生长素在植物细胞和组织培养中可促使根的形成，最有效和最常用的有吲哚丁酸、吲哚乙酸和萘乙酸。分裂素通常是腺嘌呤衍生物，使用最多的是6-苄氨基嘌呤和玉米素。分裂素和生长素通常一起使用，促使细胞分裂、生长。其使用量为0.1～10mg/L，根据不同细胞株而异。

(5) 有机酸 加入丙酮酸或三羧酸循环中间产物（如柠檬酸、琥珀酸、苹果酸），能够保证植物细胞在以铵盐作为单一氮源的培养基上生长，并且耐受钾盐的能力至少提高到10mmol/L。三羧酸循环中间产物，同样能促进低接种量的细胞和原生质体的生长。

(6) 复合物质 复合物质通常作为细胞的生长调节剂（如酵母抽提液、麦芽抽提液、椰子汁和水果汁）。目前这些物质已被已知成分的营养物质所替代。在许多例子中还发现，有些抽提液对细胞有毒性。目前仍在广泛使用的是椰子汁，在培养基中的浓度为1～15mmol/L。

2. 植物细胞培养基

培养基中含有外植体生长所需的营养物质，是组织培养中外植体赖以生存和发展的基地。组织培养是否成功，在很大程度上取决于对培养基的选择，不同培养基有不同特点，适合于不同的植物种类和接种材料。开展细胞培养活动时，应对各种培养基进行了解和分析，以便能从中选择使用。目前应用最广泛的基础培养基主要有MS、B5、E1、N6、NN和L2等。

下面介绍组织培养几种常用培养基。

(1) MS培养基 MS培养基是目前普遍使用的培养基。它有较高的无机盐浓度，对保证组织生长所需的矿质营养和加速愈伤组织的生长十分有利。MS固体培养基可用来诱导愈伤组织，或者用于胚、茎段、茎尖及花药培养，它的液体培养基用于细胞悬浮培养时容易成功。这种培养基中的无机养分的数量和比例比较合适，足以满足植物细胞在营养上和生理上的需要。因此，一般情况下，无需再添加氨基酸、酪蛋白水解物、酵母提取物及椰子汁等有机附加成分。与其他培养基的基本成分相比，MS培养基中的硝酸盐、钾和铵的含量高，这是它的明显特点。MS培养基适合于多种培养物的生长，特别适合于禾本科花粉的培养。

(2) B5培养基 B5培养基的主要特点是含有较低的铵，这是因为铵可能对不少培养物的生长有抑制作用。经过试验发现，有些植物的愈伤组织和悬浮培养物在MS培养基上生长比B5培养基上要好，而另一些植物在B5培养基上更适宜。B5培养基适合于十字花科植物的培养。

(3) N6培养基 N6培养基含有与MS培养基差不多的硝态氮，但铵态氮仅约为MS培养基的1/4，N6培养基特别适合于禾谷类植物的花药和花粉培养，在国内外得到广泛应用。

在组织培养中，经常采用的还有怀特培养基、尼许培养基等。它们在基本成分上大同小异。怀特培养基由于无机盐的数量比较低，更适合木本植物的组织培养。

3. 植物细胞培养方式

植物细胞培养根据不同的方法可分为不同的类型。按培养对象可分为单倍体细胞培养和原生质体培养；按培养基可分为固体培养和液体培养；按培养方式又可分为悬浮培养和固定化培养。

(1) *单倍体细胞培养*　主要用花药在人工培养基上进行培养，可以从小孢子（雄性生殖细胞）直接发育成胚状体，然后长成单倍体植株；或者是通过组织诱导分化出芽和根，最终长成植株。

(2) *原生质体培养*　植物的体细胞（二倍体细胞）经过纤维素酶处理后可去掉细胞壁，获得的除去细胞壁的细胞称为原生质体。该原生质体在良好的无菌培养基中可以生长、分裂，最终可以长成植株。实际过程中，也可以用不同植物的原生质体进行融合与体细胞杂交，由此可获得细胞杂交的植株。

(3) *固体培养*　固体培养是在微生物培养的基础上发展起来的植物细胞培养方法。固体培养基的凝固剂除特殊研究外，几乎都使用琼脂，浓度一般为2%～3%，细胞在培养基表面生长。原生质体固体培养则需混入培养基内进行嵌合培养，或者使原生质体在固体-液体之间进行双相培养。

(4) *液体培养*　液体培养是在微生物培养的基础上发展起来的植物细胞培养方法。液体培养可分为静止培养和振荡培养两类。静止培养不需要任何设备，适合于某些原生质体的培养。振荡培养需要摇床或转床等设备，在振荡培养过程中，可使培养基充分混合，也可使培养物交替地浸没在液体中或暴露在空气中，有利于气体交换。通常半月至1月后需移换新鲜培养基。

(5) *悬浮培养*　悬浮培养是一种使组织培养物分离成小的细胞团或单细胞，并不断扩增的方法。在进行细胞培养时，需要提供容易破裂的愈伤组织进行液体振荡培养，愈伤组织经过悬浮培养可以产生比较纯一的单细胞。用于悬浮培养的愈伤组织应该是易碎的，这样在液体培养条件下能获得分散的单细胞，而紧密不易碎的愈伤组织就不能达到上述目的。

(6) *固定化培养*　固定化培养是在微生物和酶的固定化培养基础上发展起来的植物细胞培养方法。该法与固定化酶或微生物细胞类似，应用最广泛的、能够保持细胞活性的固定化方法是将细胞包埋于海藻酸盐或卡拉胶中。

4. 植物细胞大规模培养技术

植物细胞大规模培养的目的在于通过细胞工业规模培养，获得细胞、初级及次级代谢产物，为药品、食品及化工行业提供服务。

植物细胞大规模培养主要用于生产次级代谢产物。有些产物通过化学方法合成很不经济。有些产物其唯一来源只能是植物，而许多有价值的植物必须生长在热带或亚热带地区，还要受到其他自然条件（如干旱、疾病）和人为条件（如政策）的影响。最不能克服的是，有些植物从种植到收获要花几年时间，又很难选出高产植株，不能满足需要。因此，可以通过采用植物细胞大规模培养技术直接生产。

紫草宁（shikonin）是典型的通过大规模培养植物细胞生产的产品。紫草宁既可作为染料又可入药，价值高达4500美元/kg，但是紫草需要生长2～3年，其紫草宁浓度才达干重的1%～2%，远不能满足需要。而通过大规模培养紫草宁可在短时间内（3周左右）大量生产紫草宁（干重的14%左右）。由此可见，植物细胞培养技术应用于大规模有价值产品的生产具有巨大潜力。目前已有一些植物性药物已实现工业化生产。例如，从希腊毛地黄细胞培养物通过生物转化生产地高辛、从黄连细胞培养物中生产黄连碱、从人参根细胞中生产人参皂苷等。相当种类的药用植物细胞大量培养已达到中试水平。例如，长春花生产吲哚生物碱、丹参生产丹参酮、青蒿生产青蒿素、红豆杉生产紫杉醇、紫草生产萘醌、三七生产皂苷等。

用于植物细胞大规模培养的技术主要有植物细胞的大规模悬浮培养和植物细胞或原生质体的固定化培养。前者适于大量快速地增殖细胞，但往往不利于次生物质的积累；后者则相反，细胞生长缓慢而次生物质含量相对较高。

（1）*植物细胞的大规模悬浮培养*　悬浮培养通常采用水平振荡摇床，适合于愈伤组织培养的培养基不一定适合悬浮细胞培养。悬浮培养的关键就是要寻找适合于悬浮培养物快速生长，有利于细胞分散和保持分化再生能力的培养基。

由于悬浮培养具有3个基本优点：①增加培养细胞与培养液的接触面，改善营养供应；②可带走培养物产生的有害代谢产物，避免有害代谢产物局部浓度过高等问题；③保证氧的充分供给。悬浮培养细胞的生长条件比固体培养有很大改善。

悬浮培养时细胞数量随着时间的变化曲线呈现S形。在细胞接种到培养基中最初的时间内细胞很少分裂，经历一个延迟期后进入对数生长期和细胞迅速增殖的直线生长期，接着是细胞增殖减慢的减慢期和停止生长的静止期。整个周期经历时间的长短根据植物种类和起培养细胞密度的不同而不同。在细胞培养过程中，一般在静止期或静止期前后进行继代培养，具体时间可根据静止期细胞活力的变化而定。

紫杉醇（taxol）是重要的抗癌药物，能有效地治疗卵巢癌、乳腺癌等妇科癌症，是红豆杉属植物产生的一种次生代谢产物。美国化学家 Wall 等首先从太平洋红豆杉树皮中提取并确定结构。目前供临床使用的紫杉醇主要是从红豆杉树皮中提取，紫杉醇在红豆杉植物中含量很低，约为0.01%，每提取1kg紫杉醇需砍伐百年生红豆杉树数百株。据估计美国每年紫杉醇的需求量为数百千克，单纯靠伐树剥皮生产紫杉醇，根本无法满足日益增长的需要，因此，紫杉醇用于临床后最严峻的问题是药源紧缺。但由于紫杉醇是从珍稀植物红豆杉提取的，如何得到充足的药物一直是医学和环境学家争论的问题。目前科学家们正在开展紫杉醇细胞培养法进行生产和研究，通过生物或非生物诱导子可诱导红豆杉细胞产生抗逆反应，启动次生代谢途径，从而导致紫杉醇的大量合成。

（2）*植物细胞或原生质体的固定化培养*　细胞固定化是将细胞包埋在惰性支持物的内部或贴附在它的表面。其前提就是通过悬浮培养获得足够数量的细胞。这一技术的优点在于：①可以较容易地控制培养系统的理化环境，从而可以研究特定的代谢途径，并便于调节；②细胞位置的固定使其所处的环境类似于在植物体中所处的状态，相互间接触密切，可以形成一定的理化梯度，有利于次生产物的合成；③由于细胞固定在支持物上，培养基可以不断更换，可以从培养基中提取产物，免除了培养基中因含有过多的初生产物对细胞代谢的反馈抑制，也由于细胞留在反应器中，新的培养基可以再次利用这些细胞生产初生产物，从而节省了生产细胞所付出的时间和费用。正是由于细胞固定在一定的介质中，并可以从培养基中不断提取产物，通常采用固定化来进行植物细胞的培养。

细胞固定化培养技术按照其支持物不同可以分为两大类：①包埋式固定化培养系统，支持物多采用琼脂、琼脂糖、藻酸盐、聚丙烯酰胺等；②附着式固定化培养系统，支持物采用尼龙网、聚氨酯泡沫、中空纤维等材料。

植物细胞大量工业培养须考虑以下条件：细胞生长及生物合成的速度要高到足以在短时

间内得到较高产量的最终产物；培养的细胞在遗传上应是稳定的以得到恒定的产物；代谢产物在细胞中累积而不迅速分解，代谢产物宜释放到液体培养基中；包括培养基、前体和化学提取的生产费用要低得足以给生产带来利润。

三、微生物细胞和动物、植物细胞培养的区别

虽然动物、植物和微生物细胞培养都是以在体外条件下的存活或生长为特征。但是动物、植物细胞培养与微生物细胞培养有很大的不同，如表 3-3 所示。三类细胞中植物细胞体积最大，其次是动物细胞，两者的生产周期也长于微生物。由于动物细胞无细胞壁，且大多数哺乳动物细胞附着在固体或半固体的表面才能生长，对营养要求严格，除氨基酸、维生素、盐类、葡萄糖或半乳糖外，还需有血清。动物细胞对环境敏感，包括 pH、溶氧、CO_2、温度、剪切应力都比微生物有更严的要求，一般须严格的监测和控制。相比之下，植物细胞对营养要求较动物细胞简单。但植物细胞培养一般要求在高密度下才能得到一定浓度的培养产物，而且植物细胞生长较微生物要缓慢，营养基质中需要添加激素，生长及次级代谢物的生产要求一定的光照。因此，长时间的培养对无菌条件及反应器的设计具有特殊的要求。

表 3-3 微生物与动、植物细胞的培养特征比较

种类 比较项目	微生物	动物细胞	植物细胞
大小/μm	1～10	10～100	10～100
悬浮生长	可以	需附着表面才能生长	可以，但易结团，无单个细胞
营养要求	简单	非常复杂	较复杂
生长速率	快	慢	慢
倍增时间/h	0.5～5	15～100	24～74
代谢调节	内部	内部、激素	内部、激素
环境敏感	不敏感	非常敏感	能忍受广泛范围
细胞分化	一般无	有	有限分化
剪切应力敏感	较低	高度敏感	敏感
传统变异，筛选技术	广泛使用	不常使用	有时使用
细胞或产物浓度	较高	低	低
主要产物	醇、有机酸、氨基酸、抗生素、核苷酸、酶等	醇、有机酸、氨基酸、抗生素、核苷酸、酶等	色素、药物、香精、酶等

1. 动物细胞特点

1）动物细胞比微生物细胞大得多，无细胞壁，机械强度低，对剪切力敏感，适应环境能力差。

2）倍增时间长，生长缓慢，易受微生物污染，培养时须用抗生素。

3）培养过程需氧量少（氧传质系数大于 10/h 即可满足 1×10^7 个/mL 的细胞生长）。

4）培养过程中细胞相互粘连以集群形式存在。

5）原代培养细胞一般繁殖 50 代即退化死亡。

2. 植物细胞特点

1）与微生物细胞相比，植物细胞要大得多，细胞壁以纤维素为主要成分，耐拉不耐扭，抗剪切能力低。

2）植物细胞的倍增时间较长，一般超过 24h，约是微生物的 20 倍，为防止培养过程中染菌，需加抗生素。

3）植物细胞高密度培养才能达到经济生产，同时植物细胞很少是以单一细胞形式悬浮存在，而通常是以细胞数 2～200 个、直径为 2mm 左右的非均相集合细胞团的方式存在。因而带来培养液高的表观黏度和细胞对剪切应力敏感的问题，增加了悬浮培养的难度。

4）细胞培养需氧，而培养液黏度大，且不能强力通风搅拌；产物在细胞内，且产量低。

5）植物细胞培养具有形成组织甚至整体植株的潜力。

3. 动物、植物细胞和微生物细胞培养的特殊条件要求

（1）*动物细胞培养的特殊条件*　在所有的细胞离体培养中，最困难的是动物细胞培养。下面是它所需要的特殊条件。

1）血清。动物细胞离体培养常常需要血清，最常用的是小牛血清。血清提供生长必需因子，如激素、微量元素、矿物质和脂肪。有一天人们真正学会了配制和血清一样的培养液，那时血清才可被取代。在这里，血清等于是动物细胞离体培养的天然营养液。

2）支持物。大多数动物细胞有贴壁生长的习惯。离体培养常用玻璃、高速冷冻离心机塑料等作为支持物。

3）气体交换。二氧化碳和氧气的比例要在细胞培养过程中不断进行调节，不断维持所需要的气体条件，每一次开箱操作后需快速恢复。由此决定了动物细胞离体培养设备要求高、投资大。

（2）*植物细胞培养的特殊条件*

1）光照。离体培养的植物细胞对光照条件非常严格。虽然细胞生长所需要的物质主要是靠培养基供给的，但光照不但与光合作用有关，而且与细胞分化有关。例如，光周期可对性细胞分化和开花起调控作用，因此以获得植株为目的的早期植物细胞培养过程中，光照条件特别重要。以植物细胞离体培养方式获得重要物质（如药物）的过程，植物细胞大多是在反应器中悬浮培养。

2）激素。植物细胞的分裂和生长特别需要植物激素的调节，促进生长的生长素和促进细胞分裂的分裂素是最基本的激素。植物细胞的分裂、生长、分化和个体生长周期都有相应的激素参与调节。和动物细胞相比，植物细胞离体培养对激素要求的原理已经了解，其应用技术也已相当成熟，已经有一套广泛作为商品使用的培养液。同时解决了植物细胞对水、营养物、激素、渗透压、酸碱度、微量元素等的需求。

（3）*微生物细胞培养的特殊条件*　微生物多为单细胞生物，野生生存条件比较简单。因此，微生物人工培养的条件比动、植物细胞简单得多。其中厌氧微生物培养比好氧微生物复杂，因为严格厌氧需要维持二氧化碳等非氧的惰性气体浓度，而好氧微生物则只需要通过不断搅拌提供无菌氧气。微生物对培养条件要求不如动、植物细胞那样苛刻，玉米浆、蛋白胨、麦芽汁、酵母膏等成为良好的微生物天然培养基。对于一些特殊微生物的营养条件要求，可以在这些天然培养基的基础上额外添加。

4. 培养产物的差异

动物细胞培养是获得大量新生细胞或细胞产品，应用方面是获得细胞的产物或直接利用细胞等。植物细胞培养的目的是获得新个体或细胞产品，应用方面则是快速繁殖试管苗、细胞产品、人工种子、转基因植物的培育等。微生物细胞培养主要是获得其代谢产物或次级代谢产物或得到细胞本身。

本章小结

细胞培养发展至今，经过推陈出新、不断完善，新技术、新方法广泛应用于生物学、医学、新药研发等各个领域，成为不可缺少的生命科学技术。本章主要介绍了微生物的分离、纯化、生物量的检测；微生物生态学主要阐述了微生物在自然界的种群分布及微生物之间的寄生、共生、互生关系及相互作用，利用微生物间的相互作用原理混菌发酵生产有益产物，并重点介绍了混菌发酵及其优点。最后介绍了动、植物细胞培养的营养需求、种子扩大培养条件及培养方式等，并比较了动物、植物、微生物3类细胞培养的差别。

思 考 题

1. 影响微生物细胞培养的因素有哪些?
2. 微生物细胞扩大培养的方式有哪些?
3. 植物细胞培养的基本技术包括哪几方面?
4. 建立悬浮细胞系的关键技术有哪些?
5. 影响植物次生代谢产物积累的因素有哪些?
6. 植物细胞培养的基本技术包括哪几方面?
7. 试述生产用动物细胞的要求与获得方法。
8. 试述动物细胞培养的方法及要点。
9. 简述动、植物细胞培养的特点与难点，并与微生物细胞培养相比较。

主要参考文献

陈因良，陈志宏. 1992. 细胞培养工艺学. 上海：华东化工出版社.
傅金泉. 1998. 乌衣红曲的培养及改革方向. 酿酒科技，4：25-26.
桂耀林，马诚. 1985. 植物组织培养. 北京：科学出版社.
焦瑞身. 1994. 细胞工程. 2版. 北京：化学工业出版社.
李再资. 1999. 生物化学工程基础. 北京：化学工业出版社.
刘冬，张学仁. 2007. 发酵工程. 北京：高等教育出版社.
施巧琴，吴松刚. 2003. 工业微生物育种学. 北京：科学出版社.
俞俊棠，唐孝宣. 1992. 生物工艺学. 上海：华东化工学院出版社.
周立平. 1995. 红曲与乌衣红曲通风制曲工艺的研究. 酿酒，3：1220.
日本発酵工学会. 1985. 生物工程. 日本東京：サイェンスフォーラム株式会社.
葉修一. 1983. 発酵プロセスの最適計制御. 日本東京：サイェンスフォーラム株式会社.
dos Santos E，Piovan T I C，Roberto I C，et al. 2003. Kinetics of the solid-state fermentation of sugarcane bagasse by *Thermoascus aurantiacus* for the production of xylanase. Biotechnology Letters，25：13-16.
Durand A，Vergoignan C，Desgranges C. 1999. Biomass estimation in solid state fermentation. In：Roussos S，Lonsane B K，Raimbault M，et al. Advances in Solid State Fermentation. London：Kluwer Academic Publishers：23-37.
Nagel F J I，Tramper I，Bakker M S N，et al. 2001. Model for on-line moisture content control during solid-state fermentation. Biotechnology and Bioengineering，72：231-243.

第四章 微生物发酵动力学

发酵过程的本质是微生物生长及酶反应。这是一系列复杂的生物反应过程，无论是好氧发酵、厌氧发酵还是兼性好氧发酵，它们都有着各自的特征规律。因此，想要在整个生产中达到生产工艺稳定，生产质量稳定，高产，降低物耗、能耗和劳动力，防止事故发生，实现安全生产，必须掌握微生物生长、原料基质的消耗、代谢产物的生成规律，发酵过程各参数的检测及控制更突显关键。大规模发酵产品的生产中提高生产效率就是实现设备现代化，“工欲善其事，必先利其器”，只有这样才能加强竞争能力，而实现设备现代化必须有自动控制技术保驾护航，自动控制技术属于控制工程，是对过程装备及其系统的状态和工作状况进行监测、控制。以确保生产工艺有序稳定运行，提高过程装备的可靠度和功能的可利用度。而过程装备与控制工程又是指机、电、仪一体化连续的复杂系统，它在实际的生产中需要长周期稳定运行，在系统中的各个组成部分（如机泵、过程单元设备、管道阀门、监测仪表及计算机系统等）都是相互关联、相互作用和彼此制约，任何一点发生故障均会影响整个系统。如今，在复杂的发酵工业系统中用计算机测控装置已成为发酵工业生产过程中各种参数的测量、控制和管理的一个非常重要的综合性应用的领域，是发酵工业实现自动化不可缺少的手段。它反映了客观技术的发展趋势，这是有机的结合，是今后发酵产品、系统的重大发展方向。

第一节 物料平衡

一、得率系数和比速率

微生物发酵的本质是利用廉价原料生成附加价值更高的化合物或菌体，因此，发酵原料的利用率是成本控制的重要方式之一，而原料利用率首先要考虑的物料平衡，主要包括碳源、氮源、供氧 3 部分。物料平衡的基本原理是物质不灭定律。

微生物菌体组成的碳元素、氮元素等成分也是相对稳定的，可参考本书第二章表 2-1 了解酵母和细菌的元素组成。

1. 得率系数

对于碳源浓度 S，在一定培养条件下，若菌体浓度的变化为 ΔX，相应的碳源浓度变化为 ΔS，则该碳源的菌体得率系数 $Y_{X/S}$为

$$Y_{X/S}=\frac{\Delta X}{-\Delta S} \tag{4-1}$$

菌体得率系数 $Y_{X/S}$与微生物及基质的种类有关，也与培养条件有关。就 $Y_{X/S}$这一数据而言，所消耗的碳源 ΔS 不仅用于菌体本身的生长，也可能被用于菌体维持等方面。

此外，还有仅针对菌体生长所消耗的基质的得率系数 Y_G。

$$Y_G = \frac{\Delta X}{-\Delta S_G} \tag{4-2}$$

Y_G 大于 $Y_{X/S}$，可看成是最大菌体得率系数。ΔS_G 是碳源用于菌体生长（包括菌体生长结构物质和所需能量消耗的物质，$\Delta S_G = \Delta S_A + \Delta S_{NG}$，$\Delta S_A$ 为仅用于菌体生长消耗的碳源，ΔS_{NG} 为菌体生长时所需能量所消耗的碳源）。

对于好氧培养，氧也是一种营养物质。ΔO_2 为菌体生长时所消耗的氧量，菌体关于消耗氧的得率系数 $Y_{X/O}$ 为

$$Y_{X/O} = \frac{\Delta X}{-\Delta O_2} \tag{4-3}$$

此外，还可以计算以可利用电子数为基准、以异化代谢能量为基准、以总有效能量为基准、以 ATP 为基准的菌体得率。

案例　乙醇对淀粉的理论转化率

若计算产物的得率系数（或转化率），也可采用相似的方法进行计算。例如，以淀粉质原料生产乙醇，从淀粉水解为葡萄糖，再发酵生成乙醇的定量关系为

$$(C_6H_{10}O_5)_n + nH_2O = n\,C_6H_{12}O_6$$

162　　18　　180

$$C_6H_{12}O_6 = 2C_2H_5OH + 2CO_2\uparrow$$

180　　2×46　　2×44

乙醇对淀粉的理论得率系数为

$$Y_{乙醇/淀粉} = 100\% \times 2 \times 46/162 = 56.79\%$$

也可计算得到每生产 1000kg 无水乙醇需要的淀粉量为

$$1000 \times 162/(2 \times 46) \approx 1761\ (kg)$$

但是，在乙醇生产过程中，要经历许多生产工序，反应过程也包括复杂的生物化学变化及菌体生长，故原料淀粉不可能全部转化为乙醇。一般用原料利用率或原料损耗率表示。

2. 比速率

在发酵过程中，菌体浓度、各种基质和产物浓度关于时间的变化率反映了细胞生长、营养物消耗及产物形成的速率，它们都和菌体浓度有关。在此引入“比速率”（specific rate）的概念。

就菌体生长而言，菌体浓度的变化速率 dX/dt ［$kg/(m^3 \cdot s)$］是与菌体浓度成正比的。

$$\frac{dX}{dt} = \mu X \tag{4-4}$$

式中，X 为菌体浓度，kg/m^3；μ 为菌体的比生长速率，s^{-1}。

比生长速率相当于一级反应的速率常数。它比菌体浓度变化速率（dX/dt）更本质地反映了生长的快慢。故可写出比生长速率的定义式为

$$\mu = \frac{1}{X}\frac{dX}{dt} \tag{4-5}$$

类似地，可以写出基质的比消耗速率 Q_S 为

$$Q_S = -\frac{1}{X}\frac{dS}{dt} \tag{4-6}$$

氧的比消耗速率 Q_{O_2} 为

$$Q_{O_2} = -\frac{1}{X}\frac{dO_2}{dt} \tag{4-7}$$

产物的比生产速率 Q_P 为

$$Q_P = -\frac{1}{X}\frac{dP}{dt} \tag{4-8}$$

二氧化碳的比生产速率 Q_{CO_2} 为

$$Q_{CO_2} = -\frac{1}{X}\frac{dCO_2}{dt} \tag{4-9}$$

式中，S、O_2、P、CO_2 分别表示基质浓度、溶氧浓度、产物浓度、二氧化碳浓度。

根据基质的比消耗速率的计算公式，结合菌体得率系数的计算式，可以方便地得到基质的比消耗速率（Q_S）和比生长速率（μ）之间的关系为

$$Q_S = \frac{\mu}{Y_{X/S}} \tag{4-10}$$

上式说明，底物的比消耗速率和菌体的比生长速率成正比（底物消耗越快，则菌体生长越快），与菌体得率成反比（底物消耗越快，菌体得率越低）。

同样，也可得到氧气的比消耗速率（Q_{O_2}）和菌体的比生长速率（μ）的关系为

$$Q_{O_2} = \frac{\mu}{Y_{X/O}}$$

二、物料平衡的计算

1. 化学计量关系

发酵过程中，微生物以各种营养物质为原料，生长、繁殖、合成代谢产物，有严格的化学计量关系。但微生物发酵所发生的反应十分复杂，只能对发酵过程中涉及的主要物质进行物料平衡。要进行物料平衡，首先要得出化学计量式。

在基本培养基中，微生物需要消耗碳源、氮源、氧，形成细胞、代谢产物、二氧化碳和水。如果培养基中只有一种碳源，且只有一种产物，则化学平衡式可写为

$$\underset{\text{碳源}}{CH_mO_l} + \underset{\text{氮源}}{aNH_3} + bO_2 \longrightarrow \underset{\text{菌体}}{y_X CH_pO_nN_q} + \underset{\text{产物}}{y_p CH_rO_sN_t} + cH_2O + dCO_2$$

式中，a、b、c、d、y_X、y_p 均为化学计量系数；各元素的下标字母是与一个碳原子相对应的氢、氧、氮的原子数。

y_X 是量纲为 1 的菌体得率，它与关于碳源的菌体得率系数 $Y_{X/S}$ 有如下关系：

$$y_X = Y_{X/S}\frac{\alpha_2}{\alpha_1}$$

式中，α_1 为碳源含碳量，g/mol；α_2 为干菌体内的含碳量，g/g。

y_p 是量纲为 1 的产物得率，与产物关于碳源的得率系数 $Y_{P/S}$ 有如下关系：

$$y_p = Y_{P/S}\frac{\alpha_3}{\alpha_1}$$

式中，α_1 为碳源含碳量，g/mol；α_3 为产物含碳量，g/mol。

由此可得到化学平衡式中各元素的物料平衡式。

碳源的平衡式为 $1=y_X+y_p+d$

氮的平衡式为 $a=qy_X+ty_p$

氧的平衡式为 $1+2b=ny_X+sy_p+c+2d$

氢的平衡式为 $m+3a=gy_X+ry_p+2c$

为求解上述化学平衡式中的化学计量系数及各元素的下标字母所对应的与一个碳原子相对应的氢、氧、氮的原子数，除了上述 C、N、H、O 的平衡式外，还要依据其他的方法。例如，对于菌体中各元素的原子数的求解，一般可通过菌体的元素分析，通过测定求得；而对于一个已知碳源及产物分子结构的化学平衡式而言，其元素组成也应当清楚。

2. 发酵过程的碳平衡

碳源是微生物生长代谢利用的重要物质，通常作为能源及构成菌体的材料。因此，微生物生长代谢过程中碳源与产物之间、碳源与菌体之间都存在碳元素的平衡。产物组成的碳元素是固定的。

根据基质浓度（S）、菌体浓度（X）、产物浓度（P）和二氧化碳中碳元素的含量可以写出微生物生长代谢过程中碳元素的平衡关系为

$$-\frac{dS}{dt}\alpha_1=\frac{dX}{dt}\alpha_2+\frac{dCO_2}{dt}\alpha_3+\frac{dP}{dt}\alpha_4+\cdots \tag{4-11}$$

或

$$Q_S\alpha_1=\mu\alpha_2+Q_{CO_2}\alpha_3+Q_P\alpha_4+\cdots \tag{4-12}$$

式中，μ 为菌体的比生长速率，h^{-1}；Q_S 为基质的比消耗速率，mol/(g · h)；Q_P 为产物的比生产速率，mol/(g · h)；Q_{CO_2} 为二氧化碳的比生产速率，mol/(g · h)；α_1 为碳源中的含碳量，g/mol；α_2 为干菌体内的含碳量，g/g；α_3 为产物中的含碳量，g/mol；α_4 为二氧化碳的含碳量，g/mol，$\alpha_4=12$g/mol。

（1）*微生物生长过程中主要基质——碳源的平衡*　以糖为碳源的微生物生长代谢过程中碳源主要消耗于：①满足菌体生长的需要，可用 ΔS_A 表示；②维持菌体生存的消耗（如微生物的运动、物质的传递，其中包括营养物质的摄取和代谢产物的排泄），用 ΔS_m 表示；③代谢产物积累的消耗，用 ΔS_P 表示。此外，还涉及能源所消耗的碳源 ΔS_{EG}。因此，碳源总消耗 ΔS 为

$$-\Delta S=(-\Delta S_A)+(-\Delta S_{EG})+(-\Delta S_m)+(-\Delta S_P)+\cdots \tag{4-13}$$

若不考虑能源所消耗的碳源，

$$-\Delta S=(-\Delta S_A)+(-\Delta S_m)+(-\Delta S_P)$$

设 Y_G 表示仅针对微生物生长所消耗的碳源量的得率系数，则有

$$-\left(\frac{dS}{dt}\right)_G=\frac{\frac{dX}{Y_G}}{dt}$$

用 m 表示微生物的碳源维持常数，则

$$-\left(\frac{\mathrm{d}S}{\mathrm{d}t}\right)_m = mX$$

用 Y_P 表示代谢产物对仅用于产物合成所需的碳源的得率系数，则

$$-\left(\frac{\mathrm{d}S}{\mathrm{d}t}\right)_P = \frac{\dfrac{\mathrm{d}P}{Y_P}}{\mathrm{d}t}$$

所以

$$-\frac{\mathrm{d}S}{\mathrm{d}t} = \frac{\dfrac{\mathrm{d}X}{Y_G}}{\mathrm{d}t} + mX + \frac{\dfrac{\mathrm{d}P}{Y_P}}{\mathrm{d}t} \tag{4-14}$$

或

$$-\frac{\mathrm{d}S}{\mathrm{d}t} = \mu\frac{X}{Y_G} + mX + Q_P\frac{X}{Y_P} \tag{4-15}$$

或

$$Q_S = \frac{\mu}{Y_G} + m + \frac{Q_P}{Y_P} \tag{4-16}$$

即当只考虑菌体生长、维持及产物所消耗的基质，不考虑能量消耗所耗基质时，基质浓度随时间的变化可用式（4-15）表示，式（4-15）可变换为式（4-16），该式阐明了基质的比消耗速率与比生长速率、维持系数及产物比生成速率的关系。

以微生物细胞为目标产物的发酵过程中（如生产面包酵母、单细胞蛋白质、及污水生物处理等），代谢产物的积累可以忽略不计的情况下，式（4-16）可简化为

$$Q_S = \frac{\mu}{Y_G} + m$$

由上式还可得到

$$\frac{Q_S}{\mu} = \frac{1}{Y_G} + \frac{m}{\mu}$$

显然，上式为一直线方程，通过实验可求得菌体的比生长速率 μ 及其对应的基质的比消耗速率 Q_S 的关系，并作图后得到一条直线，如图 4-1 所示。

此直线在纵坐标上的截距即为维持常数 m，其斜率即为碳源对菌体生长得率常数 Y_G 的倒数。

假设 $Y_{X/S}$ 是发酵过程中基质葡萄糖的菌体得率系数，可推导出下式：

$$\frac{1}{Y_{X/S}} = \frac{1}{Y_G} + \frac{m}{\mu} \tag{4-17}$$

当测得微生物生长过程中菌体的不同比生长速率 μ 所对应的 $Y_{X/S}$ 后，用 $1/\mu$ 对 $1/Y_{X/S}$ 作图，也得到一条直线，如图 4-2 所示。此直线在纵坐标上的截距为 $1/Y_G$，其斜率为 m。

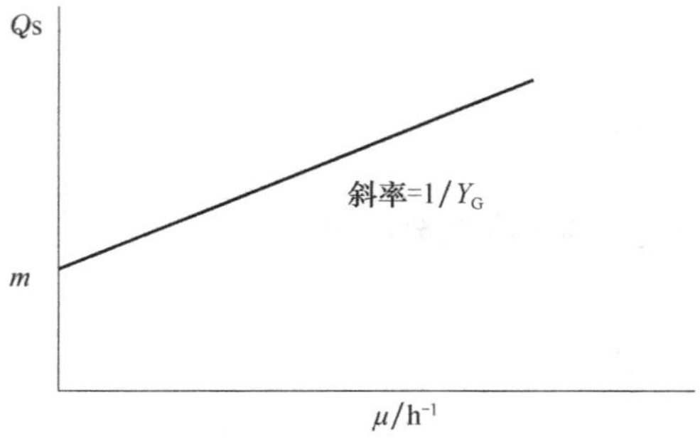

图 4-1 μ 对 Q_S 的关系图

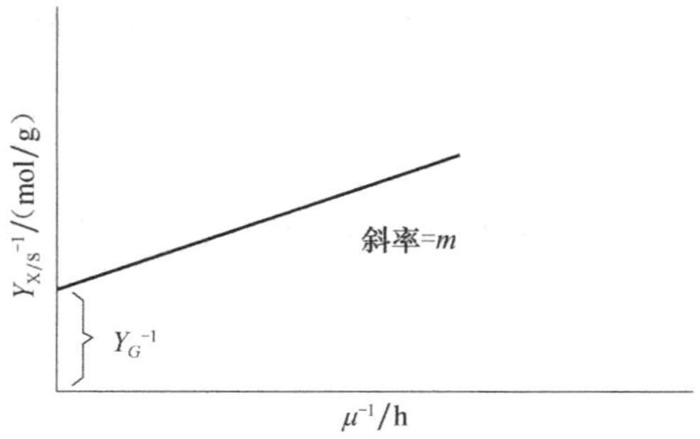

图 4-2 1/μ 对 1/$Y_{X/S}$的关系图

(2) 细胞生产过程中碳源的化学平衡

1) 面包酵母、酿酒酵母与单细胞蛋白质工业。菌体是典型的细胞物质生产，细胞物质与碳元素具有稳定的平衡。以葡萄糖为碳源通风培养面包酵母时可建立下列化学平衡。

$$6.67CH_2O + 2.1O_2 = C_{3.92}H_{6.5}O_{1.95} + 2.75CO_2 + 3.42H_2O$$

（葡萄糖）　（酵母菌体）

200　67.2　84.6　121　61.6

从上式可知，200g 葡萄糖可得到 84.6g 酵母，如果计入酵母菌体内除碳、氢、氧三元素以外的其他元素，如磷、氮及灰分，则每 200g 葡萄糖约可得到 100g 干酵母。这就是说，在酵母生产中若葡萄糖浓度控制适当，通风供给充足的溶解氧条件下，葡萄糖消耗对酵母得率为 $Y_{X/S}=0.5$。只要控制好工艺条件，酵母菌对糖的得率 $Y_{X/S}$也是如此高。但实际上，不同条件下 $Y_{X/S}$有很大的不同。众所周知，当限制性基质浓度较高时，微生物的比生长速率较大，这时基质的维持消耗相对要小得多（$m \ll \mu/Y_G$），根据式 $Q_S=\frac{\mu}{Y_G}+m$，可得

$$Q_S \approx \frac{\mu}{Y_G}$$

$$Y_{X/S} = \frac{\mu}{Q_S} \approx Y_G$$

可见，酵母菌体生长、繁殖时首先是利用碳源中的葡萄糖。实际酵母生产过程中为了充分利用发酵设备的生产潜力，在较高碳源浓度下培养酵母（实际上糖的绝对浓度并不高，一般是采用补料培养，边消耗边补料），在这种情况下酵母对碳源的得率系数 $Y_{X/S} \approx Y_G = 0.5$g/g，此结论与实际的实验结果是一致。

2) 污水的生物处理。污水的生物处理在理论上也属于微生物的培养过程，且菌体组成有机物最终被自溶消耗掉。当生物法处理有机污水时，污泥的生成量约为污水中有机物质含量的 50%左右。为了减少污泥的产量（污泥除一部分作为循环使用外，绝大部分是废物），当污水内有机物被消耗后，可继续通风使污泥进行内源呼吸（即利用菌体本身的物质分解所进行的呼吸作用），反应式为

$$C_5H_7NO_2 + 5O_2 = 5CO_2 + NH_3\uparrow + 2H_2O$$

113　160　220　36

菌体的生长、繁殖和自溶，最终会把水中的有机污染物全部分解成二氧化碳、氨等物质

释放出来，从而使废水中的生物需氧量（BOD）显著降低达到排放标准。

(3) *微生物生长代谢过程中碳平衡的意义*　碳源是微生物生长代谢过程必不可少和最重要的基质，无论哪一种发酵，碳源的利用情况或碳源对产物的转化率都是一项极为重要的经济指标。碳平衡可使人们了解碳源在微生物生长代谢过程中的动向，通过实验和理论计算得到碳源对产物的最大得率，为生产水平不断提高提供可靠依据。

对于一般的发酵过程，往往可以用菌体的生长速率、产物的积累速率和基质的消耗速率这 3 个数学模型进行描述。而碳平衡所得到的方程式就是其中之一，即基质消耗的数学模型，见式（4-15）。

对于以生产细胞物质为目的的微生物培养过程，由于代谢产物可忽略不计，而二氧化碳的生成速率可以通过发酵废气分析得到，再根据基质（碳源）的消耗速率，通过碳平衡［如应用式（4-12），这时 $Q_P=0$］，就可以计算出微生物细胞的生成速率。

3. 发酵过程的氧平衡

(1) *生物氧化*　基质的产能是依靠生物氧化过程释放的，因此生物氧化是微生物生长代谢的关键。在生物氧化过程中具体每一步反应不一定有氧参加，氧往往在一系列反应中最终作为电子的受体。以哺乳动物肝脏细胞中线粒体内所进行的氧化磷酸化反应为例，三羧酸循环的中间代谢产物在细胞内相应的脱氢酶作用下去掉两个氢原子，在这两个氢原子参与下发生电子转移，进行氧化磷酸化反应，其过程如图 4-3 所示。

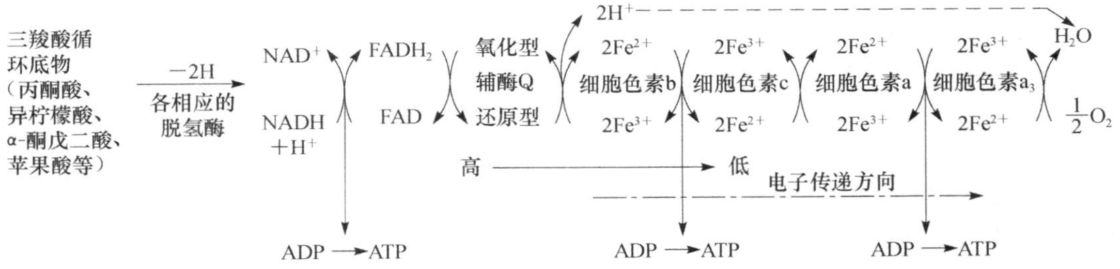

图 4-3　线粒体内的电子传递链和氧化磷酸化作用示意图

在反应链中还原型物质通过质子和电子传递，能量起了变化，所释放的能量使 ADP 变为 ATP，反应链能量由高到低，还原型物质所脱下的氢依次传递，最终与氧结合生成水。每摩尔葡萄糖生物氧化时所释放的自由能能够生成 38mol 的 ATP。

在嫌气条件下所进行的是基质水平磷酸化，这是嫌气微生物所具有的能力。以同型乳酸发酵为例，其反应如下：

$$C_6H_{12}O_6+2H_3PO_4+2ADP \longrightarrow 2CH_3CH(OH)COOH+2ATP$$

每 1mol 葡萄糖只能生成 2mol ATP，故当发酵过程充分供氧时 ATP 来源于基质的氧化磷酸化。嫌气发酵时，ATP 虽也来自基质的分解，但基质水平的磷酸化所获得的 ATP 要少得多。

(2) *微生物生长代谢过程中的氧平衡*　有机物完全氧化结果被分解成二氧化碳和水。根据单一碳源培养基内微生物生长代谢的基质和产物完全氧化的需氧量，可建立下列平衡式。

$$A(-\Delta S)=B(\Delta X)+\Delta O_2+C\Delta P \tag{4-18}$$

式中，A 为基质完全氧化的需氧量，如每摩尔葡萄糖的需氧量为 $A=6$mol；B 为菌体完全氧化时的需氧量，一般可取每克菌体的需氧量为 $B=0.42\text{mol}$；C 为代谢产物完全氧化的需氧量，如每摩尔乙酸的需氧量为 $C=2\text{mol}$，每摩尔乙醇的需氧量 $C=3\text{mol}$，每摩尔乳酸的需氧量 $C=3\text{mol}$。

式（4-18）中 ΔO_2 是指微生物生长代谢过程中的耗氧量。它一部分用于微生物维持生命活动的耗氧，若以 X 为菌体的浓度，m_O 为氧的维持常数，则在 Δt 时间内维持耗氧量应为 $m_O \cdot X \cdot \Delta t$；另一部分为生长菌体的耗氧，若用 Y_{GO} 表示用于菌体生长的氧对菌体的得率系数，则生长 ΔX 菌体相应的耗氧量为 $\Delta X/Y_{GO}$。若发酵过程中没有代谢产物的生成，则氧消耗的反应式有

$$\Delta O_2 = m_O X \Delta t + \frac{\Delta X}{Y_{GO}} \tag{4-19}$$

由式（4-18）可以得

$$\frac{A\Delta S}{X\Delta t} = \frac{B\Delta X}{X\Delta t} + \frac{\Delta O_2}{X\Delta t}$$

即

$$AQ_S = B\mu + Q_{O_2} \tag{4-20}$$

式中，Q_S、μ 分别为基质的比消耗速率和菌体的比生长速率；Q_{O_2} 为氧的比消耗速率，mol/(g·h)，$Q_{O_2}=\Delta O_2/X\cdot\Delta t$。式（4-20）说明了基质的比消耗速率和氧的比消耗速率之间的关系。

由式（4-19）可得

$$Q_{O_2} = \frac{\Delta O_2}{X\Delta t} = \frac{m_O X + \frac{\mu X}{Y_{GO}}}{X} = m_O + \frac{\mu}{Y_{GO}} \tag{4-21}$$

显然式（4-21）为一直线方程，在实验中求得菌体的比生长速率 μ 所对应的比耗氧速率 Q_{O_2} 后作图时，可得一直线，见图 4-4 。

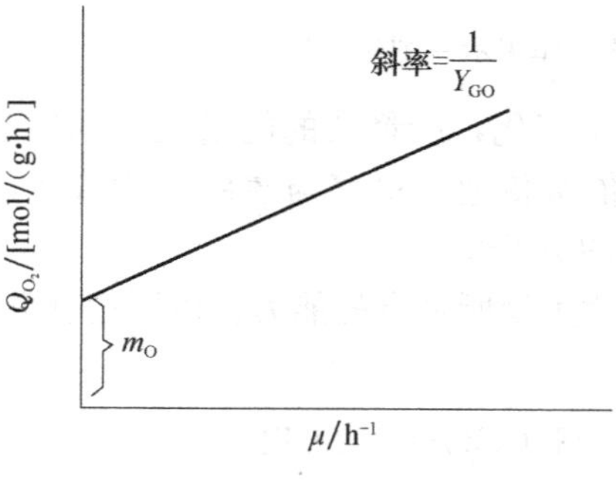

图 4-4 μ 对 Q_{O_2} 关系图

此直线在纵坐标上的截距即为微生物生长代谢过程氧的维持常数 m_O，其斜率即为氧对微生物生长的得率系数 Y_{GO} 的倒数。把式（4-21）代入式（4-20）得

$$AQ_S = B\mu + m_O + \frac{\mu}{Y_{GO}}$$

即

$$Q_S = \frac{m_O}{A} + \frac{\mu\left(B+\frac{1}{Y_{GO}}\right)}{A} \tag{4-22}$$

当仅考虑基质用于菌体生长及维持，将式（4-22）与式（4-16）所推导的碳源平衡式$\left(\text{即}\frac{Q_S}{\mu}=\frac{1}{Y_G}+\frac{m}{\mu}\right)$比较，可得到碳源对菌体的得率系数 Y_G 与氧对菌体的得率常数 Y_{GO} 的关系为

$$\frac{1}{Y_G} = \frac{B+\frac{1}{Y_{GO}}}{A}$$

此外，根据式（4-18）对 A 的定义（基质完全氧化的需氧量），菌体碳源维持常数 m 与该菌体氧维持常数 m_O 的关系应为 $m=m_O/A$。上式说明了菌体仅对基质的得率系数和对氧的得率系数的关系。

（3）*基质种类消耗对菌体的得率 $Y_{X/S}$ 与 ATP*　在微生物生长过程中可能出现两种情况。一种情况是合成细胞组成所需的材料大量存在时，分解碳源所生成的 ATP 为限制因素，这时生物合成的情况取决于 ATP 的数量，这种状态称为能量偶联型生长过程，如用 Y_{ATP} 表示每消耗 1mol ATP 所生成菌体的质量（g），则称作 ATP 消耗对菌体的得率。如表 4-1所示不同碳源与菌体生成对应 ATP 的消耗，Y_{ATP} 约为每摩尔 ATP 生成菌体 10g。

表 4-1　某些微生物与基质对应的 $Y_{X/S}$、Y_{ATP}（嫌气培养，能量偶联型生长）

微生物	基质（碳源）	$Y_{X/S}$/(g/mol)	Y_{ATP}/(g/mol)
产气气杆菌（*Aerobacter aerogenes*）	葡萄糖	26.1	10.3
产气气杆菌（*A. aerogenes*）	果糖	26.7	10.7
阴沟气杆菌（*Aerobacter cloacae*）	葡萄糖	25.8	11.5
两歧双歧杆菌（*Bifidobacterium bifidum*）	葡萄糖	37.4	13.1
两歧双歧杆菌（*B. bifidum*）	乳糖	52.8	10.4
大肠杆菌（*Escherichia coli*）	葡萄糖	24.0	9.4
植物乳杆菌（*Lactobacillus plantarum*）	葡萄糖	18.8	9.4
运动发酵单胞菌（*Zymomonas mobilis*）	果糖	9.2	9.2

另一种情况是 ATP 过量存在时，而合成细胞的材料为限制因素，或者有阻遏物存在致使生物合成不能顺利进行，ATP 因部分被酶分解释放出与细胞生长、繁殖无关的能量，此时 ATP 对细胞的得率系数 Y_{ATP} 将低于 10g/mol，甚至低到生成菌体只有 1～2g/mol，此时为能量非偶联型，即细胞生长速度与菌体内 ATP 数量无关，如表 4-2 所示。

表 4-2　大肠杆菌在不同培养基嫌气培养时的 Y_{ATP}

培养基成分	生成菌体量/g	基质分解生成 ATP/mol	Y_{ATP}/(g/mol)
最低培养基	1.30	0.204	6.4
最低培养基＋柠檬酸	1.09	0.262	4.1
最低培养基＋氨基酸	1.89	0.239	7.9
最低培养基＋氨基酸＋柠檬酸	1.48	0.284	5.2
最低培养基＋氨基酸＋酵母浸膏	2.40	0.255	9.4
最低培养基＋氨基酸＋维生素＋核酸	1.72	0.238	7.2

从表 4-2 可知，在所有情况下的 ATP 相差不大，但当细胞内缺少细胞合成材料时，Y_{ATP} 比较低，当加入生物合成阻遏物（如柠檬酸）时，Y_{ATP} 将大大降低，从而导致 ATP 与菌体量的降低。

（4）*在通风培养时氧的消耗与 ATP 生长数量之间的关系*　通风培养微生物时，氧的消耗与基质氧化生成 ATP 的数量之间存在一定的关系。设氧消耗对 ATP 得率 $Y_{A/O}=\Delta ATP/\Delta O_2$（mol/mol），此外氧的消耗与生成 ATP 之间的关系也常用 P/O（mol/g）表示。从图 4-2 的氧化磷酸化作用示意图中可知，一个氧原子接受两个电子与两个质子结合生成 1mol 水，形成了 3mol 的 ATP，因此 $P/O=3$，这在哺乳动物肝脏细胞中才成立。在酵母菌中的 $P/O\approx 1$，而一般微生物的 $P/O=0.5\sim 1$。O 与 ATP 两者间的得率关系为

$$Y_{A/O} = 2P/O$$

$$或\ P/O = 0.5Y_{A/O}$$

P/O不仅在发酵动力学研究工作中有用，在微生物的生物化学研究方面也很有用，它是一个特征常数，目前还没有直接测定的方法，但是可通过推导计算得到不同微生物的 P/O。

4. 发酵过程的氮平衡

基质中可同化的氮在发酵中的变化可采用以下模式分析。

$$基质中的氮 = 菌体中的氮 + 产物中的氮 + \cdots$$

$$或\ \sum_{i=1}^{n}\beta_{iS}(N)\frac{-\mathrm{d}c_i(S)}{\mathrm{d}t} = \beta_X(N)\frac{\mathrm{d}c(X)}{\mathrm{d}t} + \sum_{i=1}^{m}\beta_{jP}(N)\frac{\mathrm{d}c_j(P)}{\mathrm{d}t} \quad (4\text{-}23)$$

式中，$\beta_{iS}(N)$ 为第 i 项基质含氮量；$\beta_X(N)$ 为干菌体含氮量；$\beta_{jP}(N)$ 为第 j 项产物含氮量。

在分批发酵中，菌体含氮量一般随发酵时间的推移而下降，这是由于培养基中的氮源被消耗，使细胞摄入的氮减少；或者由于生长速度的下降，细胞发生老化，造成蛋白质的丢失。通过补充氮源，可维持一定的比生长速率和稳定的摄氧率，以使含氮量稳定，维持菌体的旺盛生长、繁殖。

三、物料平衡计算案例

碳平衡的核心是基质能够提供的碳源量与生成产物的碳源量在理论上和实际上的平衡关系，这可用于指导培养基的配制，包括碳源的添加量，本节以厌氧发酵大规模生产的啤酒、好氧发酵传统的味精进行分析。

案例 1　碳源平衡在厌氧发酵的应用——啤酒乙醇含量的计算

啤酒的发酵就是将麦芽汁中的还原性糖降解成乙醇和 CO_2，糖发酵生成乙醇总的反应式为

$$\underset{180}{C_6H_{12}O_6} = \underset{92}{2C_2H_5OH} + \underset{88}{2CO_2\uparrow}$$

发酵前总糖含量减去发酵后的残糖，根据上式可计算出发酵啤酒中的乙醇含量。例如，麦汁浓度为10°P（°P是麦芽汁单位，指麦芽汁中固形物的含量）的啤酒，假设发酵前麦芽汁中糖含量为75g/L，发酵后的残糖含量为5g/L（主要是酵母不能够利用的非还原性糖），实际发酵乙醇对糖的利用率按90%计算（部分糖生成酵母菌体、部分糖生成其他化合物），得到发酵啤酒中的乙醇浓度为

消耗糖所生成的乙醇质量 / 糖摩尔质量 = (75 − 5) × 90% × 92/180 = 32.2 (g/L)

转化成乙醇体积含量为

乙醇质量浓度/乙醇密度=32.2/0.79=40.76 (mL/L)=4.076% (V/V)

发酵过程中由于乙醇的挥发和酵母泥中残存的乙醇，实际发酵啤酒乙醇损失约5%，可计算出啤酒中的乙醇度为4.076%× 95%=3.87% (V/V)，故10°P、11°P等啤酒标签上通常注明：如燕京啤酒乙醇度≥3.3% (V/V)，青岛啤酒乙醇度≥4% (V/V) 等。

可见，啤酒发酵、白酒或其他酿造酒的发酵过程，淀粉降解糖与发酵乙醇的对应关系为 1.8∶1～2∶1。例如，80g/L 的可发酵性糖（主要指能被酵母利用的单糖、双糖等还原性糖）发酵生产乙醇的浓度约 4%（V/V）。

麦芽汁发酵啤酒的主要贡献是生成乙醇度 3%（V/V）以上的乙醇、3.5～5.5g/L 的蛋白质及其分解物（形成啤酒泡沫的主要物质）。因此，目前啤酒麦汁制备时通常加入糖类 40%左右的碎米，甚至玉米淀粉、糖浆等，与 50%以上的麦芽一起制备成麦芽汁，发酵生成啤酒，乙醇浓度只与糖浓度成正比关系，但是啤酒中的蛋白质类物质、维生素、无机盐等相对少些，即添加辅料酿造的啤酒口味较为清淡。

案例 2　碳源平衡在好氧发酵的应用——味精

味精即谷氨酸钠，是由糖经糖酵解途径（EMP）降解成丙酮酸，再经三羧酸循环（TCA 循环）的中间物——α-酮戊二酸转氨基而生成谷氨酸。由糖到谷氨酸的总反应式为

$$\underset{180}{C_6H_{12}O_6} + NH_3 + 1.5O_2 = \underset{147}{C_5H_9O_4N} + CO_2 + 3H_2O$$

由于 1mol 葡萄糖理论上可生成 1mol 谷氨酸，糖对谷氨酸的理论转化率为

1mol 谷氨酸质量/1mol 葡萄糖质量＝147/180×100%＝81.67%

但是，实际生产中，一部分糖用于菌体生长、繁殖的组成材料、菌体的生物合成代谢能量消耗，一部分代谢生成副产物，故实际生产上谷氨酸的转化率小于 81.67%，目前谷氨酸的实际糖酸转化率约 65%。通过流加补充高浓度糖液，使发酵总糖约 200g/L，可使发酵液中谷氨酸的浓度为 110～140g/L。

谷氨酸发酵生产过程中因通气、NH_4^+、pH、磷酸、生物素等条件不同，可能导致不同副产物的生成，不同发酵结果如下。

通气量的不同：乳酸或琥珀酸（通气不足）←谷氨酸（通气适中）→α-酮戊二酸（通气过量）

NH_4^+ 浓度的不同：α-酮戊二酸（缺乏 NH_4^+）←谷氨酸（适量 NH_4^+）→谷氨酰胺（过量 NH_4^+）

pH 的不同：谷氨酸（中性或微碱性）⇌谷氨酰胺，*N*-乙酰谷酰胺（pH5～8，过量 NH_4^+）

磷酸盐浓度的不同：谷氨酸（磷酸盐适中）⇌缬氨酸（高浓度磷酸盐）

生物素浓度的不同：谷氨酸（限量生物素）⇌乳酸或琥珀酸（过量生物素）

因此，发酵谷氨酸首先要保证糖源的充足（通过补料提高发酵液总糖浓度），以提供足够的碳骨架，同时还要保证 O_2、NH_4^+、pH、磷酸、生物素等影响因素满足发酵条件，以最大限度的代谢生成谷氨酸，并减少谷氨酰胺、*N*-乙酰谷酰胺、缬氨酸、乳酸或琥珀酸等副产物的生成。

案例 3　氧平衡的计算及应用

供氧的目的是满足微生物生长、繁殖的需要，微生物生长的最低氧浓度为临界氧浓度。

目前，酿酒酵母的高密度培养，细胞数可为 2×10^8 个/mL 以上，酵母干重浓度可达 140g/L。酵母高密度培养需要更快、更多地供氧。当溶氧浓度低于该临界氧浓度，酵母进入厌氧发酵而消耗部分糖生成其他化合物，从而降低菌体得率。而提高供氧速率，虽可以向微生物提供充足的氧，但耗用大量的能量。因此，必须根据氧平衡的理论，在满足菌体生长氧需求的前提下，提高氧的利用率，减少能耗。

对酿酒酵母进行高密度培养，已知进入发酵罐的空气中氧含量为 21%，维持发酵液临界氧浓度所要求的发酵尾气中的 O_2 含量为 10%。空气中氧的质量体积含量＝21%×1.29×32/29＝0.3(g/L)。其中空气密度为 1.29g/L，空气平均相对分子质量为 29，氧气相对分子质量为 32。要求计算在不同通气量情况下（以维持临界氧浓度所需的通气速度的倍数表示）生成 1g 酵母菌体消耗的 O_2 所需要通入的空气量（体积）。发酵时通气速度可以设定在维持临界氧浓度所需的通气速度的 2～10 倍。计算如下：

糖经多步反应生成酵母，该过程涉及氧参与菌体组成的化学平衡式为

$$6.67CH_2O+2.1O_2 = C_{3.92}H_{6.5}O_{1.94}\text{（菌体）}+2.75CO_2+3.42H_2O$$

200	67.2	84.6	121	61.6
	M_{O_2} (g)	1 (g)		

先计算每生成 1g 酵母菌体所需耗氧量，即

$$M_{O_2} = 67.2/84.6 = 0.7943(g)$$

若仅按照临界氧浓度进行通气，氧气的利用率

$$\xi = 100\% \times (21-10)/21 = 52.4\%$$

故实际耗氧量为 0.7943/52.4%＝1.5158(g)

根据空气中氧的质量体积含量为 0.3g/L，可得空气体积 V＝1.5159/0.3＝5.05(L)

故仅按照临界氧浓度计算通气量，生成 1g 酵母菌体消耗的 O_2 所需要通入的空气体积 V＝5.05(L)。

如果按照 2 倍临界氧浓度计算通气量，且假定酵母菌体对氧的生长得率系数 Y_{X/O_2} 不变（Y_{X/O_2} 是生成 1g 酵母菌体所需耗氧量的倒数），则生成 1g 酵母需要的通气量为 5.05×2＝10.1L，此时由于酵母菌对氧的得率系数不变，即每生成 1g 酵母菌体所需耗氧量 M_{O_2} 仍为 0.7943g，但此时，由于供氧体积增加 1 倍，达 10.1L，通气量扩大 1 倍，实际供氧的质量为 10.1×0.3＝3.03(g)，则氧气利用率为 100%×0.7943/3.03＝26.2%。同样可得到对应 5 倍临界氧浓度时的通气量为 25.25L，氧气利用率为 10.5%。

由此可见，在临界氧浓度所需的通气量的基础上再加大通气量，则氧气的利用率下降，有时是得不偿失的。发酵工业要综合考虑通入压缩空气的成本和微生物生长、产物代谢的利润之间关系。如果是生产低附加价值产品时，首先要考虑提高氧的利用率，即尽量减少通气

量的成本；对于高附加价值产品，首先要考虑的是最高微生物生长速度或代谢产物生成速度，即有效提高供氧的通气量。当然也不是通气量越大越好，因为大通气量可形成更大的气泡，不仅氧的利用率低，而且气泡液面的爆破会伤害到菌体，以及发酵液中过高的溶解氧，都有可能降低微生物生长速度和代谢生成产物的速度。

第二节　热量平衡

一、发酵过程的热量计算

1. 发酵过程所涉及的热量变化

引起发酵过程中发酵液温度变化的因素很多，包括生物热、机械搅拌热。此外，还有发酵罐壁散热、水分蒸发等也带走部分热量，如蒸发热、辐射热等，现分述如下。

(1) 生物热　微生物在生长、繁殖过程及代谢过程中所产生的热，称为生物热（$Q_{生物}$）。这种热的来源主要是培养基中的糖、脂肪和蛋白质被微生物分解成 CO_2、水，或者发酵生成其他物质时释放出来的。释放的能量部分用来合成高能化合物 ATP，供微生物合成代谢产物的需要，部分用于微生物的生命代谢活动，部分则以热的形式散发出来。

生物合成热包括呼吸反应热和发酵反应热，如

$$C_6H_{12}O_6 + 6O_2 \longrightarrow 6CO_2 + 6H_2O$$

$$\Delta H = -2817.2\text{kJ/mol}$$

1kg 葡萄糖产生呼吸反应热为 1000×2817.2/180=15 651(kJ)

发酵反应热则根据具体的发酵产品而定，以谷氨酸发酵为例

$$C_6H_{12}O_6 + NH_3 + 1.5O_2 \longrightarrow C_5H_9O_4N + CO_2 + 3H_2O$$

$$\Delta H = -891.5\text{kJ/mol}$$

1kg 葡萄糖发酵生成谷氨酸的发酵反应热为 891.5/180×1000=4953(kJ)

在发酵过程中，呼吸反应热和发酵反应热在整个生物热中各自会占有一定的比例。具体比例的多少可以通过葡萄糖转化为谷氨酸的转化率计算出来。

发酵过程中生物热的产生具有强烈的时间性，即在不同的培养阶段，由于菌体发酵作用的强度不同，产生的热量也不同。发酵初期，菌体处于适应期，菌体数少，发酵作用缓慢，产生的热量也较少。当菌体处于对数生长期，菌体繁殖旺盛，菌体数量较多，发酵作用强烈，所产生的热量多，发酵液温度升高快，此时生产上必须控制温度的上升。发酵后期，菌体已基本上停止生长、繁殖，并逐步衰老，甚至自溶，所产生的热量不多，温度变化不大，且逐渐减弱。发酵过程中生物热随着菌株及培养基成分的不同而变化。一般来说，培养基成分越丰富，菌株对营养物质的利用速度越大，所产生的生物热的速度就越快，故发酵旺盛期的生物热大于其他时间的生物热。

(2) 搅拌热　在好氧发酵中，机械搅拌通气发酵罐的搅拌器转动所引起的液体之间和液体与设备之间的摩擦，从而将机械能最终变成了热能，即搅拌热（$Q_{搅拌}$）。搅拌热的近似计算公式为

$$Q_{搅拌} = 3600W\xi$$

式中，W 为通气条件下单位体积发酵液搅拌所消耗的功率，kW；3600 为热功当量值，即每

千瓦搅拌功率所产生的搅拌热，kJ/kW；ξ为功热转化效率，经验值为$\xi=0.92$。

（3）蒸发热　蒸发热（$Q_{蒸发}$），也称为汽化热，是空气进入发酵罐与发酵液广泛接触后，引起水分蒸发所需的热能。蒸发热的计算公式为

$$Q_{蒸发}=G(I_1-I_2)$$

式中，G为干空气质量流量，kg/h；I_1、I_2为进、出发酵罐的空气的焓，kJ/kg干空气。

空气的焓要根据空气的压力、温度、湿含量等参数进行计算。

1）干空气质量流量的计算。关于干空气质量流量G的计算，在发酵厂，一般都是用通风比表示无菌压缩空气质量流量，因此先要根据通风比算出体积通风量q（m^3/h），并根据空气的压力和温度换算成标准状态下空气的质量流量G。

$$G=\frac{q}{v_H}$$

式中，v_H为湿空气的比容（简称湿比容），m^3/kg干空气。

湿空气的比容与总压、水气分压和温度有关，v_H＝空气比容＋水蒸气比容×空气湿含量，在总压为101.33kPa下，可用下式计算：

$$v_H=(0.773+1.244H)\times\frac{273+t}{273}$$

式中，H为空气湿含量，kg水气/kg绝干空气；t为湿空气的温度。

2）湿空气的焓I的计算。湿空气的焓为1kg绝干空气及其所带的Hkg水气的焓之和，即

$$I=I_g+H\cdot I_w$$

式中，I为湿空气的焓，kJ/kg绝干空气；I_g为干空气的焓，kJ/kg绝干空气；I_w为水蒸气的焓，kJ/kg水蒸气。

湿空气的焓与温度和湿度有关，温度越高或湿度越大，则其焓越大。因为焓是相对值，计算焓是必须规定基准状态和基准温度。取0℃时的绝干空气和液态水的焓为零，则对于温度为t、湿度为H的湿空气，其中干空气的焓为0℃时至温度t的显热，即$I_g=C_g\cdot t$［C_g为空气比热容，单位为kg/(kg·k)］；水气的焓为水在0℃下的汽化潜热r_0与水气0℃至温度t℃的显热之和，即$r_0+C_w\cdot t$，所以，湿空气的焓由下式计算：

$$I=C_g\cdot t+H(r_0+C_w\cdot t)=(C_g+H\cdot C_w)t+H\cdot r_0$$

式中，C_w为水气的比热容，kJ/(kg·K)；（$C_g+H\cdot C_w$）为湿空气的比热容，kJ/(kg·K)；r_0为0℃时水的汽化潜热，其值约为2490kJ/kg。

由此可得湿空气的焓的计算式为$I=(1.01+1.88H)t+2490H$

式中，1.01为干空气的比热容，kJ/(kg·K)；1.88为水蒸气的比热容，kJ/(kg·K)。

3）空气湿含量H的计算。空气湿含量H是湿空气中单位质量干空气所含水蒸气的质量，也称为湿度。其计算式为

$$H=0.622\frac{p_w}{p-p_w}$$

式中，p为湿空气的总压，Pa；p_w为水蒸气的分压，Pa。

也可根据相对湿度及饱和蒸汽压来计算湿度，即

$$H = 0.622\frac{\varphi p_s}{p - \varphi p_s}$$

式中，相对湿度 $\varphi = \frac{p_w}{p_s}$，其中，$p_s$ 是某温度下水的饱和蒸汽压。

（4）显热　显热（$Q_{显}$）是进入和排出发酵罐的空气，因温度差而带走的热量。

$$Q_{显} = GC_g(t_{out} - t_{in})$$

式中，t_{out}、t_{in}为出、进罐的空气温度。

在蒸发热的计算过程中，已将显热包括在内。

（5）辐射热　由于罐外壁和大气间的温度差异而使发酵液中的部分热能通过罐体向大气辐射的热量，即辐射热（$Q_{辐射}$）。

$$Q_{辐射} = FaT(t_1 - t_2)$$

式中，F 为设备散热表面积，m^2；a 为散热表面向周围介质的联合给热系数，$kJ/(m^2 \cdot h \cdot ℃)$；t_1 为器壁向四周散热的表面温度；t_2 为周围介质温度；T 为过程持续的时间，h。

联合给热系数 a 的计算：

当空气作自然对流时，当壁面温度为 35～50℃时，$a = 8 + 0.05t_1$。

辐射热的大小取决于设备表面积，罐内温度与外界气温的差值，差值越大，散热越多，一般不会超过发酵热的 5%。

总之，发酵过程的热量平衡可用下式表示：

$$Q_{发酵} = Q_{生物} + Q_{搅拌} - Q_{蒸发} - Q_{辐射}$$

由于 $Q_{生物}$、$Q_{蒸发}$（特别是 $Q_{生物}$）在发酵过程中是随时间变化的，发酵热在整个发酵过程中也随时间变化，引起发酵温度发生波动。为了使发酵维持在适当的温度，就必须采取温度控制措施。例如，在发酵罐的夹套或蛇管内通入冷水降温，或者通入冷水升温（冬天），但是小型发酵罐，在冬季和发酵初期，通常散热量大于产热量，需用热水保温。

2. 发酵热的测定及计算

发酵热一般可通过下列方式测定及计算。

（1）根据冷却水流量和温度　选择主发酵期产生热量最大时刻，测量一定时间内冷却水的流量和冷却水进、出口温度，则最大的发酵过程放热可用下式计算：

$$Q_{发酵} = \frac{q_v c(t_2 - t_1)}{V} \tag{4-24}$$

式中，$Q_{发酵}$ 为发酵热，$kJ/(m^3 \cdot h)$；q_v 为冷却水质量流量，kg/h；c 为水的比热容，$kJ/(kg \cdot K)$；t_1、t_2 为进、出冷却水的温度，℃；V 为发酵液体积，m^3。

（2）计算法　在主发酵最旺盛期发酵放热最高时期，先使罐温恒定，并关闭冷却水，测定发酵液在 30min 内的温度上升值，然后按下式计算最大发酵热量：

$$Q_{发酵} = \frac{2(m_1 c_1 + m_2 c_2)\Delta t}{V_L} \tag{4-25}$$

式中，m_1 为发酵液的质量，kg；m_2 为发酵罐的质量，kg；c_1 为发酵液的比热容，$kJ/(kg \cdot K)$；c_2 为发酵罐材料的比热容，$kJ/(kg \cdot K)$；Δt 为 30min 内发酵液的温升，℃；V_L 为发酵液的

体积，m^3。

经过已有的实验测定数值，一般抗生素发酵过程中的发酵热为 3000～50 000kJ/(m^3 · h)；谷氨酸发酵过程中的发酵热为 7000～8000kJ/(m^3 · h)。实际上，由于测定时的操作条件和发酵条件不同，测定结果会略有不同。

(3) *根据化合物的燃烧热值计算发酵过程中生物热的近似值*　根据 Hess 定律：热效应取决于系统的初态和终态，而与变化的途径无关，可用燃烧热来计算热效应，如有机化合物的燃烧热可直接测定，反应热效应=作用物的燃烧热总和−生成物的燃烧热总和，如式 (4-26)。

$$\Delta H = \sum (\Delta H)_{作用物} - \sum (\Delta H)_{生成物} \tag{4-26}$$

虽然发酵是一个复杂的生化变化过程，作用物和生成物很多，但是可采用主要物质，即在反应中起决定作用的物质近似地进行计算。例如，谷氨酸发酵，计算所得结果与实测值还是比较接近的，其计算方法如下。

1）发酵过程主要物质的燃烧热。

葡萄糖：1.566×10^4 kJ/kg　　谷氨酸：1.545×10^4 kJ/kg

玉米浆：1.231×10^4 kJ/kg　　菌体：2.094×10^4 kJ/kg

尿素：1.063×10^4 kJ/kg

2）根据实测发酵过程物质平衡计算生物热。例如，某味精厂 50m^3 发酵罐过程测定结果主要物质变化如表 4-3。根据不同物质的燃烧热数据可用式 (4-26) 计算生物热。例如，在谷氨酸发酵旺盛期 12～18h 的 6h 内所生成的生物热为

$Q_{生物}$=(消耗的葡萄糖的热值+消耗的玉米浆的热值+消耗的尿素的热值−生成的菌体的热值−生成谷氨酸的热值)/6=$(24\times1.566\times10^4+0.6\times1.231\times10^4+6\times1.063\times10^4-1.2\times2.094\times10^4-15.4\times1.545\times10^4)/6=3.07\times10^4$ (kJ/m^3 · h)

表 4-3　谷氨酸发酵过程主要物质的变化

发酵时间/h	0～6	6～12	12～18	18～31
糖/(kg/m^3)	−37	−30.3	−24.0	−41.7
谷氨酸/(kg/m^3)	0	+5.9	+15.4	+23.9
尿素/(kg/m^3)	−2.9	0	−6.0	0
菌体/(kg/m^3)	+4.8	+6.0	+1.2	0
玉米浆/(kg/m^3)	−2.4	−3.0	+0.6	0

注：表中负值为消耗量；0 为无变化量；正值为生成量。

二、热量平衡计算案例

基于微生物的热死定律——对数残留定律：

$$\frac{-\mathrm{d}N}{\mathrm{d}t} = kN$$

积分并取对数得

$$t = \frac{2.303\lg\left(\frac{N_0}{N_t}\right)}{k} \tag{4-27}$$

式中，t 为灭菌时间；N_0 为初始活菌数；N_t 为灭菌后残留活菌数；k 为与温度相关的反应速率常数。

可见，灭菌温度越高，灭菌时间越短，同时培养基的营养成分损失越小。因此，发酵工业灭菌一般采用蒸汽灭菌压力为 1 大气压时的 121℃，而啤酒发酵用麦芽汁糖化煮沸 1h 左右，达到灭菌效果，消耗能量占整个企业能耗的 35%～40%。

案例 1　分批灭菌蒸汽用量的计算

分批灭菌是在发酵罐中对培养基进行灭菌，灭菌过程分为升温、维持和降温 3 个阶段。维持通常在 121℃下进行。例如，计算 100m³（按 100t 计）谷氨酸发酵培养基灭菌所需要消耗的蒸汽（一般是蒸汽直接加热发酵液），假设培养基初始温度为 20℃，升温至 121℃后保温 30min，通蒸汽升温和保温阶段热能损失按总加热热能的 10%计，培养基比热容 3.8kJ/(kg · K)（假定灭菌前后比热容不变），蒸汽压力 0.2MPa，121℃蒸汽的焓为 $\lambda=2707$kJ/kg。若发酵罐本身因升温所消耗的热量可忽略不计，计算灭菌时需要的热量及蒸汽量。蒸汽灭菌时的热量平衡的关系见图 4-5。

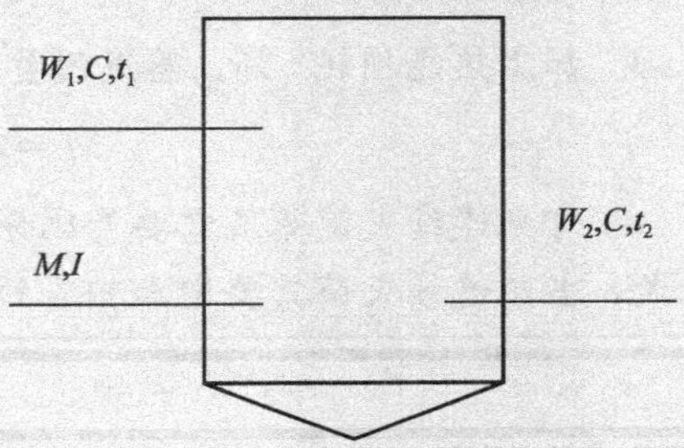

图 4-5　蒸汽灭菌时的热量平衡的关系

先作出本例的热量平衡关系。

设灭菌前发酵液 $W_1=100\,000$（kg），灭菌后发酵液 $W_2=W_1+M$，M 为直接蒸汽加热所需的蒸汽用量，单位为 kg。

由此作出热量平衡式为

$$W_1Ct_1+MI=W_2Ct_2$$

$$W_1Ct_1+MI=(W_1+M)Ct_2$$

最后可得到加热蒸汽的用量

$$M=\frac{W_1C(t_2-t_1)}{I-Ct_2} \tag{4-28}$$

$$M=\frac{100\,000\times 3.8(121-20)}{2707-3.8\times 121}=17\,079(\text{kg})$$

考虑热损 10%，所需蒸汽用量为

$$17\,079\times 1.1=18\,787(\text{kg})$$

加热所耗热量

$$Q=MI=18\,787\times 2707=5.086\times 10^7(\text{kJ})$$

若发酵罐设备较大，且寒冷情况下，设备加热所耗热量也应计算在内。

案例 2　连续灭菌蒸汽用量的计算

连续灭菌也叫连消，就是将配制好并经预热（60～75℃）的培养基用泵连续输入由直接蒸汽加热的加热塔或加热管道，使其在短时间内达到灭菌温度（126～132℃）和维持较短时间，一方面有利于保持培养基的营养成分，特别是对于热敏物质，另一方面能够减少热能的消耗。

例如，同样是 $100m^3$ 谷氨酸发酵培养基进行连续灭菌，假设利用热能循环给培养基预热到 70℃并用 130℃灭菌，升温至 121℃后保温 30min，通蒸汽升温和保温阶段热能损失按总加热热能的 5%计，培养基比热容 4.2kJ/(kg·K)（假定灭菌前后比热容不变），蒸汽为 0.3MPa，133.5℃，其焓 I=2725kJ/kg。若发酵罐本身因升温所消耗的热量可忽略不计，计算灭菌时需要的热量及蒸汽量。

最后可得到加热蒸汽的用量

$$M=\frac{W_1C(t_2-t_1)}{(I-Ct_2)}=9663(\mathrm{kg})$$

加上热能损耗 5%，蒸汽用量

$$M=9663\times1.05=10\,146(\mathrm{kg})$$

可见连续灭菌蒸汽需要量比分批灭菌蒸汽需要量能够大幅减少，因而是很好的节能方式，当然连续灭菌需要增加相应的连续灭菌设备及热能回收装置。

案例 3　发酵消耗冷却水的计算

发酵消耗冷却水主要有培养基灭菌后降温用冷却水和发酵过程降温所用冷却水两部分。

（1）培养基灭菌后降温用冷却水　对于一罐 $100m^3$ 谷氨酸发酵培养基分批灭菌后的温度 121℃（T_2），降温到 31℃（T_1）（谷氨酸生长满足的最适温度），假设采用的温度为 18℃（t_1）的地下水进行冷却，冷却水的平均出口温度为 40℃（t_2），发酵液的密度假设为 $1005kg/m^3$，不考虑热损失，计算所需要的冷却水量 V_W。

据题意，发酵液所放出的热量等于冷却水所吸收的热量，可列出热量平衡式为

$$V_1\times\rho\times c_1\times(T_2-T_1)=V_W\times c_W\times(t_2-t_1)$$

式中，V_1 为发酵液的体积，m^3；ρ 为发酵液的密度，kg/m^3；c_1 为发酵液的比热容，kJ/(kg·K)；c_W 为冷却水的比热容，kJ/(kg·K)；

注意，发酵液的比热容是随发酵液中干物质的浓度而变化的，因此，当干物质浓度较大时，应当对发酵液的比热容进行计算。一般来说，液态培养基的比热容比水的比热容小。以下是水溶性发酵液比热容 c_1 的计算方法。

$$c_1=\text{水的比热容}\times\text{水百分含量}+\text{干物质比热容}\times\text{干物质百分含量(质量比)}$$

例：薯干粉和薯干粉浆的比热容的计算。

已知：薯干粉绝干物质的比热容为 1.55，水的比热容 C_W 为 4.18。薯干粉水分为 12%时，薯干粉的比热容 C 为

$$1.55\times0.88+4.18\times(1-0.88)=1.866\ [\mathrm{kJ/(kg\cdot K)}]$$

15%浓度薯干粉浆的比热容：

$$C = 1.55 \times 0.15 + 4.18 \times (1 - 0.15) = 3.786\ [\mathrm{kJ/(kg \cdot K)}]$$

根据上述热量平衡式，$100 \times \rho \times c_1 \times (T_2 - T_1) = V_W \times c_W \times (t_2 - t_1)$ 可得

$$100 \times 1005 \times 3.786 \times (121 - 31) = V_W \times 4.18 \times (40 - 18)$$

冷却水用量

$$V_W = [100 \times 1005 \times 3.786 \times (121 - 31)]/[4.18 \times (40 - 18)] = 3.72 \times 10^5 (\mathrm{kg})$$

（2）发酵过程降温所用冷却水　　假设发酵热都需要冷却水带走，冷却水采用18℃的地下水，最适谷氨酸发酵温度为35℃，设发酵罐冷却水出口的平均温度为30℃。取谷氨酸发酵周期（菌体生长、繁殖和代谢生成谷氨酸）为31h，假设谷氨酸平均发酵热（不考虑搅拌热等其他热原）$Q_{发酵}$约为30 700kJ/(m^3 · h)，则整罐发酵的总产热 $Q = 3.07 \times 10^4 \times 100 \times 31 = 9.52 \times 10^7$（kJ）。冷却水量 $V_W = 9.52 \times 10^7/[4.18 \times (30 - 18)] = 1.89 \times 10^6$（kg）。

目前，企业采用电制冷冻水进行培养基冷却和发酵温度的控制，这样就基本不消耗冷却水（因冷冻水可循环使用），但是制备冷冻水需要消耗电能，一般深夜用电低峰期的电费是用电高峰期电费的一半左右，故发酵企业会有大的冰水储罐。消耗的总电能为 $[(121 - 31) \times 10^5 \times 4.2 + 9.52 \times 10^7]/3600 = 3.7 \times 10^4$ kW · h。可见，电能制冷的成本要远高于地下水，但是冷却速度要快，特别是对于较低发酵温度的发酵。因此，灭菌培养基、较高发酵温度的控温通常采用地下水冷却，而啤酒等低温发酵的控温则采用电制冷冻水（0℃）进行冷却，以快速、有效的控制发酵温度。

第三节　微生物发酵反应动力学

一、概述

微生物是反应过程的生物催化剂，它摄取原料中的养分，通过其体内的特定酶系进行复杂的生化反应，把原料转为有用的产品；同时，它又如同一个微小的容器，原料基质中的反应物透过微生物细胞周围的细胞壁和细胞膜进入微生物体内，在酶的作用下进行生化反应，把反应物转化为产物，这些产物在胞内积累，或者被释放到细胞外。因此，微生物的特征和它在微生物反应过程中的数量变化将是影响微生物反应过程的关键因素。把基质转化为细胞和产物看做平行反应，因此要研究微生物反应动力学，至少要对3个状态变量（基质、产物和细胞）进行数学描述。而对于产物即菌体（酵母细胞的生产）或污水处理过程，不需要3个变量，只要2个变量（基质和细胞）就可以了。

1. 发酵过程三个生理阶段

（1）菌体生长　　生产菌接种后，在合适的培养条件下，经过调整期，便生长和繁殖，直至达到菌体的临界浓度。此阶段代谢变化主要是碳源、氮源和磷酸盐等营养物质不断被消耗，浓度明显减少，菌体不断制造细胞本身的结构材料（初级代谢产物），新菌体不断繁殖，其摄氧率也不断增大，溶氧浓度不断下降，pH也发生一定改变。当营养物质消耗到一定程度，或者菌体达到一定浓度，或者供氧受到限制而使溶氧浓度降到一定水平时，菌体的生长达到最高速度。

(2) 次级代谢产物合成　在菌体生长阶段，菌体在不断地合成初级代谢产物供给菌体生长所需。同时，在大量菌体生长期间，也会积累相当量的某些代谢中间体，原有酶的活力下降（或消失），出现了与次级代谢有关的酶或其酶被解除了控制等原因，导致菌体的生理状况发生改变，发酵就从菌体生长阶段转入次级代谢产物合成阶段。这正是人们更需要的菌体的次级代谢产物（如抗生素类产物）。随着发酵的继续进行，次级代谢产物的产量逐渐增多，直至达到高峰，生产速率也达到最大，直至产物合成能力衰退。在这个阶段中，生产菌的呼吸强度一般无显著变化，菌体物质的合成仍未停止，但基本不繁殖，使菌体的质量有所增加。这个阶段的代谢变化是以碳源和氮源的分解代谢和产物的合成代谢为主。碳、氮等营养物质逐渐被消耗，产物逐渐合成。此时外界环境因素的变化很容易影响这个阶段的代谢，如碳源、氮源、磷酸盐等浓度及发酵条件必须严格控制，才能促使产物的合成。假使营养物质过多或发酵条件控制不当，则菌体进行生长、繁殖趋向大于产物合成的趋向，使产量降低；如果营养物浓度过少，菌体则易衰老，产物合成能力下降，产量也减少。

(3) 菌体自溶阶段　这个阶段一般是发酵后期，菌体衰老，细胞开始自溶，氨氮含量增加，pH 上升，产物合成能力衰退，生产速率下降。发酵到此期必须结束，否则产物不仅受到破坏，还会因菌体自溶而给发酵液过滤和提取带来困难。这个阶段一般称为菌体自溶期或发酵后期。

从上述分批发酵方式的不同代谢产物的代谢变化情况的研究可知，如果研究的是菌体细胞代谢和遗传或获得初级代谢产物产品，宜采用生长旺盛的对数生长期细胞。如果欲获得的是次级代谢产物产品，在生产中使用对数生长期细胞，把它接种到发酵罐内的新鲜培养基中则可在短时间内获得大量生长旺盛的菌体细胞，这样有利于缩短调整期，延长对数生长期，从而缩短生产周期，在研究和生产中宜于降低成本，提高经济效益。

2. 发酵的操作方式

根据发酵操作方式的不同可分为分批发酵、补料分批发酵、连续发酵 3 种，下面将详细介绍。分批发酵方式在发酵工厂应用最为普遍。补料分批发酵一般用于基质浓度对发酵有抑制作用的情况。

二、分批发酵法

分批发酵法（batch fermentation），又称间歇发酵法，是指发酵培养基一次性加入发酵罐内，在适宜的条件下接入菌种，并在一定的温度和时间下发酵，发酵结束后，将全部成熟醪液或发酵物排出的发酵方式。分批发酵中各种基质浓度、菌体浓度和产物浓度是随发酵时间而变化的。发酵参数，如 pH、温度、溶氧虽然也会发生变化，但这些条件参数可以人为调控。

1. 微生物生长动力学

微生物反应体系的动力学描述宜采用群体（population）来表示。这就是说，描述微生物动力学的方法不是指生物分离成为不连续的单个生物，而是指群体的存在。一般，可将微生物群体变化过程分为生长、繁殖、维持、死亡、溶胞、能动性、形态变化及物理的群体变化等过程。

自 20 世纪 40 年代至今，微生物生理学学者和生物化学工程学的工程师提出了许多关于微生物生长动力学模型。根据 Tsuchiya 等的研究，以微生物生长为核心的微生物反应模型可分为以下 4 种：①确定论的非结构模型，不考虑细胞内部结构，每个细胞之间无差别，细胞群体作为一种溶质；②确定论的结构模型，指每个细胞之间无差别，细胞内部有多个组分存在；③概率论的非结构模型，不考虑细胞内部结构，每个细胞之间有差别；④概率论的结构模型，细胞内部结构有差别，每个细胞之间也有差别。

一般的微生物生长动力学模型指的是确定论的非结构模型。

分批发酵过程的微生物菌体生长通常要经历延迟期、对数生长期、减速期、稳定期和衰亡期5个阶段，如图4-6所示。

（1）延迟期　延迟期，又称为调整期、停滞期，是指微生物接种到一个新的营养环境中后，微生物对生长环境的一个适应过程。在此阶段，微生物细胞对新培养基中的物质利用较为缓慢，需分泌相应的诱导酶来利用该物质。微生物不断合成胞内物质，单个菌体细胞的质量有所增加，但数量却几乎不增加，比生长速率接近为零。延迟期的长短主要取决于种子的种龄、接种量及培养基底物营养成分的特性和浓度。因此，在生产上常采用处于对数生长期的种子和合适的接种量，能相对耐受高渗透压和低 CO_2 分压的培养条件的种子等措施来缩短延迟期的时间，进而缩短发酵全过程中的非生产时间，提高生产效率。

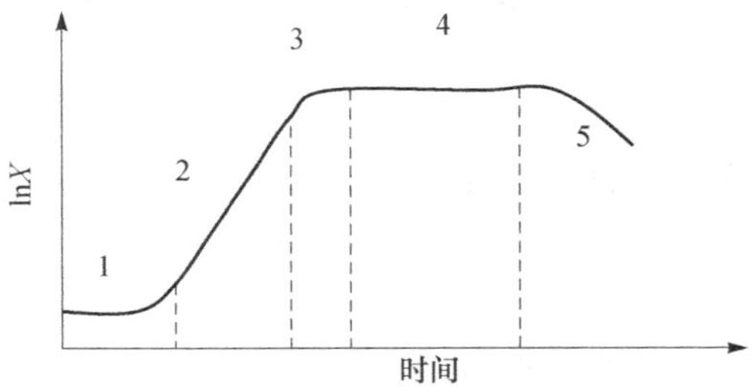

图 4-6　分批发酵过程细胞浓度的变化

1. 延迟期；2. 对数生长期；3. 减速期；4. 稳定期；5. 衰亡期

只有当培养液中某种菌体生长所必需的关键物质达到一定浓度时，延迟期才会结束，菌体才能进入快速生长阶段，该关键物质的浓度可表示为

$$C = \alpha V + \beta n_0 t + \gamma t \tag{4-29}$$

式中，C 为关键物质的浓度，kg/m^3；αV 为接种种子液会引入该关键物质的浓度变化，其中 V 是种子液的体积；βn_0 为该关键物质在发酵液中的生产速度，$kg/(m^3 \cdot s)$；n_0 为培养基接种后细胞的浓度，kg/m^3；γ 为细胞内该关键物质生产速度，s^{-1}；t 为时间，s。

C 与种子液体积、细胞浓度、时间、产生速度有关。当 C 达到临界值 C' 时，延迟期结束。

通过式（4-29）可得到延迟期的计算公式为

$$t_{Lag} = \frac{\dfrac{C'}{\beta} - \alpha\dfrac{V}{\beta}}{n_0 + \dfrac{\gamma}{\beta}} \tag{4-30}$$

该公式说明，种子浓度越高，延迟期所需的时间 t_{Lag} 越小；种子液细胞浓度相同时，种子液体积越大，延迟期越短。

（2）对数生长期　在这一阶段中，培养基中营养物质比较充足，细胞生长不受基质浓度限制，菌体生理活性高，繁殖速度快，胞内反应速度快，细胞数量及质量呈指数倍增长，细胞的生长、繁殖速率逐渐增加，能达到比生长速率最大值的阶段。胞内的各组分均以相同的速率增加，细胞的平均组成相对恒定，在一段时间内菌体的比生长速率 μ 保持不变，此时培养基中的细胞浓度越大，细胞浓度的增长速率也就越大。因此细胞浓度的变化率与细胞浓度成正比。

$$\frac{\mathrm{d}X}{\mathrm{d}t}=\mu X \tag{4-31}$$

对上式积分，得

$$X_t = X_0 e^{\mu t}$$

取自然对数，得

$$\ln X_t = \ln X_0 + \mu t \tag{4-32}$$

式中，X_t 为微生物在培养了 t 时间的细胞浓度，kg/m^3；X_0 为微生物培养初始的细胞浓度，kg/m^3。

由式（4-32）可知细胞浓度的自然对数与时间成直线关系，斜率为 μ，即比生长速率。在此阶段中，培养条件良好时，比生长速率可达最大值 μ_{max}。微生物不同，则其 μ_{max} 也不同，可用 μ_{max} 来反映特定培养条件下的微生物生长特性，这对指导工艺优化有一定的意义。

（3）减速期　随着细胞大量繁殖，培养基中营养物质消耗至限制性浓度，培养基中有害代谢产物积累量增多，细胞生长速率减缓，进入减速期。减速期细胞比生长速率和限制性底物浓度关系可用图 4-7 表示。若此时有害代谢产物浓度不足以影响菌体生长菌体的比生长速率可用 Monod 方程进行表达，即

$$\mu = \frac{\mu_{max} S}{(K_S + S)} \tag{4-33}$$

式中，μ 为比生长速率，h^{-1}；μ_{max} 为最大比生长速率，h^{-1}；S 为基质浓度，g/L；K_S 为基质利用常数，K_S 相当于正处于 μ_{max} 一半时的底物浓度，反映了微生物对该基质的亲和力（K_S 越高，亲和力越低）。

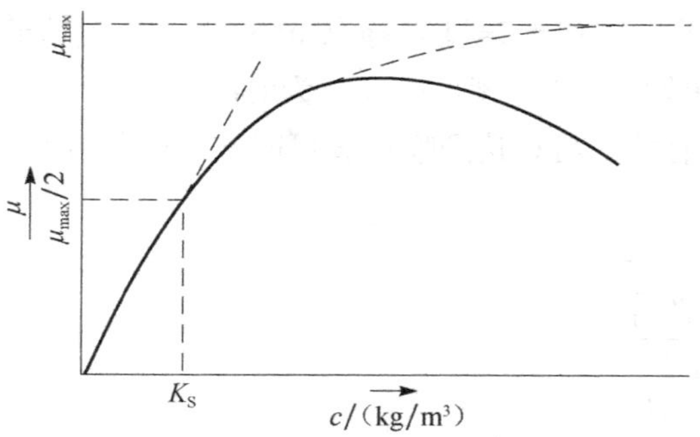

图 4-7　细胞比生长速率和限制性底物浓度关系

当限制性基质浓度很低时，$S \ll K_S$，此时若提高限制性基质浓度，可以明显提高细胞的生长速率。此时有

$$\mu = \frac{\mu_{max}}{K_S} \cdot S$$

细胞的比生长速率和底物浓度成正比，为一级反应动力学关系。

当 $S \gg K_S$ 时，$\mu = \mu_{max}$，若继续提高基质浓度，细胞生长速率基本不变。此时细胞的比生长速率与基质浓度无关，为零级动力学特点。

Monod 方程和米氏方程形式相同，米氏方程方程式根据酶促反应机制进行推导而来，Monod 方程是描述菌体群体的综合行为，是一个经验方程，不能像米氏常数 K_m 那样明确 Monod 方程中 K_s 的确切含义，但可以用 K_S 反映生长限制性基质与菌体生长的相关性。K_S 不仅随菌种而异，对不同的限制性基质也不同。例如，大肠杆菌以葡萄糖、甘露醇、乳糖为限制性底物的条件下，K_S 分别为 2.2×10^{-5} mol/L、1.1×10^{-5} mol/L、5.9×10^{-5} mol/L。一般 K_S 比其限制性底物浓度低两个数量级。

Monod 模型是一个理想化、简单化、经验化的公式。实际上，菌体生长的真实情况包括很多问题，如抑制问题、阻遏问题、诱导问题等。有抑制的细胞生长动力学包括以下两种。

1）底物抑制动力学。所有营养物质均存在一上限浓度，超过此限，反而会引起生长速率下降。这种效应称为基质抑制作用（高渗透压作用）。例如，高浓度的糖、盐和酸等情况下对微生物的抑制作用。

常用一个含有 S^2 项的 Monod 方程进行描述。

$$\mu = \frac{\mu_{\max} S}{K_S + S + \dfrac{S^2}{K_I}} \tag{4-34}$$

式中，K_I为底物抑制常数。

也可仿照底物抑制酶反应类似的模型形式，如

$$\mu = \frac{\mu_{\max}}{1 + \dfrac{K_S}{S} + \left(\dfrac{S}{K_I}\right)^n}$$

式中，n 为反应级数。

2）产物抑制动力学。细胞生长过程中由于代谢产物的浓度过高会抑制菌体的生长，如乙醇、乙酸、乳酸等。处理此类动力学时经常在 Monod 方程基础上引入一个与抑制产物浓度有关的抑制因子加以校正。目前常见的产物抑制动力学模型有以下几种：

$$\mu = \frac{\mu_{\max} S}{K_S + S} \cdot \frac{K_P}{K_P + P}$$

$$\mu = \frac{\mu_{\max} S \exp\{-K_P P\}}{K_S + S}$$

$$\mu = \frac{\mu_{\max} S}{(K_S + S) \times (1 + K_P P)}$$

$$\mu = \frac{\mu_{\max} S}{(K_S + S)} \times \left(1 - \frac{P}{P_{\max}}\right)$$

式中，P 为抑制产物浓度；K_P 为产物抑制常数；$P_{\max}$为细胞完全抑制时的产物浓度。

以上举出的这些模型可以根据实验结果进行选择。

（4）稳定期　稳定期是微生物处于生长速率和死亡速率相等的动态平衡，发酵体系中细胞的纯生长速率为零的时期，因此又称为平衡期、静止期。新增活细胞数减少，细胞浓度达最大值 $X_{\max}$。细胞进入次级代谢产物合成阶段。许多次级代谢产物在此期间大量合成，细胞的形态也发生较大变化，如形成空泡等。

此时，有

$$\frac{dX}{dt} = (\mu - K_d) X = 0 \tag{4-35}$$

式中，K_d 为细胞比死亡速率。

也有研究者使用下式描述活细胞浓度的变化：

$$\frac{dX}{dt} = \mu_{\max}\left(1 - \frac{X}{X_{\max}}\right) X \tag{4-36}$$

稳定期所达的菌体最大浓度：

当菌体生长过程中菌体的得率系数$Y_{X/S}$不变，有

$$X_{max} = X_0 + Y_{X/S}S_0 \tag{4-37}$$

式中，X_0为接种后菌体浓度；S_0为限制性底物初始浓度，即菌体最大浓度与限制性底物初始浓度呈线性关系。如果X_0很小，菌体最大浓度则与底物初始浓度成正比（条件是$Y_{X/S}$为常数）。

（5）衰亡期　衰亡期是指发酵罐内营养物质的不断耗尽，细胞死亡速率增大，细胞浓度迅速下降的阶段。此时细胞的死亡速率为

$$\frac{dX}{dt} = -K_d X \tag{4-38}$$

在衰亡期中的某一时间内，活细胞浓度为

$$X = X_{max}\exp\{-K_d t\}$$

式中，X为稳定期细胞浓度，kg/m^3；K_d为细胞比死亡速率，s^{-1}；t为进入衰亡期时间，s。

在工业生产中，技术上一般注意的是微生物细胞的延迟期、对数生长期、减速期、稳定期和衰亡期，时间长短取决于微生物的种类和所用的培养基的种类。

2. 基质消耗动力学

发酵过程中，基质的种类分为碳源、氮源、无机盐等。培养基中成分很多，每种成分的浓度也按培养基的配方设定。在众多基质成分中，往往只有一种基质，其浓度的高低决定菌体生长的速度，这种基质称为限制性基质。其他成分的浓度往往高于临界浓度。一般可将培养基中的一种碳源或其他某种成分设定为限制性基质成分。

培养基的类型还可分为基本培养基和复合培养基。根据微生物在生长过程中获取能量的方式，分为光养型和化养型。根据微生物生长所需要的碳源，分为自养微生物和异养微生物。工业微生物大多属于异养微生物。异养微生物要从有机物中获得结构物质的成分和能量。总体上说，微生物消耗的基质，用于菌体生长、菌体维持、产物合成和能量的产生4大部分。故在基本培养基中基质消耗的物料平衡方程为

$$-\Delta S = (-\Delta S_A) + (-\Delta S_{EG}) + (-\Delta S_m) + (-\Delta S_P)$$

在复合培养基中，如果其中有足够的细胞结构物质的单体，碳源主要用于能量供应、维持代谢及产物合成。

$$-\Delta S = (-\Delta S_{EG}) + (-\Delta S_m) + (-\Delta S_P)$$

式中，S_A为构成菌体所消耗的基质；S_{EG}为生物合成所需能量消耗的基质；S_m为菌体维持代谢所消耗的基质；S_P为构成产物所消耗的基质；ΔS_m为菌体维持所消耗的基质。

$$-\Delta S_m = mX\Delta t$$

如果只考虑菌体生长需要消耗基质，基质浓度随时间的变化dS/dt [$kg/(m^3 \cdot s)$] 可表示为

$$-\frac{dS}{dt} = \mu \frac{X}{Y_{X/S}}$$

当只考虑菌体生长、维持及产物所消耗的基质，不考虑能量消耗所耗基质时，基质浓度

随时间的变化可表示为

$$-\frac{dS}{dt}=\mu\frac{X}{Y_G}+mX+Q_P\frac{X}{Y_P}$$

式中，m 为菌体维持系数，g/(g · s)；Y_P 为代谢产物对仅用于产物合成所需碳源的得率系数。

维持代谢是指菌体的运动、物质的主动运输、细胞内高分子物质的周转等与细胞生长没有直接关联的代谢活动。维持代谢所消耗的基质与菌体量、生长所用时间有关。

3. 产物生成动力学

发酵过程中，微生物的代谢产物的种类数不胜数，为简化起见，一般只考虑微生物发酵的目标产物。目标产物可以是初级代谢产物，也可以是次级代谢产物。

（1）*产物生成与细胞生长的关系*　Gaden 根据产物生成速率与细胞生成速率之间的动态关系，将微生物和产物的关系分为 3 种情况，即产物生成与生长关联型、产物生成与生长部分关联型、产物生成与生长不关联型。

第一种情况是产物生成与生长关联型，如图 4-8A 所示，多见于初级代谢产物的生产，如乙醇、乳酸、葡萄糖酸等物质的生成。初级代谢产物是菌体分解基质途径中的直接产物（以氨基酸、核酸、维生素等小分子物质为代表），发酵中的菌体、基质和目的产物三者变化的过程是菌体接种进罐后便开始生长、繁殖，直到达到一定的菌浓，菌体生长就开始显示延迟期、对数生长期、减速期、稳定期和衰亡期等特征。基质浓度在随发酵时间的延长而降低，被用于菌体的生产、繁殖及产物的形成。其过程中没有明显的产物形成期，产物的形成与菌体的生长成平行关系，生产速率与菌体的生长速率成正比关系。其动力学方程可表示为

$$\frac{dP}{dt}=Y_{P/X}\frac{dX}{dt}=Y_{P/X}\mu X$$

令 $\alpha=Y_{P/X}$，则比生产速率（Q_P）为

$$Q_P=Y_{P/X}\mu=\alpha\mu \tag{4-39}$$

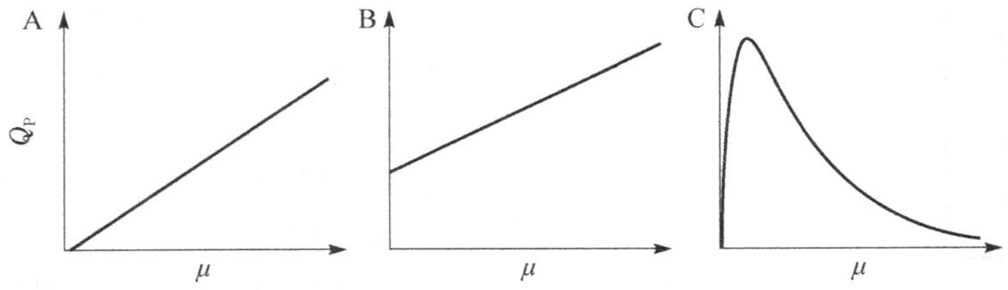

图 4-8　产物的比生成速率和细胞的比生长速率关系图

A. 产物生成与生长关联型；B. 产物生成与生长部分关联型；C. 产物生成与生长不关联型

第二种情况是产物生成与细胞的生长部分关联型，如图 4-8B 所示，如氨基酸、柠檬酸等物质的生成。产物的生成速率既和细胞的比生长速率有关，也和细胞的浓度有关，即

$$\frac{dP}{dt}=Y_{P/X}\mu X+\beta X$$

$$Q_p=\alpha\mu+\beta \tag{4-40}$$

式中，α 为与菌体生长速率相关的产物生成常数；β 为与菌体浓度相关的产物生成常数。

式（4-40）被称为 Luedeking-Piret 方程。

第三种情况是产物生成与生长不关联型，如图 4-8C 所示，多见于次级代谢产物的生产。次级代谢产物是菌体生长后所形成的产物（以抗生素、生物碱和微生物毒素等物质为代表），在此种代谢中产物的形成只与菌体的多少有关（非生长关联型）。它的形成过程中菌体生长、繁殖阶段（称生长期）与产物形成阶段（又称生产期）是分开的。因此，次级代谢产物的代谢变化分为菌体生长、产物合成和菌体自溶 3 个阶段。其生产特点是产物的生成与细胞的生长无偶联关系。当细胞处于生长阶段时，几乎无产物生成，细胞生长处于静止阶段时，细胞浓度积累到一定值时，产物才大量积累。其动力学方程原则上可表示为

$$\frac{\mathrm{d}P}{\mathrm{d}t} = Q_{\mathrm{P}}\mu X \tag{4-41}$$

（2）**产物生成与基质浓度的关系** 产物的生成和基质浓度的关系见表 4-4。

表 4-4 产物的生成和基质浓度的关系

类 型	判断因素	举 例
Ⅰ型	产物生成直接与基质消耗有关	乙醇、葡萄糖酸、乳酸发酵、酵母培养
Ⅱ型	产物生成与基质消耗间接有关（初级）	柠檬酸、衣康酸、谷氨酸、丙酮、丁醇发酵
Ⅲ型	产物生成与基质消耗无关（次级）	青霉素、链霉素、糖化酶、核黄素等的发酵

三、连续发酵法

连续发酵在利用搅拌反应器进行连续培养时，开始时犹如分批培养的操作，待细胞达到最适生长条件或最佳产物形成条件时，不断加入新鲜培养基，并排出等量的发酵液。当稀释率（通入培养基的流量与反应器操作体积之比）与细胞的比生长速率（单位质量的细胞在单位时间内细胞质量的增长量）相同时，过程即达稳定状态。此时，反应器内与出口发酵液中的细胞和残余基质浓度均不再随时间变化。一般情况下欲达到稳态所需的时间，约为培养基在反应器中平均停留时间（稀释率的倒数）的 20 倍。

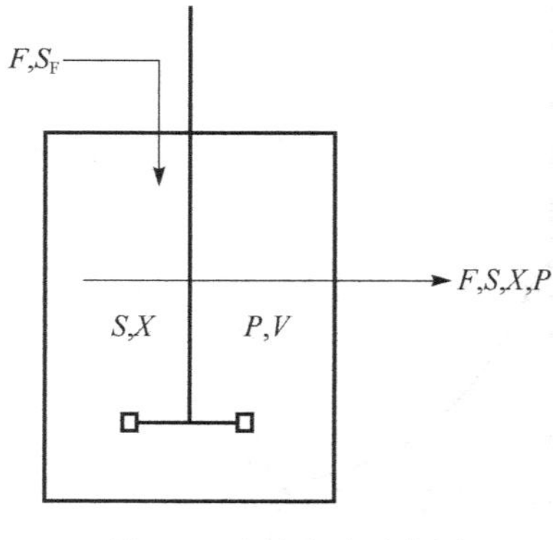

图 4-9 连续发酵示意图

进入反应器的参数：F. 培养液的流加速率，S_{F}. 流加培养液中基质浓度；反应器内的参数：S，X，P. 分别为定常态下的菌体、底物和产物浓度，V. 反应器内液体的体积；流出反应器的参数：F，S，X，P

连续发酵达稳态后整个过程中，发酵罐内的体积维持恒定，菌体浓度、产物浓度、限制性基质浓度也都是恒定的；发酵罐中微生物的生长和代谢活动始终保持旺盛的稳定状态（图 4-9）。在连续发酵过程中使微生物所处的环境条件（如温度、pH、溶解氧等）也必须维持一定水平，必要时可人为地加以调整，使微生物生长保持在一个相对稳定的状态下进行连续发酵，从而缩短生产时间，提高设备的利用率，使产物质量处于相对稳定状态。

连续发酵过程通常分为单级和多级连续发酵，两种发酵的方式尽管形式不同，但连续发酵过程中菌体和培养液都处于均质流动状态。

连续发酵的操作方式又分为循环系统和不循环系统。循环系统是将发酵过程中放出的部分发酵液返回发酵罐重复使用，否则为不循环系统，如啤酒、丙酮-丁醇等产品的生产。

连续发酵控制方式以下有 3 种。

恒浊法：即利用光电倍增管检测浊度来表征细胞的浓度，然后将所测得信号输入至向发酵罐补料泵的控制系统，便于控制补料的速率。

恒化法：将培养基中某一种必需的营养物质作为生长限制基质，通过控制其流加速率造成适应于这种流加条件的生长密度和生长速率，它与恒浊法的相同之处是维持一定的体积，不同之处是菌体浓度不是直接控制的，而是通过恒定输入的养料中的某一种生长限制基质的浓度来控制。

测定尾气中二氧化碳浓度法：利用尾气测定仪测定二氧化碳浓度，了解细胞的呼吸情况来控制生长限制基质的流量。但此法较为少见（检测仪器昂贵）。

在连续发酵过程中应用得较多的是搅拌罐式反应器（简称 CSTR），其中有单级 CSTR、多级串联 CSTR、带有细胞循环的 CSTR 多种形式。

连续发酵的特点是：①维持恒定的操作环境，确保微生物处于一个最佳生长、繁殖和代谢状态，使产率和质量保持相对稳定；②生产设备和投资较少，便于实现自动化控制，降低劳动强度；③生产上减少设备清洗、进料灭菌、接种、放罐等操作时间，提高生产率；④长时间连续培养发酵易引起生产菌变异，使连续发酵过程失败；⑤在长时间补料发酵过程中容易造成杂菌污染；⑥产物的浓度及收率较分批发酵法低。在工业规模上很少采用连续培养，生产上只有在丙酮-丁醇厌氧发酵，生产饲料酵母及活性污泥处理各种废水、乙醇生产等才使用连续培养工艺。

1. 单级连续发酵的生长和产物生成动力学

在恒化器法中，细胞的生长一般采用均一恒定状态下的单级全混式反应器培养系统，如图 4-10 所示。假设流入液中仅有一种营养成分为细胞的限制性基质，其他成分不发生抑制，则在反应过程中，菌体、限制性底物、产物的物料平衡遵守公式：变化量＝流入量＋生成量－流出量。

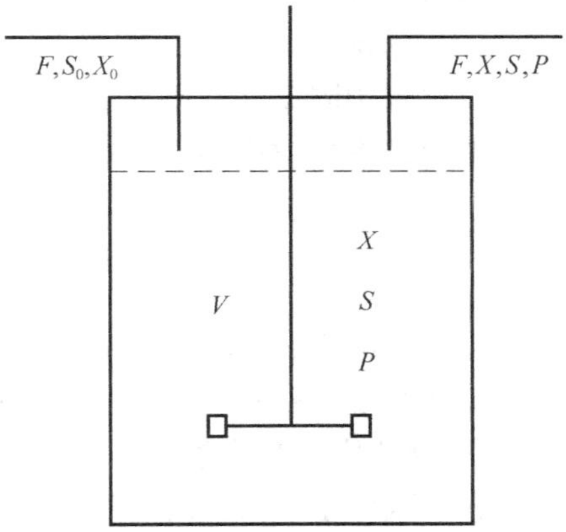

图 4-10　连续全混流加操作示意图

F. 流入培养液的体积流量，m^3/s；S_0. 流入的培养液中生长限制性底物的浓度，kg/m^3；X_0. 流入发酵罐的菌体浓度，kg/m^3；V. 反应器内液体的体积，m^3；X、S、P. 分别为定常态下的菌体、底物和产物浓度，kg/m^3

(1) *细胞的物料平衡*　为描述恒定状态下发酵反应器的特性，需求出细胞和限制性基质浓度与培养基流速之间的关系方程。对发酵反应系统来说，细胞的物料平衡关系为

发酵罐中细胞浓度的变化量＝流入的细胞量－流出的细胞量＋生长的细胞量－死亡的细胞量，即

$$\frac{dX}{dt}=\frac{FX_0}{V}-\frac{F}{V}X+\mu X-kX \qquad (4\text{-}42)$$

式中，X_0 为流入发酵罐的细胞浓度，kg/m^3；X 为发酵罐的细胞浓度，kg/m^3；F 为流入发酵罐的培养基流速，m^3/s；V 为发酵罐内液体的体积，m^3；μ 为比生长速率，s^{-1}；k 为比死亡速率，s^{-1}；t 为时间，s。

当流入基质的流速恒定，流出的细胞不循环回流时，即流入的细胞 $X_0=0$，通过限制性基质浓度的控制，使细胞的比生长速率高于比死亡速率，$\mu \gg k$，死亡细胞几乎可忽略不计。当连续发酵达到稳态时，发酵罐内细胞浓度的变化量为零，$\frac{dX}{dt}=0$，则式（4-42）变为

$$-\frac{F}{V}X+\mu X=0$$

$$\frac{F}{V}=\mu \tag{4-43}$$

将单位时间内连续流入发酵罐的新鲜培养基体积（即流入发酵罐的培养基流速）与发酵罐内液体总体积的比值定义为稀释率 D，即 $\frac{F}{V}=D$，单位为 s^{-1}。

故可得

$$\mu=D \tag{4-44}$$

在恒定状态时，比生长速率等于稀释率。比生长速率是菌体的特性，而稀释率是操作变量。这表明在一定范围内，可通过调节流入发酵罐的培养基速率来控制细胞的比生长速率，从而控制细胞的生长量及活性。

稀释率增加时，在发酵罐内基质浓度也会相应增加，但 D 不大时，基质浓度增加得很少，大部分基质被细胞所消耗；直到 $D\approx\mu_{max}$ 时，底物浓度才显著增加。细胞对基质的亲和性不同，即 K_S 不同，基质残留浓度随 D 的增大而变化的程度也不同。如果继续增大稀释率，菌体将从系统中被洗出，菌体浓度随稀释率的增大迅速降低，底物残留浓度也随之迅速增加。将导致基质开始从发酵罐中洗出时的稀释率定义为临界稀释率 D_c，即在恒化器中能达的最大稀释率。

（2）限制性基质的物料平衡　对发酵反应器来说，营养物的物料平衡可表示为

发酵罐中限制性基质浓度的变化量＝流入的限制性基质的量－流出的限制性基质的量－菌体生长及维持所需的限制性基质的量－形成产物消耗的限制性基质的量

即

$$\frac{dS}{dt}=\frac{F}{V}S_0-\frac{F}{V}S-\frac{\mu X}{Y_{X/S}}-mX-\frac{Q_pX}{Y_{p/s}} \tag{4-45}$$

式中，F 为培养液的流加速率，m^3/s；S_0 为流入发酵罐的基质浓度，kg/m^3；S 为流出发酵罐的基质浓度，kg/m^3；m 为菌体维持系数，s^{-1}；$Y_{X/S}$ 为细胞生长相对于基质的得率系数；Q_p 为产物的比生产速率，s^{-1}；$Y_{p/s}$ 为产物得率系数。

在以菌体生产为主的连续发酵过程中，若 $mX\ll\mu X/Y_{X/S}$，同时形成产物很少，可忽略不计。且在稳定状态时，$\frac{dS}{dt}=0$，式（4-45）则变为

$$D(S_0-S)=\mu\frac{X}{Y_{X/S}} \tag{4-46}$$

因为 $\mu=D$，所以式（4-46）变为

$$X=Y_{X/S}(S_0-S) \tag{4-47}$$

式（4-47）说明，在连续发酵时菌体浓度取决于流进和流出的限制性基质浓度之差。

如果菌体的生长符合 Monod 方程所示的规律，根据比生长速率和限制底物浓度的关系 $\mu=\mu_{max}S/(K_S+S)$ 和公式 $\mu=D$，大多数情况下，D_c 相当于分批培养的 μ_{max}，则有

$$D=\frac{\mu_{max}S}{K_S+S}=\frac{D_cS}{K_S+S} \tag{4-48}$$

式（4-49）由式（4-47）和式（4-48）可推导出

$$X=Y_{X/S}\left(S_0-\frac{DK_S}{\mu_{max}-D}\right) \tag{4-49}$$

另外，由式（4-48）也可得到基质浓度与 D 的关系式为

$$S = K_S D/(\mu_{max} - D)$$

这说明在 D 一定的情况下，S 是稳定不变的。

当 D 很小时，底物被细胞充分利用，$S \to 0$，细胞浓度 $X = Y_{X/S} S_0$。随着 D 的增加，达 D_c 时，$X \to 0$，$S \to S_0$，即为菌体洗出点，则有

$$S_0 = \frac{DK_S}{\mu_{max} - D} \tag{4-50}$$

得

$$D_c = D = \frac{\mu_{max} S_0}{K_S + S_0} \tag{4-51}$$

又因 $\frac{S_0}{K_S + S_0} \approx 1$，所以洗出点 $D_c = D = \mu_{max}$。

（3）*产物的物料平衡*　发酵过程微生物的代谢产物中，一般仅考虑目标产物。对于产物，可作出其连续发酵的物料平衡式。

$$V \frac{dP}{dt} = FP_0 - FP + Q_P XV \tag{4-52}$$

式中，P_0 为流加物料中的产物浓度。

在稳定状态下，若流加液中不含产物，则产物浓度 P 为

$$P = Q_P \frac{X}{D}$$

2. 多级连续发酵动力学

将多个反应器串联，前一反应器的出料作为后一反应器的进料，即成为多级连续培养系统（图 4-11）。如果将多个反应器串联，当反应器足够小时，整个系统便成为一个活塞流管式反应器。多级连续培养是不断提高后一级产物浓度的方法。

多级连续培养，若只在第一级进行流加培养基，不在中间各级添加新的培养基，对于第 n 级，关于菌体生长、基质消耗和产物生成的物料平衡关系如下：

菌体：

$$V \frac{dX_n}{dt} = FX_{n-1} + \mu_n X_n V - FX_n \tag{4-53}$$

底物（若不考虑产物、维持所消耗的基质）：

$$V \frac{dS_n}{dt} = FS_{n-1} - \frac{\mu_n X_n V}{Y_{X/S}} - FS_n \tag{4-54}$$

产物：

$$V \frac{dP_n}{dt} = FP_{n-1} + Q_{P_n} X_n V - FP_n \tag{4-55}$$

在稳态时，可得到各级的比生长速率、菌体浓度和产物浓度如下：

$$\mu_n = D\left(\frac{X_n - X_{n-1}}{X_n}\right) \tag{4-56}$$

$$X_n = X_{n-1} + Y_{X/S}(S_{n-1} - S_n) \tag{4-57}$$

$$P_n = P_{n-1} + \frac{Q_{P_n} X_n}{D} \tag{4-58}$$

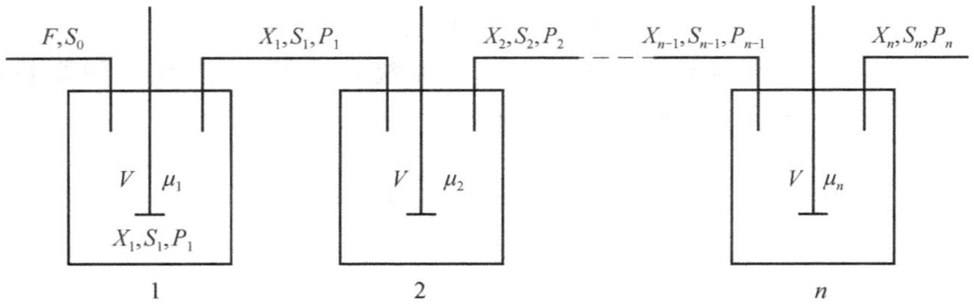

图 4-11　多级连续发酵示意图

F. 流入发酵罐的底物流速；*X*. 菌体浓度；*S*. 底物浓度；
V. 发酵液体积；*P*. 产物浓度；μ. 菌体的比生长速率

多级连续培养的优点有：①与补料分批发酵相似，能维持低浓度基质，减少高浓度基质带来的抑制作用；②简化了装料、灭菌、出料、清洗发酵罐等许多单元操作，减少了非生产时间，提高设备利用率和单位时间产量，节省发酵罐的非生产时间；③便于自动控制，发酵罐内微生物、基质、产物和溶氧浓度等各参数维持在一定水平，易于控制。

多级连续培养常用于理论研究。实际生产曾用于乙醇发酵、酵母菌培养等。

多级连续培养的缺点有：长时间采用连续发酵，菌种易变异；易染菌，难以保证纯种培养；在实际中和其他工序要有效配合，如连续杀菌、连续的后处理工艺；要处理好新培养基和原有发酵液如何混合均匀的问题。

在长期运转中，要保持各种设备无渗漏，尤其是通气系统不出任何故障，是极其困难的。所谓“连续”是有时间限制的，一般可达数月至一、二年。营养物的利用率一般低于单批培养。从第 2 级开始，菌体的比生长速率不再和稀释率相等。随着反应器级数的增加，菌体的比生长速率越来越小。原因是前一级反应器的底物浓度越来越低（未加新培养基）。

3. 菌体循环利用时的连续发酵

连续培养时，可将流出液中的菌体通过沉降、离心或过滤等方法加以浓缩，送回反应器中循环利用（图 4-12）。

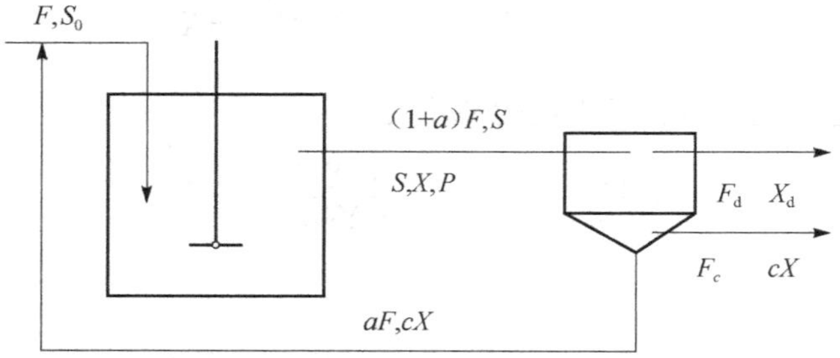

图 4-12　菌体循环利用时的连续发酵示意图

X. 发酵罐内（即流出液）的细胞浓度，kg/m^3；*F*. 流入发酵罐的限制性底物流速，m^3/s；*S*. 发酵罐内限制性底物浓度，m^3/s；S_0. 流入发酵罐的限制性底物浓度，m^3/s；*P*. 发酵罐内产物浓度，m^3/s；X_d. 流出液的菌体浓度；F_d. 流出液的流速；F_c. 浓缩液菌体的排出速度；*a*. 回流比；*c*. 回流液中菌体的浓缩倍数

对于反应器，存在以下关于菌体和限制性底物的物料平衡。

菌体的物料平衡为

$$V\frac{\mathrm{d}X}{\mathrm{d}t}=aFcX+\mu XV-(1+a)FX \tag{4-59}$$

基质的物料平衡为

$$V\frac{\mathrm{d}S}{\mathrm{d}t}=FS_0+aFS-\frac{\mu XV}{Y_{X/S}}-(1+a)FS \tag{4-60}$$

式中，a 为回流比；c 为回流液中菌体的浓缩倍数。

达稳态时，$\mathrm{d}X/\mathrm{d}t=0$，式（4-59）变成

$$\mu=D(1+a-ac) \tag{4-61}$$

因此，比生长速率和稀释率不相等。一般是比生长速率 μ 小于稀释率 D。若菌体生长遵守 Monod 方程，根据 $\mu=\frac{\mu_{\max}S}{K_S+S}$ 和式（4-61），可得稳态下限制性基质的浓度为

$$S=\frac{K_SD(1+a-ac)}{\mu_{\max}-D(1+a-ac)} \tag{4-62}$$

将式（4-62）代入基质的物料平衡式（4-60），可得到回流操作下稳态（稳态时 $\mathrm{d}S/\mathrm{d}t=0$）的菌体浓度为

$$X=\frac{Y_{X/S}}{1+a-ac}\left[S_0-\frac{K_SD(1+a-ac)}{\mu_{\max}-D(1+a-ac)}\right] \tag{4-63}$$

临界稀释率为

$$D_c=\frac{\mu_{\max}S_0}{(K_S+S_0)(1+a-ac)} \tag{4-64}$$

四、补料分批发酵

补料分批发酵（叶勤，2005）是指在分批发酵过程中不断地向发酵罐内补加新鲜培养基，但不同时取出发酵液的发酵方式，是介于分批发酵及连续发酵之间的一种过渡性操作，又称为半连续发酵或半连续培养。补料分批发酵现已成功地用于甘油、有机酸、抗生素、维生素、氨基酸、核苷酸、酶及生长激素等产品的生产。

补料分批发酵在发酵工业生产上是一种控制发酵的好方法，它可以使底物的残留浓度保持在一个适当的水平，使微生物菌种保持在最大生产力状态，获得高浓度的产物。它有如下优点：①解除发酵中底物的抑制、产物的反馈抑制和葡萄糖的酵解阻遏效应；②对耗氧过程能使发酵对溶解氧的需求保持在发酵罐通气能力范围之内；③可使发酵过程最优化，便于工艺的自动化控制。

在补料分批发酵培养过程中根据基质的流加方式的不同，可分为反馈控制流加和无反馈控制流加两大类。反馈控制流加操作主要借助对 pH、溶解氧、细胞浓度、CO_2 的释放量等参数的在线测定来反馈控制流加培养基；无反馈控制流加操作又分为间歇流加、恒速流加、变速流加、指数流加等。如果使培养基中限制性基质浓度保持一定，则不能采取恒速流加的方式，而必须进行变速流加，加料速率随时间指数增长。这样可维持细胞较高的比生长速

率，同时又节省补加的基质用量，使细胞浓度达到很高的水平，对于希望得到细胞的生产过程是十分有利的。根据补加基质的种类，可分为单一组分补料分批发酵和多组分补料分批发酵。根据在补料的同时是否排放一定的发酵液，可分为单一补料分批发酵和重复补料分批发酵。单一补料分批发酵是在发酵罐中不断地补加基质，一直到培养液达到定额值为止，发酵结束后，一次性排放全部成熟发酵液的操作方式。重复补料分批发酵是在培养过程中，每间隔一定时间取出一定体积的发酵液，同时又在同一时间补加相等体积的新鲜的培养基，如此反复进行的培养方法。

1. 单一补料分批发酵

在进行补料分批培养时，操作示意图见图 4-13。由于培养基的加入，培养液的体积不断发生变化，在整个反应系统中细胞数量、限制性基质浓度和产物的浓度变化速率可用式（4-65）、式（4-66）、式（4-67）表示。

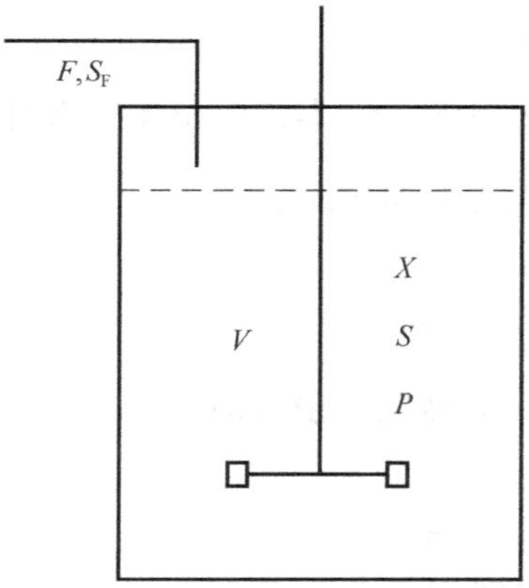

图 4-13 分批补料的流加操作示意图

F. 培养液的流速；S_F. 流加培养液中基质浓度；*V*. 反应器内液体的体积；*X*，*S*，*P*. 分别为定常态下的菌体、底物和产物浓度

（1）*恒速流加* 恒速流加是一种最简单的补料操作方式。假定反应器内理想混合状态，只有一种限制性底物，菌体得率系数 $Y_{X/S}$ 恒定不变，则

$$\frac{d(VX)}{dt}=\mu XV \tag{4-65}$$

$$\frac{d(VS)}{dt}=FS_0-\frac{1}{Y_{X/S}}\frac{d(VX)}{dt} \tag{4-66}$$

$$\frac{d(VP)}{dt}=Q_P VX$$

如果进行恒速流加，培养基流速为 *F*，则

$$\frac{dV}{dt}=F \tag{4-67}$$

对细胞而言，培养过程中细胞浓度和培养液体积均不变化，细胞总量的变化率为

$$\frac{d(VX)}{dt}=V\frac{dX}{dt}+X\frac{dV}{dt}=\mu XV \tag{4-68}$$

又因$\frac{dV}{dt}=F$，$D=\frac{F}{V}=\frac{F}{V_0+Ft}$，$V_0$ 为流加开始时反应器的有效体积。将式（4-67）和式（4-68)代入式（4-65)，可得

$$\frac{dX}{dt}=(\mu-D)X \tag{4-69}$$

补料分批培养中的稀释率 *D* 与连续培养中的稀释率的意义是不同的。补料分批培养中的$D=F/V$ 是因为体积不断增加，在恒速流加时，其稀释率 *D* 是不断变小的。而连续培养中的稀释率 *D* 在恒速流加时是一个恒定值。

若限制性基质同时消耗于细胞生长、维持能和生成产物，则由式（4-66）得

$$\frac{dS}{dt}=D(S_F-S)-\left(\frac{\mu}{Y_{X/S}}+m_s+Q_p\right)X \tag{4-70}$$

若仅考虑菌体生长所消耗基质，可得该限制性基质浓度的变化为

$$\frac{\mathrm{d}S}{\mathrm{d}t}=D(S_0-S)-\frac{\mu X}{Y_{X/S}} \tag{4-71}$$

由式$\frac{\mathrm{d}(VP)}{\mathrm{d}t}=Q_P VX$ 可得

$$\frac{\mathrm{d}P}{\mathrm{d}t}=Q_P X-DP \tag{4-72}$$

对于恒速流加操作方式而言，它是将限制性基质以恒定不变的流速流入反应器中。假设反应器内为理想混合，培养基中仅有一种限制性基质，底物仅用于细胞的生长，$Y_{X/S}$为一常数。在操作中，随着新鲜培养液的流加，其稀释率随时间而下降，当限制性底物的消耗速率等于其流加速率时，此时细胞培养进入拟稳态，这时 $\mu\approx D$，则有

限制性底物浓度为

$$S=\frac{K_S\frac{F}{V}}{\mu_{max}-\frac{F}{V}} \tag{4-73}$$

细胞浓度为

$$X=X_{max}=Y_{X/S}S_0 \tag{4-74}$$

当 $t=0$ 时，反应器内的细胞总量为 V_0X_0，但随着培养液体积不断增大，培养液中细胞总量是随时间指数增加的，在 t 时间时的细胞总量表示为

$$XV=X_0V_0+FS_0Y_{X/S}t \tag{4-75}$$

由式（4-75）可知，细胞的总量随时间成线性关系。此时，由于恒速补料，而菌体量越来越大，消耗增多，限制性基质的浓度趋向于零，但菌体浓度趋向于稳定，即$\frac{\mathrm{d}X}{\mathrm{d}t}\approx 0$，$\frac{\mathrm{d}S}{\mathrm{d}t}\approx 0$，$\mu\approx D$ 的状态，就称为“拟稳态”（或准恒定态）。拟稳态虽然和连续发酵中的稳定状态有类似之处（即所谓的稳定状态），但发酵液的体积仍在不断增大。发酵液的体积为

$$V=V_0+Ft \tag{4-76}$$

稀释率对时间的变化为

$$\frac{\mathrm{d}D}{\mathrm{d}t}=\frac{\mathrm{d}\left(\frac{F}{V}\right)}{\mathrm{d}t}=\frac{\mathrm{d}\left(\frac{F}{V_0+Ft}\right)}{\mathrm{d}t}=-\frac{F^2}{(V_0+Ft)^2} \tag{4-77}$$

当 $V_0\ll Ft$ 时，则有$\frac{\mathrm{d}\mu}{\mathrm{d}t}=-\frac{1}{t^2}$（拟稳态时 $\mu\approx D$），细胞的比生长速率在基质的流加过程中随时间的增加而减小，使细胞生长受到限制。

考虑代谢产物的生成时，由式（4-72）得知，产物浓度与 Q_P 有关。

如果 P_F 为常数时，式（4-72）经展开整理，得

$$P=P_0\frac{V_0}{V}+Q_P X_{max}\left(\frac{V_0}{V}+\frac{Dt}{2}\right)t \tag{4-78}$$

当 Q_P 不为常数时，则有

$$P = P_0 \frac{V_0}{V} + \frac{1}{V}\int_0^t Q_P t X_{\max}\left(\frac{V_0}{V} + \frac{Dt}{2}\right)\mathrm{d}t \tag{4-79}$$

在补料分批培养中，虽然存在 $\mu \approx D$，但与连续培养中恒定状态下的 $\mu \approx D$ 不同。在连续培养中，D 为常数；而在补料分批培养中，随着时间的增加，体积增加，D 与 μ 以相同的速率降低。

(2) 指数流加　恒速流加的补料分批发酵，达到拟稳态后菌体的比生长速率逐渐减小，限制性基质浓度保持在相当低的水平。要使培养液中的菌体保持恒定的比生长速率，就不能采用恒速流加，需进行指数流加，加料速度随时间呈指数增长。

在比生长速率保持恒定的情况下，由式 $\frac{\mathrm{d}(VX)}{\mathrm{d}t} = \mu XV$，可得

$$XV = X_0 V_0 \exp(\mu t) \tag{4-80}$$

在指数流加情况下，限制性基质的浓度也应恒定（$\mathrm{d}S/\mathrm{d}t = 0$）。

由式 $\frac{\mathrm{d}S}{\mathrm{d}t} = D(S_0 - S) - \frac{\mu X}{Y_{X/S}}$ 可得

$$\mu XV = FY_{X/S}(S_0 - S) \tag{4-81}$$

由此可得到指数流加时的流速为

$$F = \frac{\mu XV}{Y_{X/S}(S_0 - S)} = \frac{\mu X_0 V_0 \exp\{\mu t\}}{Y_{X/S}\left(S_0 - \frac{K_S \mu}{\mu_m - \mu}\right)} \tag{4-82}$$

因此，限制性基质的流加速率随时间的增加而指数增大。

(3) 限制性基质浓度线性增加　Mignine 等提出了恒速流加，并使流加液中限制性底物浓度随时间线性增加的方法。该法利用两个体积、形状相同的储槽分别存放浓（C）、稀（D）两种培养基，稀培养基槽配有搅拌器以保证混合均匀，将此二槽从底部连通，用泵将 D 槽混合液以流速 F 送入反应器 B（图 4-14）。

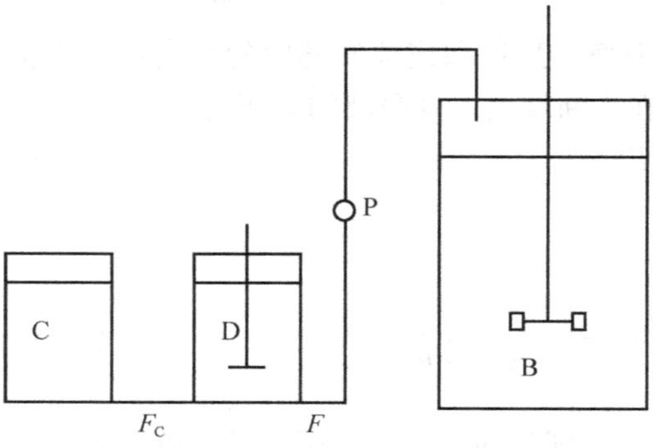

图 4-14　Mignine 式恒速流加示意图

B. 反应器；C. 浓液储罐；D. 稀液储罐；P. 泵

限制性基质浓度高的浓液罐（C）自行流到浓度低的稀液罐（D）中。对浓液罐（C），其浓度的变化为

$$\frac{\mathrm{d}V_C}{\mathrm{d}t} = -F_C \tag{4-83}$$

式中，F_C 为流入 D 罐的培养基的流速。

对于稀液罐（D），其浓度变化为

$$\frac{\mathrm{d}V_D}{\mathrm{d}t} = -F + F_C \tag{4-84}$$

由于 D 罐和 C 罐的培养基体积相同，故

$$\frac{\mathrm{d}V_C}{\mathrm{d}t} = \frac{\mathrm{d}V_D}{\mathrm{d}t} \tag{4-85}$$

则

$$F_C = \frac{F}{2} \tag{4-86}$$

如果 F 的流量是恒定的，在时间 t，D 罐内混合液体积为

$$V_D = V_{D_0} - \frac{F}{2}t \tag{4-87}$$

式中，V_{D_0} 为稀液罐培养液的初始体积。

根据 D 罐的物料平衡，有

$$\frac{d(S_D V_D)}{dt} = F_C S_C - F S_D \tag{4-88}$$

式中，S_C 为 C 罐内料液浓度；S_D 为 D 罐内料液浓度。

将上述式中的有关参数代入，得

$$V_D \frac{dS_D}{dt} - \frac{F}{2} S_D = \frac{F}{2} S_C - F S_D \tag{4-89}$$

开始流加（$t=0$）时，D 罐内稀液浓度为 S_{D_0}，故可得 D 罐内的浓度随时间的变化为

$$S_D = S_{D_0} + \frac{Ft}{2V_{D_0}}(S_C - S_{D_0}) \tag{4-90}$$

由上式可知，由 D 罐（稀液罐）流出的限制性基质浓度是随时间线性增加的。

若开始流加时菌体的初始比生长速率为 μ_0，发酵液中限制性基质浓度维持在接近零的水平，则限制性基质料液的流加速率为

$$F S_{D_0} = \frac{\mu_0 X_0 V_0}{Y_{X/S}} \tag{4-91}$$

$$XV = X_0 V_0 + F S_{D_0} Y_{X/S} t + \frac{F^2}{4V_{D_0}}(S_C - S_{D_0}) Y_{X/S} t^2 \tag{4-92}$$

即菌体总量随流加时间增加成二次方（抛物线）关系。

如果菌体关于限制性基质的得率 $Y_{X/S}$ 是恒定的，则流加结束时菌体总量与稀、浓料液加入量的关系为

$$XV - X_0 V_0 = Y_{X/S}(S_C + S_{D_0}) V_{D_0} \tag{4-93}$$

2. 重复补料分批发酵

重复补料分批发酵是当反应器中的培养液体积达到一定程度后，就取出部分培养液，剩余的部分继续流加培养液，如此反复进行流加、排放的操作方式。对于恒速流加的重复补料分批发酵方式可在排放一部分培养液后，使细胞的比生长速率重新得到提高，同时有效地延长了细胞的生产过程，提高了生产能力及设备的利用率。采用这种培养方法延长发酵周期，培养基体积、稀释率、比生长速率及其他与代谢有关的参数都将发生周期性的变化，直至发酵产率明显下降，才最终将发酵液全部放出。

综上可知，补料分批发酵与分批发酵及连续发酵相比优点较多，但在工业化生产的具体操作中则需对相应的参数进行在线检测和控制。因此，在工业上用反应体系的动力学研究结果指导控制参数及具备优良的自控系统，是使补料分批发酵操作成功实施的基本条件。因此，随着研究工作的不断深入，计算机、传感器等在发酵过程中应用的不断发展，补料分批发酵方式在发酵工业中得到更为广泛的应用，发挥其更大的经济效益。

本章小结

发酵过程的物料平衡是依据物质不灭定律，研究发酵过程基质、菌体量、产物变化规律的重要方法，也是研究发酵动力学研究的基础，对于提高发酵原料的利用率及代谢产物的产率具有重要的指导意义。发酵物料平衡包含的范围很广，如碳平衡、氮平衡、氧平衡、电子当量平衡、质量和体积的平衡、ATP平衡等。而得率系数及比速率等基础性知识也是本章必须掌握的重点内容。

热量平衡包括生物热、搅拌热及蒸发热、辐射热等，其中生物热是主要热量，可通过物料变化和燃烧热值进行计算，热量可通过冷却水或冷冻水进行发酵控温。热量平衡的应用包括分批灭菌、连续灭菌等消耗蒸汽量的计算，灭菌冷却、发酵控温等的冷却水用量或冷冻水耗电量的计算。

发酵过程的操作分为分批发酵、补料分批发酵和连续发酵3大类型。分批发酵过程中，微生物浓度、细胞生理活性、基质浓度和产物浓度随发酵时间变化而变化。而达平衡状态的连续发酵过程，上述发酵参数保持恒定，比生长速率和稀释率相等。补料分批发酵过程中补料方式决定了基质浓度、菌体浓度及产物浓度的变化规律。

思考题

1. 试述碳平衡的分析与碳平衡的意义。
2. 根据$1/Y_{X/S}=m/\mu+1/Y_G$，如何利用实验测得数据求出该方程的常量?
3. 分析氧消耗导致生成的ATP与菌体生长、繁殖的关系。
4. 分析啤酒发酵乙醇生成与碳源之间的关系。
5. 分析发酵味精与碳源之间的关系。
6. 阐述临界氧浓度与菌体生长、繁殖通气量的关系。
7. 定性阐述3种不同发酵操作方式下基质浓度的变化规律。

主要参考文献

贺小贤. 2003. 生物工艺原理. 北京：化学工业出版社.
梁世中. 2002. 生化工程设备. 北京：中国轻工业出版社.
邱树毅. 2009. 生物工艺学. 北京：化学工业出版社.
沈怡方. 2007. 白酒生产技术全书. 北京：中国轻工业出版社.
叶勤. 2005. 发酵过程原理. 北京：化学工业出版社.
余龙江. 2006. 发酵工程原理与技术应用. 北京：化学工业出版社.
俞俊棠. 2003. 新编生物工艺学（下）. 上海：华东化工学院出版社.
张克旭. 1992. 氨基酸工艺学. 北京：中国轻工业出版社.

第五章 发酵过程的管理及监控

第一节 发酵过程的监测及控制

一、发酵工厂常规检测及控制项目

1. 发酵过程参数

发酵过程的参数是微生物发酵过程及其菌株的生理生化特征数据，是发酵控制的重要依据，利用仪器进行在线检测（on-line measurement）或取样进行离线检测（off-line measurement）等手段对发酵过程实现监控，人们通过所测参数的时变性，掌握发酵工艺条件的变化规律，为发酵过程控制提供理论依据、操作指导及有效的最优控制，达到工业发酵的目标。

发酵过程中通过检测所给定的重要参数数据主要有 3 大类：物理参数、化学参数、生物学参数，详见表 5-1。

表 5-1 发酵过程测定参数一览表

参数种类	参数名称	参数单位	检测方法	参数意义及主要作用
物理参数	温度	K,℃	热电偶、热敏电阻等传感器	维持菌体生长、代谢产物合成
	罐压	Pa	隔膜式压力表	维持正压，增加溶氧浓度（DO）
	粉碎度	%	取样、分级筛	确保菌种生长、繁殖、发酵正常
	空气流量	m^3/s	流量计	供氧，排泄废气，提高体积溶氧传递系数（$K_L\alpha$）
	液体流量	m^3/s	流量计	稳定培养基流加速率，获得最大发酵速率和生产效率
	搅拌转速	r/min	转速传感器	物料混合，提高传质和传热效率
	发酵液黏度	Pa·s	黏度计、传感器	反映培养基特性、菌体生长情况，对 $K_L\alpha$ 有影响
	液位高度	m，m^3	传感器	反映操作稳定性、生产效率
	浊度	(透光率)%	取样、光密度	反映细胞的生长情况
	密度	kg/m^3	传感器	反映发酵液性质
	泡沫高度	cm	传感器	反映菌体代谢情况、染菌情况
化学参数	pH		pH 传感器	反映生物细胞生长及产物或副产物生成情况
	DO	(饱和)%	复膜氧电极等	反映供氧和耗氧情况
	DCO_2（溶解 CO_2 浓度）	(饱和)%	CO_2 电极、膜管传感器	间接反映菌体代谢情况，从而了解 CO_2 对发酵的影响
	排气氧浓度	%	热磁氧分析仪	反映耗氧情况
	排气 CO_2 浓度	%	红外气体测定仪	反映细胞的呼吸情况

续表

参数种类	参数名称	参数单位	检测方法	参数意义及主要作用
化学参数	酸碱度		传感器	反映细胞的代谢情况
	总糖和残糖浓度	kg/m^3	取样	反映发酵进程情况
	前体或中间体浓度	kg/m^3,%	取样	反映产物合成情况
	加消泡剂速率	kg/s	传感器	反映泡沫情况
	加其他基质速率	kg/s	传感器	反映基质利用情况
生物参数	菌体浓度	kg/m^3	光电纤维法	反映菌体生长状况
	菌体中的 DNA、RNA 含量	mg/g	取样	反映菌体生长状况
	菌体的 ATP、ADP 含量	mg/g	荧光法	反映细胞的能量代谢活力
	菌体 $NADH_2$ 含量	mg/g	荧光法	反映菌体的合成能力
	菌体的蛋白质含量	mg/g	荧光法	反映菌体的生长及产物合成情况
	细胞形态		显微镜法	反映菌体生长状况

生产管理上对以上这些参数项目检测越多，人们对发酵状况的认识也就越全面和深入，从而为改进发酵工艺技术，不断地提高发酵水平，最经济地获得高附加值的发酵产品提供依据。

2. 发酵过程参数的检测

发酵过程参数的检测可分为利用检测仪器在线检测和从发酵罐中取样进行离线检测两大类。在线检测是指仪器的电极等可直接与反应器内的培养基接触或可连续从反应器中取样进行分析测定，如溶氧浓度、pH、罐压等；离线检测是指在一定时间内离散取样，在反应器外进行样品处理和分析测量，包括常规的化学分析和自动实验分析系统。检测参数又分为直接参数和间接参数。

(1) *直接参数* 直接参数是采用在线传感器或离线的分析仪器直接检测的参数。这些参数包括各种反映物理环境和化学环境变化的参数，如温度、压力、搅拌功率、转速、流加速率、泡沫、发酵液黏度、浊度、pH、离子浓度、溶解度、基质浓度等。其中在线检测技术上的大部分标准化检测装置的仪表是用于温度、压力、搅拌功率、转速、流加速率等物理参数的检测，在生产上被称为被控变量，一般在生产前预先进行设定，我们称它们为设定参数变量。例如，在发酵过程中出错或超过界限，则系统发出警报或进行自动调节，向控制器不断地提供操作系统信息。控制系统分为闭环控制系统和开环控制系统。系统的输出被反馈到输入端并与设定值比较，此时系统根据设定值与测量值的偏差进行控制，直至消除偏差，这种系统称为闭环控制系统。如果系统的输出没有被反馈回输入端，执行器只根据输入信号进行控制的系统称为开环控制系统，此时系统的输出与设定值及测量值之间的偏差无关。生产上要想实现自动控制系统必须闭环控制。闭环控制系统稳定运行最基本的必要条件是负反馈，即控制系统的输出（被控变量）通过测量、变送环节返回到控制系统的输入端与设定值比较，反馈的结果使系统的输出减少的反馈。

(2) *间接参数* 间接参数是指采用直接参数计算求得的参数，能提供从生长向生产过渡或主要基质间的代谢过渡指标，是在发酵生产中反映生产菌生理状态的变量，如摄氧速率(OUR)、CO_2 释放速率（CER)、比生长速率（μ)、体积溶氧传递系数（$K_L\alpha$)、呼吸商(RQ）等。通过物料平衡计算出来的间接状态参数更能反映发酵过程的整体状况。

二、液态发酵检测与控制

1. 发酵温度的检测及控制

发酵温度在发酵过程中起着举足轻重的作用，温度的变化对发酵过程可产生两方面的影响：一方面，温度影响各种酶反应的速率和蛋白质的性质，影响菌体生长和代谢产物的合成。微生物的生长和代谢产物的合成均需要在其各自合适的温度下进行，如温度提高，反应速度加快，生长、繁殖快，产物生成提前；但酶很容易受热失活，温度越高失活越快，菌体易老化，温度还能影响生物合成方向。因此，在其发酵过程中必须保持最适宜的温度环境。另一方面，温度影响发酵液的物理性质，如发酵液的黏度；温度还会影响基质和氧在发酵液中的溶解和传递速度。

（1）影响发酵温度变化的因素　在发酵过程中影响发酵温度变化的主要因素，既有产热因素，又有散热因素。产热因素包括生物热（$Q_{生物}$）、搅拌热（$Q_{搅拌}$）；散热因素包括蒸发热（$Q_{蒸发}$）、辐射热（$Q_{辐射}$）、显热（$Q_{显}$），因而引起发酵温度的变化。我们把发酵热看成是净热量，发酵热 $Q_{发酵}$ ［kJ/(m³ · h)］可写为

$$Q_{发酵} = Q_{生物} + Q_{搅拌} - Q_{蒸发} - Q_{散热} \tag{5-1}$$

在热量衡算时，也要考虑发酵物料带入和带出的热量、加热剂带入或冷却水带走的热量和设备本身吸收或放出的热量。有关发酵热的计算见第四章。

（2）最适温度的选择　最适温度要既能满足菌体的生长，又能满足代谢产物合成的需要。通常采用分阶段控制发酵温度：一般分为最适菌体生长温度和代谢产物的最适合成温度。在微生物生长阶段，应选择最适生长温度；在产物分泌阶段，应选择最适合成温度。发酵温度可根据不同菌种、不同产品进行选择。在发酵过程中，发酵温度的选择是多方面因素综合考虑的结果。

例如，国内常用的谷氨酸发酵菌体的最适生长温度及发酵温度如表 5-2 所示。

表 5-2　国内常用的谷氨酸发酵菌体的最适生长温度及发酵温度

菌种种类	AS1. 299	617	AS1. 542	T6-13
生长温度/℃	30～32	32～34	32～34	32～34
发酵温度/℃	34	32～34	34～36	36～38

最适发酵温度的选择还要参考其他发酵条件，如培养基成分、培养条件等。当发酵处于较差的搅拌及通气条件时，则可选择较低的发酵温度，以提高氧的溶解度，降低菌体生长速率，减少对氧的消耗量，从而弥补了因通气不足而造成代谢异常。在使用浓度较稀或较易利用的培养基时，也可采用较低的培养温度，以避免菌体快速利用营养物质而导致的营养过早耗竭，菌体过早自溶，使产物合成提前终止的发酵异常。

（3）温度的检测　温度检测方法根据敏感元件和被测介质接触与否，可分为接触式与非接触式两大类，详见表 5-3 所示。接触式检测方法主要包括基于物体受热体积膨胀式温度检测仪表；基于导体或半导体电阻值随温度变化的热电阻温度检测仪表；基于热电效应的热电偶温度检测仪表。非接触式检测方法是利用物体的热辐射特性与温度之间的对应关系，对物体的温度进行检测。接触式检测仪表可以直接测得被测物体的温度，因而简单、可靠、测

量精度高。在测量中由于测量元件与被测介质需要进行充分的热交换，产生了测量的滞后现象，对运动状态的固体测温困难较大。另外，测温元件容易破坏被测对象温度场，且有可能和被测介质产生化学反应。

表 5-3 测温方式的分类情况

测温方式	温度计种类	使用范围/℃	优 点	缺 点
接触式	膨胀式玻璃液体温度计	−100～600	结构简单、使用方便、测量准确、价格低廉	易碎、读数麻烦、不能远传
	膨胀式双金属温度计	−80～600	结构简单、机械强度大、价格低，能记录、报警和自控	精度低、量程和使用范围有限
	热电偶温度计	−200～1800	测温范围广、精度高，便于远距离、多点、集中测量和自动控制	需自由端温度补偿、在低温端测量精度较低
	热电阻测温仪表	铂电阻（IEC）−200～600，铜电阻（WZC）−50～150	测量精度高，便于远距离、多点、集中测量和自动控制、应用范围广	结构复杂、不能测量高温、体积较大、测点温度较困难
	半导体热敏电阻（又分为：NTC型，负温度系数热敏电阻；PTC型，正温度系数热敏电阻）	−50～150	结构简单、灵敏度高、体积小、热惯性小	非线性严重、互换性差、测量范围窄
非接触式	辐射式温度计	0～3500	测温元件不破坏测温场、测温范围广，能远距离测量、报警和自控	易受环境条件的影响、标定较困难

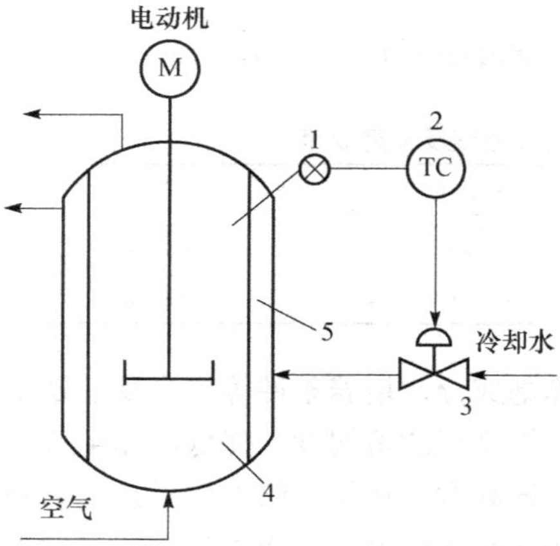

图 5-1 发酵过程温度控制方式

1. 温度传感变送器；2. 温度控制器（TC）；3. 调节阀；4. 反应器；5. 夹套

非接触式检测仪表测温时，测量元件不与被测物直接接触，它是利用物体的热辐射，通过对辐射能的检测来实现的测温。这种检测方法由于易受到外界因素的干扰，测量误差较大，且结构复杂，价格比较昂贵。发酵工厂应用较少。

（4）温度的控制　　在工业生产上，所用的发酵罐在发酵过程中一般不需要加热，因发酵中释放了大量的发酵热，需要冷却的情况占多数。工程技术人员应根据不同的测温点的情况，选择相应的温度测温元件监测发酵系统中的温度，并通过与其相偶联的执行机构（如改变冷却水阀门的开度）对发酵温度进行自动控制。其控制方式如图 5-1 所示。

工业生产上，因发酵中释放了大量的发酵热，发酵罐在发酵过程中一般需要冷却的情况较多，而在灭菌时往往需要加热。对于冷却，可利用自动控制或手动调整的阀门，将冷媒或冷却水通入发酵罐的夹层或内部的蛇形管、列管换热器来降温，或者将发酵液引入罐外用泵打入列管式换热器或螺旋板式换热器等来进行罐外冷却，以保证在正常温度下进行发酵。而对于小型种子罐或发酵前期，散热量有时会大于菌种所产生的发酵热，特别是在气候寒冷的地区或冬季，则需用热水保温。

发酵罐目前的温度控制，主要有罐内、罐外及罐外循环换热 3 种换热形式。罐内主要是采用蛇管或列管式进行换热。罐外主要进行夹套式换热，目前我国工业上常用的冷却夹套有米勒板、半圆弧形管、三角管、矩形管、夹套（隔板）5 种形式，罐外循环换热是将发酵液引出罐外，在罐外用螺旋板式换热器等换热效率较高的换热器对发酵液进行集中换热，然后通过泵或压差将发酵液打回发酵罐的循环换热方式。发酵温度的恒定常用自动化控制或手动调整的阀门来控制冷媒或冷却水的流量大小，以平衡时刻变化的发酵温度，维持恒温发酵。对于气温较高的季节，冷却水达不到预期冷却效果时，就可采用冷冻盐水进行循环降温，以迅速达到最适发酵温度。

冷却剂带走的热量的计算可根据热量平衡式计算。

$$W_{L}c(t_1-t_2)=WC(T_2-T_1)\tau \tag{5-2}$$

式中，t_1 为发酵液初温，℃；t_2 为降温后的发酵液温度，℃；c 为发酵液的比热容，kJ/(kg · K)；τ 为冷却时间，h；W 为冷却水流量，kg/h；C 为冷却水的比热容，kJ/(kg · K)；T_1 为冷却水进口温度，℃；T_2 为冷却水出口温度，℃；W_L 为发酵液质量，kg。

2. 发酵液 pH 检测及控制

pH 是微生物发酵过程中影响微生物生长、基质分解、产物合成的重要状态参数，同时也是微生物代谢活动的综合性指标。因此，微生物发酵过程中必须掌握发酵过程中 pH 的变化规律，及时监测并加以控制，使它处于满足微生物生长、代谢的最佳范围，以确保生产的顺利进行。

（1）影响 pH 变化的因素　　在发酵过程中，无论是微生物的生长还是产物的合成时期，它们都有其自身的最适的和能耐受的 pH 范围。

在发酵过程中，pH 的变化决定于所用菌种、培养基的成分和培养条件。在菌体的代谢过程中，菌种本身具有一定的调整周围 pH 的能力，建成最适 pH 的环境，但是当外界条件变化过于剧烈，菌体就失去了调节能力，培养液的 pH 就会波动。培养基中营养物质的代谢也会引起 pH 的变化。发酵所用的碳源种类不同，pH 变化规律也不同。例如，在灰黄霉素的发酵中，如以乳糖为碳源，乳糖被缓慢利用，丙酮酸积累很少，pH 维持在 6～7；如以葡萄糖为碳源，丙酮酸迅速积累，使 pH 下降到 3.6，导致发酵单位很低。因此，发酵 pH 的变化是微生物代谢活动的综合结果，在整个的发酵过程中既存在 pH 上升的因素，又存在使 pH 降低的综合影响因素。

1）引起发酵液 pH 下降的主要因素。在发酵过程中，致使发酵液 pH 下降的原因主要是菌体代谢过程中酸性产物的积累。而引起酸性产物积累的原因主要有以下几方面：培养基中碳、氮比例不当，碳源过多，特别是葡萄糖过量，或者中间补糖过多加上溶氧不足，致使有机酸大量积累而 pH 下降；消泡剂加得过多，它可被微生物当作碳源利用，导致 pH 下降；生理酸性物质的存在，如采用硫酸铵为氮源时，铵被利用，残留硫酸根，也会使 pH 下降。常见的生理酸性物质有 $(NH_4)_2SO_4$、$(NH_4)_2HPO_4$、$NH_4H_2PO_4$ 等，当其中的 NH_4^+ 被利用后，余下的 SO_4^{2-} 或 PO_4^{3-} 被利用或电离后，引起发酵液的 pH 下降。

2）引起发酵液 pH 上升的因素。培养基中碳、氮比例不当，氮源过多，当菌体生长到一定的阶段后，由于自身分泌的胞外蛋白酶，水解培养基中的蛋白质释放出氨基氮，从而使菌体内的氨基酸合成受阻，则 NH_4^+ 浓度增加，使 pH 上升；生理碱性物质存在，引起 pH 上升。常见的生理碱性物质有 $NaNO_3$、尿素和乙酸钠等，当其中的 NO_3^- 被利用后，使发酵液 pH 上升。中间补料氨水或尿素等碱性物质加入过多，在发酵后期或发酵异常，菌体大量死亡、自溶造成菌体内容物的溶出，导致发酵液的 pH 上升。

由于 pH 的高低对微生物的生长和代谢产物的合成产生明显的影响，在发酵工业中，维持最适 pH 已经成为生产成败的关键因素之一。

（2）最适 pH 的选择　选择最适的 pH 是获得最大比生产速率和产物高产量的原则，但最适的 pH 一般是根据实验结果来确定的。然后按发酵过程的不同阶段分别控制不同的 pH 范围，以得到合适的菌体量及产物的最高产量。例如，在生产柠檬酸中，黑曲霉菌体的最适生长 pH 为 3～7；而柠檬酸积累时最适 pH 为 2～3。发酵 pH 在 3.0 以上容易产生草酸，在 5.0 左右容易产生葡萄糖酸。在谷氨酸（GA）的发酵生产中，在中性和微碱性（pH7.0～8.0）积累谷氨酸，在酸性条件下（pH5.0～5.8）易形成谷氨酰胺和 *N*-乙酰谷氨酰胺。发酵前期 pH 偏高对生长不利，糖耗慢，发酵周期延长；反之，pH 偏低，菌体生长旺盛，糖耗快，不利于谷氨酸合成。但是前期 pH 偏高（7.5～8.0）对抑制杂菌有利，故控制发酵期 pH 在 7.5 左右。由于谷氨酸脱氢酶的最适 pH 为 7.0～7.2，氨基转移酶的最适 pH 为 7.2～7.4，控制发酵中后期的 pH 为 7.2 左右。又如，利福霉素 B 发酵时，最适 pH 为 7.0～7.5，如图 5-2 所示。当在 pH 为 7.0 时利福霉素 B 的平均得率系数达到最大值；在 pH6.5 时为最小。而在利福霉素 B 发酵的生产中 pH 为 7.0 时是最佳 pH。在此条件下葡萄糖的消耗能较好地保证合适的菌体量及产物合成的需求。试验证明，其生长阶段的 pH 控制在 6.5，而生产阶段的 pH 控制在 7.0，可使利福霉素 B 的总产率比单纯地将发酵 pH 控制在 7.0 时的产率高 14%。

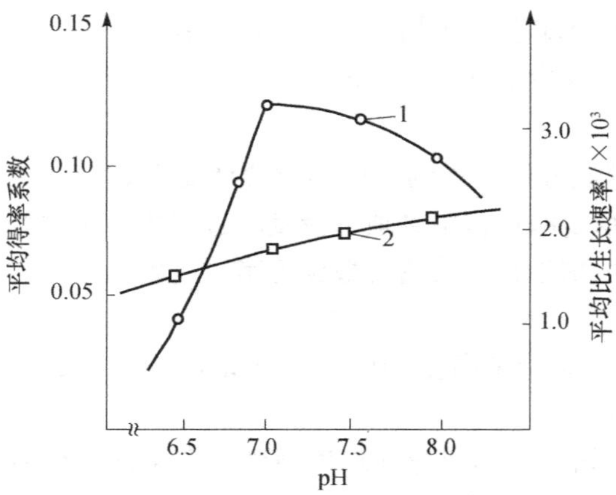

图 5-2　pH 对平均得率系数及平均比生长速率的影响（邱树毅，2009）
1. 平均得率系数；2. 平均比生长速率

在实际的发酵生产中认真了解微生物发酵的性能，通过多次的试验来确定所选择确定的最佳 pH，一般从以下几方面进行选择。

1）将发酵培养基调节成不同的初始 pH 进行发酵，在发酵过程中，定时测定和调节 pH，以分别维持初始 pH，或者利用缓冲液来配制培养基来维持。

2）观察菌体的生长情况，以菌体生长达到最高值的 pH 为菌体生长的合适 pH。

3）用同样的方法，可测得产物合成的合适 pH。

4）同一产品的合适 pH，与所用的菌种、培养基组成和培养条件有关。

5）在确定合适发酵 pH 时，不定期要考虑培养温度的影响，若温度升高或降低，合适 pH 也可能发生变动。

（3）pH 的检测（梁世中，2008）　发酵工业上常用 pH 传感器检测 pH，其多为复

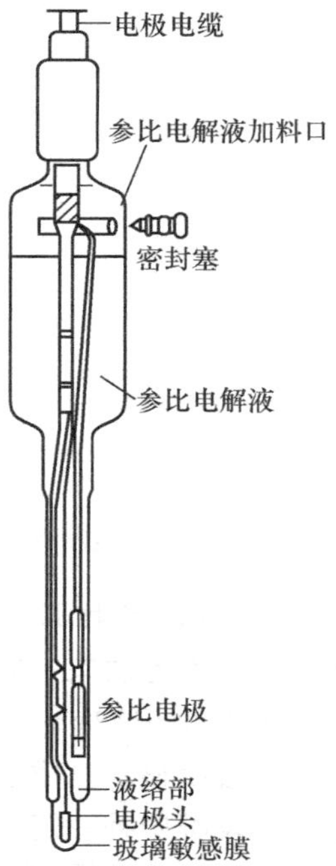

图 5-3　复合 pH 电极结构示意图（俞俊棠，2003）

合 pH 电极（图 5-3），具有结构紧凑、可蒸汽加热灭菌的优点。其由一个玻璃电极和参比电极组成，通过一个位于小的多孔塞上的液体接合点与培养基连接，多孔塞位于传感器的侧面。其工作原理是利用玻璃电极和参比电极浸泡于某一溶液时具有一定的电位，pH 电极测定原理如图 5-4 所示，其 pH 可表示为

$$pH = 0.43\frac{F(E_0 - E)}{RT} \tag{5-3}$$

式中，E_0 为标准电极电位，mv；E 为被测溶液的玻璃电极电位，mv；F 为法拉第常数；R 为气体常数，8.314J/(mol·K)；T 为热力学温度,℃。

由式（5-3）可知，pH 除受电极电位差（$E-E_0$）影响外，还受温度 T 的影响。又由图 5-4 所知，玻璃电极微孔敏感膜受蛋白质等大分子污染吸附，则影响膜的内外之间的质量传递，造成电极响应时间增加、零点漂移、斜率减少等现象。为避免这些现象，有以下两种措施：①经常用适当的溶剂冲洗电极，一般根据玻璃膜和连接处受不同污染类型进行清洗。例如，含有蛋白质的待测液，必须用蛋白酶溶液或盐酸进行浸泡；含有硫化物的待测液致使探头变黑，必须浸入尿素或盐酸；遇上脂类或其他有机待测液类型，必须使用丙酮或乙醇短时间冲刷。②遇上可能有固体物质沉降于膜表面，可提高搅拌转速或增大通气速率将其除去。电极的使用寿命取决于玻璃的化学性质，即使电极不使用，高温也会减少电极的使用寿命。实践证明如果电极连续地在 80℃下进行测量使用，其使用寿命会大大降低。

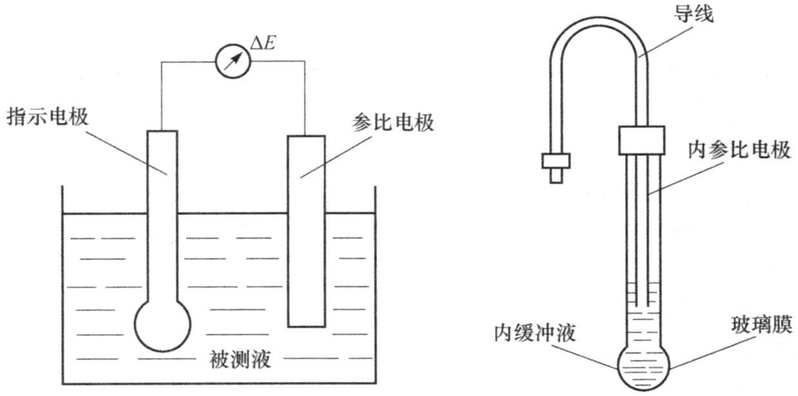

图 5-4　pH 电极测定原理（俞俊棠，2003）

通常使用 pH 电极时，需加装不锈钢保护套才能插入发酵罐中使用。pH 控制系统还具有温度补偿系统。由于电极随使用时间和高温灭菌而不断变化，在每批发酵灭菌操作前后用标准 pH 缓冲液进行标定校准。通常 pH 计的测定范围为 0～14，精度为±(0.05～0.1)，响应时间数秒至几十秒，灵敏度为 0.1。pH 控制系统示意图如图 5-5 所示。

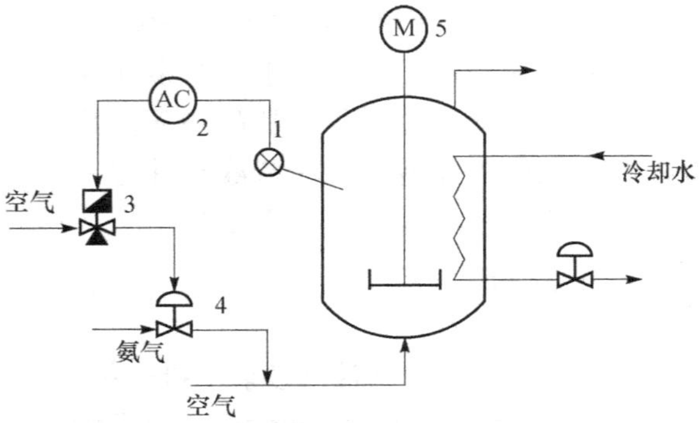

图 5-5　pH 控制系统示意图

1. 测量电极和变送器；2. 控制器（AC）；3. 空气开关；4. 启动开关阀门；5 电动机（M）

（4）pH 的控制　先了解各种类型的发酵过程中合适 pH 的要求及控制难易程度后，才采用各种方法来控制 pH。首先从基础培养基的配方考虑，使它们有个适当的配比，使发酵过程中的 pH 变化在合适的范围内。然后，通过加酸碱或中间补料来控制，特别是补料法效果比较明显，已成功地采用补料方法调节 pH。例如，氨基酸发酵采用流加尿素的方法；链霉素发酵中补一定量的氨控制 pH 的下降。采用补料法可以同时实现几个目的：①补充营养；②延长发酵周期；③调节 pH 和培养液的特性（如菌体浓度）等。例如，青霉素发酵中，按照生产菌的生理代谢需要，采用调节加糖速率来控制 pH，与用恒速加糖，pH 由加酸碱控制的方式相比，青霉素产量提高了 25%。

控制 pH 的方法通常有以下几种方法。

1）调节培养基中的原始 pH，或者加入缓冲溶液制成缓冲能力强、pH 变化不大的培养基。

2）可在反应过程中加入弱酸或弱碱进行 pH 的调节，进而合理地控制发酵条件，也可通过调整通风量来控制 pH。

3）进行补料，既调节了培养液的 pH，又可补充营养，增加培养液的浓度和减少阻遏作用，进一步提高产率。一般流加葡萄糖可降低 pH。

4）采用酸性铵盐作为氮源时，由于 NH_4^+ 被利用后，剩下的酸根会引起发酵液中的 pH 下降，在培养液中可加入碳酸钙来调节 pH。

5）根据 pH 的变化可用流加氨水的方法来调节，同时氨水也可作为氮源。

6）以尿素作为氮源进行流加调节 pH。

以上方法中流加尿素和流加氨水是国内普遍采用的一种方法。流加方式根据菌体生长、pH 变化、糖耗情况和发酵阶段等因素决定。例如，当菌体生长和耗糖均缓慢时要少量多次地流加尿素，避免 pH 过高影响菌体生长；当菌体生长和耗糖均较快时流加尿素可多些，使 pH 适当高些，以抑制生长；发酵后期，残糖很少，接近放罐时应尽量少加或不加尿素，以免造成浪费和增加氨基酸提取的难度。一般少量多次地流加尿素，可使 pH 较稳定，对发酵比较有利。流加氨水因氨水作用快，对 pH 的影响大，故应采用连续流加。

三、固态发酵检测与控制

固态发酵与液体发酵比较有其自身的特点。

1）固态发酵培养基中没有游离水的流动，适宜于水活度在 0.93～0.98 的微生物生长，限制了应用范围，同时也限制了某些杂菌的生长；

2）微生物从湿的固态基中吸收营养物，营养物浓度存在梯度，发酵不均匀，菌体的生长、对营养物的吸收和代谢产物的分泌存在不均匀；

3）培养系统涉及气、液、固三相，气相是连续的，而液相不是连续的；

4）接种量大，大于 10%；

5）空气通过固体层的阻力较小，能量消耗低；

6）使用固体原料，在发酵过程中，糖化和发酵过程同时进行，简化操作工序，节约能耗，高浓度底物可以产生高的产物浓度；

7）由于产物浓度高，提取工艺简单可控，没有大量有机废液产生，但提取物含有底物成分；

8）生产机械化程度较低，缺乏在线传感仪器，过程控制较困难。

由于固态发酵有上述特点，在固态发酵生产中，在堆积发酵中一般采用手持式的仪表对温度、水分、pH 等进行定时测量（但由于堆积时间较短，自动测量需要安装测量仪表，给工人的操作带来的负担比较大，建议不考虑自动测量），对发酵池内发酵时间长的也可以进行自动信号检测。

1. 固态发酵温度的控制

在发酵过程中，物料温度是一个动态的变量，必须随时监控物料温度。当不考虑物料与反应器壁的热交换时，微生物的生长和代谢活动所产生的代谢热是引起物料温度变化的内因，通风是引起物料温度变化的外因。从调节物料温度的角度来看，不仅通入发酵物料层的风量直接影响物料温度，通风的温度和湿度也直接影响物料温度。

固态发酵温度的控制目的主要分为 3 种类型：①仅控制微生物的生长，一方面保证有益微生物处于最佳生长温度，另一方面则是抑制杂菌生长；②既要考虑微生物的生长，又要考虑酶化反应速度；③控制酶化反应的速度。

固态发酵温度的控制方法主要依据固态发酵反应器的类型而定，一般有通风控温法、搅拌控温法、水浴夹套冷却法或数种方法同时使用。

在生产中，固态发酵温度的控制是分阶段的，基本上按照微生物的生长周期的需求来控制温度。在一定的培养阶段，物料温度呈波动性。在物料间隙翻拌操作情况下，目前的控温手段不可能使物料温度恒定。一般情况下，固态发酵物料在一定的温度范围内波动，对发酵不至于产生严重的影响。关键是要掌握好翻拌物料的时机及频度，避免物料处于超高温下的时间太长。

不同部位的物料，其温度很难做到均匀一致，在物料的上、中、下层，在堆积物料的中心层和外层，曲料在远离或靠近通风口的位置，物料温差在所难免。在控温手段上采用控制物料层及曲块大小厚薄、调整物料的位置、控制通风道的风速及流量等措施，尽可能降低温差。

2. 固态发酵温度控制的传统方法

（1）*季节性生产*　如酒曲、酿酒等传统固态发酵产品，一般没有完善的控温设备，基本选用合适的季节组织生产。例如，在温暖潮湿的夏季安排酒曲的培养，较有利于霉菌、细菌的生长；酿酒则常选择在秋季后不冷不热的天气，有利于酵母菌的生长和发酵，并避免细菌的滋生。

（2）日晒夜露法　此法也是一种自然传统的控温法，主要用于酱油或酱的发酵控温，这是由于酱油或酱的发酵主要是依靠酶的作用，酶解作用的速度和温度成一定的比例关系，一般情况下自然温度不会超过酶的失活温度。

（3）日光棚控温法　充分利用太阳光保温，利用太阳房保温，还能有效地防止环境对培养物的污染，具有防蝇及防尘作用。

（4）曲室的品温控制法　传统酒曲就是利用曲室的品温控制来控制生产的。在实际的生产中，往往允许曲坯温度在一定的范围内上下波动。在微生物生长阶段，曲坯因生物反应热的产生而升温，在曲坯内，热量通过传导方式由里向表面传递，并从曲坯表面向室内空气传递。通常温度的控制是开启门窗，通过对流方式来控制曲坯的温度保持在适宜的温度范围内。

（5）通风换气、翻料降温法　例如，传统的酒曲生产过程，微生物生长阶段，产生大量的热量，可适当开启门窗，使室内与室外进行空气交换，同时通过人工翻曲或机械翻曲等方法来控制曲坯的品温在适当的发酵温度。

（6）水浴控温法　现代中小型酱油厂和面酱厂的低盐固态发酵法通常就是采用水浴控温法。它的设备容器是钢筋混凝土水泥池和金属罐，一般在它们的容器外层设置有一循环温水输水隔水层，确保容器温度恒定。

3. 固态发酵的 pH、酸度的控制及测定

固态发酵物料中可流动的液态水很少，物料的 pH 大多是自然 pH，一般在发酵中是要根据微生物菌种和当地水质情况，再通过实验确定其发酵物料的 pH。例如，红曲发酵物料，因为红曲菌是嗜酸菌，在拌料时，先在水中加入弱酸（如乙酸或乳酸）调节拌料水的 pH，然后再用此水来拌料。

固态物料 pH 的测定，据国外资料显示，取一份固态物料，加入 3 倍其质量的水，浸泡 5min 后，用 pH 电极测量浸取液的 pH；我国有些公司是取一份固态物料，加入 10 倍其质量的水，浸泡 10min 后，再测量浸取液的 pH。

在固态发酵过程中，由于微生物的生长、代谢，会产生一定量的有机酸，微生物菌种及生产工艺不同，发酵醪醅的酸度也不同，而且差别很大。有的厂家选用碱性摊晾地面、碱性窖池及蒸酸等手段来控制其酸度。酸度是指导和衡量固态发酵的一项重要指标，一般用酸碱滴定法进行检测。

四、生物传感器的在线检测

1. 概述

生物传感器是用生物活性材料（如酶、蛋白质、DNA、抗体、抗原、生物膜等）与物理化学换能器有机结合的一门交叉学科。它是发展生物技术必不可少的一种先进的检测与监控方法，也是对物质在分子水平上进行快速和微量分析的方法。它不同于一般的在线传感器，它对发酵过程中的生物量、基质和产物浓度等信息的监测和控制是按动力学对发酵过程进行优化而设计的直接获取信息数据的传感器，意义十分重要，使技术人员可以很迅速地直接地了解到发酵过程情况，从而对其加以严格控制。

生物传感器的出现始于 20 世纪 60 年代。1962 年，Clark 等报道了用葡萄糖氧化酶与氧电极组合检测葡萄糖的结果，可认为是最早提出了生物传感器（酶传感器）的原理。1967年，Updike 等实现了酶的固定化技术，成功研制了酶电极，这被认为是世界上第一个生物传感器。20 世纪 70 年代中后期，生物传感器技术的成功主要集中在对生物活性物质的探索、活性物质的固定化技术、生物电信息的转换及生物传感器等的研究，并获得了较快的进展。例如，Divies 首先提出用固定化细胞与氧电极配合，组成可对醇类进行检测的所谓“微生物电极”。1977 年，铃木周一等做了关于对生物需氧量（BOD）进行快速测定的微生物传感器的报告，并在微生物传感器对发酵过程的控制等方面作了详细报道，正式提出了对生物传感器的命名。

各种生物传感器有共同的结构，包括一种或数种相关生物活性材料（生物膜）及能把生物活性表达的信号转换为电信号的物理或化学换能器（传感器），两者组合在一起，用现代微电子和自动化仪表技术进行生物信号的再加工，构成各种可以使用的生物传感器分析装置、仪器和系统。

生物传感器有如下特点。

1）采用固定化生物活性物质作催化剂，价值昂贵的试剂可以重复多次使用，克服了过去酶法分析试剂费用高和化学分析繁琐、复杂的缺点；

2）根据生物反应的特异性和多样性，理论上可以制成测定所有生物物质的传感器，因而测定范围广泛；

3）一般不需进行样品的预处理，它利用本身具备的优异选择性把样品中被测组分的分离和检测统一为一体，测定时一般不需另加其他试剂，使测定过程简便迅速，可以在 1min 得到结果，容易实现自动分析；

4）体积小、响应快、样品用量少，可以实现连续在线检测；

5）准确度高，一般相对误差可在 1%以内；

6）可进行活体分析，专一性强，只对特定的底物起反应，而且不受颜色、浊度的影响；

7）传感器连同测定仪的成本远低于大型的分析仪，因而便于推广普及；

8）有的生物传感器能可靠地指示微生物培养系统内的供氧状况和副产物的产生，能得到许多复杂的物理化学传感器综合作用才能获得的信息，同时它们还指明了增加产物得率的方向。

生物传感器的种类较多，分类方式主要有如下 3 种。

1）按照其感受器中所采用的生命物质分类，可分为微生物传感器、免疫传感器、组织传感器、细胞传感器、酶传感器、DNA 传感器等。

2）按照传感器器件检测的原理分类，可分为热敏生物传感器、场效应管生物传感器、压电生物传感器、光学生物传感器、声波道生物传感器、酶电极生物传感器。

3）按照生物敏感物质相互作用的类型分类，可分为亲和型和代谢型两种。

2. 生物传感器工作原理

生物传感器的电极可分成酶电极、微生物电极、免疫敏电极及其他生物化学电极，它们是由固定化的生物活性材料（如酶、微生物、生物组织、抗体、抗原）和适当的换能器件联合构成，后者把生化反应信号转换成可定量的检测信号，其原理结构示意图如图 5-6 所示。

在实际的生产中是待测物质经扩散作用进入生物活性材料，经分子识别机构而发生生物学作用，产生的信息（如光、热、音等）被相应的信号转换器变为可定量和处理的电信号，

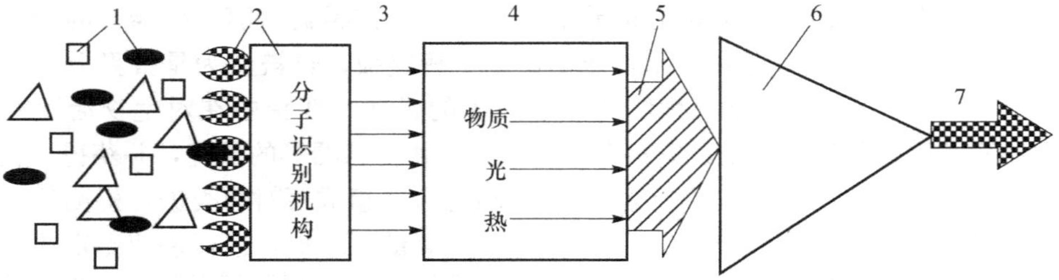

图 5-6　生物传感器的原理结构示意图（梁世中，2002）

1. 待测物质；2. 生物功能材料；3. 生物反应信息；4. 换能器件；5. 电信号；6. 信号放大；7. 输出信号

再经二次仪表放大并输出，用电极测定其电流值或电压值，从而换算出被测物质的量或浓度。至于所用的换能器件，有各类的电化学电极、热敏电阻、离子敏感场效应管、光纤和压电晶体等。表 5-4 列举了主要的生物活性功能性材料及组成的分子识别元件，表 5-5 则为各种相关的生物化学反应及其换能器件。

表 5-4　生物活性功能性材料及组成的分子识别元件

生物活性功能性材料	分子识别元件	生物活性功能性材料	分子识别元件
固定化酶类	酶膜	线粒体、叶绿体	细胞器官膜
微生物及动、植物细胞	细胞膜	抗体、抗原、酶标抗原	免疫功能膜
动、植物组织	组织膜		

表 5-5　各类生物化学反应及其换能器件

生物化学反应	相应的换能器件	生物化学反应	相应的换能器件
离子变化	电流型或电位型离子选择性电极（ion-selective electrode，ISE）、阻抗计	色效应	光纤、光敏管
质子变化	ISE、场效应晶体管	质量变化	压电晶体
气体分压变化	气敏电极、场效应晶体管	电荷密度变化	阻抗计、场效应晶体管
热效应	热敏电阻	溶液密度改变	表面等离子共振器
光效应	光纤、光敏管、荧光计等		

由上述原理可知，可以制成各式各样的生化物质的生物传感器，并不需要添加化学反应试剂，检测方便、快速，而且可自动控制和在线检测。但值得注意的是，由于实际操作大多处于无菌操作中，生产上需要高温加热灭菌，生物活性材料不能耐高温，加热要特别小心谨慎。

另外，电信号产生方式分为直接产生电信号方式和间接产生电信号方式两种。直接产生电信号方式可以使酶反应伴随的电子转移、微生物细胞的氧化直接（或通过电子递体的作用）在电极表面上发生，根据所得的电流量即可得底物浓度。而间接产生电信号方式，如第一种是将化学变化转变成电信号，以酶传感器为例，酶催化特定底物发生反应，从而使特定生成物的量有所增减。用能把这类物质的量的改变转换为电信号的装置和固定化酶耦合，即组成酶传感器，常用转换装置有氧电极、过氧化氢。第二种是将热变化转换成电信号，固定化的生物材料与相应的被测物作用时常伴有热的变化。例如，大多数酶反应的焓变化量为 25～100kJ/mol。这类生物传感器的工作原理是把反应的热效应借热敏电阻转换为阻值的变化，后者通过有放大器的电桥输入到记录仪中。第三种是将光信号转变为电信号。例如，过氧化氢酶能催化过氧化氢-鲁米诺体系发光，因此如设法将过氧化氢酶膜附着在光纤或光敏二极管的前端，再和光电流测定装置相连，即可测定过氧化氢含量。还有很多细菌能与特定底物发生反应，产生荧光，也可以用这种方法测定底物浓度。上述三个原理的生物传感器共同点都是将分子识别元件中的生物敏感物质与待测物发生化学反应，将反应后所产生的化学或物理变化再通过换能器件转变为电信号进行测量。

3. 生物传感器的应用

目前，生物传感器应用较多的是在医疗、医药、生物工程、环境保护、食品、农业、畜牧等与生命科学关系密切的一些领域。随着社会的进一步信息化，生物传感器必将获得越来越广泛的应用。这里只重点介绍生物传感器在微生物发酵过程检测上的应用。

微生物发酵生产过程中需要检测的参数有基质浓度、细胞浓度、溶氧浓度、pH、产物浓度及描述细胞特性的胞内 pH、RNA、DNA、ATP、NADP 等。这些参数用传统的检测方法不能作为发酵罐直接联结的在线检测。例如，细胞浓度检测的传统方法是血球计数板法，加上染色处理，在显微镜下利用操作人员眼睛观察便可判别活细胞和死细胞的比例，其结果较准，但费时；发酵中葡萄糖测定，过去用操作繁琐、时间长的还原糖方法只能近似地估计葡萄糖的变化，因此不能在线检测，及时反映发酵生产情况。

基于人工检测上述参数方法的工作原理，研究设计了相应的微生物发酵生产中的生物传感器，便于进行在线检测，及时预测发酵情况。例如，细胞浓度检测利用流动式细胞计数仪，可缩短时间，及时反映和观察发酵中细胞的情况。发酵中葡萄糖的测定采用快速而准确的固定化酶的测定方法，发酵中可根据糖消耗确定微生物的生长速率，观察是否染菌，随时与产物的产生一起估算转化率，确定补料效果和及时判断发酵结束的时间，发酵过程或设备异常现象通过葡萄糖分析得到及时预报。谷氨酸发酵液的分析，在谷氨酸发酵中，随时跟踪目标产物的产生，快速获得主控参数的变化信息，先进的分析方法使分析时间缩短了几十倍。在发酵前期及时知道产酸的时间；在发酵中期可根据谷氨酸产生速率，预知最终的产量，并获得补氨是否均匀的信息；在发酵后期，可根据谷氨酸产生速率变慢情况确定放罐时间和今后配料的调整等。目前，在发酵生产中研发的生物传感器的例子如表 5-6 所示（梁世中，2002）。

表 5-6　微生物发酵中生物传感器

检测物质		检测用的生物传感器及换能器件
糖类	葡萄糖	酶电极（葡萄糖氧化酶）和氧电极
		微生物电极
	蔗糖	酶电极（蔗糖酶、葡萄糖氧化酶）和氧电极
	麦芽糖	酶电极（葡萄糖淀粉酶、葡萄糖氧化酶）
	半乳糖	酶电极（半乳糖酶）
	乳糖	酶电极（半乳糖酶、葡萄糖氧化酶）
有机酸	乳酸	酶电极（乳酸氧化酶）和氧电极或过氧化氢电极
	丙酮酸	酶电极（丙酮酸氧化酶）和氧电极
	草酰乙酸	酶电极（草酰乙酸脱羧酶）和 CO_2 电极
	乙酸	微生物电极（酵母）和酶电极
	蚁酸	微生物电极（柠檬酸细菌）和氧电极

续表

检测物质		检测用的生物传感器及换能器件
醇	乙醇	酶电极（乙醇脱氢酶）和氧电极或过氧化氢电极*
		酶电极（乙醇氧化酶）和氧电极或过氧化氢电极*
		微生物电极（酵母）和氧电极**
氨基酸	L-氨基酸	酶电极（L-氨基酸氧化酶）和氧电极或过氧化氢电极***
		酶电极（脱氢酶）和氧电极
		酶电极（脱羧酶）和 CO_2 电极
	谷氨酸	微生物电极（大肠杆菌）和 CO_2 电极
抗生素	青霉素	酶电极（青霉素酶或 β-内酰胺酶）和 pH 电极
	头孢菌素	微生物电极（柠檬酸菌）和复合型玻璃电极
其他	生物需氧量（BOD）	微生物电极（酵母）和氧电极
	甲烷	微生物电极（甲烷氧化菌）和氧电极
	氨	微生物电极（硝化菌）和氧电极
	亚硝酸盐	微生物电极（亚硝酸氧化菌）和氧电极

注：* 选择性欠佳，可用特殊的选择性膜联合解决；** 稳定性较好；*** 选择性较差。

微生物传感器的特点：适合发酵体系；微生物的菌株价格低；其细胞内酶的活性因细胞增殖而再生，寿命长；适合完成需要辅助因子的复杂连续反应；但由于发酵生产的特殊性，其干扰较酶传感器严重。

微生物传感器工作原理分为两类：一类是利用微生物在同化底物时消耗氧的呼吸作用；另一类是利用不同的微生物含有不同的酶。

好氧微生物在繁殖时需消耗大量的氧，可以氧浓度的变化来观察微生物与底物的反应情况。

装置：由合适的微生物电极和氧电极组成。

原理：利用微生物的同化作用耗氧，通过测量氧电极电流的变化量来测量氧气的减少量，从而达到测量底物浓度的目的，详见图 5-7 所示。

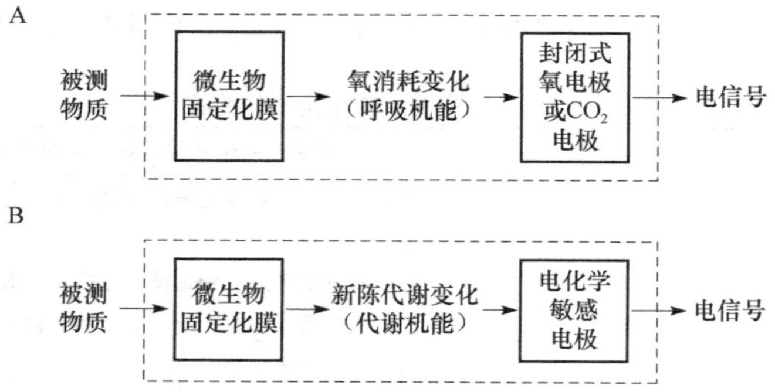

图 5-7　微生物传感器工作原理

A. 呼吸机能型；B. 代谢机能型

呼吸测定型微生物电极是利用微生物呼吸作用消耗氧或产生 CO_2，进而用氧电极或 CO_2 电极进行检测，它们的浓度改变与待测物质浓度有相应的关系，由此可实现该物质的测定。例如，利用氧电极可把活的微生物细胞固定在胶原膜中，再把此膜附在复膜式氧电极的透气膜上，即构成此类微生物传感器，如图 5-8 所示。当把此传感器插入待检料液中，待测定的有机酸即向微生物膜扩散并被微生物活细胞摄取，呼吸速率增大，耗氧量上升，此变化被氧电极检测，因而便可检测出有机酸的浓度。

代谢产物测定型微生物传感器的原理是微生物活细胞使有机物代谢生成相应的代谢产物，后者能使电极产生响应，或者与电极反应，如图 5-9 所示。在此装置中常用的电化学反应装置一般是燃料电池型电极、离子型电极或 CO_2 电极。例如，将产生氢的微生物固定在琼脂凝胶膜上，把它装在燃料电池中，后者的阳电极用铂电极，阴电极用过氧化银电极，电解液用 0.1mol/L 的磷酸缓冲液。若把此传感器置于被测物料中，有机物向微生物活细胞层扩散，细胞代谢产生的氢向燃料电池的阳极扩散，最后被氧化产生电流。此电流的值与电极上反应的氢气量成正比，由此可测出所需测定的有机酸的浓度。

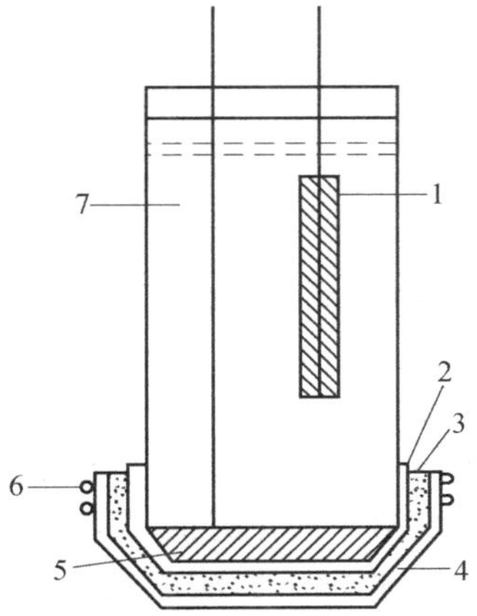

图 5-8　呼吸测定型微生物传感器结构示意图（梁世中，2002）

1. 铂电极；2. 2-聚四氟乙烯膜；3. 固定化微生物膜；4. 尼龙网；5. 铂电极；6. O 形环；7. 电解液

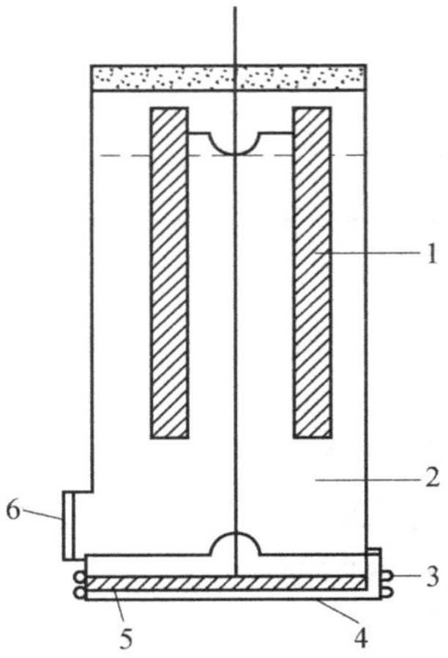

图 5-9　代谢产物测定型微生物传感器结构示意图（梁世中，2002）

1. 过氧化银电极；2. 电解液；3. O 形环；4. 铂电极；5. 固定化微生物膜；6. 阴离子交换膜

目前，据资料显示已经研究开发出多种类型的微生物传感器，其检测物质、使用的微生物细胞、电化学换能器及传感器的测定特性等详见表 5-7（梁世中，2002）。此表所列举的微生物传感器及其响应时间、使用寿命等性能，随着生物传感器研发的不断发展，种类已更多，其检测性能等也有不同程度的改进和提高。

表 5-7　微生物传感器的构成与性能

测定对象		微生物	电化学换能器	稳定工作周期/d	响应时间/min	测量的浓度范围
糖	葡萄糖	*P. fluoresens*	膜式 O_2 电极	>14	10	2～20mg/L
	转换糖	*B. lactofermentum*	膜式 O_2 电极	20	10	10～200mg/L
醇	甲醇	未固定菌	膜式 O_2 电极	30	10	5～20mg/L
	乙醇	—	膜式 O_2 电极	30	10	2～25mg/L
酸	乙酸	—	膜式 O_2 电极	20	10	3～60mg/L
	甲酸	*C. butycicum*	燃料电池	30	30	10～1000mg/L

续表

测定对象		微生物	电化学换能器	稳定工作周期/d	响应时间/min	测量的浓度范围
氨基酸	谷氨酸	*E. coli*	CO_2 电极	20	5	8～800mg/L
	赖氨酸	*E. coli*	CO_2 电极	14	5	10～100mg/L
	谷氨酸	*Sarcina flave*	NH_3 电极	14	5	20～100mg/L
	精氨酸	*S. faccium*	NH_3 电极	20	10	10～170mg/L
	天冬氨酸	*B. cacaveris*	NH_3 电极	10	5	0.5～90mg/L
抗生素	制霉菌素	*S. cerevsisac*	膜式 O_2 电极	—	60	1～54μg/mL
气体	氨	硝化细菌	膜式 O_2 电极	20	10	0.05～1.0mg/L
	甲烷	*Methylomanas flagellata*	膜式 O_2 电极	30	2	0.3～100mg/L
BOD		*Trichosporon cutaneum*	膜式 O_2 电极	30	15	3～60mg/L
菌体数			燃料电池	60	15	1×10^{8}～1×10^{9} 个/mL
烟酸		*Lactobacillus arabinosis*	pH 电极	60	60	1×10^{-5}～5mg/L
维生素 B_1		*Lactobacillus fermenti*	燃料电池	30	360	1×10^{-3}～1×10^{-2}mg/L

第二节　发酵过程杂菌污染防止和控制技术

大多数的发酵为生产菌纯种接种，当其他的微生物侵入了发酵系统，使发酵过程失去真正纯培养的意义时，即发酵染菌。发酵污染将会导致生产的一系列直接或间接的经济损失，造成大量原材料的浪费，菌种生产性能的衰退，菌种发生自溶，甚至造成“倒罐”及停产；降低设备利用率；染菌所产生的物质影响提取率，污染最终产品，影响产品外观及内在质量。据报道，国外抗生素发酵染菌率为2%～5%，国内青霉素发酵染菌率为2%，链霉素、红霉素、四环素发酵的染菌率为5%，谷氨酸发酵噬菌体感染率为1%～2%。染菌对发酵过程有重大的影响，进而影响到发酵产率、提取率、得率、产品质量、三废处理等。因此，防止染菌、染菌后及时采取各种措施有效处理是发酵工厂的重要工作。

一、发酵染菌及其原因分析

1. 种子培养和发酵的异常现象

发酵过程中的种子培养和发酵的异常现象是指发酵过程中某些物理参数、化学参数或生物参数发生与原有规律不同的改变，这些改变必然影响发酵水平，使生产蒙受损失。

(1) *种子培养异常*　　种子培养是发酵生产的第一环节，染菌后，菌体生长缓慢、菌丝结团、菌体老化、代谢不正常。一旦染菌将会给发酵带来很大的影响。因此，染菌后的种子液绝对不能用于接种。

(2) *发酵异常*　　发酵过程染菌主要表现为菌体生长差、pH过高或过低、溶解氧水平异常、泡沫过多、发酵液气味异常、不耗糖或耗糖速度异常快、目的产物浓度低。

2. 造成染菌的原因分析

导致发酵染菌的原因有很多，情况较为复杂，应及时找出染菌原因，认真分析原因，总结发酵染菌的经验，积极地采取防治措施，把杂菌消灭在发生之前，否则造成的后果不堪设想。造成发酵染菌的普遍原因详见表 5-8。

表 5-8　发酵染菌原因分析

发酵染菌类型		染菌原因
感染杂菌种类分析	污染耐热的芽孢杆菌	培养基或设备灭菌不彻底、操作问题、设备存在死角等
	污染不耐热的球菌、无芽孢杆菌等	种子带菌、空气过滤效果差、灭菌不彻底、无菌操作不当、设备渗漏等
	污染真菌	设备或冷却管的渗漏、无菌室灭菌不彻底、无菌操作不好、糖液灭菌不彻底或存放时间过长等
不同染菌时间分析	种子培养染菌	种子带菌、培养基或设备灭菌不彻底、接种操作不当或设备因素等
	发酵前期（初始阶段）	种子带菌、培养基或设备灭菌不彻底、接种操作不当或设备因素、无菌空气带菌等
	发酵中、后期	空气过滤不彻底、中间补料染菌、设备渗漏、泡沫顶盖及操作问题等
发酵染菌规模分析	个别发酵罐连续染菌	主要是设备渗漏
	部分发酵罐染菌	若是发酵前期可能是种子染菌、连消设备染菌；若是发酵后期可能是中间补料液带菌、补料管渗漏等
	大批发酵罐染菌	若是发酵前期可能是种子染菌、连消设备染菌；若是发酵中、后期且杂菌类型相同，可能是空气系统结构不合理、空气过滤介质失效等

二、染菌的检查和判断

发酵是纯培养过程，应以无菌试验的结果为依据判断。迅速判断染菌，并及时采取措施，是避免染菌造成严重损失的重要手段。因此，每个生产工序或经一定时间都应能准确、迅速地进行取样检查。无菌试验的目的：一是监测培养基、发酵罐及附属设备灭菌是否彻底；二是监测发酵过程中是否有杂菌从外界侵入，生产过程中是否存在染菌的隐患和死角。生产上常用的检查方法主要有显微镜检查法（镜检法）、肉汤培养检查法、平板划线检查法、发酵过程异常现象观察法等。

1. 显微镜检查法

用简单染色法或革兰氏染色法将样品染色后在显微镜下观察微生物的形态特征，根据生产菌与杂菌的不同特征来判断是否染菌，必要时还可进行芽孢染色和鞭毛染色。此法简单、直接，是最常用的检查方法之一。

2. 肉汤培养检查法

通常用配方为 0.3%牛肉膏、0.5%葡萄糖、0.5%NaCl、0.8%蛋白胨、0.4%酚红溶液，以溶液 pH 为 7.2 的葡萄糖酚红肉汤作为培养基，将其灭菌后在无菌操作下接入待检样品，然后分别于 37℃、27℃进行培养，随时观察微生物的生长情况，并取样镜检，判断是否有杂菌污染。此法用于检查培养基和无菌空气是否带细菌，同时此法也可用于噬菌体的检查。

3. 平板划线检查法

先将待检样品在无菌平板上划线，根据可能的污染类型分别于 37℃、27℃培养 24h 或 37℃培养 6h 下培养划线平板，即可进行镜检观察，检查是否有杂菌。对噬菌体的检查可用双层平板培养，这是一种普遍法。事前分别配制 2%和 1%琼脂的两种培养基，将 2%的培养基作底层，铺成平板待用，用生理盐水洗下生长旺盛的细菌斜面，配制菌悬液。取此 0.2mL 和被测定的噬菌体液或待检样品液 0.1mL 于试管中，加入冷却至 45℃的含 1%的琼脂培养基 3～4mL，混匀后立即倒在 2%的培养基平板上，保温培养 16～20h，如有噬菌体，在上层出现透明无细菌的圆形或近圆形空斑。

无菌试验时如果肉汤连续 3 次发生变色反应（红色→黄色）或产生混浊，或者平板培养连续 3 次发现有异常菌落的出现，即可判断为染菌；如现象不够明显，结合参数变化来判断。

4. 发酵过程异常现象观察法

发酵过程出现的异常现象，如溶解氧、pH、尾气中 CO_2 含量、发酵液黏度、发酵过程中泡沫、发酵液的颜色等的异常变化，均是产生污染的重要信息，可根据这些异常现象来判断污染与否。

第三节　消泡及消泡方法的选择

一、泡沫的形成及其对发酵的影响

泡沫是气体被分散在少量液体中的胶体体系，气液之间被一层液膜隔开，彼此不相连通。形成的泡沫有两种类型：一种是发酵液液面上的泡沫，气相所占的比例特别大，与液体有较明显的界限，如发酵前期的泡沫；另一种是发酵液中的泡沫，又称流态泡沫，分散在发酵液中，比较稳定，与液体之间无明显的界限。

发酵过程中形成气泡的主要原因，一方面是好氧发酵过程中在培养基中通入大量的无菌空气，此种气泡较大；另一方面是发酵过程中微生物代谢产生的 CO_2，其所形成的泡沫较小且较稳定，只有在代谢旺盛时才比较明显。泡沫的多少一方面与通风、搅拌的剧烈程度有关；另一方面与培养基所用原材料的性质有关，蛋白质原料（如蛋白胨、玉米浆、黄豆粉、酵母粉等）是主要的起泡因素。通常，培养基的配方中含蛋白质多，浓度高，黏度大，容易起泡，且泡沫多而持久稳定。水解不完全的多糖，糊精含量多，也容易引起泡沫的产生。在培养基中胶体物质多造成发酵液黏度大，更容易产生泡沫，如糖蜜原料与石油烃类原料，发泡能力特别强，泡沫多而持久稳定。此外，发酵过程中若污染杂菌而使发酵液黏度增加，导致发酵异常，也会产生大量的泡沫。

起泡的危害：一定数量的泡沫是正常现象，可以增加气液接触面积，导致氧传递速率增加；大量的泡沫引起许多负面作用。例如，①降低发酵罐的装料系数，减少发酵设备及原料的利用率；②体积溶氧传递系数减小，菌体呼吸受阻，导致代谢异常或菌体自溶；③影响菌群的非均一性，使其处在不同生长周期的微生物随泡沫飘浮，或者黏附在罐壁上，引起菌体的分化、变异，甚至自溶，影响菌群的整体质量；④造成大量逃液，导致发酵液在排气管及轴封处逃出，增大杂菌感染的机会；⑤严重时通气搅拌无法进行，菌体呼吸受到阻碍，导致代谢异常或菌体自溶；⑥消泡剂的添加将给提取工序带来困难。

二、泡沫的控制方法

泡沫的控制通常采用 3 种途径：①调整培养基中的成分（如少加或缓加易起泡的原料）或改变某些物理、化学参数（如 pH、温度、通气和搅拌），或者改变发酵工艺（如采用分次投料）来控制，以减少泡沫形成的机会。②采用菌种选育的方法，筛选不产生流态泡沫的菌种，来消除起泡的内在因素。③采用机械消泡或消泡剂消泡来消除已形成的泡沫。下面主要对机械消泡和消泡剂消泡两种方法进行介绍。

1. 机械消泡

机械消泡是一种靠机械强烈振动、压力的变化而使泡沫破裂的方法。其优点在于不需要引入外界物质，从而减少染菌的机会，节省原材料和不会增加下游工段的负担。但消泡效果不理想，不能从根本上消除泡沫成因，只作消泡的辅助方法。

机械消泡的方法主要有两大类：一类是在发酵罐内设置消泡装置将泡沫消除；另一类是将泡沫引到发酵罐外的消泡装置，将泡沫消除后，分离的发酵液再返回发酵罐内。

罐内消泡常有耙式消泡桨、流体吹入式消泡、气体吹入管内的吸引式消泡、冲击反射板消泡、碟片式消泡器等机械消泡方式及设备。其中较常用的为耙式消泡桨，直径一般为0.8～0.9倍罐径，如图5-10所示。

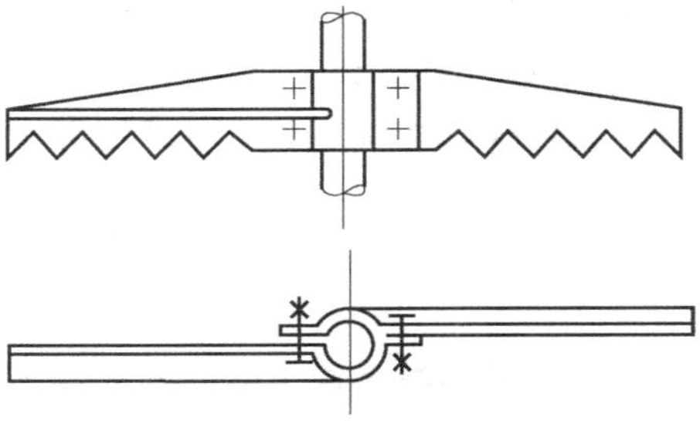

图 5-10　耙式消泡桨示意图

2. 消泡剂消泡

消泡剂消泡是在发酵罐中外加消泡剂使泡沫破灭的方法。其作用是降低泡沫液膜的机械强度或表面黏度，使泡沫破裂。其优点是来源广泛，消泡效果好，作用迅速可靠，尤其是合成消泡剂效率高，用量少，同时，在发酵罐中安装泡沫的液位控制装置后，可通过控制消沫剂的自控添加实现对泡沫量的自动控制。

根据消泡原理和发酵液的性质，发酵过程中使用的理想消泡剂必须具有以下特点：①具有较低的表面张力，消泡作用迅速，效率高；②具有一定的亲水性，在气液界面的扩散系数必须足够大；③具有持久的消泡或抑泡性能；④对发酵过程无毒，对人、畜无害；⑤不影响产物的提取和产品质量；⑥不影响氧的传递，不干扰溶解氧、pH等测定仪表的正常使用；⑦能耐高温、高压灭菌；⑧来源方便，成本低。

发酵工业中常用的消泡剂分为天然油脂类、聚醚类、高级醇类和硅树脂类4大类。其中以天然油脂类和聚醚类最为常用。

天然油脂类有玉米油、豆油、米糠油、棉籽油、鱼油和猪油等，它们除作消泡剂外，还可作为碳源。但消泡能力不强，对于不同的微生物发酵其消泡能力及对产物合成的能力也不相同。同时，需注意油脂的质量、新鲜度、所接触的金属离子的种类，以免微生物生长和产物合成受到抑制。消泡剂不能一次加入过多，否则，各种油脂会被脂肪酸酶分解成各种脂肪酸，造成发酵液的pH下降。过量的油脂也会抑制气泡的分散，影响氧的传质速率，使溶氧迅速下降。而且，油脂易氧化，氧化了的油脂对微生物的生长和代谢可能带来抑制作用。通常在豆油中添加0.1%～0.2% α-萘酚或萘胺等抗氧化剂可有效防止过氧化物的生成，消除它对发酵的不良影响。

聚醚类消泡剂的品种很多，主要有聚氧丙烯甘油（简称GP型）和聚氧丙烯氧化乙烯甘油醚（简称GPE型，俗称泡敌）。GP的亲水性差，在稀薄的发酵液中效果好于黏稠发酵液，抑泡性能比消泡能力强，适用于基础培养基中。GPE亲水性好，消泡能力强，作用快，但其溶解度也大，消泡活性维持时间较短，在黏稠发酵液中使用效果比在稀薄发酵液中更好。通常用量为0.03%左右。在实际生产中，可以考虑两者共同使用。十八醇是高级醇类中常用的一种消沫剂，它与冷榨猪油一起能有效控制青霉素发酵的泡沫。聚二醇具有消泡效果持久的特点，尤其适用于霉菌发酵。硅酮类消泡剂的代表是聚二甲基硅氧烷及其衍生物，不溶于水，单独使用效果很差，它常与分散剂一起使用，也可与水配成10%的纯硅酮乳液。这类消泡剂适用于微碱性的放线菌和细菌发酵。

消泡剂的消泡效果与它们在发酵液中的扩散能力有关。消泡剂的分散可借助于机械方法，也可借助某种称为载体或分散剂的物质，使消泡剂更易于分布均匀。消泡剂在应用中可通过下列方法来增效：消泡剂加载体可增效，载体一般为惰性液体，消泡剂应溶于载体或分散于载体中，如GP用豆油为载体提高其消泡效果；几种消泡剂并用可增效，如0.5%～3%硅酮，20%～30%植物油或矿物油，5%～10%聚乙醇二油酸酯，1%～4%多元醇脂肪酸酯与水组成的消泡剂，可增强消泡作用；消泡剂乳化可增效，如GP用Tween-80乳化具有增效作用，在庆大霉素和谷氨酸发酵中，其消泡能力可提高1～2倍。

第四节　发酵的自动控制

自动控制技术在工业、农业、国防和科学技术现代化中起着十分重要的作用，自动控制水平的高低也是衡量一个国家科学技术先进与否的重要标志之一。随着国民经济和国防建设的发展，自动控制技术的应用日益广泛，其作用也越来越显著。

生产过程自动控制（简称过程控制）是自动控制技术在石油、化工、电力、冶金、机械、轻工、纺织等生产过程的具体应用，是自动化技术的重要组成部分。利用自动控制装置构成的过程控制系统，可以在没有人直接参与的条件下，使这些工艺参数能自动按照预定的规律变化。过程控制系统与其他自动控制系统相比，有如下几个特点。

1）生产过程具有连续性，在过程控制系统中，大多数被控过程都是以长期的或间歇形式运行，在密闭的设备中被控变量不断地受到各种扰动的影响。

2）被控过程具有复杂性，过程控制涉及范围广，如生化过程的精馏塔、反应器；热工过程的换热器、锅炉等，不同的被控对象有不同的控制要求；被控对象较复杂，动态特性多为大惯性、大滞后形式，且具有非线性、分布参数和时变特性。

3）控制方案具有多样性，被控过程对象特性各异，工艺条件及要求不同，过程控制系统的控制方案非常丰富，包括常规比例-积分-微分（PID）控制、改进PID控制、串级控制、前馈-反馈控制、解耦控制；为满足特定要求而开发的比值控制、均匀控制、选择性控制、推断控制；新型控制系统，如模糊控制、预测控制、最优控制等。

过程控制的主要内容包括以下4个方面。

1）自动检测系统。利用各种检测仪表对工艺参数进行测量、指示或记录，如加热炉温度、压力检测。

2）自动信号和连锁保护系统。自动信号系统：当工艺参数超出要求范围，自动发出声光信号；连锁保护系统：达到危险状态，打开安全阀或切断某些通路，必要时紧急停车，如反应器温度、压力进入危险限时，加大冷却剂量或关闭进料阀。

3）自动操纵及自动开停车系统。自动操纵系统：根据预先规定的步骤自动地对生产设备进行某种周期性操作。例如，合成氨造气车间煤气发生炉，按吹风、上吹、下吹、吹净等步骤周期性地接通空气和水蒸气。自动开停车系统根据预先设定的程序自动开、停设备系统。

4）自动控制系统。利用自动控制装置对生产中某些关键性参数进行自动控制，使它们在受到外界扰动的影响而偏离正常状态时，能自动地回到规定范围。

自动控制系统的组成和工作原理与人体的构成和工作机制有很多相似之处：自动控制系统中有相当于人的感觉器官的传感器，有相当于人的大脑和神经系统的控制装置，也有相当于人的手、腿及其肌肉的执行机构。传感器用于检测指令信息、外界变化信息及被控对象的状态信息，并将其变换成电信号传给控制装置。控制装置则计算出被控对象的当前状态（称为被控量或系统的输出量）与所希望的状态（称为输入信号）之差，并根据这一偏差（称为误差信号）按一定规律产生出控制信号，然后经过放大，送给操作执行机构。操作执行机构用于驱动被控对象运动，直到它的状态达到所希望的状态为止。这种把系统的输出或系统的另外一些受控变量和系统的输入作比较后，形成的控制称为闭环控制或反馈控制。其简单构成如图 5-11 所示。

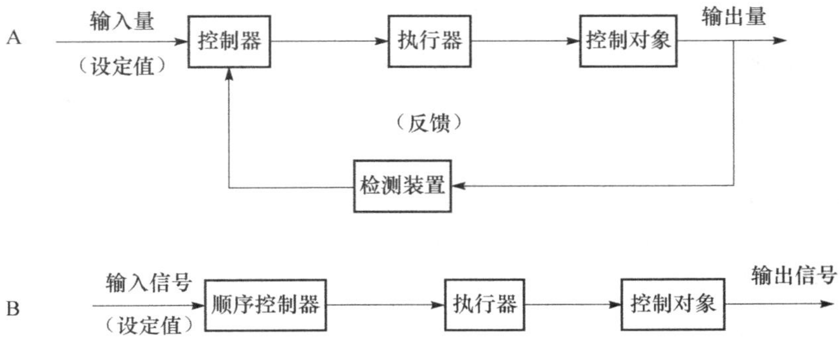

图 5-11　闭环（反馈）(A) 与开环 (B) 控制原理

发酵过程的自动控制就是根据对过程变量的有效测量及对过程变化规律的认识，借助于由传感器和计算机组成的控制系统，即操纵其中一些关键变量（如要求控制的温度、pH、生物量浓度等），经转换器转换成与其成线性关系的电压或电流，再经放大器放大后形成反馈信号，送入控制装置与给定值比较产生偏差信号，经调节元件放大调整，变成控制执行机构的电压或电流，最后由执行机构产生直接控制信号，去选择被控对象，选择如阀门的开、关，泵的开、停等的控制动作，使过程向着预定的目标发展。自动控制已经在谷氨酸、青霉素、啤酒等发酵生产中得到合理的应用，并取得了很好的经济效益。

一、发酵自动控制原理

发酵自动控制按系统功能分为温度控制系统、压力控制系统、位置控制系统、流量控制系统等；按系统性能分为线性系统和非线性系统、连续系统和离散系统、定常系统和时变系统；按被控变量的数量分为单变量控制系统和多变量控制系统；按采用的控制装置分为常规仪表控制系统、计算机控制系统；按控制系统基本结构形式分为闭环控制系统和开环控制系统。本书重点按控制系统基本结构形式进行介绍。

1. 开环控制系统

开环控制系统是指控制器与被控对象之间只有顺向控制而没有反向联系的控制系统。操纵变量可以通过控制对象去影响被控变量，但被控变量不会通过控制装置去影响操纵变量。从信号传递关系上看，未构成闭合回路，如图 5-12B 所示。一般按以下两种方式进行控制。

(1) 按设定值进行控制　　该控制方式的原理：需要控制的是被控对象中的被控变量，而测量的只是设定值，如图 5-12A 所示的换热器。换热器的工作原理是：冷物料与热载体（蒸汽）在换热器中进行热交换，使冷物料出口温度上升至工艺要求的数值。因此，系统中被控变量为冷物料出口温度，操纵变量为蒸汽流量。操纵变量与设定值保持一定的函数关系，当设定值变化时，操纵变量随之变化进而改变被控变量。图 5-12B 所示的是图 5-12A 中的控制装置。

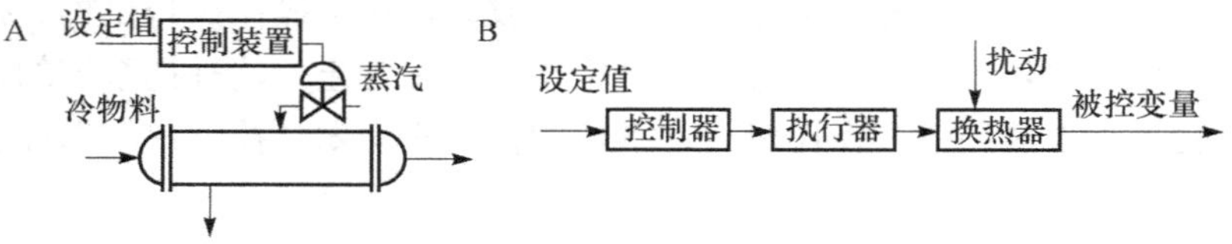

图 5-12　按设定值控制的开环控制系统示意图

(2) 按扰动进行控制　按扰动进行控制又称前馈控，控制方式的原理是需要控制的仍然是被控对象中的被控变量，而测量的是破坏系统正常进行的扰动量。利用扰动信号产生控制作用，以补偿扰动对被控变量的影响，故称按扰动进行控制，如图 5-13 所示（图 5-13B 所示的是图 5-13A 中的控制装置）。由于测量的是扰动量，这种控制方式只能对可测的扰动进行补偿。对于不可测扰动及对象，各功能部件内部参数的变化对被控变量造成的影响，系统自身无法控制。控制精度仍然受到原理上的限制。

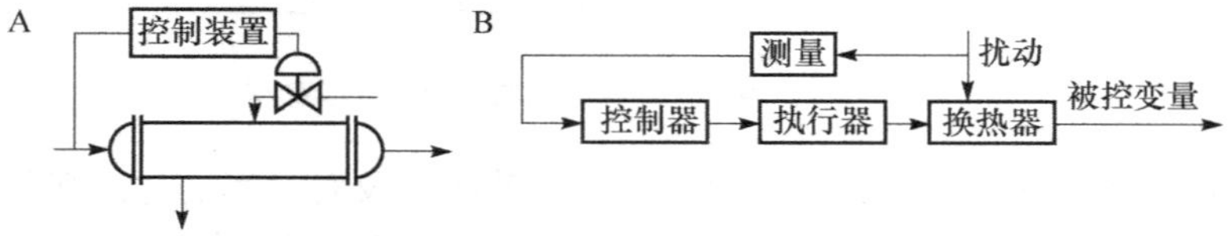

图 5-13　按扰动进行的控制系统示意图

由上述可知，此控制系统的性能好坏完全取决于发酵过程的动力学模型是否准确，动力学模型参数是否会因为过程的外部扰动或环境因子的变化而变化。动力学模型的准确度越高，此控制系统的性能就越好。一般情况下得到能够准确描述发酵过程特性的动力学模型是非常困难的，同时发酵过程又大都具有强力的时变性。因此，单独使用开环控制系统很难取得满意的控制效果。

2. 闭环控制系统

闭环控制系统，又称自动控制系统，是指控制器与被控对象之间既有顺向控制又有反向联系的双向控制系统。其基本的控制过程如图 5-14 所示。被控对象的输出量被传感器检测，以检测量 $y(t)$ 反馈到控制系统，控制器使之与设定值 $r(t)$ 进行比较，得出偏差 e，然后根

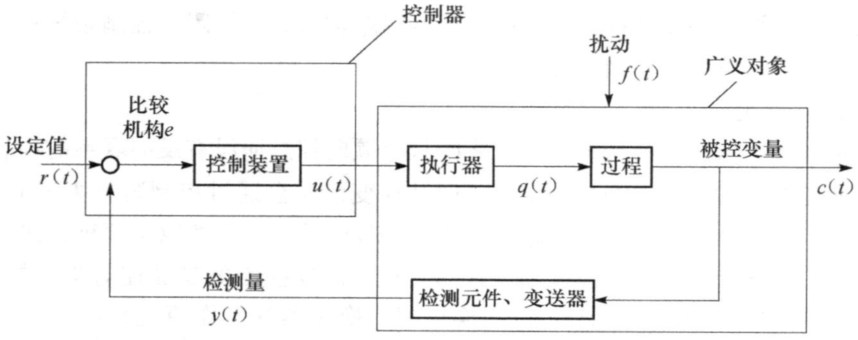

图 5-14　闭环控制系统组成

据某种控制算法对这一偏差 e 采取控制动作 $u(t)$。

在闭环控制系统中，根据设定值的不同形式，又可分为定值控制系统、随动控制系统和程序控制系统。

定值控制系统的特点是设定值是固定不变的，它的作用是保证在扰动作用下使被控变量始终保持在设定值上；随动控制系统的特点是设定值是一个未知的变化量，它的作用是保证在各种条件下系统的输出（被控变量）以一定的精度跟随设定值的变化而变化；而程序控制系统的特点是设定值是一个按一定时间程序变化的时间函数，它的作用和随动控制系统相同，如间歇生产过程中反应器的温度控制等都属于这类控制系统。程序控制系统可以看成是随动控制系统的特殊情况，其分析研究方法与随动控制系统相同。

闭环控制系统的优点是不管任何扰动引起被控变量偏离设定值，都会产生控制作用去克服被控变量与设定值的偏差。因此，闭环控制系统有较高的控制精度和较好的适应能力，其应用范围非常广泛。其缺点为闭环控制系统的控制作用只有在偏差出现后才产生，当系统的惯性滞后和纯滞后较大时，控制作用对扰动的克服不及时，从而使其控制质量大大降低。

发酵过程的计算机闭环控制系统如图 5-15 所示。在此控制系统中，计算机实现对被控对象进行检测与控制两方面内容。通过测量计算机得到生产过程的当前状态，以及系统按照输出的控制参数执行控制的效果。如果生产过程未处在理想状态，计算机就会输出一个控制的改变量使过程向着理想的状态方向变化。由于计算机只能输入、输出数字量，在作为控制装置使用时，必须通过转换器将数字量与电压、电流等模拟量量化。只要处理模型对发酵过程进行准确的描述，计算机从过程得到的各种输入均会很好地满足系统的精度要求，它的输出命令就都得到准确执行。

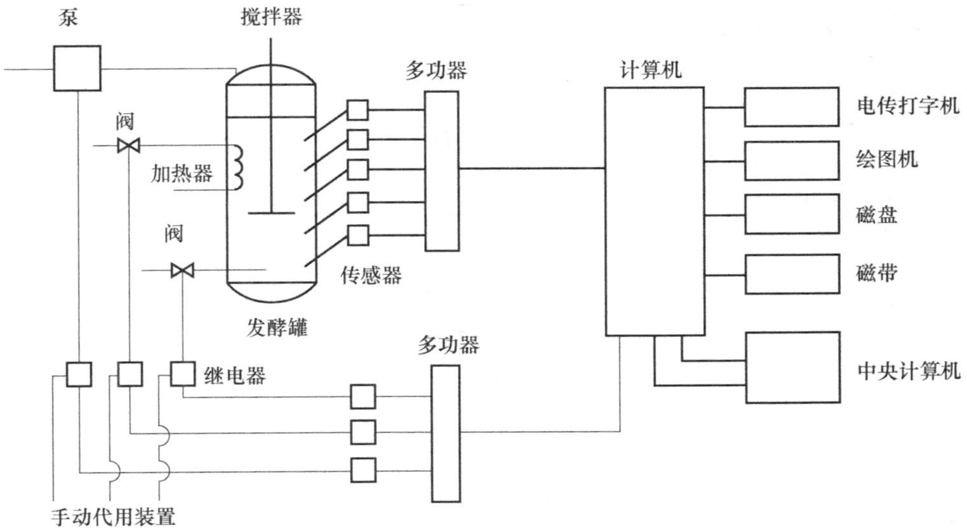

图 5-15　发酵过程的计算机闭环控制系统示意图（余龙江，2006）

二、发酵自动控制系统的硬件结构

发酵自动控制系统主要由传感器、变送器、执行机构、转换器、过程接口和监控计算机组成，其具体的配置如图 5-16 所示（贺小贤，2007）。

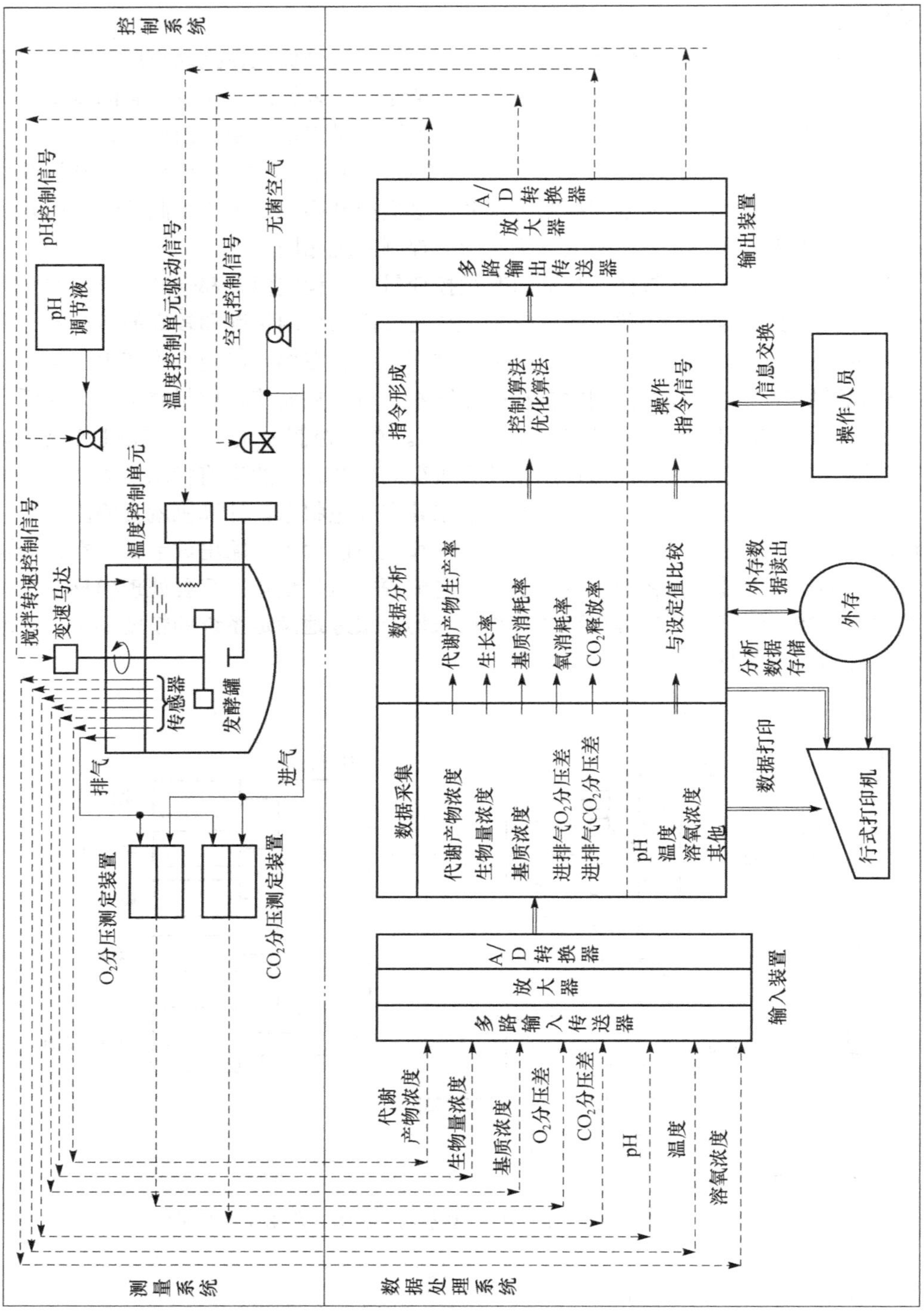

图 5-16　发酵过程自动控制的硬件配置结构示意图

1. 传感器

传感器是一种检测装置，能感受到被测量的信息，并能将检测感受到的信息按一定规律变换成为电信号或其他所需形式的信息输出，以满足信息的传输、处理、存储、显示、记录和控制等要求。传感器通常由敏感元件和转换元件组成。在工业现场应用并能输出标准信号的传感器称为变送器。常见的发酵传感器除按检测方式可分为离线和在线检测元件外，还可按测量原理分为力敏元件（如各种压敏元件、压差元件、速度与加速度元件等）、热敏元件（有测温元件及测热元件）、光敏元件（如光导纤维、光电管等）、磁敏元件、电化学传感器等。另外，目前研究和应用得较好的新型传感器——生物传感器能对发酵过程的一些重要的变量（如生物量、基质、产物浓度等）进行检测。

2. 变送器

变送器是指将非标准电信号转换为标准电信号的仪器装置，即把传感器采集到的微弱的电信号放大以便转送或启动控制元件，或者将传感器输入的非电量转换成电信号同时放大以便供远方测量和控制的信号源。根据需要还可将模拟量变换为数字量。传感器和变送器一同构成自动控制的监测信号源。不同的物理量需要不同的传感器和相应的变送器。

3. 执行机构和转换器

执行机构，也称执行器，是指根据控制器控制信号产生推力或位移的装置。其作用是接收控制器输出的控制信号，改变操纵变量，使生产过程按预定要求正常进行。现场有时就将执行器称为控制阀。直接实施控制动作的元件，如电磁阀、气动控制阀、电动调节阀、变速电机、步进电机、正位移泵、蠕动泵等，它反应于控制器输出的信号或操作者手动干预而改变的控制变量值。执行器可以是连续动作（如控制阀的开启位置、马达或泵的转速），也可以是间隙动作（如阀的开、关，泵或马达的开、停等）。与反应器物料直接接触的执行机构要具备无渗漏、无死角、能耐受高温蒸汽灭菌、便于精确计量等要求。

在计算机控制过程中，控制器的输入信号必须通过转换器 A/D 或 D/A 转换成数字当量，由数字当量产生与执行器连接的模拟输出信号来进行控制。A/D 转换器将解调器的电流转换成数字信号，其值被微处理器用来判定输入压力值。微处理器控制变送器的工作，另外，它进行传感器线性化，重置测量范围，工程单位换算、阻尼、开方，传感器微调等运算，以及诊断和数字通信。D/A 转换器把微处理器来的并经校正过的数字信号微调数据，可用变送器软件修改，数据储存在 EEPROM 内，即使断电也保存完整。

4. 过程接口

计算机如何与使用者互通信息，它又是怎样与生产过程连接的，这是使用者很关心的重要问题，一般根据计算机与不同的过程设备相连接情况可分为如下 5 种：①计算机与计算机的相连接口；②操作人员与计算机之间的接口；③计算机与操作人员之间的接口；④传感器与计算机的相连接口；⑤计算机与执行机构之间的接口。

通常情况下有 RS-232、RS423 或 IEEE488 接口的标准设备，也有计算机的通信网络。关于上述的第 2 种和第 3 种已经是标准接口，如键盘作为操作人员的命令输入。作为计算机的信息输出设备常用的有 CRT 显示屏、打印机、作图仪和多媒体技术。对于第 4 种和第 5 种的接口属于特有接口，有特殊的要求，详看具体的设备要求。为了避免接地，信号应当隔离输出。

5. 监控计算机

在工业发酵过程中的检测和控制中，采用的是条形记录仪及模拟控制器。但它们只能对直接检测变量（如温度、pH、溶氧等）进行记录，并描绘出变化曲线，而不能有效地测量不能直接测量的变量（如氧消耗率、基质的消耗率、比生长速率等）。而应用计算机和一些数字化仪表可以对这些间接变量进行较好地监控。监控计算机的作用就是采集和存储数据；用图形和列表方式显示存储的数据；对存储的数据进行各种处理和分析；和检测仪表及其他计算机系统进行通信；对模型及其参数进行辨识；实施复杂的控制算法。

监控计算机的选择应具有尽可能完善的功能，较低的成本，较高的可靠性，一定的升级能力，简单的运行要求和其他系统的通信能力等。

第五节　发酵过程的监测及控制典型案例

一、氨基酸发酵防止噬菌体污染技术

在氨基酸发酵生产中，时常发生噬菌体污染现象，发酵开始时，菌体生长良好，后来突然急剧减少，仅短短几个小时数吨的发酵液中的菌体全部被感染，不再积累产物，致使轻者减产，重则造成倒灌，甚至连续倒灌，造成严重的经济损失。

1. 严防活菌排放

严防活菌排放，即“切断噬菌体的粮源”。噬菌体是专一性的活菌寄主体，它不能脱离寄主而自行生长、繁殖，因此我们在生产上认真进行发酵罐、输液管等设备的灭菌，严格控制活体微生物，对跑液、分析或洗罐后所废弃的菌体要进行杀菌处理。例如，倒罐所排出的废液应加热80℃保温20min后灭菌处理才得排放，不让活的生产菌外排。

2. 清洁环境卫生

清洁环境卫生，即消灭噬菌体与杂菌。为了预防噬菌体的污染必须建立工厂环境卫生制度，定期消毒、清扫、冲刷；定期用消毒灭菌剂喷雾；在车间周围少堆东西，保持干净；路道用水泥铺成，便于清洁打扫。

3. 严防噬菌体进入种子罐和发酵罐

这一过程在生产上叫做“守住罐门”，种子培养主要是使微生物细胞生长与繁殖，所启用的培养基营养十分丰富，由于噬菌体的感染力非常强，很容易染菌，若将污染的种子带入发酵罐，则危害极大。一旦发现种子受到污染必须经灭菌后弃之，不能再接入发酵罐。种子带菌的原因主要有保藏的斜面试管菌种染菌、培养基和器具的灭菌不彻底、种子的转移和接种过程染菌及培养种子的设备染菌等。

在发酵阶段，工厂投产初期，噬菌体的感染概率较小，随着生产时间的延长，生产和试验过程中对生产废水、废气的处理不当，未经灭菌就将活菌体排放到环境中去，使环境中能感染此种生产菌的噬菌体大量生长、繁殖，增大了感染噬菌体的概率。一旦环境中有一定量的噬菌体，就极易感染。噬菌体体积小，能通过细菌过滤器，结构简单，繁殖速度快，对发酵的危害严重。在发酵过程中如果受噬菌体的侵染，一般发生溶菌，随之出现发

酵迟缓或停止，而且往往会反复连续感染，使生产无法进行，甚至会发生生产断种。

针对上述染菌原因，生产上常用以下措施加以防治。

(1) 种子的带菌防治

1) 严防种子带噬菌体。在制备种子时对砂土管、斜面、三角瓶和摇瓶均严格管理，防止杂菌的进入而受到污染。种子保存管的棉花塞应有一定的紧密度，且具有一定的长度，保存时的温度应相对稳定。

2) 种子室与发酵车间分开。在生产上便于好管理，发现问题及时得到处理，互相不受影响，因此种子室远离发酵车间。

3) 加强噬菌体管理工作。噬菌体的防治是一个系统工程，从培养基的制备、培养基的灭菌、种子培养、空气净化系统、环境卫生、设备管道、车间布局及操作责任心等许多方面，均加强分段管理才能做到根治噬菌体的侵害。

(2) 注重无菌操作

1) 加强种子无菌操作。首先根据生产工艺的要求和特点，建立相应的无菌室，严格控制无菌室的污染，交替使用各种灭菌手段对无菌室进行处理。除常用紫外线杀菌外，定时定期用甲醛、过氧化氢或高锰酸钾等灭菌剂进行灭菌处理。其次对菌种培养基或器具进行严格的灭菌处理。再次是种子和发酵工段的操作人员要严格执行无菌操作规程，防止噬菌体在菌种的保藏、转接、移种过程中被侵染。

2) 加强二级种子无菌操作。必须严格按照生产工艺操作规程的要求进行操作，转移接种时关窗，防止空气流动。

3) 消灭设备死角，定期检测设备。种子罐和发酵罐必须充分清洗灭菌，消灭死角，杜绝一切隐患，常保持清洁。充分利用噬菌体在热和酸性、碱性条件下容易失活的特性进行灭菌，生产场地定期配合使用漂白粉、阳离子表面活性剂和甲醛等药剂进行消毒灭菌。转接器皿用乙醇或新洁尔灭等进行消毒，排气时采用过锰酸钾或漂白粉等消毒。室内房间采用次氯酸钙烟雾剂或甲醛熏蒸，有效地杀死噬菌体。次氯酸钙烟雾剂按 28.3m^3 空间使用 1g 有效氯计算。另外，定期检测设备是否保持清洁干净。

(3) 净化空气

防治噬菌体的基本措施之一就是消灭或减少环境中的噬菌体。这是清除噬菌体赖以生存发展的条件。在氨基酸发酵中，因为需要大量的通气，所以必须高度注意空气带来的污染，要杜绝无菌空气带菌，就必须从空气的净化工艺和设备的设计、过滤介质的选用和装填、过滤介质的灭菌和管理等方面完善空气净化系统。

合理布置车间，尽量让空气净化系统远离发酵车间，加强生产环境的卫生管理，正确选择采风，如提高空压机房吸风口的位置，空压机房选择在上风口，提高空压机进口空气的洁净度。

设计合理的空气预处理工艺，保证空气干燥，要进行油水分离，防止空气冷却器漏水，冷却水进入空气系统。

设计安装合理的空气过滤器，空气进入发酵罐前应加分过滤器，防止过滤器失效，要层层保护。另外，选择除菌效果好的过滤介质，防止过滤介质被冲翻造成过滤层的空隙(俗称短路)，防止过滤介质装填不均而使空气走短路。当突然停止进气时，要防止发酵液倒流入空气过滤器。

4. 抑制罐内噬菌体的生长

抑制罐内噬菌体的生长，在发酵生产中称为罐内与噬菌体作战，分离使用抗性噬菌体菌种进行生产，这是常用的一种有效措施之一，选择出来的这种菌株的抗性虽然有可以遗传的相对稳定性，但又不是不可变异的，不能认为这是完全替代一切的防治措施，还必须配合基础消灭噬菌体的措施，防止适应抗性菌株的噬菌体发生和增殖，确保抗性噬菌体菌种能长期使用。

准备对噬菌体敏感性不同的多种生产菌株和对各型噬菌体的抗性菌株，常检测空气、环境、种子培养等各环节的噬菌体污染情况，对其进行预知，然后针对噬菌体侵染的高度专一性，轮换使用菌种进入生产。在轮换中应经常对噬菌体变化情况进行检测，确定轮换使用的有效性。

在发酵液中加入药剂抑制噬菌体或使之失活，如谷氨酸发酵可加 2～4mg/L 氯霉素等抗生素，抑制噬菌体蛋白质的合成；0.1％三聚磷酸钠，0.6％柠檬酸钠或铵等螯合剂，抑制噬菌体的吸附或阻断 DNA 的注入；Tween-60 等表面活性剂，作用于细菌表面，抑制噬菌体的吸附；*N*-脂酰氨基酸，能抑制噬菌体基因组的复制或子代噬菌体的成熟。

改变培养基成分防止噬菌体的溶菌，根据资料显示，发酵培养基中的二价金属离子浓度和铁离子浓度的高低与噬菌体的溶菌作用有着重大关系。钙离子、镁离子、锰离子等二价离子对氨基酸菌体的噬菌体有促进作用，但当铁离子和它们共存时，如铁离子的浓度比它们的浓度高，则可抑制噬菌体的增殖，而且铁离子对噬菌体抑制作用的有效浓度是随钙离子浓度的增加而增加的。

5. 污染噬菌体后的抢救措施

在现实的生产中污染噬菌体可采用如下措施进行抢救。

(1) 并罐法　利用噬菌体只能在生长阶段的细胞（即幼龄细胞）中繁殖的特点，将发酵正常并无杂菌感染，菌龄处于对数生长期之后的发酵液加入感染噬菌体的发酵液中，以等体积混合后再分开发酵。

(2) 轮换菌种或使用抗性菌株　在发酵的前期发现噬菌体，但不耗糖，立即停止搅拌，控制小通风量，降低 pH，立即培养抗菌种子或轮换菌种，培养好后接入发酵罐。如使用抗性菌株方法，并补充 1/3 量的不调 pH 的玉米浆；如使用的是轮换菌种方法，不加初尿（即发酵初期不加尿素），补充 30％～40％的不调 pH 的玉米浆，适当加磷、镁（1/3 正常量），如 pH 仍偏高，不开搅拌器，适当通风，至 pH 正常，OD 值增长后再开搅拌器正常发酵。

(3) 罐内灭菌　发现噬菌体立即停止搅拌，降低通风量，降低 pH，在罐内用夹层或冷却管加热至 70～80℃，并自顶盖计量器管道（或接种、加油管）内通入蒸汽，自排气口排出。因噬菌体不耐热，加热可杀死发酵液中的噬菌体，同时杀死发酵罐空间及管道内的噬菌体。冷却后如果 pH 过高，停止搅拌，控制小通风量，降低 pH，接入 2 倍量的原菌种，至 pH 正常后再开搅拌器。

(4) 放罐重消法　发现噬菌体，立即放罐，用盐酸或磷酸调 pH，补加 1/2 正常量的玉米浆和 1/3 正常量的水解糖，适当降低温度（不大于 105℃）重新灭菌，不加初尿，接入2%的种子继续发酵。

【案例分析】　氨基酸发酵是典型的代谢控制发酵，由发酵所生成的产物，都是微生物的中间代谢产物，它的积累是建立在对微生物正常代谢的抑制的基础上。在脱氧核糖核酸（DNA）的分子水平上改变、控制微生物的代谢，使有用产物大量生成、积累。

氨基酸发酵生产以发酵为主，发酵的好坏是整个生产的关键，为了防治噬菌体污染，一般采取先分析污染噬菌体的现象，早期预防，消灭或减少周围环境中的噬菌体；选用抗性菌株；利用噬菌体具有严格的寄主对象范围，采用不同菌种轮换；选择药物防治和改变培养基组成防治噬菌体等方法。实践证明，以上方法在氨基酸发酵中可获得较好的效果。

二、纯生啤酒生产过程的防止污染控制技术

纯生啤酒是指不经热处理灭菌，采用物理方法（低温膜过滤）除菌就能达到一定的生物稳定性的啤酒。因此，对酿造生产过程提出了更高的要求，除了制定合理的糖化工艺以保证啤酒过滤顺利进行以外，就是保证卫生状况，卫生管理是发酵过程中最重要的一项工作。

1. 冷却麦汁及麦汁输送管道的控制

啤酒发酵液中的有害微生物污染是从麦汁冷却开始的，因此在控制冷却麦汁微生物时，旋涡沉淀槽、薄板冷却器和麦汁输送管道每批使用前后用85℃以上的热水冲洗15～20min，每天或每罐用80℃，1%～3%的热碱水对麦汁输送管道循环杀菌20min，再用80℃以上热水冲洗干净。麦汁取样口在麦汁管道热水杀菌时必须开启以同时进行杀菌。

2. 接种酵母

对生产所用的酵母要进行严格管理，一般控制在1或2代，使用前要对酵母进行厌氧菌检测，检测符合卫生要求后，才可接入麦汁中。在生产上要注意接种酵母两方面的操作：一方面酵母扩大培养时要注意无菌空气的绝对无菌；在菌种扩培系统应配置良好的“就地清洗”（CIP清洗）系统；保持良好环境卫生和个人卫生；接种时保持严格的无菌操作。另一方面是酵母回收和添加时要注意回收酵母前将酵母储罐清洗干净；对酵母回收前后的管道、输送泵等进行清洗杀菌；尽量减少酵母添加次数，降低污染率。

3. 生产用气和用水的控制

啤酒厂生产用气主要有空气、氮气和CO_2气体等。麦汁充氧的空气须经过过滤处理成无菌空气，一般用金属膜过滤器和聚四氟乙烯膜过滤器等。发酵过滤所用于背压（背压是用于描述系统排出的流体在出口处或二次侧的压力，大于当地大气压）或添加的氮气和CO_2气体也需要过滤后达无菌才能启用。过滤器使用一段时间后必须进行分解拆洗，保证过滤器自身的卫生状况。定期对发酵、过滤工序的气体取样进行检测，及时发现问题及时进行处理，确保纯生啤酒的质量。

啤酒生产用水一般包括糖化投料水、无菌水、高浓度稀释水、酵母洗涤水、CIP清洗

水和清洁卫生用水。除清洁卫生用水之外，其他的用水必须满足相关的用水质量要求。例如，糖化投料水要求口感甘甜，无色无味，pH 为 6～7，总硬度小于 1.78mmol/L；其他的生产用水用反渗透处理无菌的脱氧水，定期对各个用水点进行微生物检测监控，发现有污染的地方及时进行 CIP 杀菌清洗。

4. 酿造设备的控制

酿造设备包括发酵罐、工艺管道、阀门等。发酵罐内表面要具有较高的光洁度，无卫生死角，容易清洗。工艺管道要使用内抛光的不锈钢管，采用双面氩弧焊焊接，无卫生死角。阀门采用卫生级阀门，尤其是取样阀，一般采用专门的纯生啤酒生产的取样阀，优点是它的每一个部位都能清洗到，无卫生死角。取样后要严格按照清洁规程对阀门和相关管道进行清洗。另外，使用防漏的双座阀和阀阵系统。

5. 操作控制

CIP 清洗系统操作以过滤机为界，发酵区分为未过滤区和已过滤区，根据卫生要求的不同，两者须严格分开，其 CIP 清洗系统独立运行，防止交叉污染。发酵及过滤时的管道或其他接触的设备必须进行浸泡杀菌清洗处理，过程中的取样阀、排污阀等设备须开启杀菌。管道跨接、辅助添加、取样等操作前，操作人员必须做好清洗消毒工作。

6. 样品取样检验

纯生啤酒取样检测量应多于普通啤酒生产微生物检测的量，取样时首先注意环境微生物的干扰，然后使用经过灭菌的取样瓶，取样人员的手用酒精棉球消毒杀菌，取样阀门采用火焰杀菌。

7. 环境卫生状况

环境卫生的污染主要指在添加酵母、添加稳定剂及连接管道等操作时受到污染，因此在进行以上操作时，要严格控制发酵室的空气的洁净度。发酵和过滤室应密封隔离，使用封闭性较好的门，在入口处设置缓冲间、灭蝇灯及消毒杀菌池，操作人员必须进行洗手、换工作服、经消毒杀菌池，方可进入操作间。定期检测生产现场环境的微生物状况。

8. 无菌灌装

要保证成品纯生啤酒无有害菌，仅通过酿造、无菌过滤工序是远远不够的，还必须通过无菌灌装工序才能满足产品的质量要求。无菌灌装的优点在于在不影响啤酒原有风味的前提下，能彻底地清除啤酒中的有害微生物，保证啤酒微生物的稳定性。目前，有两类无菌灌装系统：一类是使用蒸汽的无菌灌装系统，称为热处理法无菌灌装系统；另一类是不使用蒸汽，而使用杀菌剂的无菌灌装系统，称为冷处理法无菌灌装系统。

(1) 热处理法无菌灌装技术　　根据灌装机是否经过蒸汽灭菌处理的差异，可分为双蒸汽灌装系统和单蒸汽灌装系统。双蒸汽灌装系统是指冲瓶机和灌装机上均使用蒸汽的热处理法灌装系统；单蒸汽灌装系统是指只在冲瓶机上使用蒸汽的热处理法灌装系统。这里用蒸汽处理法，原因是蒸汽是唯一能够在 0.1MPa 的绝对压力下达 100℃的介质，它能够保证瓶子的整个内壁都保持高温。由于只是瓶子内壁处在高温状态下，而不是整个瓶子处于高温状态，这样就能在较短时间内除去细菌，且不用担心破瓶。

需要注意的是，在灌装期间要尽可能地避免造成二次污染，这是生产纯生啤酒的关键环节，如果环境能达到较高卫生要求，灭菌效果是令人满意的。

(2) 冷处理法无菌灌装技术　在冷处理法无菌灌装系统中是使用杀菌剂灭菌而不是使用蒸汽灭菌。因此，它要求整个的灌装系统环节的卫生状况非常高，在酒灌装以前除去所有细菌。目前生产上较理想的杀菌剂是浓度为 0.2mg/L 的二氧化氯溶液，它不仅能达到灭菌的效果，而且瓶内残留的二氧化氯能起到很好的保护作用，直至瓶子到冲瓶机，在冲瓶机上喷射水会将残留二氧化氯冲洗掉。

(3) 无菌灌装车间卫生规范　纯生啤酒能否成功地生产出，不仅取决于精良的设备、先进的工艺，还受到周围环境卫生情况的影响，这其中重中之重的是灌装车间。若忽视了环境卫生的影响，微生物的数量将会大大增加，造成以前的努力前功尽弃。因此，要建立良好的无菌灌装卫生规范，在洁净室、工作人员和设备等方面建立相应的卫生制度，加以约束，确保最终纯生啤酒的质量。

在生产纯生啤酒时对无菌灌装车间的建筑设计也有较高要求，以此来保障生产过程的清洁、清洗、消毒，从而达到生产的无菌操作。

【案例分析】　在纯生啤酒的生产中，除以上控制之外，还要加大操作人员无菌意识，应不断对企业员工进行必要的培训，提高员工的微生物意识和无菌意识，使其明白严格的无菌操作和后期微生物控制是啤酒企业的生命所在。

必须建立行之有效的卫生管理制度，在实际生产中认真贯彻执行，严格控制酿造污染，这是生产纯生啤酒的保证。纯生啤酒的卫生要求远远高于普通啤酒的要求。因此，纯生啤酒的生产是纯种酿造和有效控制污染的有机地结合。啤酒生产中的污染菌源主要有冷却麦汁及麦汁输送管道、接种酵母、生产用气和用水、酿造设备（如发酵罐等）、操作控制、样品取样检验、环境卫生状况、无菌灌装等方面。要使纯生啤酒生产得以顺利进行，必须对上述几个方面加以严格控制。

总之，纯生啤酒畅销是啤酒行业面临的巨大商机和严峻的挑战，啤酒企业务必从市场、质量、效益 3 方面考虑，在纯生啤酒的纯种酿造技术和控制后期污染上下工夫，保证产品质量，进一步促进企业发展。

三、啤酒生产自动控制系统

啤酒是属于现代酿造业，有着庞大的设备群体服务于整个生产过程。随着国内外技术交流的加快，国外啤酒生产中应用成熟的技术几乎落户我国，现代先进的技术和设备广泛应用于啤酒生产中。其中的微生物检测和整个的生产过程控制技术就是一项，使啤酒质量得到明显的提高。下面以某公司提供的现代控制技术，以啤酒生产过程的糖化工段和发酵工段为案例进行介绍，这两大过程对啤酒的产量和品质起着关键性作用。其具体控制如下。

1. 糖化过程控制

糖化车间自控系统需要实现自启动原料处理、大米粉碎、麦芽粉碎开始，完成粉碎、糊化、糖化、过滤、煮沸、澄清、冷却直至输送到发酵的全过程的自动控制；以及 CIP

系统、水系统、蒸汽系统、压缩空气系统、排糟系统等公用系统按照糖化工艺要求进行自动控制。同时，为保证安全生产，上位机提供报警系统软件包，从糖化生产的安全角度出发，提供安全连锁设置及异常状况报警设置。具体以糊化锅、糖化锅的控制进行案例分析。

糖化是一个非常复杂的生化过程，其中时间、温度、压力、流量等参数控制得是否恰当直接关系到啤酒生产的产量、质量和消耗。因此，现代啤酒企业基本上都实现了自控系统，无疑是解决问题的关键。其中在糊化锅、糖化锅的控制中具体包括糊化与糖化温度控制，液位控制，搅拌电机转速控制，给水温度控制，加热蒸汽压力检测，分醪与并醪过程控制，醪液流程顺序控制，糊化锅防溢锅控制，自动冲洗、排污控制等，如图 5-17 所示。再以糊化与糖化温度控制加以分析。

关键工艺参数必须控制得当，否则难以保证啤酒质量，在糊化和糖化中的关键点控制有以下两种。

(1) 投料水控制　此为简单的单回路调节，一次元件采用反应迅速的铠装铂热电阻，它能迅速反应冷热水混合后的温度，通过可编程控制器 (PLC) 控制合流三通阀调节冷热水比例，能较好地完成温度控制。

(2) 糊化锅和糖化锅温度控制　糊化锅和糖化锅均采用蒸汽夹套式换热，通过蒸汽总管上的气动阀调节控制蒸汽流量，进而控制锅内醪液温度，另外锅内均有搅拌器确保物料和温度的分布均匀，此加热过程为积分过程，再加上锅的体积较大，温度纯滞后大，很难获得理想的温度控制曲线。采用增量型 PID 算式进行处理，获得较好的效果，其算式有如下两种：

$$U(k)=A\times E(k)-B\times E(k-1)+C\times E(k-2)$$

式中，$A=K(1+T_0/T_1+T_d/T_0)$；$B=Kc(1+2T_d/T_0)$；$C=Kc(T_d/T_0)$；$E(k)=Qr(k)-Q(k)$。

其中，$Qr(k)$ 为第 k 个采样周期给定温度值；$Q(k)$ 为第 k 个采样周期实测温度值。其控制框图如图 5-18 所示。

根据被控对象的特点，在 PID 算式上进行特殊处理：①系统在保温阶段 $Qr(k)$ 不变，采用比例、积分 (PI) 控制方式；②升温时采用 PID 算式；③折点提前关阀门；④对 $U(k)$ 和阀位输出进行限幅处理。通过实践证明采用微机自动化控制系统能够提高生产能力和效率，质量稳定，为企业带来巨大的经济效益。

2. 发酵过程控制

啤酒发酵过程控制是啤酒酿造过程的一个重要工艺控制环节，发酵过程控制得好坏直接影响到整罐啤酒的产品质量。其包括酵母扩培、麦汁冲氧、酵母添加、酵母回收、发酵温度控制、发酵液位控制、发酵压力控制、发酵冷却剂控制、洗涤控制等，如图 5-19 所示，在此以发酵罐温度的控制给予分析。

自动控制方式的确定是一项较复杂的工作，啤酒厂一般结合多方面的因素综合考虑，如资金投入、系统功能及可靠性、系统可扩充性和兼容性、控制效果等，目前较理想的有分布式控制系统 (DCS) 和现场总线控制系统 (FCS) 两种。系统下位机控制单元一般采用可编程控制器，上位机网络兼容性较高，对于发酵过程中各种工艺参数，如电 (气) 动

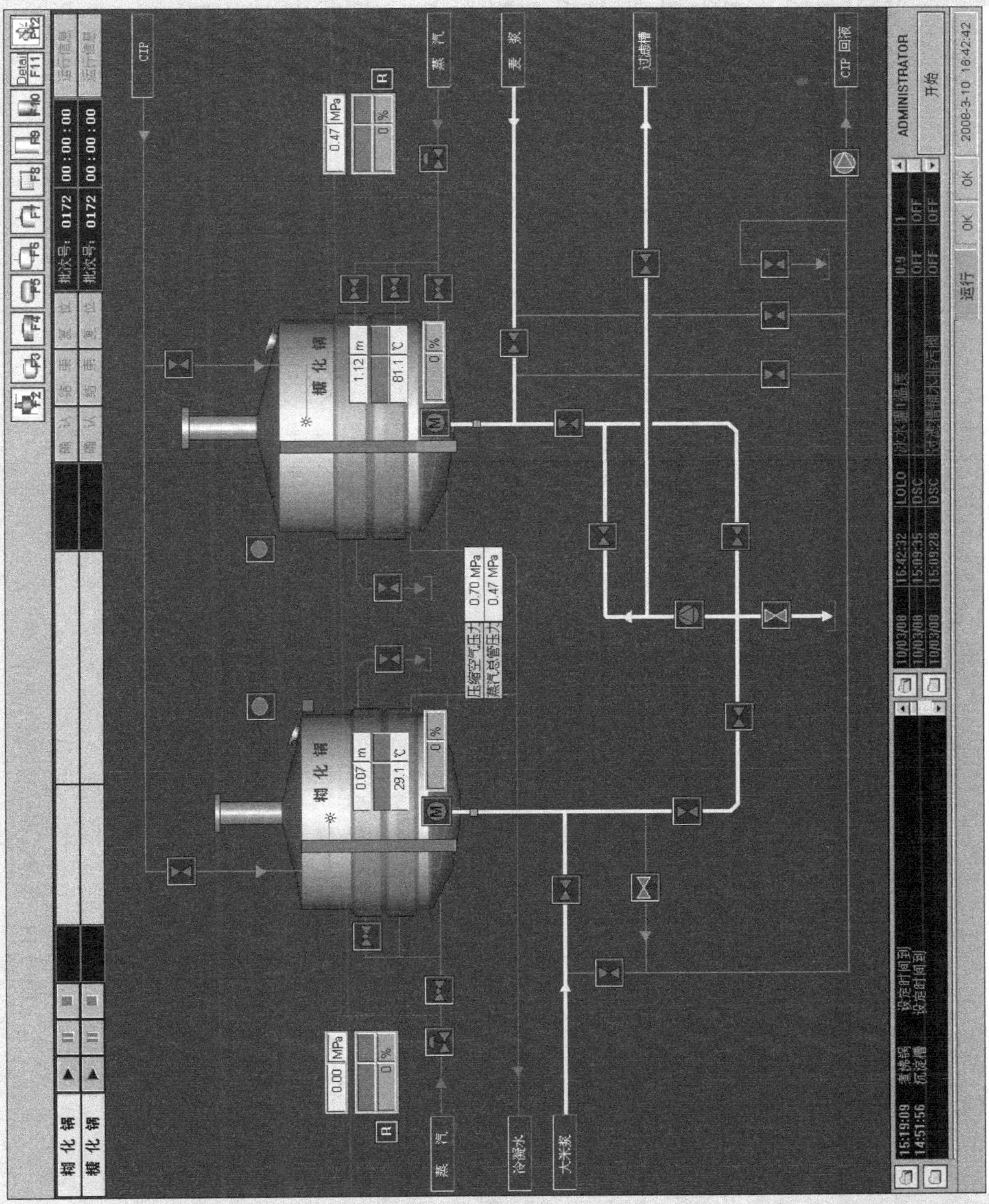

图 5-17　糊化锅和糖化锅的控制系统示意图

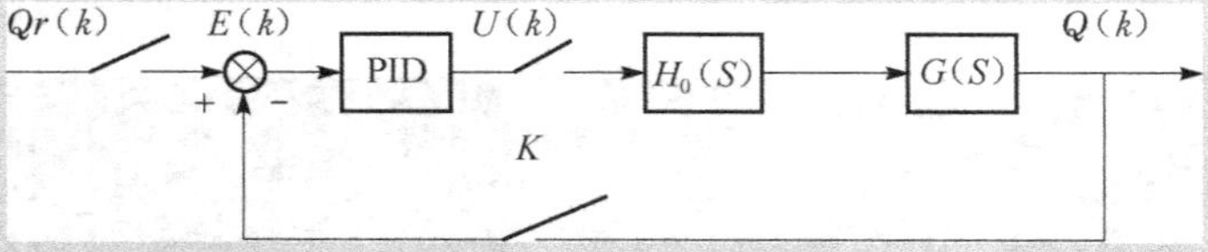

图 5-18　温度控制框图

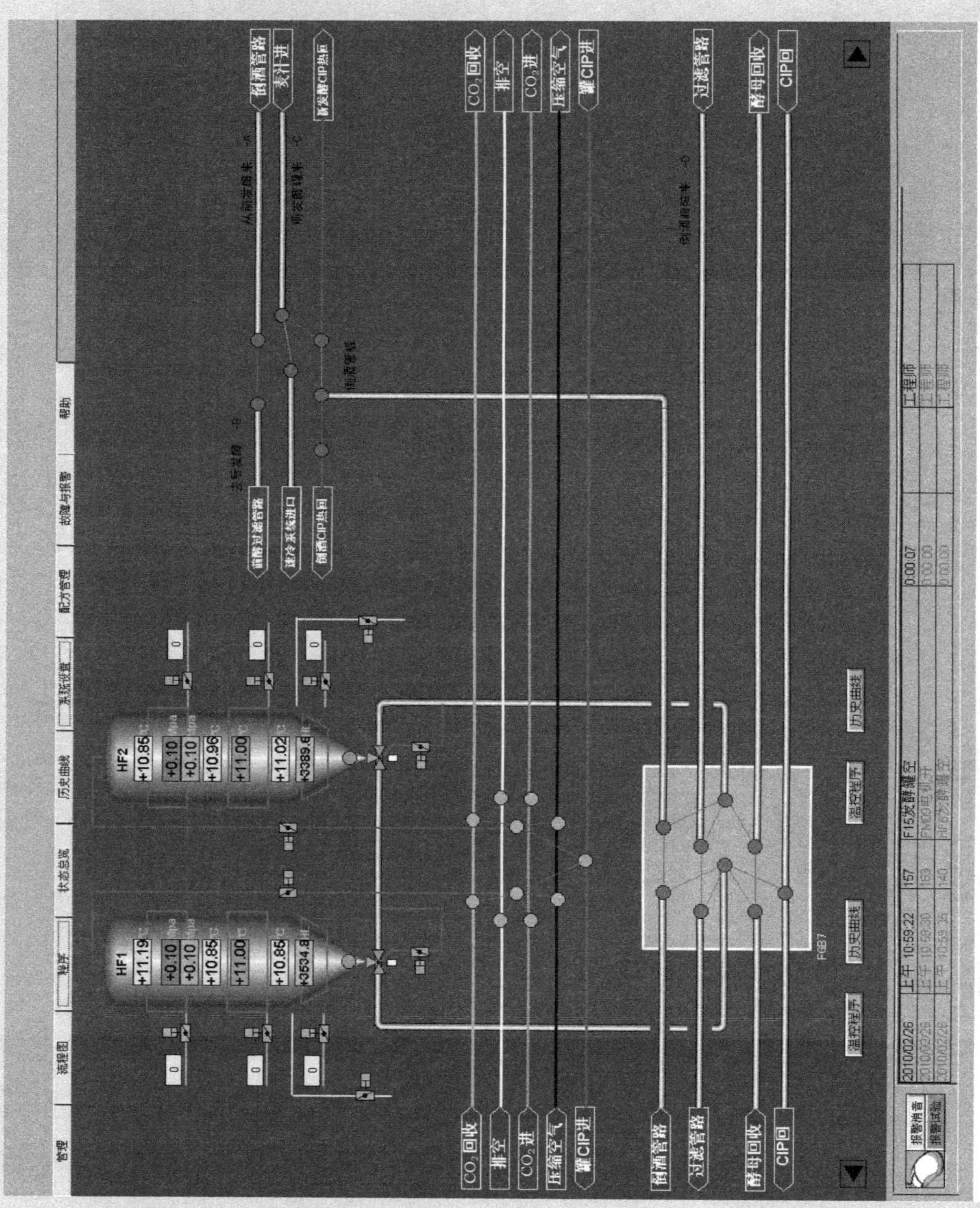

图 5-19　发酵过程控制系统示意图

阀门的开启状态、温度、压力、液位等可进行检测控制并完整记录，同时具有“自动”和“手动”两种状态，可根据需要自由切换，整体控制效果较好。

发酵过程控制要充分考虑到事变性强、纯滞后控制和降温惯性大等特点，设计时在发酵各个阶段根据发酵特点和工艺要求有针对性地设计控温方案，各方案间应可较好的衔接运行，各发酵罐可灵活执行不同的工艺曲线，自控时冷却剂冷媒阀门启闭应有合适的提前量。

自控程序编制过程中要充分考虑生产现场发酵罐群的各种复杂因素，如大小、新旧不同的发酵罐保温效果存在差异，受季节环境温度影响程度不一；供应各罐的冷却剂压力和温度及冷却带配置有不同；一罐法生产过程中各阶段控温曲线热交换方式不同，只有联系生产实际情况编程才是切实可行的方案。

(1) 微机控制系统简介

1) 系统硬件：在硬件系统上，一般采用上位机和下位机控制系统，目前上位机采用先进的硬件环境，人机界面良好、便利，可进入全厂管控网，升级方便；下位机采用可实现独控制功能，确保控制的准确无误的啤酒控制系统 PK-6B，同时增设掉电保护功能，为掉电后控制状态的保存与来电恢复提供保障，系统信号输入与输出全部采用最新光电隔离技术，确保高抗干扰能力，系统执行机构根据啤酒发酵控制的需要，选用无扰动气动执行机构，适应冷媒体对执行机构的损坏，从而实现免维护状态。

2) 系统控制主程序流程：根据发酵工艺的要求，设计出发酵温度-时间曲线，设计可编程序控制器，使系统自动根据不同时间段的温度给定值进行调节。主程序先计算出实际该发酵罐发酵液的发酵时间，然后根据实际发酵时间去取出该段时间对应的标准温度值，将标准温度值与实际温度值进行比较，如果相等则系统再次回到主程序入口进行下一轮的标准值查找，如果不等则系统由中央处理器（CPU）计算出相应的 PID 系数，输出信号给电磁阀，电磁阀控制的气路打开或关闭冷媒阀，进行温度调节，具体详见图 5-20 所示。

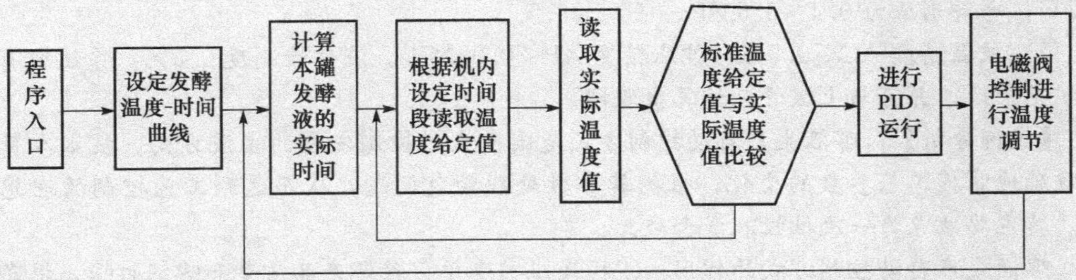

图 5-20　啤酒系统控制温度主程序流程示意图

3) 系统软件：上位机采用功能齐全、人机界面良好、全汉化应答、扩展性好的先进工具平台；下位机为全汇编集成固化模式，精炼，可靠性强，稳定性好，同时设掉电保护功能，根据工艺编辑及存储功能可脱开上位机独立控制发酵过程。

4) 控制软件：设计时充分考虑了发酵各阶段温度机制。例如，国内普遍的啤酒厂发酵采用接种温度 8.5～9℃，低温（9～10℃）发酵，高温（12～14℃）还原双乙酰，−1～0℃贮酒成熟的工艺温度曲线。在此温度控制曲线中，根据发酵工艺原理的要求及发酵罐内酒液热量产生、对流状态变化等因素可将其分为自然升温段，主发酵和双乙酰还原段，降温保温段及贮酒段。以此采用监测3段温度（上、中、下）控制3段制冷方式，根据工艺特征，各项工艺要求在不同的发酵阶段，控制不同冷带相对的开度比例实现，既能满足工艺温度曲线的要求，又形成不同锥形发酵罐内温度控制，确保发酵过程的科学合理进行。例如，主发酵期间上、中段冷带控制使上部的温度低于上中部的温度，这样便于麦汁流动，促进发酵，防止冻罐，另外，为了测试糖度和双乙酰时期能灵活性控制温度特设了人工拐点命令。

（2）软件特点及功能

支持软件：程序语言采用汇编语言，它的主要特征具有创作结构化程序的能力，是一种灵活的、功能齐全的且强有力的程序设计语言。

软件系统功能：①实现对每个发酵罐3个温度的监测；②实现按工艺曲线控制3段制冷的温度曲线控制；③在线设置发酵温度曲线；④显示冷媒的温度曲线；⑤手动在键盘上操作控制冷带阀控制，实现温度手动调节功能；⑥显示罐区群图，单体罐态，阀位状态图；⑦以参数形式显示罐温罐态，工艺过程，控制过程；⑧参数报警交接班打印功能，数据曲线存盘、记录功能；⑨设计工艺、编辑存储、调节功能；⑩设计启动发酵，确定罐号；⑪输入人工拐点、命令，结束发酵，确保工艺执行完后结束操作；⑫强迫结束命令，必须设置密码，确保操作安全性；⑬上下微机通信功能，取目前值，形成状态参数取历程值形成历程曲线；⑭进行上下位机的通信测试，便于维护、自冷段功能；⑮校准时钟，修正系统内部时钟，消除累计时差，同时可将该准确时钟同步，送往下位机，协调工作；⑯设ABC值，用于设置调整控制性；⑰断电调整，来电后调整工艺和运行时间，确保停电时期的记录连续性。除上述功能外，可根据需要增加调节。

（3）外部条件及精度

1）外部电源220～240V（交流电），气源压力0.3～0.6MPa，冷却剂温度－10～－7℃，冷却剂压力0.4～0.6MPa。

2）控温精度AC≤0.3℃，控压精度AP≤0.05MPa，液位检测度0.5%，系统留有升级扩充余地，并可与上级管理计算机联网。

【案例分析】 啤酒生产自动控制方式是国内生产控制发展的主流方向，技术人员可以准确地掌握工艺参数的变化，根据其参数处理紧急问题，从而达到工艺控制的理想效果。其主要缺点为一次性投入资金较大。

啤酒生产自动控制方式的作用：①提高工艺水平，稳定产品质量和啤酒口味，提高原材料利用率，节约能源，降低生产成本，减轻操作人员的劳动强度，使工人有更多的时间关注工艺参数。②强化产品的质量管理。先进的算法程序与硬件的高可靠性，保证生产过程严格按照设定的工艺参数执行。同时，可记录下真实的生产过程数据，并可随时调用查阅工艺数据，为进行质量分析和改进生产工艺的可靠依据。③辅助生产管理，减轻工人操作强度的同时可增强工人的工作责任心，并且水、电、气、汽等的消耗计量更准确，方便生产成本的控制和管理。

目前国内啤酒厂自动控制主要集中在糖化、发酵、清酒等工段。但存在有不足之处：①在啤酒发酵罐控制中，大部分所用的控制系统是PID控制，无法解决发酵罐上、中、下3点冷却带的耦合问题，难以解决发酵罐大惯性、系统超调、控制精度问题。②目前糖化工段向发酵工段输送麦汁时还需要两车间操作人员相互协调，难以自动完成。③不少啤酒厂家的酵母自动添加装置、麦芽粉碎装置、脱氧水装置、过滤装置等是采用进口设备，它们自身带有控制系统接口标准随厂家而变，如果不能与总自控系统衔接好，则需要人工干预生产过程。④在线检测设备大多需要进口且很昂贵。⑤在糖化工段的过滤自控系统中，由于过滤的复杂性与国产过滤槽装备的缺陷，在操作中还需要工人进行一定的干预。⑥辅助车间的自控方面。一是在制冷车间，制冷机组的台数控制制冷量，旺季制冷量不足、淡季制冷量过大，冷媒温度波动过大等问题。如果采用变频调速技术对制冷机组进行控制，与糖化、发酵车间（特别是发酵车间）自控系统配合，动态调节制冷量的大小，不仅可以解决冷媒温度波动过大问题，还能节省30%以上的电能。二是在锅炉方面，在糖化工段采用低压煮沸工艺、一段冷却法工艺技术，可节省20%以上蒸汽量，如果糖化工段自控系统与锅炉车间自控系统配合，可进一步降低蒸汽用量。

本章小结

鉴于发酵产品生产规模和品种的不断增加，发酵动力学模型呈高度的非线性、时变性、生物量难以在线测量和过程响应速度慢等特征，对于发酵过程进行控制和最优化技术，明确控制目标，确定最优化准则，提高发酵过程的总体性能，研究菌体的生长、繁殖和代谢等生物过程，以及各种微生物、理化和工程环境因素对这些过程的影响。提高产物产率和产量、稳定质量、生产强度和原料的转化率。本章从发酵的操作方法着手介绍了发酵的性能、生产情况及发酵工厂常规检测及控制项目，介绍了实时在线检测和控制的常规测量变量，如温度、pH、压力、溶解氧浓度、CO_2浓度、菌体浓度、基质浓度和发酵尾气分压等的检测和简单的定值控制，介绍了生物传感器及发酵自动化控制系统在发酵工业生产中的应用技术。利用、掌握这些控制技术，并认识监控达到最佳的效果来控制和最优化发酵工程，如啤酒生产的全自动控制。

另外，结合微生物发酵的具体情况，分述了发酵及生产过程中杂菌污染的防治技术，让操作者了解微生物污染对发酵产品的影响，对其有充分的认识，充分掌握现有的科学技术，强化生产过程管理，防止发酵染菌的发生。

思考题

1. 微生物发酵有哪些控制参数？检测手段主要有哪几种？
2. 简述引起发酵液pH异常波动的因素。
3. 不同染菌时期对发酵有何影响？
4. 试从染菌分析染菌的可能原因有哪几种？
5. 发酵产品生产中应控制哪些参数？各自对发酵有何影响？如何管理？
6. 简述发酵过程中产生泡沫的原因及泡沫对发酵过程的影响，有哪些消泡的方法？各有何优缺点？

7. 根据你的了解，发酵过程有哪些传感器？使用时应注意什么问题？

主要参考文献

贺小贤. 2007. 生物工艺原理. 北京：化学工业出版社.
厉玉鸣. 1999. 化工仪表及自动化. 北京：化学工业出版社.
梁世中. 2002. 生物工程设备. 北京：中国轻工业出版社.
邱树毅. 2009. 生物工艺学. 北京：化学工业出版社.
沈怡方. 2005. 白酒生产技术全书. 北京：中国轻工业出版社.
史仲平，潘丰. 2005. 发酵过程解析、控制与检测技术. 北京：化学工业出版社.
王福源. 1998. 现代食品发酵技术. 北京：中国轻工业出版社.
杨丽明，张光新. 2004. 化工自动化及仪表. 北京：化学工业出版社.
余龙江. 2006. 发酵工程原理与技术应用. 北京：化学工业出版社.
俞俊棠. 2003. 新编生物工艺学（下）. 上海：华东化工学院出版社.
张克旭. 1992. 氨基酸工艺学. 北京：中国轻工业出版社.
周广田，聂聪，崔云前，等. 2004. 啤酒酿造技术. 济南：山东大学出版社.

第六章 好氧发酵技术

第一节 微生物的需氧及溶氧

一、溶解氧基本概念

1. 溶解氧

好氧微生物在生长、繁殖和代谢合成产物的活动中都需要消耗氧气，溶解氧（dissolved oxygen）可以看做一种必需的营养物质。因此，在发酵生产过程中必须向发酵罐供氧（一般是提供无菌空气）。溶氧的需求与呼吸代谢过程相关氧化酶有关，这些呼吸代谢过程主要由氧化酶（oxidase）负责，氧化酶大致可以分为过氧化氢酶、细胞色素氧化酶、黄素脱氢酶、多酚氧化酶等。碳源基质不同，对溶氧的利用过程也不同。例如，在利用脂肪烃和芳香烃等碳源的条件下，含碳基分子直接吸收氧气，这种反应由加氧酶来催化。

一般将溶于水中的氧称为溶解氧。氧在水中的溶解性很差，在25℃和1.01×10^5Pa时，纯水中氧的溶解度为1.26mmol/L，由于空气中氧的体积分数是21%，与空气平衡的水中氧浓度是0.265mmol/L。当水中含有其他物质时，氧的溶解度更低。例如，在发酵液中，氧的溶解度约为0.20mmol/L。在如此低的溶氧浓度下，微生物的呼吸只能维持十多秒，因此，需要不断通风和搅拌，才能满足不同微生物发酵过程对氧的需求。

20世纪四五十年代建立的以搅拌及强制通风为特色的液体深层通气发酵技术为大规模抗生素成功发酵生产奠定了基础。

2. 亨利定律

1803年英国化学家亨利（Henry）研究气体在液体中的溶解度时，总结出一条经验规律，在一定的温度和压强下，与溶解浓度达到平衡的气体分压p与该气体被溶解的摩尔分数c成正比。

$$p = Hc \tag{6-1}$$

或

$$H = \frac{p}{c} \tag{6-2}$$

亨利常数H表示气体溶解于液体中的难易程度。H值越大，表示气体越难溶于液体中。例如，氧气难溶于水中，其H值很大；而氨气在水中易溶，其H值很小。

二、微生物耗氧

1. 呼吸强度和耗氧速率

溶氧浓度是需氧发酵过程的重要参数之一，发酵液中溶氧浓度的高低与供氧速率有关，还与微生物对溶解氧的需求速率（即耗氧速率）有关。菌体生长、繁殖和产物形成对溶解氧的需求通常采用呼吸强度和耗氧速率来表征。呼吸强度，又称比耗氧速率（Q_{O_2}），是指单位质量干菌体在单位时间内吸收氧量。这表示微生物的绝对需氧量。比耗氧速率可用式（6-3）表示为

$$Q_{O_2}=-\frac{1}{X}\frac{dO_2}{dt} \tag{6-3}$$

式中，X 为发酵液中菌体浓度，kg/m^3；t 为时间；O_2 为溶氧浓度。

当培养液中含有不溶性固体物质时，测定菌体量有困难，则可以用耗氧速率来表示。耗氧速率是指单位体积发酵液中的微生物在单位时间内所消耗的氧量，以 r 表示。耗氧速率和呼吸强度的关系为

$$r=Q_{O_2}X \tag{6-4}$$

式中，r 为微生物耗氧速率，$mol/(m^3 \cdot s)$；Q_{O_2} 为菌体呼吸强度，mol/(kg 干菌体 · s)。

在发酵生产中，微生物是耗氧的主体，由于微生物的菌种、发酵条件和发酵阶段等的不同，导致微生物对溶氧的需求也不相同，其呼吸强度及对氧的需求也不相同。例如，在发酵过程中，微生物的幼龄菌生长旺盛期，呼吸强度大，但生长初期，菌体浓度较低，总需氧量不会太高。老龄菌生长速度减慢，呼吸强度减弱，但生长后期，菌体浓度较大，使得总需氧量也不会太低。在发酵过程中可通过控制基础培养基组分及补料组分、组成或调节连续流加培养基的速率等来控制菌种的比生长速率，达到控制菌体呼吸强度及菌体浓度的目的，实现供氧和需氧的平衡。

发酵培养基的组成和成分对菌体需氧量有影响，尤其是碳源、氮源的组成和比例。在培养基中氮源丰富，有机氮源与无机氮源的比例恰当，则菌体比生长速率大，增大了呼吸强度。培养基的浓度偏高，细胞获得的营养丰富，特别是限制性基质的浓度得以保证，细胞代谢旺盛，呼吸强度就大，耗氧量也就大。

发酵条件对菌体耗氧能力也有较大的影响，影响了菌体生长及代谢能力，进而影响对氧的需求。因此，在一定范围内，通过调节发酵条件也可控制菌体的需氧量。

2. 临界氧浓度

将氧气看做一种生物反应的底物，发酵过程中氧的适度供给是保证菌体良好生长和产物高产的必要条件。而溶氧是供氧和需氧这一矛盾平衡的结果。在发酵工业中微生物的耗氧速率受到发酵液中溶氧浓度的影响，一般把不影响微生物的呼吸所允许的最低氧浓度称为临界氧浓度，以 $c_{临界}$ 表示。如果对产物合成而言便称为产物合成的临界氧浓度。

微生物的呼吸强度与微生物种类、培养基组成、培养条件等有关，临界氧浓度也有所差异。微生物临界氧浓度一般为 0.003～0.05mmol/L。表 6-1 为某些微生物在一定培养条件下的临界氧浓度。

表 6-1　某些微生物在一定培养条件下的临界氧浓度

微生物名称	温度/℃	$c_{临界}$/(mol/m³)
大肠杆菌	37.8	0.0082
大肠杆菌	15.0	0.0031
酵母	34.8	0.0046
酵母	20.0	0.0037
产黄青霉	30.0	0.009
米曲霉	30.0	0.02

低于临界氧浓度，微生物的呼吸强度随着溶氧浓度的降低而很快下降，微生物的生长受到严重影响，故此时氧成为微生物生长的限制性因素。此时，微生物的耗氧速率可用式（6-5）表示为

$$r=\frac{Q_{O_2}Xc}{K_m+c} \tag{6-5}$$

式中，Q_{O_2} 为菌体呼吸强度，mol/(kg 干菌体 · s)；c 为溶氧浓度，mol/m³；K_m 为氧的米氏常数，mol/m³；X 为发酵液中菌体浓度，kg/m³。

根据式（6-5）可知，当发酵液中氧是限制性基质时，如果溶氧浓度 c 远远大于氧饱和常数 K_m，K_m 可忽略不计。$r=Q_{O_2}\cdot X$，微生物的耗氧速率保持恒定；如果溶氧浓度 c 低于氧饱和常数 K_m，根据式（6-5）可知，微生物的耗氧速率也随之下降，微生物细胞在溶氧不足时，生长与代谢活动必定受到影响。因此，发酵过程中氧的适度供给是保证菌体良好生长和产物高产的必要条件。

溶解氧过高或过低对菌体生长和产物的形成都有很大的影响。溶氧不足会造成代谢异常、产量降低；但溶氧过高，菌体生长过快，对生物合成未必有利。氧的限制对发酵的影响可分为两种：一种是溶氧浓度直接影响与呼吸有关的代谢而影响产物合成；另一种是氧直接参与产物合成。一般情况下，细胞生长和产物生成对溶解氧浓度的要求是不同的，即细胞生长的最佳氧浓度不一定就是生成产物的最佳氧浓度。

氧的满足度为溶氧浓度与临界溶氧浓度之比值。该值越大，说明溶氧浓度相对就越高，微生物对氧的需求可得到较大地满足。

第二节　发酵过程的氧传递

对于好氧微生物发酵，需要不断地向发酵液通入无菌压缩空气，并通过搅拌或其他方式加速氧气溶入发酵液，强化提供氧气，以满足细胞生长及代谢的需要，这称为供氧（oxygen supply）。

一、氧的传递途径与传质阻力

微生物只能利用溶解氧，氧气首先要从气相通过扩散进入液相，进而又经过在液相中的扩散进入细胞的内部呼吸酶的位置上进行呼吸反应，这一过程称为氧传递过程。氧传递过程是指空气中的氧气从空气泡里通过气膜、气液界面和液膜扩散到液体主体中。氧分子自液体主体通过液膜、菌丝丛、细胞膜扩散到细胞内。图 6-1 为氧从气泡传递到细胞内部的示意图。

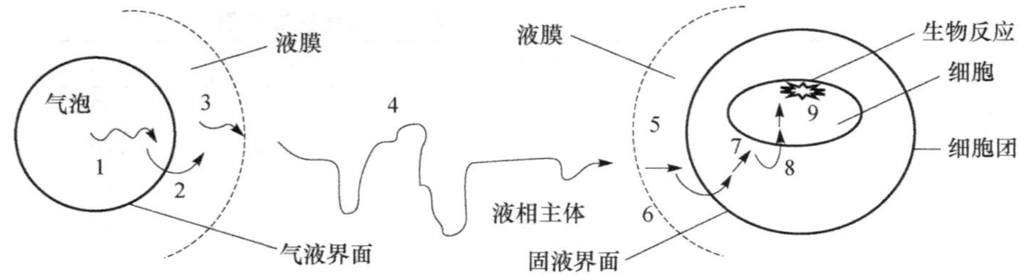

图 6-1　氧从气泡到细胞的传递过程示意图

1. 气相主体到气液界面的气膜传递阻力 $1/k_G$；2. 气液界面的传递阻力 $1/k_I$；3. 从气液界面通过液膜的传递阻力 $1/k_L$；4. 液相主体的传递阻力 $1/k_{LS}$；5. 细胞或细胞团表面的传递阻力 $1/k_C$；6. 固液界面的传递阻力 $1/k_{IS}$；7. 细胞团内的传递阻力 $1/k_A$；8. 细胞壁的阻力 $1/k_W$；9. 反应阻力 $1/k_R$

由图 6-1 可知，在氧从气泡传递到细胞内要克服一系列的阻力，其大小取决于流体力学特性、温度、细胞活性和浓度、液体的组成、界面特性及其他因素。1～4 项为供氧阻力，5～9 项为耗氧阻力。细胞以游离状态存在于液体中时，阻力 7 消失，当细胞吸附在气液界面上时，则阻力 4、5、6、7 消失。氧传递过程的总推动力（$1/k_t$）是气相与细胞内的氧分压之差，总推动力消耗于气相到细胞内各项阻力。

$$\frac{1}{k_t}=\frac{1}{k_G}+\frac{1}{k_I}+\frac{1}{k_L}+\frac{1}{k_{LS}}+\frac{1}{k_C}+\frac{1}{k_{IS}}+\frac{1}{k_A}+\frac{1}{k_W}+\frac{1}{k_R}$$

二、气液相间氧传递的双膜理论

1. 双膜理论

关于气体吸收速率的模型主要有 Whitman 提出的稳态模型和 Higbie 提出的非稳态模型。稳态模型比较简单，是好氧发酵反应器设计的主要模型，以双膜理论而闻名。

双膜理论是建立在以下 3 个假设条件之下：①在气泡与包围着气泡的液体之间存在着界面，在界面的气泡一侧存在着一层气膜，在界面的液体一侧存在着一层液膜。气膜内的气体分子和液膜中的液体分子都处于层流状态，分子间无对流运动。因此，氧的分子只能以扩散方式，即在氧分压差或氧浓度差推动下而透过双膜。②溶解的气体在双膜内的浓度分布不随时间变化。③在双膜之间的界面上，氧气分压与溶于液体中氧的浓度达到平衡状态，因此界面上没有物质传递阻力。

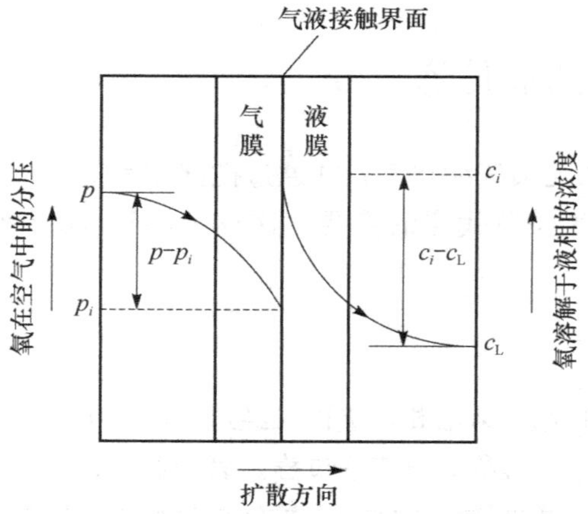

图 6-2　气液界面附近氧分压与浓度的变化

供氧过程属于氧气在水中的溶解过程（或氧气被水吸收的过程）。氧由气相主体扩散到气液两相接触界面，再进入液相主体。界面的一侧是气膜，另一侧是液膜。所谓的双膜，指的就是气膜和液膜，如图 6-2 所示。

氧从空气主体扩散到气液界面的推动力是空气中氧的分压与界面处氧分压之差，即 $p-p_i$，氧穿过气液界面溶于液体，继续扩散到液体中的推动力是界面处氧的浓度与液体中氧浓度之差，

即 c_i-c_L。

与两个推动力相对应的阻力是气膜阻力 $1/k_G$ 和液膜阻力 $1/k_L$。这时通过单位接触面积的氧传递速率 N_A=推动力/阻力，即

$$N_A=\frac{p-p_i}{\frac{1}{k_G}}=\frac{c_i-c_L}{\frac{1}{k_L}} \tag{6-6}$$

式中，p 为气相主体的氧分压，Pa；p_i 为气液界面处氧分压，Pa；c_i 为气液界面处氧的浓度，mol/m^3；c_L 为液相主体氧的浓度，mol/m^3；k_G 为气膜传质系数，$mol/(m^2 \cdot s \cdot Pa)$；$k_L$ 为液膜传质系数，m/s。

通常情况下，不可能测得界面处的氧分压和氧浓度，为计算方便，改用总传质系数和总推动力。在稳定状态时，可用式（6-7）表示。

$$N_A=K_G(p-p^*)=K_L(c^*-c_L) \tag{6-7}$$

式中，p^* 为与液相中氧浓度 c 相平衡的氧分压，Pa；c^* 为与气相中氧分压 p 达平衡的溶氧浓度，mol/m^3；K_G 为以氧分压差为总推动力的总传质系数，$mol/(m^2 \cdot s \cdot Pa)$；$K_L$ 为以氧浓度差为总推动力的总传质系数，m/s。

关于 K_G、K_L 和 k_G、k_L 的关系，根据亨利定律，可知

$$p=Hc^* \tag{6-8}$$

$$p^*=Hc_L \tag{6-9}$$

$$p_i=Hc_i \tag{6-10}$$

根据式（6-7），可得

$$K_G=\frac{N_A}{p-p^*} \tag{6-11}$$

$$\frac{1}{K_G}=\frac{p-p^*}{N_A}=\frac{p-p_i}{N_A}+\frac{p_i-p^*}{N_A}=\frac{p-p_i}{N_A}+\frac{H(c_i-c_L)}{N_A} \tag{6-12}$$

又根据式（6-6），得

$$\frac{1}{k_G}=\frac{p-p_i}{N_A} \tag{6-13}$$

$$\frac{1}{k_L}=\frac{c_i-c_L}{N_A} \tag{6-14}$$

故可得

$$\frac{1}{K_G}=\frac{1}{k_G}+\frac{H}{k_L} \tag{6-15}$$

$$\frac{1}{K_L}=\frac{1}{k_L}+\frac{1}{Hk_G} \tag{6-16}$$

对于易溶气体，其 H 值很小，式（6-15）中的第 2 项可忽略不计，即液膜的阻力可以不计，则 $K_G=k_G$，传递阻力主要由气膜所决定；对于难溶气体，其 H 值很大，故式（6-16）中等号右边的第 2 项可忽略不计，此时，$K_L=k_L$，即气膜的阻力可以忽略不计，传递阻力主要由液膜决定。

2. 气液间的传氧速率

在式（6-7）中，氧传递速率 N_A 是以气膜或液膜面积为基准的。而在理论研究及生产

实践中，气膜面积和液膜面积均无法测定。在此引入气液比表面积 α（即单位体积发酵液中的气膜或液膜面积）的概念；同时引入单位体积发酵液溶氧传递系数的概念。将 $K_L\alpha$ 合并作为一个参数，即单位体积发酵液溶氧传递系数（体积溶氧传递系数），便于在发酵设备中对供氧速率OTR（或传氧速率，oxygen transfer rate）进行定量计算。故在单位体积发酵液中，氧的传递速率为

$$OTR = K_L\alpha(c^* - c_L) \quad (6\text{-}17)$$

式中，OTR为单位体积发酵液氧传递速率，mol/(m³ · s)；α 为气液比表面积，m^2/m^3；$K_L\alpha$ 为单位体积发酵液溶氧传递系数，1/s。

在液态发酵过程中，还涉及液固间的氧传递和细胞团内的氧传递。

第三节　影响供氧的因素及改善供氧条件的措施

根据氧的传递速率方程：$OTR=K_L\alpha(c^*-c_L)$，可知对液膜传质系数 K_L、气液比表面积 α 及氧的推动力（c^*-c_L）有影响的因素都会影响到氧的传递速率。

一、影响推动力（c^*-c_L）的因素

氧的推动力（c^*-c_L）与发酵液的深度、操作压力、氧分压、发酵液温度及发酵液培养基组成有关。

对于大罐发酵，发酵罐的高度越大，底部压力就越大，对溶氧浓度有较明显的促进作用。但操作压力也随之上升，二氧化碳浓度也有上升。

从氧的溶解度来考虑。氧属于难溶气体。纯氧在不同温度水中的溶解度见表 6-2。在25℃和 1.01×10^5Pa 时，纯水中氧的溶解度是 $1.26mol/m^3$。温度越高，氧在水中的溶解度越低。因此，发酵液的温度会影响到溶氧浓度。尤其是高温菌的培养，温度高时，微生物生长速率较快，但溶氧浓度下降可能导致供氧不足。

表 6-2　纯氧在不同温度水中的溶解度（大气压强 1.01×10^5Pa 时）

温度/℃	溶解度/(mol/m³)	温度/℃	溶解度/(mol/m³)
0	2.18	25	1.26
10	1.70	30	1.16
15	1.54	35	1.09
20	1.38	40	1.03

在 1 个大气压（1.01×10^5Pa）和 4～33℃时，与空气平衡的纯水中，氧的浓度也可由以下经验公式计算。

$$C_W^* = 14.6/(t+31.6) \quad (6\text{-}18)$$

式中，C_W^* 为与空气平衡的纯水中氧浓度，mol/m^3；t 为温度,℃。

在含有无机盐和有机物的培养基中，氧的溶解度也会下降。它们的浓度越高，氧的溶解度就越小。根据亨利定律溶氧浓度 $c=p/H=Y_O p_t/H$，可发酵罐操作压力 p 提高会提高饱和溶解氧的浓度，但同时也会提高二氧化碳的分压，二氧化碳的饱和浓度增加。二氧化碳比氧易溶，较高浓度的二氧化碳会影响到微生物细胞的通透性，从而影响到细胞的代谢和产物的生成。提高氧的摩尔分数 Y_O 可以提高氧的饱和浓度，但是要考虑到富氧的经济性和安全

性，以及对菌体生长和产物生成的影响。

富氧通风发酵也是提高氧推动力的重要措施。但富氧空气的制备成本较高。

二、影响液膜传递系数 K_L 的因素

在溶氧传递过程的分析中可知 K_L 与氧在液膜中的扩散系数 D_L 成正比，与液膜厚度 δ_L 成反比。而扩散系数与黏度成反比，与温度成正比。液膜厚度 δ_L 与流体力学紧密相关，一般难以直接计算，但在发酵罐中加强搅拌，可使液膜厚度减少。K_L 一般需要在特定条件下由实验确定。

三、影响气液比表面积 α 的因素

气液比表面积 α 定义为 $\alpha=\dfrac{6V_G}{d_G V_L}$

将截留在液体中的气体体积与液体体积之比称为气体的截留率，用 H_O 表示：$H_O=\dfrac{V_G}{V_L}$

则

$$\alpha=\frac{6H_O}{d_G}$$

式中，V_L 为液体的体积，m^3；d_G 为气泡的平均直径，m；V_G 为气体的体积，m^3。

由此可以看出气液比表面积 α 与培养液中气体截留率、气泡的直径有关，气体截留率越高、气泡直径越小，气液比表面积就越大。而通风量和搅拌转速与这两个参数有密切的关系。

四、影响体积溶氧传递系数 $K_L\alpha$ 的因素

气液比表面积 α 的测定比较困难，一般把液膜传递系数 K_L 和气液比表面积 α 进行合并，作为一个参数 $K_L\alpha$ 处理。$K_L\alpha$ 受到操作条件和流体性质的影响，可以表示为

$$K_L\alpha=f(d,n,\mu_s,D_L,\mu,\rho,\sigma,g)$$

式中，d 为搅拌桨的直径，m；n 为搅拌转速，s^{-1}；μ_s 为气体表观线速度，m/s；D_L 为扩散系数，m^2/s；μ 为液体黏度，Pa·s；ρ 为发酵液的密度，kg/m^3；σ 为表面张力，N/m；g 为重力加速度，$9.81m/s^2$。

对以上因素的分析可看出，影响体积溶氧传递系数的因素可分为反应器的操作条件、反应器的结构和物系因素。

1. 操作条件的影响

对于机械搅拌装置的通风发酵罐，操作条件包括搅拌转速、通风空气线速度等。

对于带有机械搅拌的通气发酵装置，搅拌器对物质传递有以下几方面的作用：①将通入发酵罐中的大的空气气泡分散成小的气泡，防止小气泡凝并，从而增大气液接触面积；②搅拌使气泡在发酵液中做涡流运动，延长气泡在液体中的停留时间；③搅拌发酵液，使之产生湍流，减小气泡外滞流液膜厚度，从而减小传递过程的阻力；④搅拌作用使培养液中的成分均匀分布，使细胞均匀地悬浮在培养液中，有利于营养物质的吸收和代谢物的分散。

通气和搅拌都会影响 $K_L\alpha$。如果在通气时的搅拌功率为 P_G，培养液的体积为 V，通风

空气线速度为 W_s，则

$$K_L\alpha = K\left(\frac{P_G}{V}\right)^{\alpha} W_s^{\beta} \tag{6-19}$$

式中，K 为常数；α 为单位体积液体搅拌功率的指数；β为线速度指数。

上述参数均与通气搅拌罐的大小、形状、结构及搅拌器结构有关。

通风搅拌发酵罐 $K_L\alpha$ 与空气线速度的关系：在一定范围内随着空气线速度的提高，气含率提高，使 $K_L\alpha$ 增加。但在一定搅拌转速情况下，空气线速度超出一定范围，搅拌桨不能将空气气泡打散到发酵液中，气流形成大气泡在轴的周围逃逸，使搅拌功率降低，$K_L\alpha$ 也不升高，造成所谓的“过载”现象。此时搅拌功率大大下降，$K_L\alpha$ 也不能提高。但是搅拌功率也不是越大越好，过于激烈的搅拌，产生很大的剪切力，可能对细胞（尤其是菌丝体）产生伤害。

沈雪亮在研究马杜霉拉放线菌（*Actinomadura yumanense* ZU-M3）发酵马杜霉素工艺时，考察了通气量对发酵的影响（图 6-3）。随着通风量的增加，溶氧浓度升高，马杜霉素的发酵单位也相应增加，但是当通风量从 0.15m^3/h 升高到 0.18m^3/h 时，溶氧的升高已不明显，马杜霉素的发酵单位也增加不多，且泡沫迅速增多。

沈雪亮在通气量为 0.15m^3/h 条件下，考察了搅拌转速对马杜霉拉放线菌马杜霉素发酵水平的影响（图 6-4）。虽然随搅拌转速的提高溶氧提高，发酵度也有所提高，但是较高的搅拌转速由于剪切力作用影响菌体的生长，马杜霉素发酵单位最高达 7984mg/L。为了进一步提高发酵单位，根据菌体、产物及发酵液的理化性质采用分阶段控制转速的策略，0～60h 为 300r/min，60～120h 为 500r/min，120～192h 为 600r/min 发酵马杜霉素单位 8612mg/L，比固定 500r/min 转速时的发酵单位提高了 7.9%。

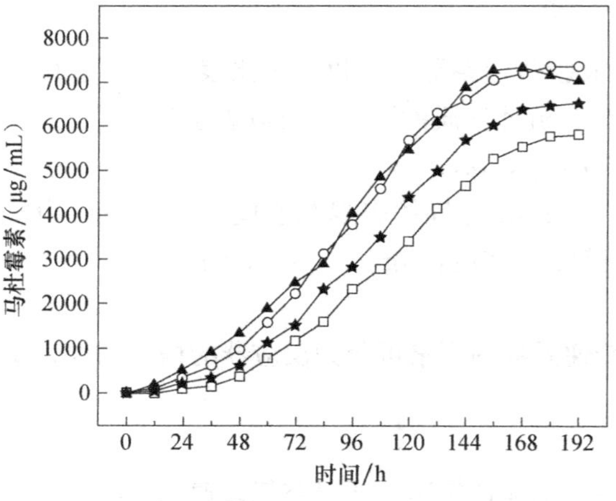

图 6-3　不同通气量下马杜霉素的分批发酵进程
□代表 0.09m^3/h；★代表 0.12m^3/h；
○代表 0.15m^3/h；▲代表 0.18m^3/h

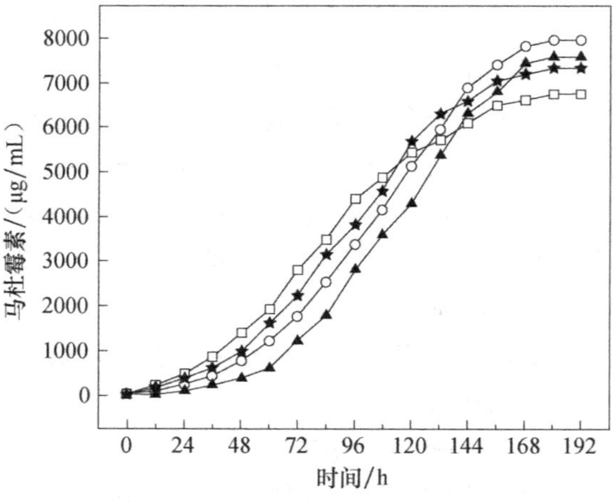

图 6-4　不同搅拌转速下马杜霉素的分批发酵进程
□代表 0.09m^3/h；★代表 0.12m^3/h；
○代表 0.15m^3/h；▲代表 0.18m^3/h

2. 物系因素

发酵液的性质、表面活性剂、离子强度及菌体浓度等因素也会影响 $K_L\alpha$。发酵过程中，微生物的生长、繁殖、产物合成等代谢活动会引起发酵液物理性质发生改变，特别是发酵液的黏度、表面张力、离子浓度、密度、扩散系数等，从而影响到气泡的大小、气泡的稳定性和氧的传递速率。特别是发酵液的黏度和液膜阻力及流体的湍流强度有关，当黏度增加会使湍流程度减小，液膜增厚，氧的传递系数降低，从而致使 $K_L\alpha$ 降低。有文献报道利用野油菜黄单孢菌进行黄原胶发酵时，由于黄原胶是一种胞外酸性杂多糖，在发酵过程中随着黄原胶浓度的提高，发酵液黏度增大，造成溶氧下降。发酵过程中黄原胶发酵液的流变性质随时间的变化见图 6-5。在最初 12h，发酵液呈牛顿型流体，黏度随时间稍有升高，12h 以后，发酵液呈非牛顿流体，黏度迅速增高，大约 40h，黏度达最大值。发酵液黏度的增高，给发酵中的传热、传质均带来困难。混合效果变差，以至于通用发酵罐不能适应高黏度物质发酵的需要。

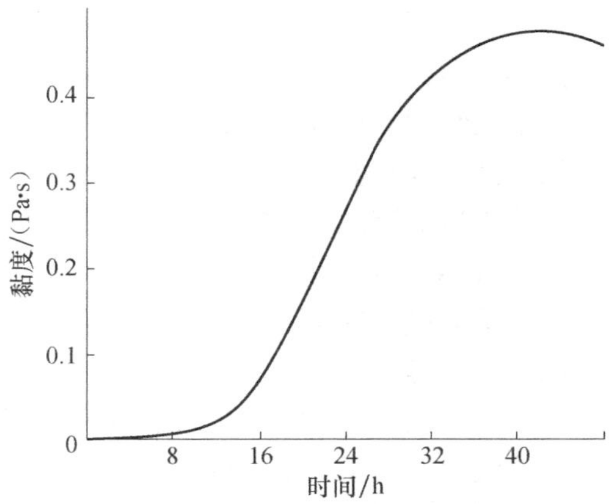

图 6-5　发酵液黏度变化曲线

表面活性剂的影响：消泡用的油脂是具有亲水端和疏水端的表面活性物质，它们分布在气液界面上，具有增大传递阻力的作用，使 $K_L\alpha$ 下降。尤其是消泡剂用量过多就会造成气泡和微生物细胞被包裹，从而增加了氧的传质阻力，大大降低体积溶氧传递系数。但加入适量的消泡剂可以降低气泡直径，增加比表面积，从而改善氧的传递系数，提高溶氧的效果。

细胞浓度的影响：细胞浓度增加，使 $K_L\alpha$ 下降。球状菌悬浮液的 $K_L\alpha$ 比相同浓度下的丝状菌悬浮液的 $K_L\alpha$ 更大。这主要是两种菌体悬浮液的流动特性有较大的差别。丝状菌较为稠厚，呈非牛顿特性。

3. 反应器及搅拌器的结构

搅拌器的型式、直径大小、组数、间距及在罐内的相对位置对 $K_L\alpha$ 都有一定的影响。搅拌器的类型按液流形式可以分为轴向式和径向式，按照功能来讲，下组搅拌器主要起到打碎气泡作用，上组搅拌器主要起到混合作用，因此下组搅拌器主要是圆盘涡轮式搅拌器，上组主要采用平浆式搅拌器。全挡板条件下可以改变搅拌引起的漩涡，从而可延迟气泡在发酵罐中的停留时间，提高 $K_L\alpha$。下组搅拌器的相对位置若离罐底较远，罐底部分发酵液不能得到提升，会造成发酵罐底部局部缺氧。一般取搅拌器和罐底之间距离为 0.8～1d（d 为搅拌器直径）为好。若两组搅拌器间距过大造成搅拌不均匀，混合效果也不好，溶氧效果差。图 6-6是几种常见的发酵罐搅拌器。

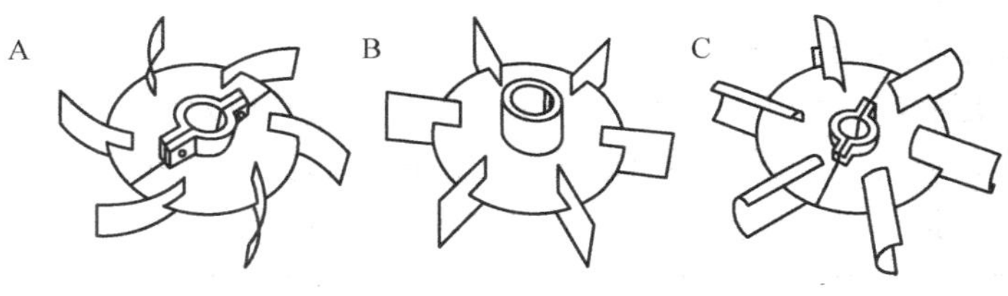

图 6-6　搅拌器型式

A. 6 弯叶搅拌器；B. 6 平直叶搅拌器；C. 半圆叶搅拌器

一般根据发酵液的类型设计搅拌器的间距，对于非牛顿流体，黏度大，菌体易结团发酵液搅拌器间距在 $2d$ 以下，牛顿流体发酵液搅拌器间距为 $3\sim4d$。搅拌器的组数对溶氧水平有一定的影响，搅拌器的组数既要考虑溶氧效果又要考虑培养液的混合均匀。对于不同流体的发酵液，搅拌器的组数与溶氧水平不一定成正相关，对于具体问题由实验获得。

搅拌器的转速 n 和搅拌叶径 d 的大小对溶氧水平和混合程度有很大关系。由于搅拌功率 P 与搅拌液流速度压头 $H_{搅}$ 和搅拌循环量 $Q_{搅}$ 成正比，即 $P\propto H_{搅}Q_{搅}$。在湍流状态下，$H_{搅}\propto nd^3$，$Q_{搅}\propto n^2d^3$。当搅拌功率为一常数时，可以通过提高转速和减小搅拌叶径，或者降低搅拌转速和增大搅拌叶径来保持同样功率。增大转速 n 对 $Q_{搅}$ 增大有利，提高混合程度；增大叶径 d 对 $H_{搅}$ 增大有利提高发酵液湍流程度，提高 $K_L\alpha$。两者都要兼顾，既要保证一定的液体速度压头又要保证一定的搅拌循环量。Michel、福田秀雄等研究了大型反应器的各种涡轮搅拌器，总结出：对于同一类型搅拌器，搅拌叶的长度 L、宽度 W 及搅拌器叶径 d 越大，其 K_La 也越大。

空气分布管的型式、喷口直径及管口与罐底的距离都会影响氧的溶解速率。当通风量较小时（0.02～0.5mL/s），气泡直径与空气分布管直径的 1/3 次方成正比，管径越小体积溶氧传递系数就越大；当通风量较大时，气泡直径与空气分布管直径无关。

发酵罐的高径比也会影响溶氧的 $K_L\alpha$。当一般高径比在 3～5 以下时，随着高径比的增大，$K_L\alpha$ 增大，但是随着高径比的增大，$K_L\alpha$ 增加幅度就会变小；高径比太大，罐内发酵液柱越高液柱压差大，气泡体积缩小，以至造成气液界面积小，造成 $K_L\alpha$ 下降。

对于菌丝体发酵易采用大叶径、低转速、多组数为好；对于球状菌体、牛顿型流体发酵液来讲以高转速、小叶径为好。

五、改善供氧条件的措施

发酵液中的溶氧水平实质上是由供氧和需氧两方面决定的。设发酵液中溶氧浓度随时间的变化为 $\mathrm{d}c/\mathrm{d}t$，则

$$\frac{\mathrm{d}c}{\mathrm{d}t}=K_L\alpha(C^*-C)-r \tag{6-20}$$

式中，C^* 为饱和氧浓度，$\mathrm{mol/m^3}$；C 为发酵液中氧浓度，$\mathrm{mol/m^3}$；r 为菌体摄氧率，$\mathrm{mol/(m^3\cdot s)}$，如前所述 $r=Q_{O_2}X$。

由于氧难溶于水，氧的供应往往成为液态深层发酵的限制因素，尤其是高密度菌体的发酵更是如此。在发酵生产中如何解决氧的供应，满足生产菌对氧的需求，是发酵行业的重大问题之一。

改善氧的供应的措施主要有以下几个方面。

1. 增大通气量，提高通气速率，提高转速

在较小通气量范围时，增大通气量可以明显提高氧的供应效率。但在搅拌转速不变的条件下，通气量增大、通气速率增大会引起液泛，从而引起传质速率显著下降，泡沫增大，罐的有效利用率降低。提高搅拌转速也是快速提高溶氧的措施。但对于许多发酵罐而言，搅拌转速是固定的。这需要在设计前就预先确定好电机及变速器。也可采用变频电机，改变电机转速从而改变搅拌转速。但对于丝状真菌的发酵，提高搅拌转速，会明显增大叶尖线速度，造成剪切力加大，对菌丝体有损伤的负面影响。

2. 提高罐压

提高罐压，增加氧分压，可以提高氧的传递效率。但是提高罐压也会增加二氧化碳的溶解度，需要考虑由于二氧化碳浓度提高所引起的对菌体的生长、产物代谢的负面作用。

3. 富氧通气

富氧通气可以提高氧的摩尔分数，但富氧通气成本高，仅适用于生产规模较小、周期短（如重组大肠杆菌培养）的发酵生产；在大规模发酵过程中，在某些关键时刻，短时间内进行富氧通气也有一定的效果。

4. 加入氧载体

氧载体（oxygen vector）是一种与水不互溶、对微生物无毒、具有提高溶氧能力的有机物。相对于水而言，氧气在氧载体物质中溶解度更大。同一体积的氧载体，可携带更多的氧。碳氢化合物、碳氟化合物等均可作为氧载体。氧载体发酵体系具有氧传递速度快、能耗低、气泡生成少、剪切力小等特点，因此受到重视。Beth 等以全氟化碳为连续相，结果表明，当全氟化碳含量为 75%时，$K_{L}a$ 提高了 5～10 倍，并推断在实际的微生物培养体系中，加入氧载体，可提高传氧速度，生产能力也将随之提高。Menge 等以全氟化碳为氧载体，研究了麦角菌（*Claviceps purpurea*）合成麦角肽生物碱的两相系统，通风量可大大降低，也已证明氧在烃类中的溶解度要比在纯水中高得多。特别是氧在十六烷中的溶解度比纯水高 8 倍以上。研究结果表明将十六烷加至青霉素发酵液中作为氧传递的促进剂，发酵培养基内氧溶解度增大。贾士儒等以十二碳至十六碳直链烷烃混合物对双液相发酵系统对体积溶氧传递系数 $K_{L}a$ 的影响进行了研究，当油相质量体积分数为 0.02g/L 时，可显著提高菌体浓度和青霉素产量。在发酵过程中，油相还起到一种表面活性剂的作用，降低了气泡膜的表面张力，使得气泡直径明显减小，增加了 $K_{L}a$，提高传氧速率。与此同时油相对青霉素发酵中菌丝团的大小有显著影响，增加了界面面积有利于质量传递。

5. 克隆透明颤菌血红蛋白基因 *vhb*

提高供氧水平，通常从设备和操作角度考虑，着眼于提高溶氧水平或气液传质系数，虽然有一定效果，但都不同程度地受设备、能源或操作条件的制约，同时使发酵工业成为一个高能耗的工业。自从发现透明颤菌血红蛋白（vhb）以来，由于它具有结合氧的特性，使菌体在贫氧的环境中生长而被广泛关注。它是在分子水平上提高细胞自身对氧的利用能力，并能改善细胞的氧输送效率，满足细胞的呼吸要求。透明颤菌血红蛋白基因（*vhb*）启动子在贫氧条件下能有效地启动该基因的表达，从而提高发酵液中氧的传递速度和利用效率，在限氧条件下促进细胞生长和产物合成，从而提高发酵过程中目的产物的产量和收率，且不需要附加的设备投资。

基于上述原理，人们设想可将透明颤菌血红蛋白基因克隆到发酵微生物中。研究表明血红蛋白基因在天蓝色链霉菌和变青链霉菌工程菌中表达，在氧限量条件下天蓝色链霉菌可进行高放线红素的生产并且产量提高了 10 倍以上；变青链霉菌在低氧条件下，也能获得高产目的产物。因此，通过基因工程技术使其在细菌、酵母、链霉菌中表达，从而提高目标产物产量的方法正被广泛应用。

6. 在培养基中添加 H_2O_2

在培养基中添加 H_2O_2 是用化学方法产生氧气以提高溶氧，满足微生物好氧发酵的需求，即用过氧化氢/过氧化氢酶系统或通过直接向发酵液中添加过氧化氢增加溶氧。但应注意，过氧化氢的浓度不宜过高，否则对微生物的生长会造成不利。

第四节 溶解氧的测定

一、溶解氧的表示方法及测定方法

1. 绝对溶氧浓度和相对溶氧浓度

绝对溶氧浓度（kg/m^3），一般是在一定压力和一定的温度下测定的纯水或发酵液中的溶氧浓度。这一指标反映的是液体中实际的氧浓度。

相对溶氧浓度（%）：在一定类型的通风发酵罐中，将一定体积的培养基灭菌后冷却到一定的温度，接种前维持一定的压力时（未接入微生物种子，则无耗氧），在发酵液中按一定的压力及风量通入无菌空气，并在一定的搅拌转速情况下（对于机械搅拌罐而言），维持足够长时间，使该发酵液中溶氧浓度达到饱和状态，将此时溶氧电极输出的电流检出值设定为溶氧浓度100%，残余电流值为溶氧浓度0%来进行标定，发酵过程中测定的溶氧浓度以饱和度的百分数表示。此时发酵液中的绝对溶氧浓度是未知的，但一般来说电流值与溶氧浓度成正比。

当发酵液中菌体生长耗氧、通风量或搅拌转速下降，发酵液中绝对溶氧浓度也会发生相应的变化，此时的电流检出值也随之变化。由于绝对溶氧浓度与溶氧电极的电流值成正比，可用溶氧电极所测数据表示发酵液中相对溶氧浓度。在发酵生产过程中，目前溶氧电极的相对溶氧浓度用得较为普遍。

相对溶氧浓度，与供氧及耗氧有关。对于供氧，其饱和相对溶氧浓度对应下的绝对溶氧浓度与发酵罐的形状和大小、搅拌器类型、搅拌转速、发酵液性质、通风（压力、流量）有关。饱和相对溶氧浓度对应的绝对溶氧浓度在不同设备情况下是不同的，故在放大时没有可比性。

2. 溶氧浓度的测定方法

（1）化学法　化学法（Winkler 法）操作步骤多，较为繁琐，但其测定溶解氧是其他测定方法的基础。化学法所得到的溶氧浓度是绝对溶氧浓度。

在样品中加入硫酸锰和碱性碘化钾溶液，即有氢氧化锰生成，氢氧化锰与溶解氧反应生成锰酸。再在反应液中加入硫酸，使已被化合的溶解氧与碘化钾反应，释放出碘，可用标准硫代硫酸钠液滴定。其反应式如下：

$$MnSO_4 + 2NaOH = Mn(OH)_2 + Na_2SO_4$$

$$2Mn(OH)_2 + O_2 = 2MnO(OH)_2 \downarrow$$

$$MnO(OH)_2 + Mn(OH)_2 = MnMnO_3 + 2H_2O$$

$$MnMnO_3 + 3H_2SO_4 + 2KI = 2MnSO_4 + I_2 + 3H_2O + K_2SO_4$$

$$I_2 + 2Na_2S_2O_3 = 2NaI + Na_2S_4O_6$$

前4步反应在与空气隔绝的具塞反应瓶中进行，并使反应液充满磨口瓶，不能混有气泡。但是如果样品中存在氧化还原性物质，测定结果会有偏差；当样品带有颜色时，也会影响测定终点的判断。故此法不适于测定发酵液的溶解氧浓度。

（2）电极法　电极法测量溶解氧的基本原理：复膜电极法的基础是极谱法。在某一溶氧浓度的溶液系统中，当在某一贵重金属（如铂、金或银）电极与合适的参比电极（甘汞或Ag-AgCl）之间施加一个氧的极谱电压（0.6～0.8V负电压）时，溶液中的氧就在阴极被还原。当所产生的电流与溶液中氧含量成正比时，此时的电极电流称为饱和电流，此时的电压称为极谱电压。

氧电极的电化学是氧在阴极的电化学反应。

$$O_2 + 2H_2O + 2e = H_2O_2 + 2OH^-$$

$$H_2O_2 + 2e = 2OH^-$$

电极有电解型（极谱型）电极和原电池型电极。

电解型电极：上述贵重金属制成的电极仅起着传递电子的作用，并不参与电极反应。如果在电极系统中选用一个电位比阴极低的阳极作参比电极时，就需要外加一个电压，使之维持在－0.6～－0.8V的氧极谱电压内，这种电极称之为电解型（或极谱型）电极。例如，阴极和阳极都用银制成，参比电极为KCl溶液时，则电极反应为

阳极　$Ag + Cl^- + 2e = AgCl + e$

阴极　$O_2 + 2H_2O + 4e = 4OH^-$

电极反应　$4Ag + O_2 + 2H_2O + 4Cl^- = 4AgCl + 4OH^-$

原电池型电极：在电极系统中，如果选用的阴极电位高于阳极电位的参比电极（如碱金属等），这时氧就能在阴极自发地被还原，产生电动势，接上电流表就有电流产生。这种电极称之为原电池型电极。常用的阳极材料有铅、锌、锡或镉等。

银-铅原电池电极的电子反应如下：

阴极　$O_2 + 2H_2O + 4e = 4OH^-$

阳极　$Pb = Pb^{2+} + 2e$

电极反应　$2Pb + O_2 + 2H_2O = 2Pb(OH)_2$

电解型电极和原电池型电极都属于电流型电极。它们的不同之处在于：原电池型的电解质不参与电极反应，而阳极表面被不断氧化，原电池型电极的寿命取决于阳极可被利用表面积的大小。

（3）*复膜电极法*　氧浓度与饱和电流成正比关系，其前提条件是有稳定的氧扩散，将氧传递到电极上，在稳定的氧扩散情况下，才有稳定的氧扩散电流。

当将电极放在一被测溶液中时，就在阴极表面发生了电极反应，使距表面近的溶液中的氧被还原了，此时电极表面的氧浓度与液体主体中的氧浓度就形成了一个梯度，这时电极反应速度是受氧扩散控制的。在发酵罐有搅拌的情况下，显然发酵液中氧浓度梯度是不存在的。因此，电极测量时电流输出信号不稳定，电极测量难于进行。

因此，一个基本的溶氧电极测量系统不仅要具备指示电极和参比电极之间形成的电位差（即氧的极谱电位，使此时只有氧在电极上发生反应），而且要使电极表面与液流主体间有一个稳定的氧扩散梯度。

克拉克（Clark）提出了复膜氧电极的概念。电极的阳极（银电极）、阴极（铂电极）和电解质被一层复合聚分子膜（由四氟乙烯膜和聚硅氧烷膜复合而成，它既有高的氧分子渗透性，又有储氧作用）与被测溶液隔开，这层薄膜的特性是能透过氧分子而不能通过溶液中的其他离子或分子。电极的阴极表面被覆上一定厚度的膜后，在此条件下使膜成为氧扩散的控制因素，氧分压的变化与电流输出的稳态对应就具有如下形式：

$$I_S = NFA(P_m/d_m)P_{O_2}$$

式中，I_S 为电极电流；N 为电子数；F 为法拉第常数；A 为阴极表面积；P_m 为氧在复膜中的穿透系数；d_m 为膜厚度；P_{O_2} 为被测溶液中的氧分压。

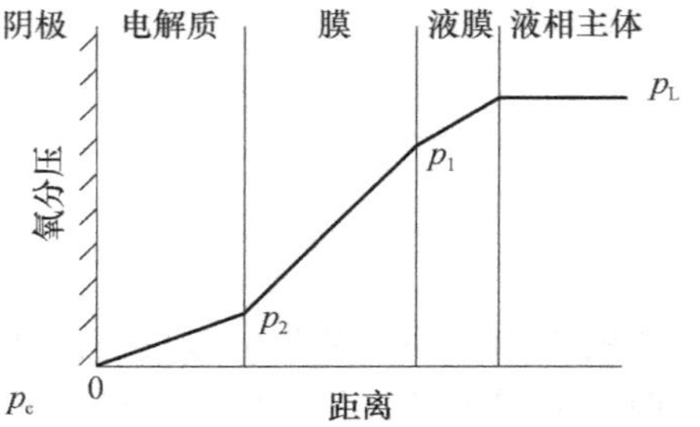

图 6-7　复膜氧电极内外氧分压的分布

p_1. 液膜和复膜界面氧分压；p_2. 电解质和复膜界面氧分压；p_c. 阴极表面氧分压；p_L. 液相主体氧分压

由于复膜电极中聚分子膜的应用，就可以通过选择膜厚，使之成为膜阻控制系统，即从电极阴极表面到液流主体的氧扩散梯度固定在一定的范围内，不受时间和液流主体湍流程度的影响。这可满足电极在实际测量中的要求。

复膜电极测得的实际为氧从液相主体到阴极的扩散速率。氧从被测液相主体经过电极膜外侧的滞流液膜、电极膜和电解质到达阴极表面，推动力是氧分压差。当扩散过程达到稳定状态时，电极内外氧分压的分布见图 6-7。

这时，单位面积氧的扩散速率为

$$n_{O_2} = k_L(p_L - p_1) = k_m(p_1 - p_2) = k_e(p_2 - p_c) = K(p_L -$$

式中，n_{O_2} 为氧的扩散通量，mol/(m^2 · s)；k_L 为液膜传递系数，mol/(N · s)（N：牛顿）；k_m 为膜传递系数，mol/(N · s)；k_e 为电解质膜传递系数，mol/(N · s)；K 为总传递系数，mol/(N · s)。

于是，原电池型氧电极的稳定电流为

$$I_S = 4FA\, n_{O_2} = 4\, FAK(p_L - p_c)$$

阴极表面氧分压 $p_c = 0$，

$$I_S = 4\, FAKp_L = K'p_L$$

式中，A 为接触面积，m^2。

因此，复膜电极的测定，实际上是液体的氧分压。如果用一支氧电极在相同的温度和搅拌情况下，对空气饱和的纯水和盐水进行测定，两者的稳定电流值几乎是相同的。但在这两种液体中，由于液体所含物质有所不同，两种液体的溶解氧浓度其实是不同的。这也就是为什么说复膜电极常用来测定相对溶氧浓度（即溶氧的饱和度）。溶氧电极见图 6-8。

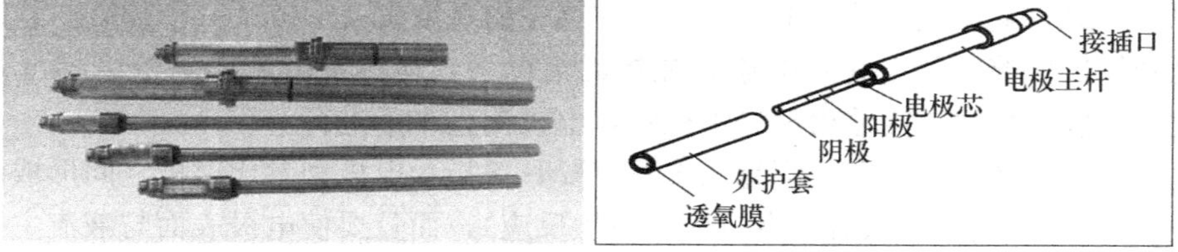

图 6-8　溶氧电极

虽然复膜氧电极只能测定液体中溶氧的饱和度，但利用标准加入法，即在赶去溶氧的水中加入氧饱和水的样品，通过氧电极电流增加值，仍可以求得溶解氧的绝对值。

当前在液态发酵罐中安装溶氧电极非常普遍。电极一般可耐受蒸汽高温灭菌。但电极的关键部件膜的寿命与灭菌次数及温度有关。

二、菌体耗氧速率 r 及体积溶氧传递系数 $K_{L}\alpha$ 的测定

1. 菌体耗氧速率 r 的测定

(1) 作图法求得耗氧速率　根据通风发酵液中氧的物料衡算，发酵液中溶氧浓度随时间的变化可写成如下公式。

$$\frac{dC}{dt}=K_{L}\alpha(C^{*}-C)-Q_{O_2}X \tag{6-21}$$

在发酵过程中，人为地制造一个不稳定状态（即供氧速率和耗氧速率不平衡），如停止通风，有

$$\frac{dC}{dt}=-Q_{O_2}X$$

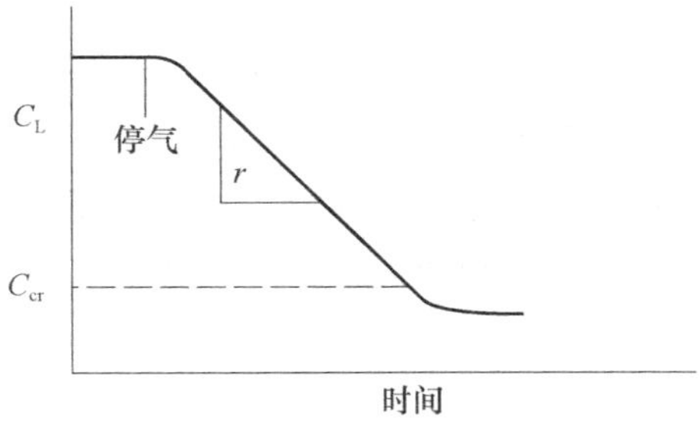

图 6-9　停止通气后培养液中溶氧浓度的变化

C_L. 培养液中的溶解氧浓度；C_{cr}. 临界溶氧浓度

在一定时间 Δt 内（由 t_1 到 t_2），发酵液中溶氧浓度变化为 ΔC（由 C_1 降到 C_2），采用一支响应很快的溶氧电极测定发酵液中的溶氧变化，可以得到如图 6-9 所示的溶氧浓度随时间的变化曲线。根据式（6-22），曲线的直线部分斜率的绝对值即为摄氧率 r，即 $Q_{O_2}X$。

$$r=Q_{O_2}X=-\frac{C_2-C_1}{t_2-t_1} \tag{6-22}$$

$$\frac{dC}{dt}=K_{L}\alpha(C^{*}-C)-Q_{O_2}X$$

当发酵液中不含有菌体，打开空气阀门，从时间 t_2 到 t_3 后，溶氧浓度即由 C_2 上升至 C_3，可得在一定条件（在一定通风量和搅拌转速）下的传氧速率为

$$\frac{dC}{dt}=\frac{C_3-C_2}{t_3-t_2}$$

(2) 物料衡算法计算耗氧速率　在通风搅拌罐中进行深层发酵时，可列出关于氧的物料衡算关系式为

$$V\frac{dC}{dt}=\frac{Q_i p_i}{RT_i}-\frac{Q_o p_o}{RT_o}-Q_{O_2}XV$$

式中，左边项为氧浓度变化；右边第 1 项，进入发酵罐的氧气流量；右边第 2 项，离开发酵罐的氧气流量；右边第 3 项，菌体呼吸所消耗氧的速率；Q_i，Q_o 为进入和离开发酵罐的空气流量，m^3/s；p_i，p_o 为进入和离开发酵罐的空气氧分压，Pa，Pa 的单位可用 N/m^2 表示；R 为通用气体常数，8.314J/(K·mol)，J 的单位可用 N·m 表示；V 为发酵液体积，m^3；Q_{O_2} 为比耗氧速率，s^{-1}；X 为菌体浓度，mol/m^3；T_i，T_o 为进入和离开发酵罐的空气绝对温度，K。

在稳态时，$dC/dt=0$，于是，菌体的耗氧速率 r 可用下式表示：

$$r=Q_{O_2}X=\frac{Q_i p_i}{VRT_i}-\frac{Q_o p_o}{VRT_o}$$

2. 体积溶氧传递系数 $K_L\alpha$ 的测定

体积溶氧传递系数 $K_L\alpha$ 的测定主要有亚硫酸钠氧化法、动态法；也可用物料衡算法计算。

（1） *亚硫酸钠氧化法* 亚硫酸钠氧化法是Cooper等用来计算各种气-液接触器的传氧性能的方法。它基于亚硫酸钠在 Co^{2+} 或 Mg^{2+} 催化下，能迅速将 SO_3^{2-} 氧化为 SO_4^{2-} 的特性来间接得到氧浓度。以铜（或钴）离子为催化剂，亚硫酸钠的氧化反应式为

$$2Na_2SO_3 + O_2 = 2Na_2SO_4 \tag{6-23}$$

根据氧传递速度的计算式 $\frac{dC}{dt}=K_L\alpha\ (C^* - C)$，正常条件下，亚硫酸根离子的氧化反应非常快，远大于氧的溶解速度。当 Na_2SO_3 溶液的浓度在0.018～0.45mol/L内，温度在20～45℃时，反应速度几乎不变。因此，氧一旦溶解于 Na_2SO_3 溶液中立即被氧化，反应液中的溶解氧浓度 C 为零。此时氧的溶解速度（氧传递速度）成为控制氧化反应速度的决定因素，可用以下方法计算传递系数。

$$K_L\alpha = \frac{\frac{dC_{Na_2SO_3}}{dt}}{C^*} \tag{6-24}$$

式中，$\frac{dC_{Na_2SO_3}}{dt}$ 为氧在亚硫酸钠溶液中的溶解速率（即氧传递速率）。

由于亚硫酸盐法测定 $K_L\alpha$ 是在非培养条件下进行的，所测 $K_L\alpha$ 与实际培养体系的 $K_L\alpha$ 存在差异。另外，在亚硫酸钠溶液中的 C^* 无法测定。有人指出氮气在0.5kmol/m^3 的亚硫酸钠中的溶解度和在0.5kmol/m^3 的硫酸钠中的相同，建议氧在亚硫酸钠溶液中的溶解度可用氧在同样浓度的硫酸钠中的溶解度代替。

（2） *动态法* 采用氧电极测量 $K_L\alpha$ 除具有操作简单、受溶液中其他离子干扰少外，还可在微生物培养状态下快速、连续地测量，所得信息可迅速为发酵过程控制所参考，因此在实际培养体系中常使用氧电极法测定 $K_L\alpha$。利用氧电极进行 $K_L\alpha$ 的测量有多种方法，动态法是常用方法之一。式（6-21）可改写为

$$C = -\frac{1}{K_L\alpha}\left(\frac{dC}{dt} + Q_{O_2}X\right) + C^* \tag{6-25}$$

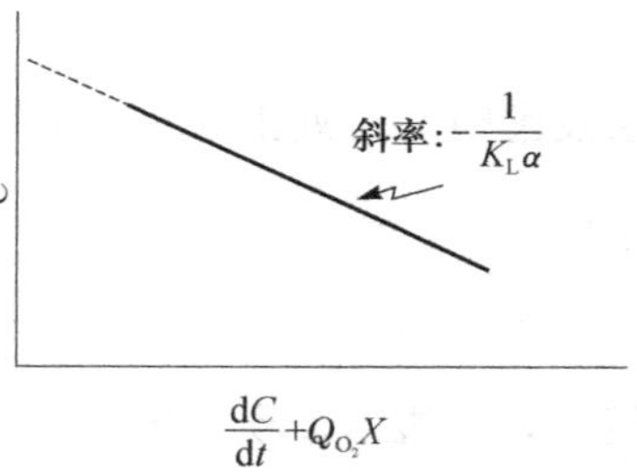

图6-10 利用动态过程的数据求 $K_L\alpha$ 和 C^*

如前所述，停止向发酵液通气，根据培养液中溶氧浓度的变化速率可以求出摄氧率 r，即 $Q_{O_2}X$ [见式（6-22）]。

由 $\frac{dC}{dt}+Q_{O_2}X$ 对 C 作图，从所得直线的斜率求出 $K_L\alpha$，并由截距得到 C^*（图6-10）。

当液体的溶氧浓度下降到一定程度时（不应低于临界溶氧浓度），恢复通气，则培养液中溶解氧浓度逐渐升高，最后恢复到原先的水平。

第五节 固态发酵通风与搅拌技术

一、固态发酵的通风

液态发酵体系，可视液相为连续相，气相为非连续相；而对于固态发酵体系，一般情况

下应视气相为连续相，固态相及液态相为非连续相。

1. 通风的作用

好氧微生物的固态发酵，通风的主要作用是供氧（强制通风或非强制通风）。但通风的作用不仅限于增加供氧，还具有驱散物料中聚集的二氧化碳的作用。由于固态物料的热容量较小，水分含量较低，通风时，空气的温度、湿度对物料的温度和水分的影响很显著，通风对于调节物料的温度和水分具有重要的影响。通风时，在满足供氧需求的时候，要综合考虑诸多因素，以免顾此失彼。

2. 固态发酵的氧传递

(1) *丝状真菌在固态发酵基质中的分布*　从微观上看，固态发酵物料层由颗粒物料基质、微生物和物料颗粒间隙的空间所含有的气体（以空气和水蒸气为主）组成。物料基质分为物料干基和水分两部分。在物料颗粒表面含有水膜，水膜的厚度取决于物料的含水量及微生物的性质。固态发酵的物料颗粒含水量一般在50%左右（湿基）。大多数的水与物料基质中的聚合物结合在一起，称为结合水。

好氧微生物的菌丝体一般生长在物料颗粒的表面，形成的菌丝体称为菌丝层。菌丝层分为生物膜、气生菌丝和渗透性菌丝。常将覆盖在物料颗粒表面上（或颗粒内的浅表层）含水量较多的微生物菌丝层视为生物膜（或称湿菌体层）。该生物膜由微生物菌体和水组成，是一个紧密的湿菌丝层，这是物质传递及交换的主要场所。氧气从外部气相进入生物膜区域。部分菌丝可渗透到物料基质内部（渗透型菌丝），由于固态物料氧传递困难，渗透型菌丝进入物料颗粒内部的距离受限。有资料表明大致在距离物料层深度100μm处就无法测到氧，故微生物菌丝在那里无法生长。部分气生菌丝则会伸出菌丝层而插入到物料颗粒间隙的气相中去。

Onstra等通过实验研究了葡萄糖和淀粉培养基上固态培养根霉时，颗粒内的氧传递及氧气扩散限制问题，提出了用于研究固态发酵氧传递的湿菌体层和基质的模型。

通过实验证实：菌体在基质层上生长，在气生菌丝层的不同距离，氧的浓度基本保持稳定，即气生菌丝层氧气浓度梯度变化较为平缓，而在湿菌体层氧气浓度梯度急剧变化。原因是在湿菌体层微生物耗氧速度最快。随着发酵的不断进行，离湿菌体层距离越远的基质处，氧的浓度越小，湿菌体层存在明显的氧的浓度梯度，见图6-11和图6-12。

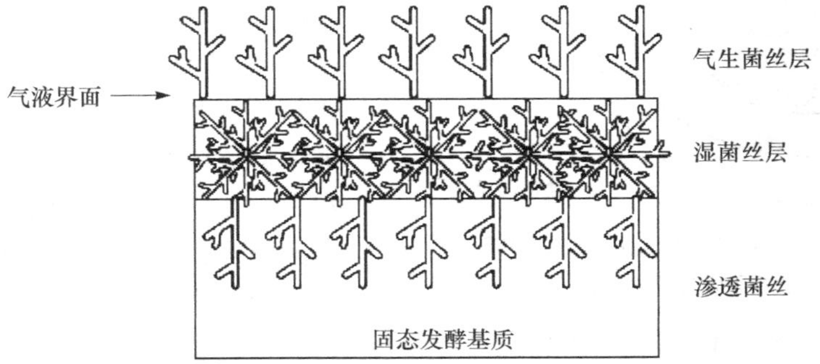

图6-11　丝状真菌在固态发酵基质中的分布

(2) *固态发酵氧传递过程及氧传递的限速步骤*　液态通风发酵，可将液体培养基视为连续相，空气则是非连续相；而对于固态通风发酵，空气可视为连续相，固态培养基则是非连续相。

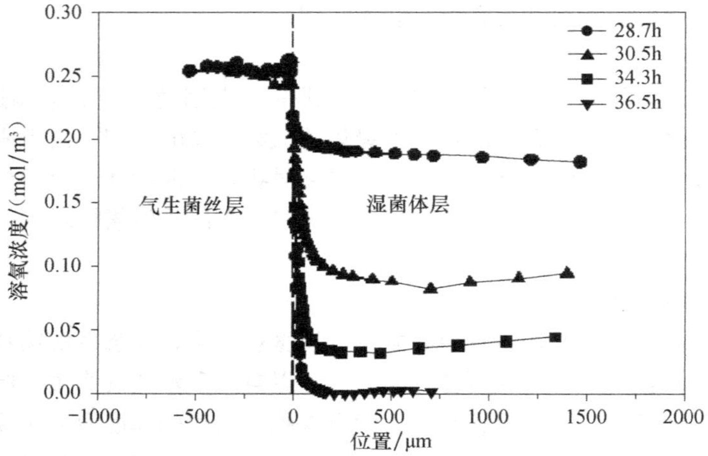

图 6-12　在气生菌丝层和湿菌体层不同位置的溶氧浓度

从物料层这一宏观上来看，通风供氧过程是从反应器外部通入无菌空气，穿过物料层，新鲜空气与物料层中的气体交换后，进入反应器顶空部位再排出反应器。氧气向物料层内的扩散速率是由物料层的传质特性决定的。菌体在固体颗粒表面生长过程中改变了物料层的多孔性，使物料层发生了收缩，影响氧气的扩散速率；同时 CO_2 的反向扩散也使得氧气向内扩散变得更加困难，这就是固态发酵中氧气传质的一大难点。由于氧气传质扩散阻力的存在，固体颗粒表面的氧气很难传递到颗粒内部，使物料颗粒内部缺氧。

从物料颗粒的微观上看，在起始状态，物料颗粒内不同距离氧气浓度等参数可视为均匀。随着菌体在颗粒表面生长和繁殖，物料颗粒湿菌体层的氧气逐渐被消耗；外部氧气则向湿菌体层及颗粒内部扩散。不同厚度所在的菌丝体消耗氧气速率不同，湿菌体层及物料颗粒内部氧气分布均匀性被破坏。

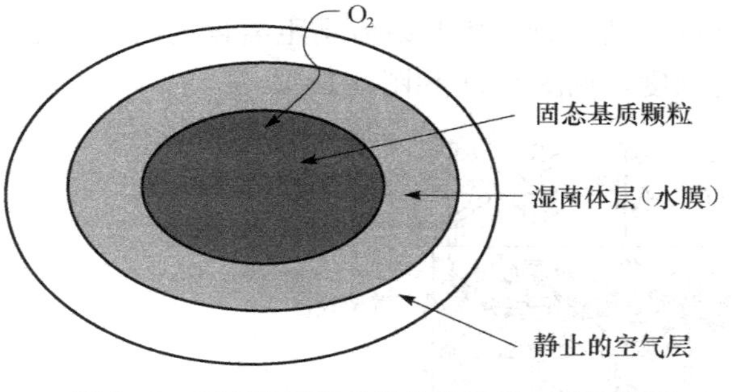

图 6-13　固态发酵氧具体传递过程（当物料层被分为气相和固体颗粒相时）

按固态发酵物料的二相理论，物料层由物料颗粒及颗粒间隙的气体所组成。物料颗粒是含基质、菌体层、水膜、气膜的复杂结构，氧气从气相主体到物料颗粒内部的具体传递过程可见图 6-13：①氧从气相主体中向物料颗粒空隙的传递，即通风时，新鲜的空气穿过固态物料层，与固态物料颗粒间隙的气体置换和交换，传质速度与物料堆积的紧密程度、颗粒的大小、物料的孔隙率有关。②氧在颗粒间隙空间内的扩散。③在某些情况下，暴露于空气中的菌丝体可直接从空气中吸收氧气。④氧从物料颗粒间隙的气相主体向物料表面气膜的转移。⑤气体通过颗粒表面的气膜向气液界面的扩散；固态发酵物料的颗粒小，单位体积的物料的表面积大，气液界面积大，传氧速率较高。⑥氧气穿过气液界面进入水膜（湿菌体层），氧气在水膜中的扩散。⑦水膜中的溶解氧被微生物利用，因此在湿菌体层中，同时发生氧的消耗及氧的供应（从气液界面传递进入的氧），当耗氧速率大或供氧不足时，湿菌体层氧浓度下降。⑧固体颗粒内氧的传递，主要靠颗粒内氧的扩散，存在所谓的临界半径，有资料表明氧在颗粒内的扩散距离仅约为 0.5mm，因此在颗粒内部的扩散相当困难。颗粒内含水率的不同，氧的溶解度也有差别。

在氧的传递过程中，究竟哪个步骤是限速步骤？目前较为普遍接受的观点是，氧从气液界面进入到湿菌体层后，在湿菌体层（水膜）的氧扩散步骤是限速步骤；湿菌体层的厚度和气液界面面积是固态发酵传氧的关键参数。而培养基质的水分含量影响这两个关键参数。微生物的耗氧主要发生在湿菌体层。气生菌丝体量在总的菌体量中所占的比例很小。气相主体的氧气，要传递到湿菌体层，形成溶解氧，最终被微生物利用。

（3）工程变量对固态发酵传氧的影响　有 4 个因素影响菌体层中氧的浓度：①湿菌体层的厚度 L；②湿菌体层的密度 ρ_x；③湿菌体层中菌丝体的比呼吸活力 q_o；④在湿菌体层的氧气有效扩散系数 D_e（m^2/s），D_e 除了和扩散系数有关外，还与孔隙率及物料孔隙的路径曲折因子有关。

由于氧必须先溶解于水膜中，固态基质中的水分含量、水膜的厚度及水膜的面积是决定氧浓度的关键因素。填充到固体颗粒间隙及菌体间隙中的水是从固体基质中倒吸上来的，故湿菌体层的厚度取决于固体基质的水含量。Nagel 等观察到菌体层的水含量和固体颗粒中的水含量存在着线性对应关系。因此，通过调节进口空气的流速和湿度，适时补水，从而控制颗粒水分含量，是控制湿菌体层厚度及保证固态发酵好氧条件的关键。

通过扩大气相和湿菌体层之间的界面面积，可增加从气相到菌体层的氧传递速率。故减少物料颗粒的直径以增加比表面积是最好的办法之一。增加颗粒间和颗粒内的孔隙率，也是加强供氧的有效措施。一般来说，内部孔径小，有利于水分的填充；而较大的孔径有利于填充气体。固体基质的粒径越小，微生物所能利用生长的表面积就越大。然而，太小的粒径会常常导致基质凝聚结块，进而影响通风传氧效果及微生物的呼吸代谢，致使菌体生长延缓甚至死亡；相反，较大的粒径由于增加了粒径间的空隙，会很好的改善通风传氧及代谢的效率，但是只能为微生物提供有限的生长面积。Pandy 研究了固态发酵过程中基质粒径大小对产酶酶活的影响，实验结果表明，固体基质粒径的分布对微生物的生长和产酶有显著的影响。当麦麸粒径分布在 425～500μm 及 500～600μm 时，黑曲霉产生的糖化酶酶活力最高；基质粒径小于 180μm 和大于 1.4mm 的结果相当，糖化酶酶活都很低。

传统发酵常采用米糠或麸皮等多孔性填料与粮食原料混合在一起进行发酵，或者对原料进行膨化处理可使颗粒内增加孔隙，以扩大气体交换的面积。

3. 固态发酵通风量的计算

好氧固态发酵，表面上看，应满足微生物的氧需求，似乎要根据微生物菌体量及其实际需求来计算通风量。但在实际计算时，往往是根据最大产热速度来计算固态发酵通风时最大的空气流量。这是为什么？如前所述，通风有供氧和调节物料温度和水分的多重作用。在计算通风量时，其计算依据应根据通风所起作用的重要性来决定。微生物的生长受供氧和发酵温度的共同作用。供氧量大，微生物生长旺盛，这本来是好事，但耗氧量大也对应于产热高峰，进而导致发酵温度显著上升。由于固态物料的比热容小于水的比热容，如果不及时对物料进行散热冷却，培养温度会超过微生物的极限生长温度从而导致微生物的死亡，只考虑满足微生物生长的供氧通风量是不行的。从供氧和温度这两个因素来看，物料温度的重要性超过氧的需求。因此，能满足降温需求的通风量比满足氧需求的通风量更为重要。

Mitchell 提出了最大产热速度 R_Q（kJ/h）的概念，并由此来设计计算通风量。最大产热速度 R_Q 的计算公式为

$$R_Q = \frac{\rho_b X_{max} Y_q V_b \mu_{max}}{4} \tag{6-26}$$

式中，ρ_b 为物料层容积密度，kg/m^3，参考数据为 350；X_{max}为最大菌体浓度，kg 菌体干重/kg 干基，参考数据为 0.125；Y_q 为代谢热产生的得率系数，J/kg 菌体干重，参考数据为 10^7；μ_{max}为最大比生长速率，h^{-1}；V_b 为物料层体积，m^3。

根据每千克空气去除物料层热量的数据 Q_{rem}，可以根据式（6-27）计算去除热量所需的空气质量流速 W_{air}。

$$W_{air} = \frac{R_Q}{Q_{rem}\Delta T} \tag{6-27}$$

式中，ΔT 为空气通入物料层后出口和进口空气的最大升温幅度；Q_{rem}为空气可从物料层中去除热量的估计值［根据保守估计，其值为 5kJ/(kg · K)］，该值表示湿空气比热容［1.0kJ/(kg 干空气 · K)］和水的汽化潜热的总和（水的汽化潜热值约为 2490kJ/kg 水）。

4. 通风和物料品温、水含量的关系及对微生物生长及代谢的影响

微生物的生长及代谢和氧有直接的关系，供氧量的多少取决于通风量（通风速率，即空气体积流速）的大小。固态发酵的初期，往往不需要通风。原因是固态物料基质的空隙中储存有一定量的氧，可供微生物短期使用。另外，初期阶段是孢子萌发、菌体生长的延滞阶段，微生物对氧的需求量较小。在微生物的生长阶段，通风量适宜，则微生物生长旺盛，微生物生长旺盛，则导致品温快速上升；为了控制品温，必须加大通风量降温；而加大的通风量或延长通风时间，客观上来说，又利于菌体快速生长；即形成一种良性循环：菌体生长快→品温上升快→增大通风量→供氧量大→菌体生长更快→…。这种对于某些固态发酵来说是一种良性循环。要掌握好合适的通风量及通风时间。同时，微生物的生理状态也很重要。在对数生长期的微生物，需氧量大，产热量大，可适当加大风量或延长通风时间，但在发酵后期，则不宜如此操作。

在制曲过程中，也有一种所谓的恶性循环，即菌体生长慢→品温上升慢→通风量小→供氧少→菌体生长更慢→…。最后导致发酵失败。对于这种情况，保温显得非常重要。

因此，接种后初期菌体量的多少、活性高低、初期温度、水分等条件是关键因素。

通风与发酵品温、物料水分含量、微生物生长及代谢之间的关系非常复杂，目前还缺乏系统的研究。有些可定量计算，有些无法定量计算。从定性的角度，可做出如下分析：通风量增加，则供氧量增加，有利于微生物的增长，但通风量的增加，若空气中的湿含量较少，而相对培养基质中的水分含量较大，则将带走培养基中的水分，有可能导致微生物生长受负面影响；通风量大，若空气温度较低，有可能导致培养基质中温度的下降，若低于微生物的最佳生长温度也有可能不利于微生物的生长。

二、固态发酵的搅拌（翻料）

1. 搅拌（翻料）的作用

固态发酵物料由气、液、固三相组成，随着发酵的进行，固态发酵物料中的各成分分布

不均匀，不同位置的物料温度也呈现差异。不均匀性是一种常态。对物料进行搅拌翻料，基本目的是减少不均匀性，这是固态发酵时的一个常规操作，翻拌可达到如下目的：通过固态发酵的搅拌（翻料）操作，使固态物料运动，发生位移，避免物料颗粒结块成团；通过翻拌可使物料分布均匀；在搅拌（翻料）过程中，若同时通风或喷洒水，更有利于使物料充分地与氧气和水分接触，改变物料的缺氧和失水状态。补水操作也只有在搅拌（翻料）操作时才能使水的分布更加均匀。

固态发酵过程中搅拌（翻料）操作有加强供氧的作用，但供氧机制与液态发酵的完全不同；在通风时进行搅拌或翻拌物料实际上是增加物料和氧的接触机会和时间。

由于固态物料传热传质相对困难，热量和发酵所产生的气体往往聚集在物料深处，搅拌（翻料）操作可使物料内部中积累的气体和热量释放出来，搅拌有释放二氧化碳等有害气体、调节（降低为主）物料温度的作用。

物料的翻拌带来的负面作用是翻拌所产生的剪切力破坏微生物菌丝，从而对微生物的生理活动造成不利影响。尤其是孢子萌发成菌丝体时，菌丝体还不成熟，不具备正常的繁衍能力，物料翻拌对这些幼嫩的菌丝体所造成的机械损伤将是致命的。故在固态发酵的初期，一般都不进行物料的翻拌操作。在固态发酵初期也应尽可能减少物料的翻拌，因为这会使物料的温度下降，不利于微生物的生长。物料因搅拌运动而产生的剪切力对菌体的损伤程度与菌体的形态有关。细菌、酵母菌等可视为单细胞球形、杆状或椭圆形微生物，它们对剪切力不敏感；放线菌和霉菌等是丝状菌，它们对剪切力非常敏感。应根据微生物的种类及固态发酵反应器的类型，选择适宜的通风条件及搅拌（翻料）方式。

搅拌操作折中的方案最好是间歇搅拌。这种非连续的混合，还可减少对基质的摩擦损失，并节省操作和设备投资费用。

有时搅拌或大强度的搅拌对固态发酵的供氧作用不明显，有的甚至有副作用。通风和搅拌并非需要同时进行。例如，固态发酵醋，其固态发酵设备中并未设置通风装置，在搅拌过程中只是通过翻醅机的翻料，增加物料与氧的接触时间和机会，使氧溶入醋醅中，被微生物吸收利用。

2. 搅拌（翻料）的方式和装置

固态发酵分为完全静止发酵、间歇搅拌发酵和连续搅拌发酵 3 种类型。搅拌操作时的主要操作变量是搅拌次数、每次搅拌持续的时间、搅拌强度（如转速）。

为使反应器内的物料疏松、流动、混合均匀，或者使物料和空气、水或种子液（粉）拌匀，英文常用“mixing”、“agitation”或“stir”等词汇表示，中文词汇表示这些操作的词汇则有“搅拌”、“混合”、“混料”、“拌料”或“翻料”。用词的区别，体现了操作手段或设备或工具的不同。固态发酵搅拌（翻料）的方法有以下几种。

人工翻料：传统的翻拌物料用人工翻料，用手、木铲或齿耙等工具操作。在中小型红曲及酿酒企业，地面、竹匾等浅层培养的曲，甚至厚层通风发酵池的红曲等，目前仍采用此法。

机械搅拌（翻料）：现代固态发酵反应器的机械搅拌器的种类很多，圆柱形反应器的机械搅拌装置，按其推动物料的运动方向来看，分为轴向式搅拌器和径向式搅拌器。长方体形发酵槽（池）的搅拌装置是行走式的，在行走的过程中，使物料上下（或左右）翻动。滚筒式固态发酵反应器是通过圆筒的旋转（圆筒轴心可平行或倾斜），使物料自上而下地滚动，达到翻料的目的。转动式反应器内强调的是物料的混合操作。物料在翻滚过程中与所通入的空气进行热量和水分的传递。转鼓内也可安装挡板（也称为物料提升板），有利于物料的径向或轴向混合均匀。

有的固态发酵，可采用连续搅拌（翻料），如细菌或酵母菌等单细胞微生物的固态培养；霉菌等丝状真菌的培养只适宜间歇搅拌翻料。连续搅拌翻料对物料层通风分布的均匀性要求不高，因为物料处于连续的运动状态，即使通风在物料层中分配不均匀，物料也能获得充足的供氧。而对于间歇搅拌翻料的通风，在物料层的各个位置风量要均匀分布。

采用连续搅拌，很容易使补加的水均匀分布到物料中，故对喷水装置要求较低；间歇搅拌，则要均匀布置喷水装置。

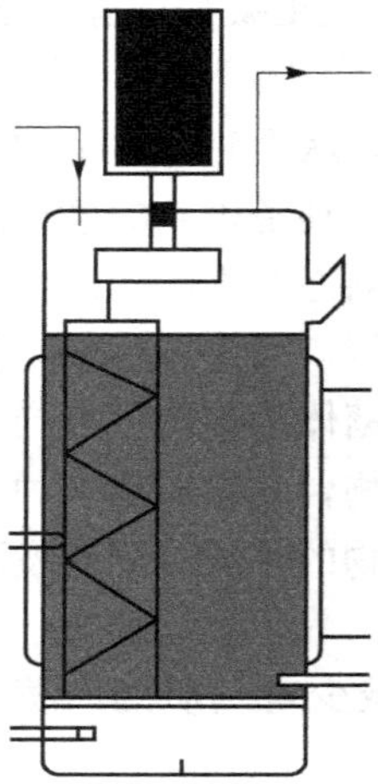
图 6-14　行星状搅拌装置

机械搅拌装置主要有以下 4 种。

叶片式搅拌装置：这是一种非常普遍的搅拌器，搅拌器安装在轴上，反应器可以是立式的，也可以是卧式的。例如，立式反应器，当旋转时，叶片主要使物料做径向运动。可设计不同类型的叶片，使物料不仅具有径向运动，也有轴向运动。

行星状搅拌装置：该种搅拌器有两个轴心，主轴心是以反应器圆柱体的中心为轴心；另一个是搅拌器轴心，偏离反应器中心轴。主轴旋转时，带动搅拌器围绕反应器轴心旋转，同时搅拌器本身做圆周运动，搅拌物料，故称行星状搅拌器（图 6-14）。

物料提升挡板：物料提升挡板是安装在反应器内壁上的，不是搅拌器，但能够起到使物料混合均匀的效果。挡板的形状有多种，普通的直板形状，板的长度方向与转鼓圆筒的轴向是平行的，将直板固定在反应器壁与圆筒轴心的直径线上，直板与圆周的切线成 90°，可以起到提升物料的作用。物料的流动方向是径向的。还有一种挡板长度方向做成曲面形状，故在卧式转鼓旋转时，挡板不在一个水平面上，物料可从高处流到低处，即物料流动的方向不仅有径向流，还有轴向流。这可增加物料的均匀性。

Z 形叶片式：搅拌轴不是直线形状，而是折成横-竖-横 3 段，竖直段在中心位置。当左端的横轴在下方时，另一端的横轴在上方。这在保证物料的径向流的情况下，实现轴向流。

三、固态发酵通风与搅拌的类型

根据固态发酵反应器的种类，固态发酵的通风方式分为强制通风和非强制通风。根据需要可连续通风或间歇通风。搅拌分为间歇搅拌或连续搅拌。间歇搅拌时，要制订合理的间歇时间及搅拌时间的计划。

1. 强制通风

强制通风是空气主体从上方或下方穿过物料层主体；空气通过物料孔隙穿过物料层，并与物料层内的气体进行交换后排出反应器。由于物料层有一定的厚度，空气必须具有一定的压力才能穿过，称为强制通风。气体的流动方向也是单一方向性的。填料床式反应器、厚层通风发酵池、圆盘制曲机等适合于强制通风方式。一种更为极端的情况是气固流化床形式的反应器，气流以足够的速度从底部穿孔筛板向上吹入，使物料呈悬浮状态。既可通风供氧，又可使物料混合均匀。在强制通风过程中，气体的对流传递作用更强。

(1) 强制通风，无搅拌　填料床式反应器属于无搅拌混料，强制通风无搅拌型反应器（Unmixed SSF bioreactors with forced aeration），比较合适对搅拌敏感、易造成菌丝断裂的微生物的固态发酵。填料床式反应器的典型代表是圆筒形反应器（图 6-15）。反应器内柱底放置一块筛孔板，板上堆积颗粒装发酵物料。物料层厚度一般限制在 40cm 以下。采取强制通风方式，具有一定温度和湿度的空气从底部通入，通过物料层，再从顶空层排出。在发酵过程中不进行搅拌混料。物料颗粒是静止状态。由于发酵是放热反应，空气的温度一般要低于物料温度，在反应器的轴向方向，物料层从下到上存在明显的温度差。发酵热的去除主要靠对流传热和蒸发水分散热。

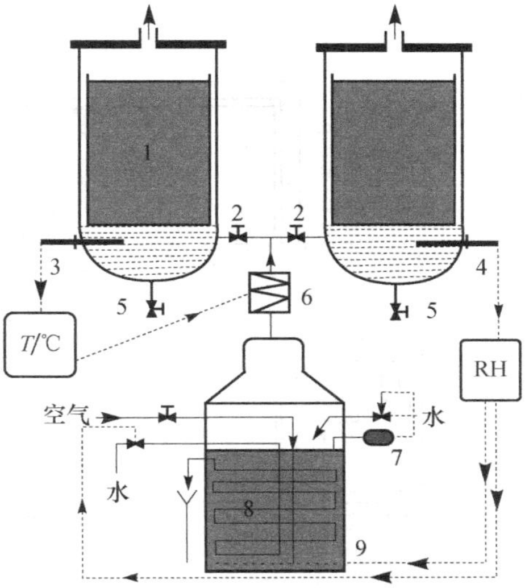

图 6-15　经典的填料床式反应器

1. 物料层；2. 空气流量调节阀；3. 气温测定传感器；4. 相对湿度测定传感器；5. 排水阀；6. 空气加热装置；7. 加温装置；8. 冷却水循环管；9. 循环水加热器；RH 代表相对湿度

圆柱式填料床式反应器，通风时，空气一般是从圆筒中心轴向方式进入，即可从反应器内物料层的底部进入，也可从物料层顶部进入。在底部进入空气，如果气速过高，可能会使物料处于悬浮状态；而在顶部进空气，则由于空气的运动方向和重力方向相同，有可能使物料层压缩。在操作时，可周期性地改变通风的方向，使物料的温度梯度逆转。

空气经引风道进入物料层后，空气的分布状态取决于物料颗粒的大小，物料堆积的紧密程度。若物料颗粒大小均匀，厚度一致，堆积的紧密程度一致，则压力降相同，在物料层的每一水平面上，气流速度是相同的，气体在通过物料层时分布就均匀。如果物料层的不同部位气体流过时阻力不同，大部分气流总是优先通过阻力最小的部位，阻力较小的部位通过的气流量就大，物料层易开裂，造成物料层缝隙，这种情况称为“缝隙现象”（channeling），会导致空气短路，降低空气的利用率，影响物料层大多数区域供氧不足，并无法去除代谢热。“缝隙现象”还与微生物菌丝体的生长结块、物料失水收缩有关。

(2) 强制通风，间歇搅拌　固态发酵中最常用圆盘制曲机、厚层通风发酵池等，属于间歇式搅拌、强制通风反应器（intermittently-mixed forcefuly-aerated bioreactor）。图 6-16 和图 6-17 分别显示了圆盘制曲机和厚层通风发酵池的结构简图。

强制通风发酵以厚层通风发酵池为例介绍。

厚层通风发酵池的强制通风系统由培养室、发酵池、鼓风机、空调室、风道和物料系统组成。固态物料置于发酵池假底上，风道设在池下部。用鼓风机通风，风由风道进入，发酵池一端有风口与风道连通，风口有调节风量的闸门。通风是由池底向上通风，穿过池假底及物料层后进入培养室。多采用回风管，将部分室内气体重新引入风机，掺入部分新鲜空气。部分空气循环使用可降低能耗。回风管上也要安装闸门，以便控制回风管的风量。

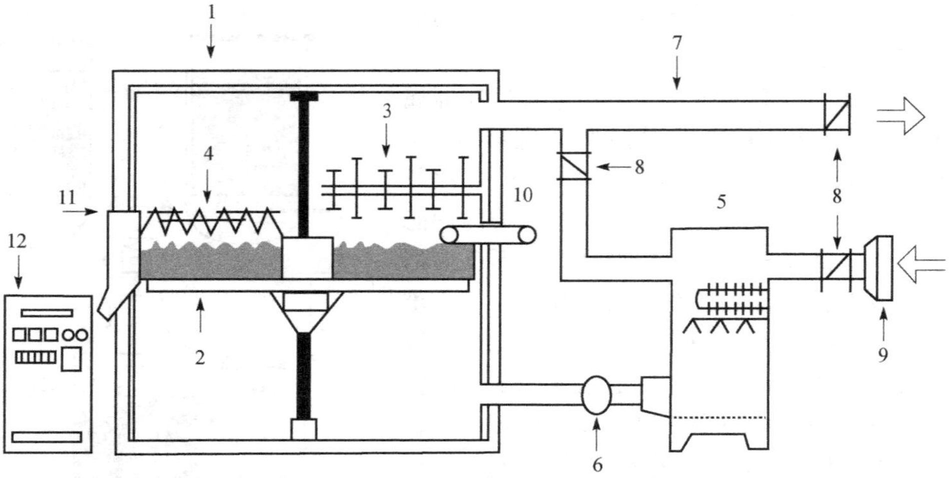

图 6-16　圆盘制曲机示意图

1. 培养室；2. 假底；3. 搅拌器；4，11. 螺旋式出料器；5. 空气温度和湿度调节装置；6. 鼓风机；7. 空气出口；8. 回风挡板；9. 空气过滤器；10. 进料装置；12. 控制柜

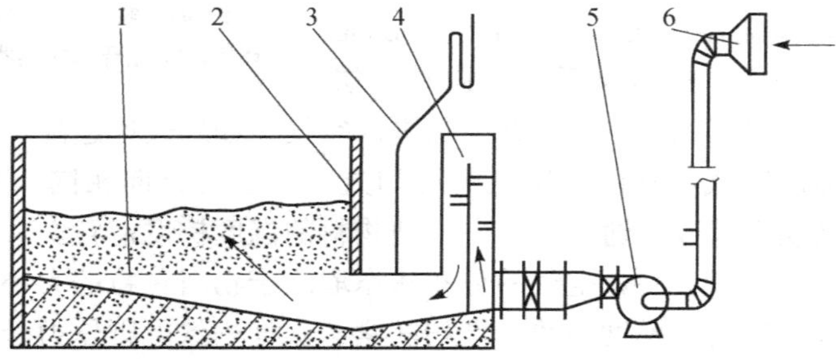

图 6-17　厚层通风发酵池示意图

1. 多孔筛板；2. 厚层通风发酵池体；3. 测温装置；4. 湿空气制备系统；5. 鼓风机；6. 取风口

通风机的选用及通风量的确定：一般采用离心式通风机，安装在室外。电机容量 2.2kW；流量 3977～7358m^3/h。厚层通风发酵一般选用中压通风机（1000～3000Pa）。通风量的计算要根据微生物生长的需要及考虑物料层的厚度。根据经验，一般 30cm 厚的物料层，每平方米的通风量为 400～700m^3/h。耗氧量大的固态发酵，通风量也可超过上限。

当品温超过设定温度时，就开始间歇式通风及搅拌，使品温在一个合理的区间上下波动。当品温开始急剧上升，应连续通风，以保持品温不超过上限。如果菌丝蔓延生长，产生曲料结块，导致曲料收缩，可能会导致发酵池的物料层松动，使得风从发酵池周围逃逸（走短路），如出现此情况要及时进行压板操作。

(3) 红曲米发酵过程的物料翻拌　红曲米是以大米为原料，采用红曲菌固态发酵而成。厚层通风发酵池为其常用发酵设备。发酵池规格一般为 2m×10m，高约 1m，池壁厚约 20cm，池中铺有多孔筛板，池底梯度为 6%，设有通风口和排水口。每个发酵池投米量为 1t。

大米→浸泡→沥干→蒸煮→凉饭→接入曲种→装袋→入池保温→倒包→铺头发酵→一水发酵（即第一次翻料并补水）→二水发酵→三水发酵→四水发酵→断水发酵→烘干

红曲米的发酵过程，物料的翻拌非常关键，由于规模不大且怕伤及菌丝体的生长，翻料至今仍是人工操作，翻料操作是间歇式操作。

红曲米的翻料操作，目的是降低物料温度；供氧；驱散二氧化碳；在翻料时同时补水，控制物料水分。如果翻料操作不当，轻则造成红曲米色素产量低，重则造成杂菌滋生过度，发酵失败。

翻料操作，关键是需要把握适宜的时机。红曲米接种后，先装入麻布袋，入曲室堆积培养 18～22h。此阶段为红曲菌孢子萌发阶段（杂菌生长也不可避免）。当袋内曲料的温度为 46～50℃时，即将物料倒入池内（倒包），摊平，进行发酵。发酵一定时间，根据物料温度及红曲菌的菌丝体生长情况，进行翻料及补水的操作，控制好温度，并保持物料的水分含量适宜。传统红曲米“开水堆”的做法，即加水并拌匀物料后，先将物料堆积在发酵池中间，使物料升温。当温度上升到一定程度时，再摊开物料。目前，红曲米在池曲的堆积厚度为 20～25cm，不再采用这种方式。

2. 非强制通风

非强制通风，即空气主体与物料主体分属于两个不同区域。气体主要是通过扩散传递到物料层中。例如，浅盘式反应器，培养室内的空气完全是通过自然扩散与固相物料接触；而卧式转鼓式反应器，空气从反应器的顶空层一端进入，一部分自上而落后的物料与顶空层的部分气体接触而发生气体交换，最后气体从反应器顶空层的另一端排出。

（1）*固态发酵醋的物料翻拌*　传统固态发酵醋的物料翻拌也是采用手工操作，但目前普遍采用翻曲机翻料。醋的发酵阶段是醋酸菌好氧为主的发酵，但固态发酵池是没有通风装置的，故醋醅中供氧主要靠翻料操作，由于醋醅中含有大量的谷壳作填料，物料层中空隙多，翻醅时空气可储存于空隙内，翻醅的同时也起到降温作用。

螺旋式翻曲机（直立螺旋绞龙式）是目前在酱油和酿醋行业广泛应用的翻曲机（或称为翻醅机），如图 6-18 所示。此设备一般用于长方体形的厚层式发酵池。电机带动螺旋绞龙旋转运动，曲料底翻透。早期的单向式翻醅机在翻醅过程中，当一条槽池翻完后，必须使用行车和过桥架使其调头，这样槽池顶端和墙之间必须有一个足够的空间以供调头。后来发展的双向式翻醅机能在 180°范围内任意调节，无需调头，可自动在曲床上前后行走，自动往返，往前走和往后退均可实现翻料。采用电动升降机构，螺旋可上下升降，使机器适应各种深度曲池，保证翻曲彻底；并装有无级变速。早期的设备通过中转车配合，可直接将机器移入或移出曲池，进出曲床无需起吊设备；如果增加过桥架装置，一条槽池翻完后，把翻曲机开到过桥架上，移动过桥架，把翻曲机送到另一条槽池上进行翻醅。有的翻曲机上装有推料板，供平料、推曲、出曲之用，代替人工平料和出曲。图 6-18 和图 6-19 是固态发酵醋的过程中翻曲机及正在进行翻醅操作的翻曲机。

（2）*浅盘式反应器*　在一个培养箱内或培养室内，放置若干层架子，浅盘分层叠放在架子上，浅盘之间有一定的间隔。浅盘上面敞口，底板开孔（以加强通风）或不开孔，浅盘式反应器示意图如图 6-20B 所示。

浅盘发酵对微生物影响最大的因素主要是氧气和温度。而物料层的高度对于氧气的供给和热量的传递又是至关重要的参数。一般物料层的高度只有数厘米。氧浓度随物料层的高度而改变，根据物料盘下底是否开孔可分为两种情况，见图 6-21。

图 6-18　螺旋式翻曲机

图 6-19　固态发酵醋的翻醅操作

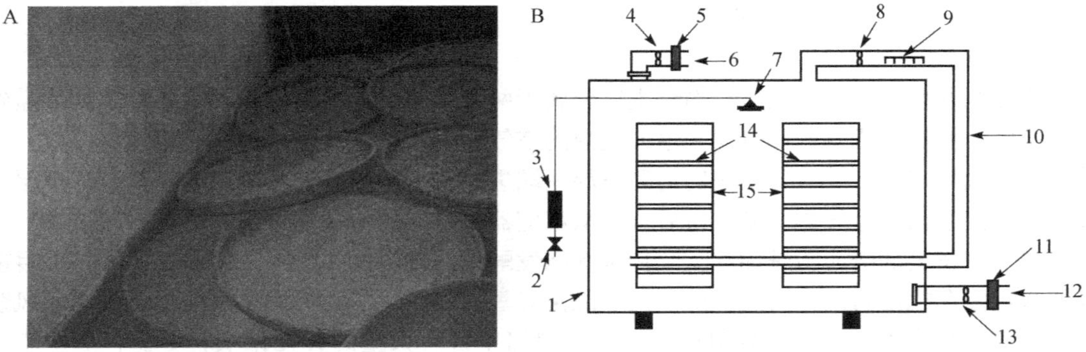

图 6-20　浅盘发酵（A）及浅盘发酵反应器示意图（B）

1. 培养室；2. 水阀；3. UV 灯管；4，8，13. 鼓风机；5，11，空气过滤器；6. 空气出口；7. 加水增湿装置；9. 加热器；10. 空气循环；12. 空气进口；14. 浅盘；15. 盘架

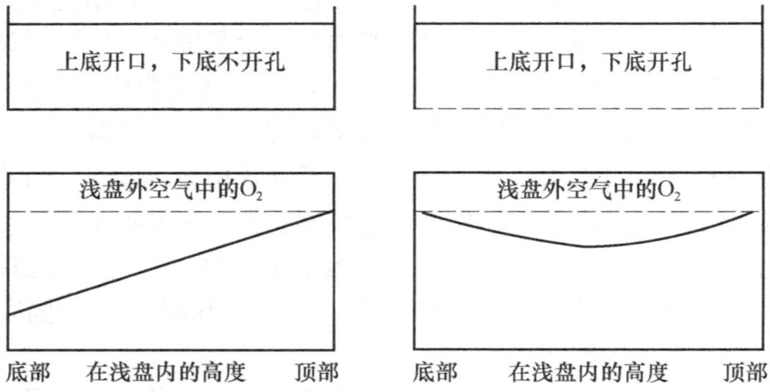

图 6-21　浅盘式反应器物料颗粒间隙中的氧气浓度梯度

在不搅拌的情况下，氧气是通过扩散传递从气相主体，经物料层表面传到物料层底部。故在下底不开孔的浅盘中，物料层中颗粒间隙中的氧浓度随物料层高度而上升。通常情况下，物料层中颗粒间隙中的氧浓度能够维持微生物的正常生长，但有资料表明，当氧扩散系数小于 $4\times10^{-6}m^2/s$，物料层高度超出 10cm，物料层颗粒间的氧就变成微生物生长的限制性因素。

（3）转鼓式生物反应器的通风和翻料　转鼓式反应器（rotating-drum bioreactor）示

意图如图 6-22 所示。转鼓是水平轴圆筒体（或非圆形体），其两端固定在支架上，转鼓可正反两个方向旋转。随着转鼓式容器的旋转，物料依靠自身的重力而下落，达到翻料的目的。转鼓的转轴可与水平线成一定的倾斜角。因此，在发酵器内，传热、传质效果均有明显的改善。转鼓内可安装物料提升板（lifter 或 baffle，类似于液态发酵罐的挡板）。

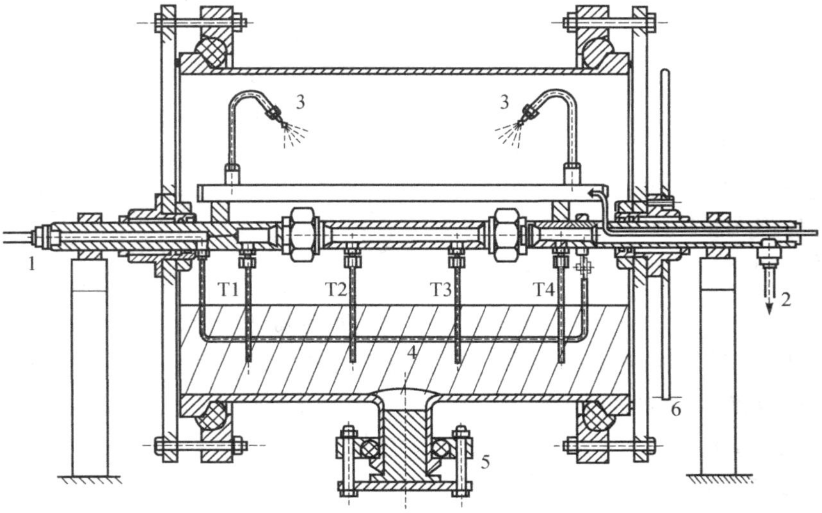

图 6-22　转鼓式反应器示意图

1. 空气进口；2. 空气出口；3. 喷水嘴；4. 物料层中空气分布槽；5. 出料孔；6. 齿轮盘节；T1～T4. 4 个分别插在物料层不同的高度的温度传感器

圆形转鼓式反应器的长度或直径可根据设计要求而定，内部物料提升板的数量及形状根据需要而定。空气不是直接进入物料层，而是从轴心或其他部位进入顶空层。空气入口的位置对于反应器内顶空层中气体的流动模式有很大的影响。

转鼓式反应器通风的主要操作参数包括以下几种。

1）装料量：装料量大，则通风量应加大。具体的比例往往取决于经验参数。发酵初期装料量一般不超过 40%。装料量太小，使得设备利用率低；装料量太大，影响物料的混合。同时，物料的产热性能也对装料量有很重要的决定作用。

2）筒体的旋转速度及旋转方式：旋转速度一般较低，每分钟数转到数十转。如果是间歇转动，则需要确定两次旋转的间隔时间。旋转的频率等、转鼓的旋转速度和通风换气有关，旋转速度越快，频率越高，物料与顶空的新鲜空气交换的频度高，供氧就充足，但能耗大，对微生物的损害也较大。

3）入口空气的流量、温度和湿度：如果转鼓内安装有补水器，则入口空气的相对湿度不必要求过高。

4）通风强度（通风的体积流速、空截面气速工厂常以每分钟单位体积发酵液中所通入的空气体积，即 vvm 表示）：其与转鼓式反应器的大小（以直径表示）有关，设备放大时可根据转鼓直径和空气流量的定量关系进行计算，如图 6-23 所示。

（4）固态发酵的气相双脉动技术　　2002 年，陈洪章等设计了一种新型的气相双动态固态发酵生物反应器（也称为压力脉动固态发酵反应器），该反应器包括卧式固态发酵罐、

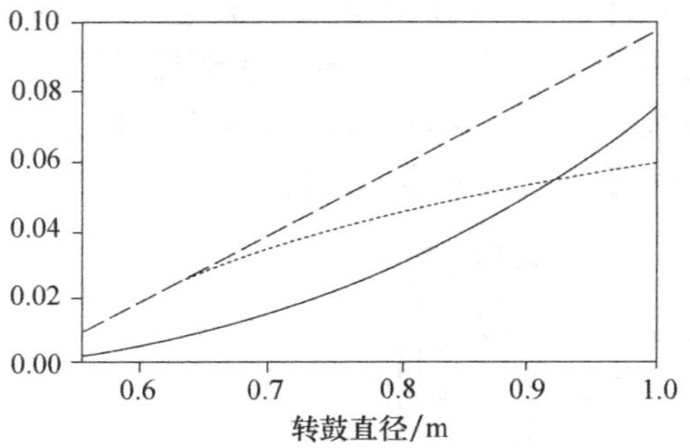

图 6-23　定温（45℃）发酵时转鼓式反应器空气流速与转鼓直径的关系

——表示空气流量（m^3/s）；…表示空截面流速（m/s）；------表示 vvm［$m^3/(m^3 \cdot min)$］

罐内压力脉动控制系统、罐内空气循环系统、盘架系统和机械输送系统。

气相双动态固态发酵装置是多罐体气相双动态固态发酵装置，包括两个或多个卧式圆筒形罐体，为受压容器，故可用压力蒸汽进行严格的空罐和实罐灭菌，每个罐体的前、后端均设有可快速启、闭罐门的快开门结构，每个罐体上罐壁两端分别安装由进气阀控制的进气管，每个罐体的下罐壁两端分别安装由排气阀控制的排气管，罐体之间以管道连成一体以形成循环风道，在罐壁内部的上、下、左、右壁附近设有带有各自的冷凝水进口管和冷凝水出水管的冷却排管，最后一个罐体后部罐壁上连通用以强制罐内气体循环的离心式鼓风机；发酵物料装在浅盘内，每个罐体罐内设有轴向放置的罐内固定轨道，罐内固定轨道上安装有在其上做滚动运动的活动式料盘架，活动式料盘架设有多个水平放置的供盛放固体培养基的浅盘，可完成微生物纯种培养。

气相双动态固态发酵生物反应器中的一个重要设想是依靠罐内压力脉动控制系统，即通过无菌空气的充压与泄压实现罐内气相压力的脉动。一个周期时间由充压时间、罐压稳定时间、泄压时间及谷压稳定时间 4 段组成。罐内气相压力通过无菌空气的充压与泄压，在峰压与空压之间波动。反应器内压力脉动曲线见图 6-24。周期时间由充压时间、峰稳压时间、泄压时间和空压稳定时间 4 段组成。罐体始终处于正压状态。充压时间较长，泄压时间要求尽可能短，一般在 1min 内。压降速度快，使固体培养基潮湿颗粒之间的气体发生突然膨胀而使料层发生松动，由此产生的物料松动，有替代翻料的作用。罐内翻料可实现无机械翻动装置。气相双动态有促进微生物发酵、强化细胞内外的传质、减少代谢产物的反馈抑制的作用，从而缩短发酵周期。

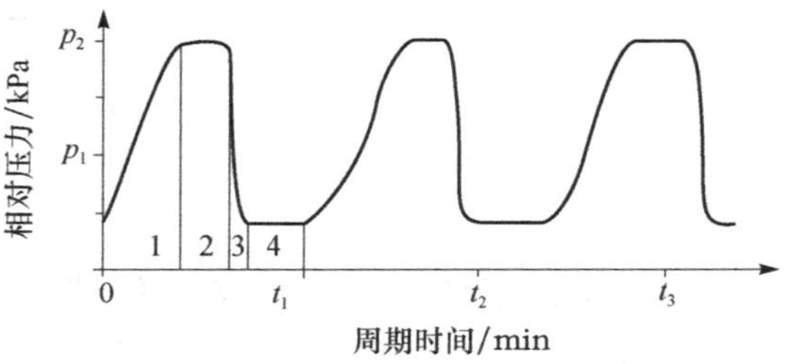

图 6-24　反应器内压力脉动曲线

1. 升压段；2. 峰稳压段；3. 泄压段；4. 空压段

第六节　好氧发酵技术的典型案例

一、高密度液态发酵的溶氧控制及流加技术

自基因重组技术诞生以来，作为现代生物技术核心的基因工程技术得到了飞速发展。基因重组菌不断涌现，基因重组菌广泛采用高密度培养技术。微生物的高密度培养是指微生物在液体培养基中细胞群体密度超过常规培养 10 倍以上时的培养技术（菌体浓度一般要在 100g 细胞干重/L 以上）。代谢产物的合成量与菌体浓度为正相关的发酵过程，采取

高密度发酵是提高产量的有效途径。通过高密度培养有望提高目标产物浓度、缩小反应器的体积、降低培养废液液量、降低目标产物的分离纯化费用。

高密度培养随着菌体浓度的增大，发酵液的黏度会急剧升高，高黏度的流体难以通过搅拌混合均匀，且会使氧传质速率受到影响。因此，通气搅拌发酵罐所能达到的最高菌体浓度受到培养液黏度的限制，要满足和解决高密度培养过程的条件及工程问题不是一件容易的事情。

高密度培养一般分为两个阶段，即菌体生长阶段和产物表达阶段。因菌体密度高，发酵液溶氧是高密度发酵的重要参数。溶氧工艺控制过程由细胞对氧的需求和发酵设备对氧的供给两方面决定。控制溶氧主要是通过搅拌速度和通气量的调节，增大搅拌速度和通气量都能使溶氧增加，当细胞浓度较高时，为了满足其对氧的需求，可通入纯氧，但纯氧加大了成本，增加了不安全因素，很少在工业上使用。解决溶氧问题也可尝试通过基因工程方法克隆透明颤菌血红蛋白基因（*vhb*）整合到生产菌的染色体上，解决发酵过程中的高好氧问题。

工业上一般采用通风搅拌发酵罐与补料工艺来进行高密度培养，在补料分批培养过程中，根据需要，逐渐补加高浓度营养物质，到达高浓度的菌体。在补充限制性营养基质（一般是葡萄糖）的同时，为了避免微生物（重组菌常用易产生乙酸的大肠杆菌）产生副产物乙酸，需要控制限制性基质的浓度，故流加速度非常关键。常将发酵液溶解氧 DO 作为一个调控流加糖的信号。

以溶氧作为反馈流加补料的信号来进行高密度发酵的主要控制方法有恒 DO 反馈补料法、DO-stat 反馈补料法。

恒 DO 反馈补料法，是以 DO 为反馈指标，根据溶解氧的变化调整限制性碳源的流加速率，也是经典的"Spike"法。其基本原理是利用培养基中的限制性基质葡萄糖浓度、菌体生长与溶解氧的关系来进行流加葡萄糖。当发酵液中限制性基质葡萄糖浓度趋向于零时，微生物缺乏营养，生长停止，不再耗氧；但此时由于供氧条件不变，发酵液的溶氧则随之上升。溶氧电极立即可测定出溶氧的变化。当发酵液中葡萄糖浓度过高时，营养充足，菌体生长及代谢旺盛，而生长及代谢需大量耗氧，会使培养基中的溶氧浓度急剧下降。因此，可将发酵液的溶氧 DO 设定上、下限值。当 DO 处于下限值时，说明发酵液中葡萄糖浓度偏高；当 DO 处于上限值时，说明葡萄糖浓度偏低。故可用溶氧电极发出的信号作为控制葡萄糖流加的手段。

DO-stat 反馈补料法，通过控制搅拌、富氧通气和补料速率，维持恒定的溶解氧，控制减少有机酸等中间副产物的生成。

但溶解氧浓度与其他过程参数的关系极为复杂，受到生物反应器中多种物理、化学和微生物因素的影响和制约。在一定操作条件下，溶氧值反映了细胞代谢强度的大小，与其细胞浓度、碳源、氮源的浓度有关。由于溶氧值只是发酵液的环境变量，有时无法反应细胞代谢活动，采用控制溶氧值和测定单位发酵液中细胞单位时间氧消耗速率更科学。为了精细控制高密度发酵代谢可以综合控制 pH、补碳和在线控制细胞呼吸商。周长林等利用溶氧控制手段研究了重组人血清白蛋白毕氏酵母（*Pichia pastori*）的高密度培养和高效发酵，该 DO 控制策略见图 6-25。在补料分批培养过程中利用溶氧控制手段调节搅拌速度、通气量及纯氧来控制碳源、诱导剂甲醇的流加速率，同时兼顾流加氨水引起 pH 波动的联动效应，取得了良好的效果。

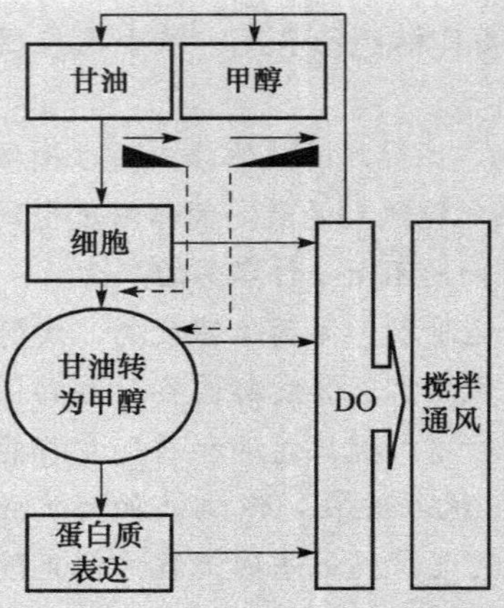

图 6-25 高密度发酵 DO 控制策略

二、氧气消耗量与微生物菌体生长的定量关系

通过摄氧速率计算比生长速率：当只考虑微生物生长摄氧及微生物维持时的摄氧需求时，摄氧速率（耗氧速率）r_O可用式（6-28）计算。

$$r_O = OUR = \frac{1}{Y_{XO}} \cdot \frac{dX}{dt} + m_O X \qquad (6\text{-}28)$$

$$OUR = F(C_{in} - C_{out})$$

$$q_O = \frac{OUR}{X} = \frac{1}{X} \cdot \frac{1}{Y_{XO}} \cdot \frac{dX}{dt} + m_O$$

即

$$q_O = \frac{\mu}{Y_{XO}} + m_O \qquad (6\text{-}29)$$

式中，q_O 为比摄氧速率，mol/h；F 为绝干空气流速，mol/h；r_O 为氧的摄取速率，OUR，mol/h；Y_{XO}为基于摄氧的菌体得率系数，kg 菌体/mol O_2；m_O 为菌体维持时的摄氧速率，mol O_2/(kg 菌体 · h)；C_{in}为反应器入口处空气中氧气浓度，mol/mol；C_{out}为反应器出口处空气中氧气浓度，mol/mol；μ 为比生长速率，1/h。

注意，上式中 OUR 的计算中的氧浓度，是以密闭型、连续搅拌反应器顶空层为例。

以比摄氧速率（OUR/X）为纵坐标，以菌体比生长速率，即（1/X）（dX/dt）为横坐标，作图，见图 6-26，可求出 $Y_{X/O}$和 m_O。

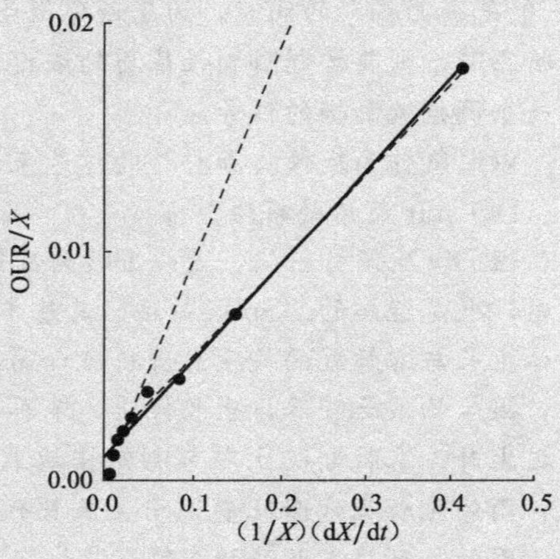

图 6-26 通过比生长速率和 OUR/X 求比摄氧速率

本章小结

本章详细介绍了通风搅拌的基本理论知识及相关应用。

溶于纯水或发酵液中的氧称为溶解氧。微生物一般只能利用溶解氧，溶解氧是微生物必需的营养物质之一。氧在水中的溶解性很差。需要不断通风和搅拌，才能满足不同微生物发酵过程对氧的需求。

菌体生长、繁殖和产物形成对溶解氧的需求通常采用呼吸强度和耗氧速率来表征。呼吸强度又称比耗氧速率（Q_{O_2}），是指单位质量干菌体在单位时间内吸收氧的量。耗氧速率是指单位体积发酵液中的微生物在单位时间内所消耗的氧。一般把不影响微生物的呼吸所允许的最低氧浓度称为临界氧浓度。

氧的传递过程是氧气从气相通过扩散进入液相，进而又经过在液相中的扩散进入细胞的内部呼吸酶的位置上进行呼吸反应的全过程。气液间氧传递阻力主要由液膜阻力决定。

气液间的传氧速率可用单位体积发酵液中，氧的传递速率公式表示 $OTR=K_L\alpha(c^*-c_L)$。由此可知，对液膜传质系数 K_L、气液比表面积 α 及氧的推动力 (c^*-c_L) 有影响的因素都会影响到氧的传递速率。

可通过增大通气量提高通气速率，通过提高搅拌转速、提高罐压、加氧载体等措施来提高氧传递速率。

液态发酵体系，可视液相为连续相，气相为非连续相；而对于固态发酵体系，一般情况下应视气相为连续相，固态相及液态相为非连续相。固态发酵时微生物一般也只能利用溶解于水中的氧。而固态发酵的物料水分含量一般较低，通风时会带走大量的蒸发热，微生物菌丝体与固态基质相互缠绕，故在固态发酵的通风与搅拌特性和液态发酵的有较大的区别。

思　考　题

1. 液态发酵和固态发酵的连续相各是什么？

2. 在相同的温度和搅拌情况下，如果用同一支氧电极测定两种基质浓度不同的发酵液，如果电极的输出电流值是相同的，这两种发酵液的溶解氧浓度相同吗？为什么？

3. 阐述固态发酵通风量与物料温度的关系。

提示：应用热量平衡方法，在考虑生物热的情况下，结合进出空气的温度差及通风量可计算出物料温度的降低（空气显热的变化）。

4. 阐述固态发酵通风量与物料水分的关系。

提示：通风降低物料温度的机制是物料水分蒸发所产生的蒸发热的去除。这说明通风也影响物料的水分含量及物料层空隙中的空气湿含量。可应用物料平衡的方法进行计算。

主要参考文献

陈洪章，李佐虎. 2002. 固态发酵新技术及其反应器的研制. 化工进展，21（1）：37-39.

陈洪章，李佐虎. 2002. 气相双动态固态发酵装置：中国，ZL02201135.8.

陈洪章，徐建. 2004. 现代固态发酵原理及应用. 北京：化学工业出版社.

黄世发，陆仕灿，张在. 1989. 溶氧对黄原胶发酵的影响. 华东化工学院学报，15（4）：447-450.

戚以政，夏杰，王炳武. 2009. 生物反应工程. 北京：化学工业出版社.

沈雪亮. 2008. 分批发酵及补料分批发酵工艺生产马杜霉素的研究. 高校化学工程学报，22（6）：1005-1009.

奕水明，汪建国. 2001. 厚层通风制曲设备选用. 酿酒科技，1：27-28.

俞俊棠，唐孝宣. 1992. 生物工艺学（下册）. 上海：华东化工学院出版社.

Ikasari L，Mitchell D A. 1998. Oxygen uptake kinetics during solid state fermentation with *Rhizopus oligosporus*. Biotechnology Techniques，12（2）：171-175.

Mitchell D A，Krieger N，Bevovic M. 2006. Solid-State Fermentation Bioreactors：Fundamentals of Design and Operation. Berlin：Springer.

Onstra J，le Comte E P，van den Heuvel J C，et al. 2001. Intra-particle oxygen diffusion limitation in solid-state fermentation. Biotechnology and Bioengineering，75（1）：13-24.

Pandey A. 1991. Effect of particle size of substrate on enzyme production in solid-state fermentation. Bioresource Technology，37：169-172.

第七章 厌氧发酵技术

第一节 厌氧发酵技术概述

一、厌氧发酵技术基本理论

厌氧发酵是指在隔绝空气的条件下，兼性微生物和专性厌氧微生物生长并进行生物化学作用，对物质进行生化降解的过程，又称为厌氧生化处理法或厌氧消化法。该方法是利用微生物在无氧情况下完成物质的化学转化，一般情况下是在密闭环境依靠微生物自身生长代谢消耗掉环境或培养基中存在的氧，形成无氧环境后，进入正常的厌氧发酵，通常是将大分子物质（如淀粉、蛋白质、葡萄糖等）分解，并通过复杂的代谢生成小分子物质，如乙醇、甘油、甲烷等。最常见的厌氧发酵应用是乙醇、丙酮、丁醇和沼气的厌氧发酵。

1. 葡萄糖的降解全过程

厌氧发酵机制按糖的代谢来看，就是将大分子多碳糖降解成葡萄糖、果糖等低碳糖，再进一步代谢成各种代谢产物，如乙醇、甘油、丁醇、丙酮等。葡萄糖的降解全过程如图 7-1。

1940 年研究人员们弄清了糖酵解的全过程，即葡萄糖首先被分解成丙酮酸（EMP 途径，embden-meyerhof-parnas pathway），然后丙酮酸在不同的生物体内、不同发酵条件下，进一步代谢生成各种不同的化合物，并伴随能量的产生。

由葡萄糖生成乙醇的总反应式为

$$C_6H_{12}O_6 + 2ADP + 2H_3PO_4 \longrightarrow 2CH_3CH_2OH + 2CO_2 + 2ATP$$

$$\Delta H = -104.6kJ/mol$$

由 1mol 葡萄糖生成 2mol 乙醇的理论转化率为 $2\times46/180\times100\%=51.1\%$

在实际生产中约有 5%的葡萄糖用于合成酵母细胞和副产物，乙醇生成量约为理论值的 95%，则乙醇对糖的转化率约为 48.5%。

根据同型乳酸发酵途径，由葡萄糖合成乳酸的总反应式为

$$C_6H_{12}O_6 + 2ADP + 2H_3PO_4 \longrightarrow 2CH_3CHOHCOOH + 2ATP$$

$$\Delta H = -135.56kJ/mol$$

则 1mol 葡萄糖生成 2mol 乳酸的理论转化率为 $90\times2/180\times100\%=100\%$。

根据异型乳酸发酵，其生物合成途径有磷酸葡萄糖酸途径和双歧途径两种。磷酸酮解途径，1mol 葡萄糖生成 1mol 乳酸和 1mol 乙醇。乳酸对糖的理论转化率是 50%。其反应式为

$$C_6H_{12}O_6 + 2ADP + 2H_3PO_4 \longrightarrow CH_3COCOOH + CH_3CH_2OH + 2ATP$$

根据双歧途径：两歧双歧杆菌（*Bifidobacterium bifidum*）分解葡萄糖生成乳酸的途径，这也是一条磷酸酮解途径。该途径的特点是：①有两个磷酸酮解酶参与；②在没有氧化

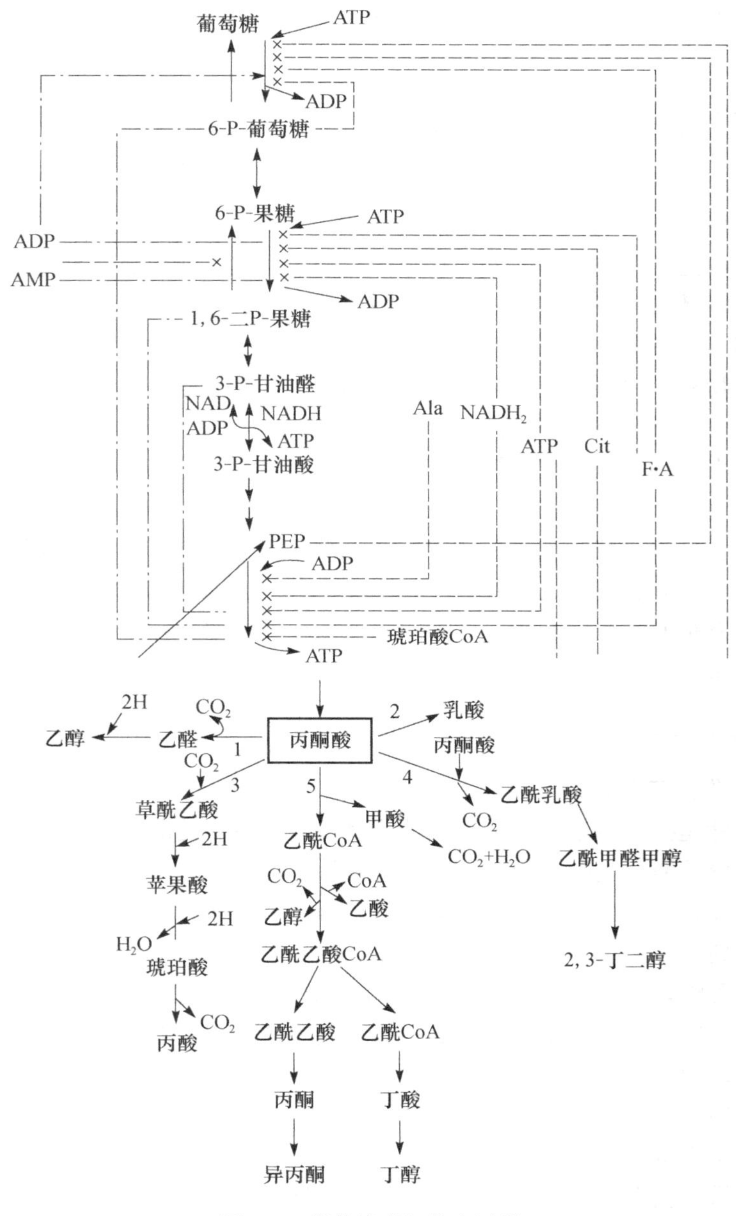

图 7-1 葡萄糖酵解的全过程

作用和脱氢作用的反应参与下，2 分子葡萄糖分解为 3 分子乙酸和 2 分子 3-磷酸甘油醛。在磷酸甘油醛脱氢酶和乳酸脱氢酶的参与下，3-磷酸甘油醛转变为乳酸。

因此，发酵工业厌氧发酵主要是利用微生物将糖分解代谢生成能量和各种化合物，这涉及发酵菌种、培养基组成、培养工艺条件等各种影响因素，并由此产生了各种发酵调控技术，促进了发酵工业的快速规模化发展，特别是目前存在巨大应用潜力的纤维素类原料发酵生产甲烷、燃料乙醇等的热门研究。

2. 沼气发酵

沼气是一种以甲烷（CH_4）为主的混合气体，包括 CH_4（占 50%～70%）、CO_2（占

25%～45%）及 N_2、H_2、NH_3、CO、H_2S 等气体，其中 CH_4、H_2、CO 是可燃气体，产生能量。

沼气发酵技术包括原料的预处理、接种物、反应器（又称为沼气池、沼气发酵罐）、发酵启动与日常运行管理等一系列技术措施。

沼气发酵是利用微生物将各种有机物（包括农作物秸秆、人畜粪便、废水废物中的有机物等）经液化、酸化、产甲烷 3 个步骤生成沼气。

液化是利用微生物胞外酶将大分子状态的多糖水解成单糖、双糖等小分子化合物，蛋白质水解成小肽与氨基酸，脂肪水解成甘油和脂肪酸，然后这些小分子物质才能进入细胞内进行代谢，该过程称为液化。

酸化是微生物将上述小分子物质转化成简单的有机酸、醇、氢、氨、二氧化碳等，其中主要是乙酸（占 80%）为主的有机酸。

产甲烷是产甲烷细菌分解有机酸、醇、氨等物质生产甲烷和二氧化碳，或者氢还原二氧化碳成甲烷。

上述 3 个过程是人为按机制分出的，事实上没有明确界限，共同完成沼气发酵。

由于沼气发酵充分利用广大工农业废弃物，具有变废为宝的功能，得到政策的扶持，特别是在广大农村有很好的应用前景。例如，农业秸秆发酵沼气，产生无污染农肥，减少直接燃烧对环境的污染。

二、厌氧发酵的主要应用领域

1. 液态厌氧发酵应用领域

液态厌氧发酵是指发酵培养基是液态的厌氧发酵，最常见的液态厌氧发酵产品是燃料乙醇、食用乙醇、葡萄酒、乳酸、丙酮、丁醇、甘油等。例如，中粮集团有限公司已经在广西投产的木薯乙醇项目，就是利用木薯水解糖液，在 $1500m^3$ 的发酵罐中厌氧发酵，再蒸馏成乙醇，这也是燃料乙醇的很好来源。巴西则是利用亩①产 10t 以上的甘蔗，榨汁后液态厌氧发酵，再蒸馏成乙醇，然后与 80%左右的汽油、柴油混合供汽车使用，这可以显著降低化石原料的使用量，同时也减少了对环境的污染。美国也成规模的利用玉米厌氧发酵生产食用乙醇和燃料乙醇。因此，特别是当前石油价格稳定在每桶 90 美元以上，而我国汽油价格在 7.5～8 元/L 的情况下，燃料乙醇生产已经具有了盈利空间。

2. 固态厌氧发酵应用领域

固态厌氧发酵是指在固体物质含量很高的培养基中进行的厌氧发酵。人们最熟知的固态厌氧发酵产品是中国白酒、固态饲料发酵等，而固态厌氧发酵在固体废弃物发酵处理领域应用更广泛。例如，城市生活垃圾中有机物质含量达 60%，可采用厌氧法处理，同时还能够产生氢气、甲烷等可燃气体，每吨有机固体废物的沼气产量可为 100～$150m^3$。

3. 半固态厌氧发酵应用领域

半固态厌氧发酵是指发酵培养基是固液混合态的厌氧发酵。人们最熟知的半固态厌氧发酵产品是中国黄酒（包括民间米酒、娘酒等），这类酒是将酒曲（含粗酶制剂及酵母菌等微生物）拌入米饭中，以固态发酵开始，利用有限的氧完成微生物的繁殖，进而将淀粉、蛋白

---

① 1 亩≈$667m^2$

质等大分子物质降解成寡糖、单糖类物质及肽、氨基酸等小分子物质，在发酵过程中由于固形物干物质的不断消耗，发酵物中的含水比例逐渐增加，从而使培养基由固态变成为固液一体，并进一步完成发酵。

三、厌氧发酵反应器

厌氧发酵反应器主要应用于乙醇、丙酮、啤酒等化合物的发酵，以及大量应用于污水厌氧处理，由于厌氧反应器不需要通气而相对简单，其组成主要包括温度控制、CO_2 等产生气体的排除、进出料、接种等部分。

1. 间歇操作厌氧发酵反应器

间歇操作厌氧发酵反应器，典型的是乙醇发酵罐，通常在 600m^3 左右，最大单罐体积达 1500m^3，其组成有夹套（或蛇管、排管等）控温、排气管、取样管、进料管、排料管、接种管、取样管、人孔、视镜、CO_2 回收管、压力、温度与 pH 等测量仪表接口管等。乙醇发酵罐及其结构如图 7-2 所示。

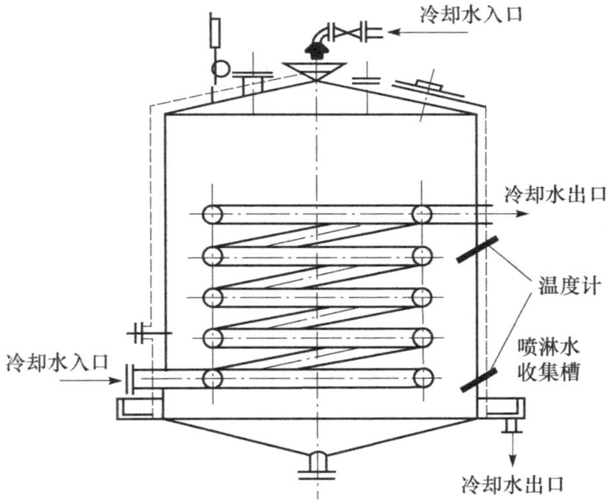

图 7-2 乙醇发酵罐示意图（梁世中，2002）

还有各种类型的间歇操作厌氧发酵反应器，设备间的差异是冷凝部分，如采用罐内的冷却列管、蛇管或夹套等。

厌氧反应器设计的指标之一是高径比（H/D），一般 H/D 为 1～1.5，具体根据实际情况而定。例如，当大型发酵罐（如常见的 500～600m^3 啤酒发酵罐）的发酵液高会达或超过 10m，此时发酵罐底部的菌种将承受 1 个大气压的压力，一些种类的菌种发酵性能会受到影响，该情况下要求发酵罐的 H/D 应小些。

厌氧反应器装料系数一般为 0.8～0.9，这主要是由发酵产生 CO_2 在罐顶部形成的泡沫多少决定，一般培养基泡沫蛋白类成分含量越丰富，越容易形成泡沫，装填系数就要小些，以防止泡沫溢出而导致染菌。

2. 连续操作厌氧发酵反应器

连续操作厌氧发酵反应器包括一罐、多罐串联的厌氧发酵反应器，管式厌氧发酵反应器等多种类型，如图 7-3 是 7 罐串联乙醇连续操作厌氧发酵反应器的示意图。

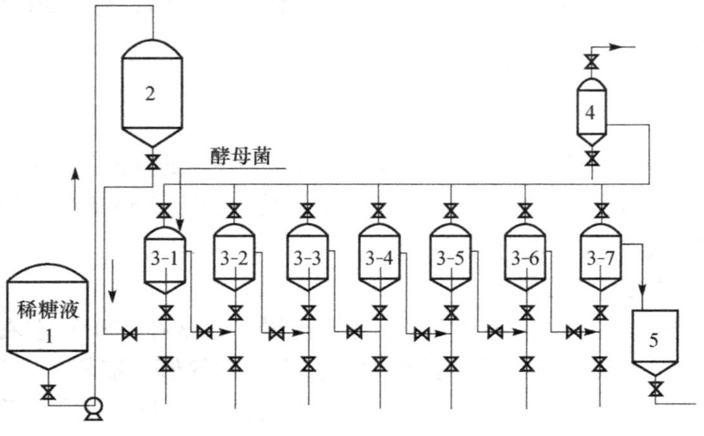

图 7-3　7 罐串联乙醇连续操作厌氧发酵反应器的示意图

1. 稀糖液配料罐；2. 稀糖液高位罐；3. 串联发酵罐；4. 泡沫捕集器；5. 成熟醪罐

其中，1 稀糖液配料罐与 2 稀糖液高位罐共同完成连续操作厌氧发酵的培养基连续供给，该设备适合中、小型连续操作厌氧发酵反应器。对于大型连续操作厌氧发酵，其单罐结构同间歇操作厌氧发酵反应器（图 7-2 乙醇发酵罐示意图），其培养基灭菌可与连续灭菌设备相连接，并在连续灭菌开始前进行空罐灭菌。

连续灭菌设备可采用图 7-4 的喷淋冷却连续灭菌、图 7-5 的喷射加热连续灭菌或图 7-6 的薄板式换热器连续灭菌等进行配套，从而可实现自动化连续供料、连续灭菌和连续厌氧发酵。

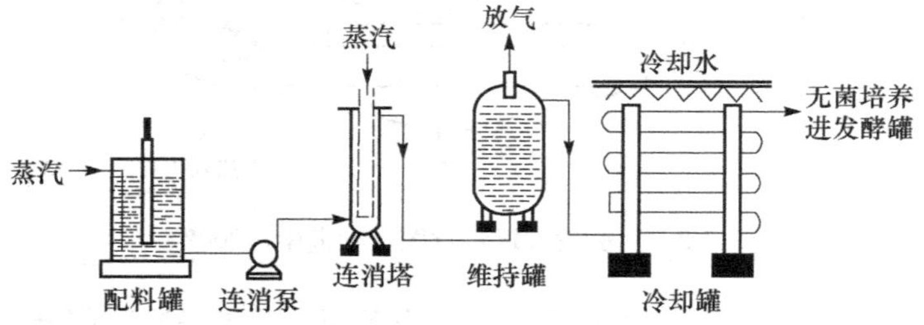

图 7-4　喷淋冷却连续灭菌

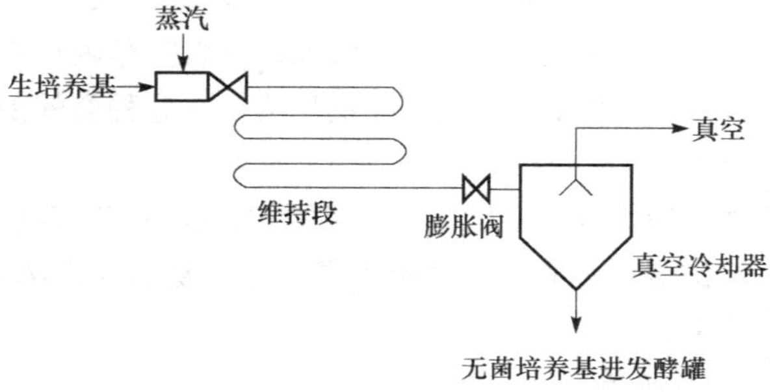

图 7-5　喷射加热连续灭菌

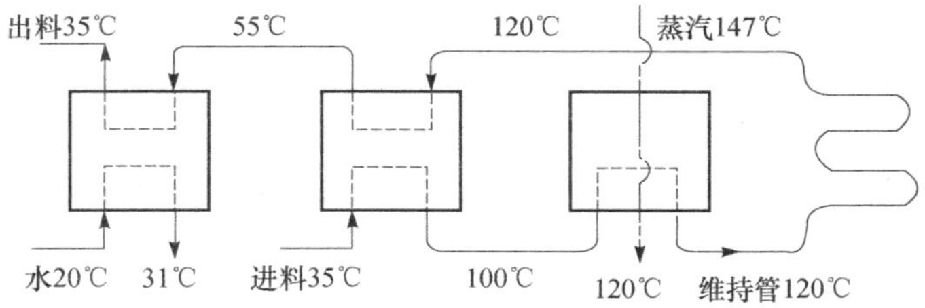

图 7-6　薄板式换热器连续灭菌

连续灭菌可采用高温短时灭菌，具有营养成分损失少，发酵产率高，蒸汽负荷均衡，采用换热装置可大量节约能量，采用自动化控制等优点，糖、氮源等耐热程度不同的物料可分开按不同温度灭菌。

喷淋冷却连续灭菌也是常用的连续灭菌，培养基料液先通过蒸汽或热交换器预热后，用连消泵送入气液混合器或连消塔，料液被加热到灭菌温度（121～130℃），再由顶部流出进入维持罐，保温 8～25min，由罐顶部流出经喷淋冷却器或热交换器，冷却到发酵温度后进入发酵罐。

喷射加热连续灭菌是将培养基预热后，喷入蒸汽急速升温到灭菌温度，并根据维持灭菌温度时间、管的长度决定培养基流速，然后经膨胀阀进入真空冷却器急速冷却。喷射加热连续灭菌温度可升高到 140℃而不会引起培养基的严重破坏，且培养基先进先出，不会有过热或不彻底灭菌的现象。

薄板式换热器连续灭菌采用薄板换热器作为培养基的加热器和冷却器，培养基在同一套设备中完成预热、灭菌、冷却，具有很好的节能效果。薄板式换热器连续灭菌比喷射加热连续灭菌的时间稍长，但比间歇灭菌周期短得多。

3. 半间歇半连续操作厌氧发酵反应器

半间歇半连续操作厌氧发酵反应器结构类似间歇操作厌氧发酵反应器（图 7-2 乙醇发酵罐示意图），一般是在单罐中完成发酵。单罐连续发酵是一边连续补料（包括各种营养成分、酸碱调节物），一边连续流出发酵液，而单罐半间歇半连续操作厌氧发酵是间歇补料，即取出部分发酵完全的发酵液后再补料发酵。两者相比，半间歇半连续操作厌氧发酵具有发酵液营养成分利用完全、发酵产物浓度高的优点。与连续操作厌氧发酵反应器相比，所需设备少、厂房占用少，更容易建立和运行连续发酵。与间歇操作相比，因菌体量大，补料后几乎没有菌体生长的延滞期而提高发酵罐的利用率。

第二节　液态厌氧发酵

一、液态厌氧发酵的主要应用领域

液态厌氧发酵的大规模产品是燃料乙醇、食用乙醇。本节主要以乙醇发酵及其控制提高乙醇产率来阐述。

二、燃料乙醇发酵

1. 燃料乙醇发酵的综述

随着化石燃料不可再生的消耗和成本的上涨，燃料乙醇具有了发展空间。例如，当汽油价格在7元/L情况下，燃料乙醇具有了盈利空间，特别是燃料乙醇在汽车上应用，可取代20%多的汽柴油。其中巴西甘蔗发酵燃料乙醇、美国玉米发酵乙醇都广泛应用到汽车燃油上，在中国东北、河南等地也建立了大型陈化粮发酵乙醇的企业，中粮集团有限公司在广西利用木薯生产燃料乙醇，其单罐发酵体积达1500m^3。这都是利用自然界可再生资源——糖类生产能源的有效途径。

目前，国内外酶制剂生产厂商都投入巨资开发低成本的纤维素水解酶，以低成本高效利用自然界最大的可再生资源——纤维素，如能规模发酵燃料乙醇可能显著减少人类对石油的过分依赖，对环境来讲也是一个福音。

2. 燃料乙醇发酵的影响因素

燃料乙醇发酵的影响因素包括培养基的营养成分、菌种、发酵温度、pH、氧气等。

(1) *葡萄糖生成乙醇的理论*　在酵母体内，葡萄糖经酵解途径生成丙酮酸，在无氧条件下，由丙酮酸脱羧酶催化使丙酮酸脱羧生成乙醛，再在乙醇脱氢酶的作用下被还原成乙醇，反应如下：

$$\text{丙酮酸}\xrightarrow{\text{丙酮酸脱羧酶}}CO_2+\text{乙醛}\xrightarrow{\text{乙醇脱氢酶}}\text{乙醇}$$

葡萄糖生成乙醇的总反应式为

$$C_6H_{12}O_6+2ADP+2H_3PO_4\longrightarrow 2CH_3CH_2OH+2CO_2+2ATP$$
$$\Delta H=-104.6kJ/mol$$

由1mol葡萄糖生成2mol乙醇的理论转化率为生产乙醇摩尔质量/消耗葡萄糖摩尔质量$=2\times46/180\times100\%=51.1\%$。

式中46为乙醇的相对分子质量，180为葡萄糖的相对分子质量。但是，在实际生产中有5%～10%的葡萄糖用于合成酵母细胞的组成成分和各种副产物，因此，实际乙醇生成量为理论值的90%～95%，故乙醇对糖的转化率为45%～48.5%。

(2) *巴斯德效应*　在好气条件下酵母发酵能力降低，这个事实很早就被巴斯德发现，称为巴斯德效应。巴斯德效应本质是在好气条件下酵母细胞内糖代谢降低，从而导致乙醇积累量减少。现已证明巴斯德效应在具有呼吸和发酵能力的细胞中一般普遍存在。

巴斯德效应控制的第一个调节点是磷酸果糖激酶（属变构酶），它受ATP、柠檬酸及其他高能化合物抑制，被AMP、ADP激活。在好气条件下，糖代谢进入三羧酸循环，通过氧化磷酸化生成大量ATP，细胞内柠檬酸生成量也增加，反馈阻遏磷酸果糖激酶的合成，这种阻遏作用由于ATP的存在而加强。

同时ATP反馈抑制磷酸果糖激酶的活性，导致6-磷酸果糖积累，当反应6-磷酸葡萄糖与6-磷酸果糖达平衡时，醛糖与酮糖的摩尔比为7∶3，导致6-磷酸葡萄糖积累。在酵母中，6-磷酸葡萄糖反馈抑制己糖激酶，从而抑制葡萄糖进入细胞内，最终导致葡萄糖的利用率降低。

同时，在好气条件下，丙酮酸激酶的活性降低也是由于磷酸果糖激酶活性降低所致，因该酶受磷酸果糖激酶催化生成的1,6-二磷酸果糖的激活，从而导致磷酸烯醇丙酮酸积累，它反馈抑制己糖激酶的活性，从而也降低了糖的酵解速度。

(3) *乙醇发酵的副产物*　在乙醇发酵中，主要产物是乙醇和CO_2，但也伴随着生成40多种副产物，主要是醇、醛、酸和酯等。副产物的生成一方面耗用糖分，另一方面影响产品的质量。

1）杂醇油的生成。杂醇油是碳原子数大于 3 的脂肪族醇类的统称，主要由正丙醇、异丁醇（2-甲基-1-丙醇）、异戊醇（3-甲基-1-丁醇）和活性戊醇（2-甲基-1-丁醇）组成。这些高级醇会消耗碳源而降低乙醇的生成率。

乙醇发酵中高级醇形成的途径有两种。

途径一：由氨基酸生成的分解代谢途径，又称为埃尔利希（Ehrlich）代谢途径：

$$\text{氨基酸}\xrightarrow{\text{转氨酶}}\alpha\text{-酮酸}\xrightarrow{\text{酮酸脱羧酶}}\text{醛}\xrightarrow{\text{脱氢酶}}\text{高级醇}$$

途径二：由糖代谢生成的合成代谢途径：

$$\text{糖代谢}\longrightarrow\text{酮酸}\xrightarrow{\text{酮酸脱羧酶}}\text{醛}\xrightarrow{\text{脱氢酶}}\text{高级醇}$$

$$NH_2\uparrow\ \downarrow\text{转氨酶}$$

$$\text{氨基酸}$$

例如，啤酒发酵中高级醇 75%来自糖代谢、25%来自氨基酸脱羧还原。正丙醇、异丁醇、异戊醇生成的糖代谢途径和氨基酸代谢途径如图 7-7 所示，其中异戊醇通常占到啤酒总高级醇的 50%。

研究表明，高级醇生成是相应的氨基酸转氨基作用形成的。转氨基是在 α-酮戊二酸间进行。同时，证明了在天冬氨酸、异亮氨酸、缬氨酸、蛋氨酸、苯丙氨酸、色氨酸、酪氨酸等中均有此转氨基作用。根据此机制可知，由缬氨酸产生异丁醇，异亮氨酸产生活性戊醇，酪氨酸产生酪醇，苯丙氨酸产生苯乙醇等。

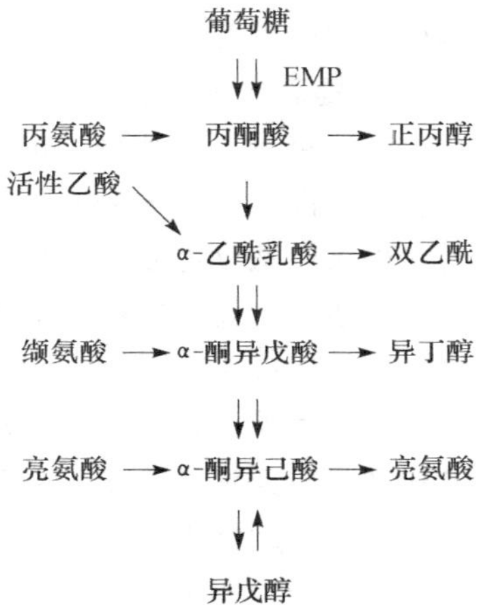

图 7-7　高级醇生成途径简图

高级醇是由葡萄糖直接生成。酵母通过糖代谢生成的中间产物 α-酮酸（碳原子较低的）与活性乙醛缩合，再经过还原、异构、脱水作用形成相应的 α-酮酸（碳原子较高的），此 α-酮酸脱羧形成少一个碳原子的高级醇，或者此 α-酮酸经加氨形成缬氨酸、亮氨酸和异亮氨酸等，再进一步生成相应的醇。

高级醇生成是由于正丙醇的形成。正丙醇的形成是由苏氨酸在苏氨酸脱水酶的作用下生成 α-氨基 2-丁烯酸，经脱氨生成 α-丁酮酸，经脱羧生成醛再还原生成正丙醇。

2）影响杂醇油形成的条件。在酿酒过程中，影响杂醇油生成的因素主要是酵母菌种、培养基组成和发酵条件。

首先是菌种。在相同条件下，不同菌种的杂醇油生成量相差很大。例如，啤酒酵母发酵的杂醇油生成量为 $40\times10^{-6}\sim200\times10^{-6}$ g/mL。酵母的杂醇油生成量与醇脱氢酶的活性关系密切，该酶活力高则杂醇油生成量大。但采用缺少支链氨基酸的含氨基酸转移酶基因的工程菌株或选育支链氨基酸（亮氨酸或异亮氨酸）营养缺陷型突变菌株都可显著降低总高级醇的产量。

其次是培养基组成。培养基中由于分支链氨基酸（亮氨酸、异亮氨酸、缬氨酸）的存在，通过埃尔利希反应会增加相应的高级醇（异戊醇、活性戊醇和异丁醇）的生成量。研究发现，培养基中氮水平高，则形成杂醇油量少，杂醇油总形成量因氮水平高而降低。因为杂醇油的形成与酮酸溢流机制有关，酵母为自身的生长将葡萄糖降解为酮酸，在缺少氮源的条件下，酮酸无法转变成氨基酸而积累，过量的酮酸经脱羧、还原而生成少一个碳原子的高级醇；当无机氮源丰富时，所生成的酮酸就转变成相应的氨基酸，用于合成蛋白质，使酮酸的量减少。杂醇油的形成也与原料中蛋白质的氨基酸组成有关。例如，玉米蛋白质中异亮氨酸、亮氨酸含量高，因此，玉米发酵醪中异戊醇和活性戊醇含量比麦芽醪高。

再次是发酵条件。一般发酵温度高，高级醇生成量高，通风有利于高级醇的生成。高级醇的生成与乙醇的生成是平行的，并随着乙醇的生成而生成。

3）酯类的生成。由于厌氧发酵会生成多种醇类、酸类物质，而醇与酸可经酯化反应生成各种酯类物质，这将导致乙醇产率的降低，在生产燃料乙醇时是不需要的，但是在酿造白酒中，酯类却是非常重要的。

4）糠醛、甲醇等的生成。糠醛是采用淀粉原料在高压高温下蒸煮时，由糖脱水生成的。甲醇是原料中的果胶质、纤维素等在热、酶、酸、碱等的作用下可分解形成甲醇，甘氨酸经酵母代谢的脱氨脱酸作用生成甲醇。

3. 提高出酒率的措施与应用

（1）*菌种*　菌种决定了乙醇的产率。首先是菌体具有高的乙醇发酵活力，菌体的活性也要高，即单位菌体的乙醇发酵力越高越好。其次是菌体具有高的浓度，一般旺盛发酵时期的酵母菌体浓度控制在1亿个/mL左右。菌体浓度高需要大的接种量，供气进行一定时间的有氧快速生长、繁殖，否则菌体浓度低发酵时间长。还有就是菌体耐受乙醇能力强，即菌体在乙醇浓度10%时仍能快速发酵。

（2）*培养基组成*　酵母正常生长、繁殖和发酵需要多种营养成分，如碳源、氮源、无机盐和微量元素。对于发酵乙醇来说，在其他成分足够的情况下，糖是关键因素，因为酵母只能利用还原性糖，最容易利用的是葡萄糖。因此，提高以葡萄糖为主的还原性糖含量是提高出酒率的主要因素。

（3）*发酵的温度*　温度越高发酵越快，对于酵母来说28～30℃发酵最快，而对于耐高温酵母温度可提高为35～38℃，发酵最旺盛。但是，随着温度的升高，以高级醇为代表的副产物增加，反而导致乙醇生成量的减少，降低出酒率。可见，提高出酒率，结合发酵速度，需要最适合的发酵温度。

（4）*发酵pH和营养成分*　酵母在弱酸性条件下才能够快速发酵乙醇，否则无法正常发酵或生成大量副产物。充足的氮、磷等营养成分也是保证酵母长时间快速发酵必不可少的因素，这需要控制发酵液的营养成分，不能够只考虑原料的糖。

通过减少碳源在酵母生长、副产物上的消耗，是提高乙醇产量的根源。但是发酵菌体的正常生长、代谢（如人的基础代谢）等必然消耗部分碳源。因此，实际生产上乙醇产率基本在理论产率的90%左右。

第三节　固态厌氧发酵

一、固态（法）厌氧发酵的主要应用领域

固态（法）厌氧发酵源于中国，有着上千年的历史。固态法有其自身的特点：①操作简

单，适应性强，原料来源广，对原料要求低，价格低廉，可以利用很多种其他发酵工艺无法利用的粮食加工下脚料或废料进行生产。②设备简单，投资少，能耗低。③固态法发酵的产物提取一般步骤少，费用也省。有些产物，如饲料或饲料添加剂，不需要分离步骤，全部发酵物质可以作为产品。④发酵工艺全过程无废水或很少，可以减少环境污染。

由于在生产上有这些潜在的优势，引起国内外学者的重视。目前利用固态（法）厌氧发酵的主要应用领域有固态发酵法白酒生产，黄酒生产，调味食品酿造（如酱、酱油、甜面酱、醋等），天然的植物碱-辣椒碱的发酵，发酵饲料（如两段发酵法制作鸡粪饲料），秸秆发酵剂的生产，发酵秸秆饲料，养猪发酵床用菌种的扩大培养。

案例　白酒老五甑发酵工艺

白酒的生产工艺是属于厌氧发酵，采用密闭的窖池作为发酵容器。白酒发酵原料入窖时，每装完二甑粮糟就要踩窖一次，通过踩窖可压紧发酵醅子，以减少窖中空气，抑制好气性细菌繁殖，使形成缓慢的正常发酵，但不能踩得太紧，否则易踩成团块，对发酵不利。酒醅表面的密封，可用泥封、塑料布封面。一般用泥封窖产的酒，其酸、酯含量都比塑料布封的高，有的酒虽较塑料布封的酸、酯量低，但酒的风味仍是泥封的好。

白酒老五甑发酵工艺是一种典型的续渣厌氧发酵，详见图 7-8 所示。所谓续渣厌氧发酵是指由于酿酒原料高粱、玉米等颗粒组织紧密，糖化较为困难，更由于是采用固态发酵，淀粉不容易被充分利用，对蒸酒后的醅需再行继续发酵，以利用其残余淀粉的厌氧发酵。常采用在酒糟中增加一部分新料，配醅继续发酵，反复多次，这是我国所特有的乙醇发酵法，称之为续渣发酵（续粮发酵）。同时由于酒糟和新粮混合，可降低固态发酵物料中的淀粉浓度，减少发酵过程中的升温幅度。

由此所生产出来的酒是浓中带陈味的流派型酒，主要产地在江苏、安徽、山东、河南等地，它不同于四川等地以原窖分层堆糟法、跑窖分层蒸馏法等工艺生产的纯浓香型的流派型酒，在发酵周期上也有所不同，前者为 45～60d，后者为 60～90d。

老五甑工艺是将发酵好的酒糟全部取出（以一个窖池为准），面糟（酒窖中堆放在最上面的酒糟）单独堆放，取出酒后作为丢糟（用于强化糟操作用料）。面糟以下的全部为粮糟（即香醅），即每烤（“烤”指蒸馏之意）一排均需加入生粮蒸烤（粮糟比以下面比例为准）后，再加入大曲入窖重新发酵。其工艺特点即所谓的“甑五下四”工艺：原料与出窖的酒糟在同一甑桶同时蒸馏和蒸煮糊化，在窖内有 4 甑发酵原料（即大茬、二茬、小茬和回糟）。出窖加入新原料分层 5 甑进行蒸馏，其中 4 甑回入窖内发酵，1 甑为丢糟（面糟）。有的厂家为了提高酒的品质，在生产上改用双轮底提香工艺，即前一轮次靠窖底的两甑为双轮底糟，双轮底的两甑酒糟取出时单独堆放，不加生粮，取酒后直接加大曲入窖（入窖位置为靠近窖底，即窖底的窖泥），这两甑酒糟就为双轮底。

1. 白酒老五甑生产方法

原辅料处理：将高粱进行粉碎，一般要求是过 20 目筛的量占 85%左右，大曲粉的要求是过 20 目筛的量占 70%，余下的 30%过 3～4 目的筛。谷壳需清蒸 20～30min 去除生谷异味，出甑晾干使用。

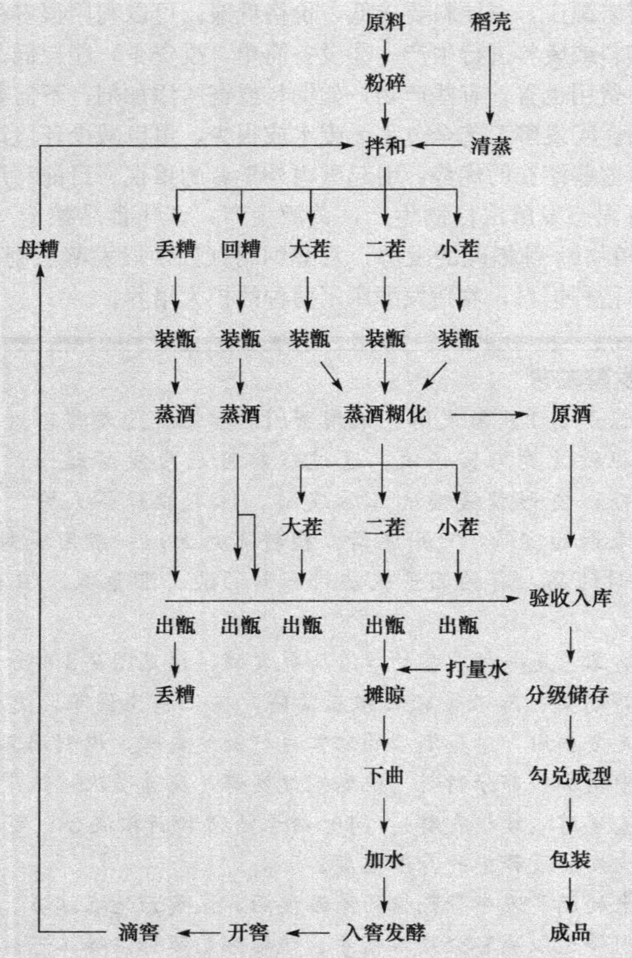

图 7-8　典型老五甑白酒生产工艺流程图

开窖：第一步，取窖皮泥。先揭掉盖窖上的塑料薄膜，用刀具一块块取下窖皮泥，清除附在上面的糟，将窖皮泥迅速倒入泥窖，待下次封窖时再用。第二步，起面糟（或丢糟）。将面糟取出放在晾堂上，堆成圆锥拍紧，用塑料薄膜盖好以免乙醇挥发。第三步，起上层母糟。根据窖红糟甑口量，将窖帽母糟起至堆糟坝一角，踩紧拍光，撒上谷壳（此糟蒸酒后只加曲不加新料入窖发酵即得新的回糟，蒸酒时称为蒸红糟），并做好记号以便分辨，接着起窖内母糟进行分层堆放，待出现黄水时停止起糟。第四步，打黄水坑滴窖。当起糟至有黄水时，停止起糟，并打黄水坑（黄水坑视窖大小而异）进行滴窖。滴窖时做到滴窖勤舀，其时间不少于10h，使母糟的含水量保持在60%左右。黄水可入锅底串蒸。第五步，起下层母糟。滴窖完毕后，继续起下层母糟，起糟时注意不要触伤窖池，不使窖壁、窖底的老窖泥脱落。

配料、拌和：浓香型大曲酒的配料采用的是续糟配料法，在蒸酒蒸粮之前，按一定的比例将糟醅、高粱粉、谷壳进行充分的拌和，每甑投原料的多少是根据甑桶的容积大小、按一定的粮醅比例配料，粮醅比例一般控制在1∶4～1∶5，另加谷壳（25%左右），配料前，必须根据母糟、黄水鉴定情况准确配料。续糟配料的作用：一是调节入窖粮醅糟的酸度，控制在发酵所需的酸度（一般为 1.5～2），抑制杂菌的繁殖；二是调节入窖粮醅糟中的淀粉含量，从而调节温度，使酵母在一定限度的乙醇浓度下和在其适宜的温度下生长；三是在一定的酸度范围内有利于淀粉的糊化和糖化，提高淀粉的利用率。在上甑前 50～60min，用耙梳将母糟从上至下均匀的挖出一甑，刮平倒入高粱粉，拌和两次，倒上一甑所需要的谷壳将糟醅盖好进行润粮，促使高粱粉从母糟中吸收水分和酸度有利于蒸煮糊化；上甑前 10～15min，再次拌和，拌匀后堆好堆圆，准备上甑用。拌和操作时，配粮、配糟、配谷壳要准确，拌粮时要矮铲低翻，拌和分布均匀，不起疙瘩，操作迅速，尽量减少乙醇挥发；拌和红糟即下排的丢糟时，不加高粱粉只在上甑前 10min 加热谷壳充分拌匀，其谷壳加量视其红糟水分大小而定。

蒸粮、摘酒：在续渣发酵法酿造工艺中，蒸粮、摘酒工艺次序一般是先蒸面糟、后蒸粮糟、再蒸红糟。上甑前先检查底锅水是否加至标准，水是否清洁；检查活动甑是否安稳安平。若需要回蒸黄水、酒尾，则先将黄水、酒尾倒入锅底中。随即撒薄薄一层谷壳于甑底，再上 3～5cm 厚的糟醅，才开启加热蒸汽，压力为 0.03～0.05MPa。继续探汽上甑，上甑要轻撒匀铺，先外边后里边，穿汽均匀，探汽上甑，不跑汽，甑内穿汽一致，即将满甑时关小气阀，满甑后使甑内糟醅形成外高内低的锅底形，上甑至穿气盖盘时间控制为 35～40min，接上过汽弯管，注满甑沿和弯管两接头处管口的密封水，盖盘后 5min 内必须流酒。蒸馏时要掌握缓火（汽）流酒，大火（汽）蒸粮的原则。馏酒时，入甑的蒸汽压力小于或等于 0.03MPa；蒸粮时，入甑蒸汽压力控制在 0.03～0.05MPa；盖盘至出甑时间要求大于或等于 45min（一般 60min 为宜），蒸馏结束后加大火进行蒸粮，以达到淀粉糊化和降低酸度的目的，最后使粮粉达到内无生心，熟而不粘的标准。

摘酒时，先去酒头 500g 左右，调整火力做到缓火流酒，流酒速度以 3～4kg/min 为宜，流酒温度控制在 30℃左右；摘至够入库标准为止，余下摘酒尾。酒头酒尾回窖或下甑重蒸，酒头可作调香酒。

出甑、打量水、摊晾加曲：蒸粮时间一到立即出甑，出甑前先关汽阀，取下弯管，揭开甑盖，将糟醅运至晾糟堂。出甑后及时掺够底锅水，将甑桶内和上甑场清理干净。

打量水，粮糟出甑后立即刮平，打入水温在 80℃以上的量水；量水用量是按原料量的 80%～100%打入（冬季为 90%～95%），控制入窖粮糟的含水量在 55%左右为宜；量水必须泼洒均匀，不能冲在一处，泼洒到应打量水数的 60%～70%时，用耙梳挖翻一次再泼洒剩余部分。打量水完毕后用铁锨均匀翻松粮糟，让其在晾堂上冷却。

摊晾加曲，将出甑后加过打量水的粮糟均匀地摊平在晾糟机上，用鼓风机通风降温至下曲的温度。当达到下曲温度时即可加入大曲粉，大曲粉用量（曲粮比）控制在 20%。撒曲时要做到低撒匀铺，减少飞扬的损失；将大曲粉均匀翻划入糟醅中。

入窖发酵：糟醅入窖前先将窖池清扫干净，撒上 1～1.5kg 的大曲粉。糟醅入窖后要踩窖，然后找不同部位 5 个测温点（四角和中间），插上温度计（在下一甑摊晾前取出），准确检查第一甑温度并做好记录。入窖温度标准是：地温在 20℃以下时，为 16～20℃；地温为 20℃以上时，与地温持平。窖池装满粮糟后必须踩紧拍光，放上竹篾，再做一甑红糟覆盖在粮糟上并踩紧拍光。

糟醅装好后盖上篾席将和熟的窖泥扶在窖顶面糟上面，再用泥掌刮平、扶光滑。随后每隔24h检查一次，发现裂缝及时扶平，直至定型不裂为止，然后再盖上塑料布，使其糟醅进入厌氧的乙醇发酵。封窖后15d左右必须每天清窖，15d后1～2d清窖一次，保持窖帽表面清洁、无杂物、避免裂口。窖帽上出现裂口必须及时清理、避免透气、跑香、烂糟。

2. 白酒老五甑生产程序操作安排

从投产开始按以下生产程序进行操作。

1）第一排：又称立茬排，共2甑，分别投入新料，配入酒醅或酒糟2～3倍，加入辅料30%～40%进行蒸煮糊化，加热水泼浆、降温、加大曲粉，入窖发酵。

2）第二排：共做3甑，分别按比例配入新料分成3甑，其中两甑为大茬和二茬，一般加入原料的80%左右，余下一甑加入原料的20%左右作为小茬。分别进行蒸馏和糊化，出甑后加热水泼浆、降温、加大曲粉，分层入窖发酵。

3）第三排：共做4甑，将第二排小茬酒醅不加新料，蒸馏出酒后做回糟入窖发酵。大茬和二茬酒醅出窖后同第二排操作，做大茬、二茬、小茬分层入窖发酵。

4）第四排：又称园排，将第三排的回糟出窖蒸馏出酒后作为丢糟。大茬、二茬和小茬酒醅出窖后同第三排操作，配成4甑，其中大茬、二茬、小茬和回糟分层入窖发酵。从园排开始，按此方法循环操作转入正常生产。

以上窖内各甑发酵材料的排列顺序如图7-9所示。

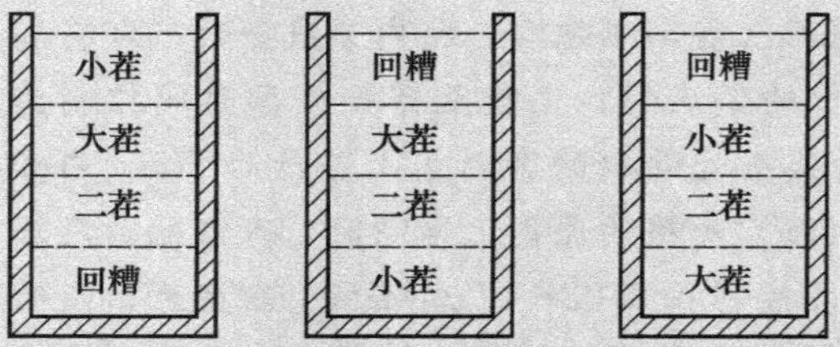

图7-9　窖内各甑发酵材料的排列顺序示意图

第四节　半固态厌氧发酵

一、沼气发酵综述

沼气（甲烷）发酵（biogas fermentation，methane fermentation），又称厌氧消化（anaerobic digestion），是指在厌氧的环境中，微生物分解有机物最终生成沼气的过程。其产品是沼气和发酵残留物。

沼气是一种可燃烧的混合气体。一般含甲烷50%～70%，其余为二氧化碳和少量的氮、氢和硫化氢等。其特性与天然气相似。空气中如含有体积分数8.6%～20.8%的沼气时，就会形成爆炸性的混合气体。沼气除直接燃烧用于炊事、烘干农副产品、供暖、照明和气焊等外，还可作内燃机的燃料及生产甲醇、甲醛、四氯化碳等化工原料。经沼气装置发酵后排出的料液和沉渣，含有较丰富的营养物质，可用作肥料和饲料。

沼气是由意大利物理学家于1776年在沼泽地发现的，1916年俄国人分离出了第一株甲烷菌（但不是纯种），中国人于1980年首次分离甲烷八叠球菌成功，目前世界上已分离出的甲烷菌种近20株。世界上第一个沼气发生器（又称自动净化器）是由法国人于1860年将简易沉淀池改进而成的。1925年在德国、1926年在美国分别建造了备有加热设施及集气装置的消化池，这是现代大、中型沼气发生装置的原型。第二次世界大战后，沼气发酵技术曾在西欧一些国家得到发展，但由于廉价的石油大量涌入市场而受到影响。而后随着世界性能源危机的出现，沼气又重新引起人们的重视。1955 年新的沼气发酵工艺流程——高速率厌氧消化工艺产生。它突破了传统的工艺流程，使单位池容积产气量（即产气率）在中温下由每天 $1m^3$ 容积产生 $0.7\sim1.5m^3$ 沼气，提高为 $4\sim8m^3$ 沼气，滞留时间由 15d 或更长的时间缩短到几天甚至几个小时。中国于 20 世纪 20 年代初期由罗国瑞在广东省潮梅地区建成了第一个沼气池，随之成立了中华国瑞瓦斯总行，以推广沼气技术。目前中国农村户用沼气池的数量达 1300 万座。而高速率厌氧消化工艺生产性试验装置已在糖厂和酒厂正常运行。

沼气发酵的原理与味精发酵、柠檬酸发酵不同，有许多独特的特点：①参与反应的微生物种类繁多；②发酵底物复杂，来源广泛；③能处理各种浓度的废水和废物；④沼气微生物自身耗能少；⑤发酵装置种类多，温度范围广；⑥要求严格的厌氧环境。

沼气发酵的原理中先后提出了二阶段、三阶段和四阶段发酵理论，应用较多的是布赖恩特于 1979 年提出的四阶段的发酵理论。

第一阶段：水解和发酵性细菌群将复杂有机物（如纤维素、淀粉等）水解为单糖后，再酵解为丙酮酸；将蛋白质水解为氨基酸，脱氨基成有机酸和氨；脂类水解为各种低级脂肪酸和醇，如乙酸、丙酸、丁酸、长链脂肪酸、乙醇、二氧化碳、氢、氨和硫化氢等。

第一阶段的微生物群落是水解、发酵性细菌群，有专性厌氧的梭菌属、拟杆菌属、丁酸弧菌属、真细菌、双歧杆菌属、革兰氏阴性杆菌，有兼性厌氧的链球菌和肠道菌。据研究，每 1mL 下水污泥中含有水解、发酵性细菌 $1\times10^8\sim1\times10^9$ 个，每克挥发性固体含 $1\times10^{10}\sim1\times10^{11}$ 个，其中蛋白质水解菌有 1×10^7 个，纤维素水解菌有 1×10^5 个。

第二阶段：产氢和产乙酸细菌群把第一阶段的产物进一步分解为氢气和乙酸。

第二阶段的微生物群落为产氢、产乙酸细菌，这群细菌只有少数被分离出来，1967 年布赖恩特从奥氏甲烷杆菌分离出 S 菌株和 M. O. H 菌株。S 菌株是厌氧的革兰氏阴性杆菌，它发酵乙醇产生乙酸和氢，为产甲烷的布氏甲烷杆菌提供乙酸和氢气，促进产甲烷菌生长。布氏甲烷杆菌将乙酸裂解为甲烷和二氧化碳；将氢和二氧化碳合成甲烷。可见，奥氏甲烷杆菌实际是 S 菌株和布氏甲烷杆菌的共生体。

此外，还有将第一阶段发酵的三碳以上的有机酸、长链脂肪酸、芳香族酸及醇等分解为乙酸和氢气的细菌和硫酸还原菌。

硫酸还原菌（如脱硫脱硫弧菌）在缺乏硫酸盐、有产甲烷菌存在时，能将乙醇和乳酸转化为乙酸、氢气和二氧化碳，脱硫脱硫弧菌与产甲烷菌之间存在协同联合作用。

第三阶段：第三阶段的微生物是两组生理不同的专性厌氧的产甲烷菌群。一组是将氢气和二氧化碳合成甲烷或一氧化碳和氢气合成甲烷；另一组是将乙酸脱羧生成甲烷和二氧化碳，或者利用甲酸、甲醇及甲基胺裂解为甲烷。有 28%的甲烷来自氢的氧化和二氧化碳的还原，72%的甲烷来自乙酸盐的裂解。由于大部分甲烷和二氧化碳逸出，氨以亚硝酸铵、碳酸氢铵形式留在污泥中，它们可中和第一阶段产生的酸，为产甲烷菌创造生存所需的弱碱性环境。氨可被产甲烷菌用作氮源。

第四阶段：为同型产乙酸阶段，是同型产乙酸细菌将氢气和二氧化碳转化为乙酸的过程。第四阶段在厌氧消化中的作用目前仍在研究中。

产甲烷菌只能利用氢气、二氧化碳、一氧化碳、甲酸、乙酸、甲醇及甲基胺等简单物质产生甲烷和组成自身细胞物质。产甲烷菌产甲烷的机制如下。

1）由酸和醇的甲基形成甲烷。

$$CH_3COOH \longrightarrow CH_4\uparrow + CO_2\uparrow$$

$$4CH_3OH \longrightarrow 3CH_4\uparrow + CO_2\uparrow + 2H_2O$$

2）由醇的氧化使二氧化碳还原形成甲烷及有机酸。

$$2CH_3CH_2OH + CO_2 \longrightarrow CH_4 + 2CH_3COOH$$

$$2C_3H_7CH_2OH + CO_2 \longrightarrow CH_4 + C_3H_7COOH$$

3）脂肪酸有时用水作还原剂或供氢体产生甲烷。

$$C_3H_7COOH + CO_2 + 2H_2O \longrightarrow CH_4 + 4CH_3COOH$$

4）利用氢使二氧化碳还原形成甲烷。

$$4H_2 + CO_2 \longrightarrow CH_4 + 2H_2O$$

5）在氢和水存在时，巴氏甲烷八叠球菌与甲酸甲烷杆菌能将一氧化碳还原形成甲烷。

$$3H_2 + CO \longrightarrow CH_4 + H_2O$$

$$2H_2O + 4CO \longrightarrow CH_4 + 3CO_2$$

甲烷是地球大气中仅次于二氧化碳的第二号能导致全球变暖的温室气体。据科学家们计算，自 19 世纪以来，人类活动造成的温室效应约 1/5 和甲烷排放有关。在这段时期，大气中甲烷含量增长了 1 倍多。澳大利亚科学家曾宣布，地球大气中的温室气体甲烷含量停止上升趋势，甚至出现下降。科学家们最新的观测结果证实，地球大气中甲烷含量持续约 200 年的上升势头在过去几年中出现了停滞，并一直保持着相对稳定的状态。

“十一五”期间，农业部将沼气技术列入了积极发展循环农业的 10 大节约技术。根据农业部中长期发展规划纲要，我国到 2010 年在一般适应地区发展农村沼气要达到总农户的 10%，到 2020 年要达到总农户的 25%。

沼气发酵是开发生物质能源的重要方法，世界上生物质资源非常丰富，据估算全世界陆地和海洋生态中，每年有机物的产量约为 1650 亿 t，其中农业生产量在 7 亿 t 以上，仅北京、上海、武汉、成都四大城市几个行业生物质量每年便有近 2200 万 t。生物质能的利用技术有沼气发酵、液体燃料油的制取、热解气化、直接燃烧等，其中沼气发酵是效率高、技术成熟的方法，随着“再生能源法”的实施，认真搞好生物质能的开发利用，对改变能源利用结构，减少对矿物燃料的依赖都将会有重要意义。我们对沼气发酵工程技术展望有以下 5 点。

1）优化微生物菌体生长过程。菌体生长反应过程的研究是发酵过程的重要基础内容。研究菌体的生长过程，不仅要清楚地了解微生物从培养基中摄取营养物质的情况和营养物质通过代谢途径转化后的方向，还要确定不同环境条件下微生物代谢的分布。

2）运用代谢通量分析方法，提出微生物代谢途径的可能改善方向，为过程优化奠定良好的基础。

3）运用生物反应器工程，做好生物反应过程参数检测与控制。生物反应器的形式、结构、操作方式、物料的流动与混合状态、传递过程特征等是影响生物反应器宏观动力学的主要因素。在工程设计中，化学计算式、微生物反应和传递现象都是需要解决的问题。参数检测与控制是发酵过程优化最基本的手段，只有及时检测各种反应组分浓度的变化，才有可能对发酵过程进行优化，使微生物发酵在最佳状态。

4）沼气工程规模化。我国的沼气发酵必须从现在的局面——农村农户的个体发展模式向规模化生产转变。农村农户发酵模式设备简单、发酵不稳定、经济效益低。而工程发酵具有等级化、规模化的特点，可以专人管理、综合利用，大大地提高了经济效益。

5）加强人才培养与科研研发。我国现阶段所缺乏的就是科研型人才和应用型人才，这是制约我国沼气工程发展的一个重要因素。因此，培养专业的研究和应用人才在未来的发展中极为迫切，这是关系到我国未来沼气工程发展程度的重要因素。

二、沼气发酵的影响因素

沼气发酵是多种微生物生命活动的结果。使沼气微生物始终处在良好的生存环境中，才有可能得到较高的沼气生产率或污水净化效率。故保证沼气发酵正常进行，需具备以下条件。

1. 优良的沼气微生物菌群

制取沼气，微生物菌群是关键。它们普遍存在于粪坑底部污泥、下水道污泥、沼气发酵料液的渣水、沼泽污泥和豆制品作坊下水沟的污泥中，人工制取沼气时可以到这些地方去收集菌群。人们通常把这些含有大量沼气发酵细菌的污泥称为厌氧活性污泥或接种物，把接种物加入沼气发酵原料的操作过程称为接种。厌氧活性污泥是由厌氧消化细菌与悬浮物质和胶体物质结合在一起所形成的具有很强吸附、分解有机物能力的凝絮体、颗粒体或附着膜。由于厌氧消化过程中有 H_2S 的生成，使厌氧活性污泥往往呈黑色，发育良好的污泥呈油亮的黑色。但在悬浮固体较多的消化器里，厌氧活性污泥往往呈絮状，黑色或灰黑色。对新建的沼气池第一次装料，如果不加入足够数量的接种物，就不能很快产气，甚至还会导致因产酸过多使发酵受阻。一般情况下，在新池启动或老池大换料时，加入接种物的数量应占到发酵料液总质量的 10%～30%。

2. 严格的厌氧环境

在发酵中起主要作用的微生物都是严格厌氧的，需要在隔绝空气的条件下才能进行正常的生命活动。尤其是产甲烷菌，它们对氧特别敏感，在生长、发育、繁殖、代谢的整个生命活动中都不需要氧气，即是微量的氧气存在，也会使其生命活动受到抑制，甚至死亡。因此，在人工制取沼气修建沼气池时必须严格密闭，确保不漏水、不漏气，才能保证沼气细菌进行正常的生命代谢活动。

3. 充足的发酵培养基原料

在沼气发酵过程中，沼气发酵原料既是产生沼气的底物，又是沼气发酵细菌赖以生存的营养来源。自然界中可用于沼气发酵的原料十分丰富，如家畜、家禽粪便，农作物秸秆，杂草，树叶，乙醇废醪和味精、柠檬酸、淀粉、豆制品废水等。沼气发酵原料因碳素、氮素含量不同可分为富碳原料和富氮原料。富碳原料碳素所占比例多在 40%以上，如农作物秸秆、杂草、树叶等。这些原料发酵速度慢，产气周期长，有些表面覆盖蜡质，不易水解，入池前应进行必要的预处理。富氮原料碳素所占比例多在 30%以下，碳、氮比都小于 25∶1，如人粪尿、禽粪、豆制品废液等。富氮原料是沼气细菌赖以生存的主要营养来源，在沼气发酵过程中，易水解，产气快，入池前不需预处理。沼气发酵要求合适的碳氮比，一般情况下，保持 20∶1～30∶1 的碳氮比相对比较适宜，这就要求在实际生产中对沼气发酵原料进行必要的合理搭配。

4. 适宜的发酵温度

沼气发酵的温度范围较广，一般在 8～60℃沼气微生物都能活动，都能产生沼气。温度低于 8℃或高于 60℃会严重抑制沼气微生物的活动、生存或繁殖，影响产气。人们把沼气发酵的温度划分为 3 个区域范围，即 20℃以下为低温发酵，20～45℃为中温发酵，50～60℃为高温发酵。多数甲烷菌活动的适宜温度为 25～40℃，在这一范围内，温度越高，产气越快。如果用工业生产排出的有机废水、废物，如酒厂排出的酒糟等作沼气发酵原料，由于排放温度都在 70℃以上，就不需要补充热量来提高发酵原料温度，可采用高温发酵。用城市污泥、工业有机废水、大中型养殖场的牲畜粪便等作发酵原料，适宜采用中温发酵。农村建的沼气池，因条件限制，一般都采用常温发酵，冬季会因池温低出现产气少或不产气现象。在北方寒冷地区，为提高沼气池温度，采取必要的保温、提温措施，把沼气池修建在塑料日光温室内或太阳能禽、畜圈舍内，对实现周年产气具有重要作用。

5. 合适的料液浓度

在沼气发酵产气过程中，各种固形有机物质进入消化器后，首先要在多种微生物的作用下进行水解，使其成为能溶于水的低分子化合物，这说明沼气发酵需要水，沼气细菌在其生长、发育的生命活动中需要水，水是沼气发酵的重要组成部分。很多研究证明，沼气发酵需要在一定浓度的条件下才能进行。适宜的发酵浓度不仅利于产气，而且还能提高发酵原料的利用率。沼气发酵原料浓度的表示方法较多，有总固体（TS）浓度、挥发性固体（VS）浓度、化学需氧量（COD）浓度、生物需氧量（BOD）浓度、悬浮固体浓度和挥发性悬浮固体浓度等。沼气发酵中，只有挥发性固体才能转化为沼气，用挥发性固体浓度表示沼气发酵液的浓度更为确切，但实际用得最多的是总固体浓度。总固体浓度是指固形物占总料液的百分比。沼气发酵的料液浓度范围比较宽，1%～30%都能产气。但如果水量过少，发酵原料过多，料液浓度过大，容易造成有机酸大量积累，就不利于沼气细菌的生长、繁殖，使发酵受到阻碍，同时也会给搅拌带来困难。如果水太多，发酵料液过稀，产气量少，也不利于沼气池的充分利用。根据各地多年实践，农村沼气池料液的干物质浓度控制在 6%～12%比较合适。一般情况下，沼气池投料启动时浓度可低一些，6%就可以。夏季和初秋池温高，原料分解快，浓度可低一些，保持 6%～8%就可以。冬季、初春池温低，原料分解慢，干物质浓度应保持在 10%～12%。

6. 中性适度的 pH

沼气发酵最适宜的 pH 为 6.8～7.4，在 6.4 以下或 7.6 以上都会对沼气微生物产生抑制作用，影响产气。pH 低于 4.9 或高于 9 时均不产气。影响 pH 变化的因素主要有三点：一是发酵原料，如乙醇废醪、丙酮丁醇废醪等，这些原料本身就含有大量的有机酸；二是沼气池启动时投料浓度过高，接种物中的甲烷菌数量又不足，造成产酸与产甲烷的速度失调引起挥发酸积累；三是投料时不注意，使料液中混入了大量的强酸或强碱物质。正常情况下，由于沼气细菌的相互作用，会使沼气发酵相对具有一定的缓冲能力，一般不需要调节 pH，靠其自动调节就可达到平衡。沼气发酵初期，由于产酸细菌的活动，在沼气池内会产生大量的有机酸，使 pH 下降，但随着发酵继续进行，氨化细菌产生的氨可中和一部分有机酸，甲烷菌繁殖起来之后，又会使大量的有机酸被利用转化成甲烷，这样 pH 就恢复到了正常值，使沼气发酵连续不断地进行下去。但如果在生产中遇到了因投料致使发酵受阻这一情况，可采取稀释发酵料液、添加草木灰、添加稀释氨水或清石灰水、控制进出料等方法进行调节。pH 可用 pH 试纸和酸碱指示剂来测定。

7. 有规律的持续搅拌

沼气池长期处在静止状态下，就会出现分层现象。一般会分为浮渣层、清液层、活性层、沉渣层4层。浮渣层发酵原料多，沼气菌种少，原料利用不充分，另外，浮渣过厚，还会影响沼气进入气室。清液层水分多，发酵原料少，沼气细菌也少，不易产生沼气。活性层是厌氧微生物活动旺盛的场所，是产生沼气的重要部位。下部沉渣层虽然有沼气细菌，但多数原料已不具备产生沼气的条件。因此，只有通过搅拌，使发酵料液处于均匀状态，才能增加沼气细菌与发酵原料的接触机会，才能有效产气。沼气池如不经常搅动，对沼气产量的影响是很大的。有的沼气池原料加得不少，但产气量越来越小，一个重要的原因就是发酵液上层结了很厚的壳。经常搅动沼气发酵料液除能使沼气池内的原料与沼气细菌均匀分布，充分接触，提高消化速率外，还能使沼气池下部附着在有机颗粒上的微小甲烷气、二氧化碳气的气泡胀大溢出，上升到气室内，另外，搅拌还能有效防止浮渣层的形成和克服沼气池内温度高低不一现象。当然，由于产甲烷菌具有宜静不宜动的特性，搅拌应有规律地进行，一般可过3～4d搅拌一次，不能天天连续不断地搅拌，既浪费精力，也不利于甲烷菌的生存。常用的搅拌方法有3种：一是机械搅拌，采用安装机械设施的办法进行搅拌；二是气体搅拌，利用动力将沼气压入料液中进行搅拌；三是液体搅拌，用人工或其他动力从水压间将沼气池下部料液抽出，再从进料口加入，使池内料液循环流动，达到搅拌效果。

8. 避免有毒物料入池

通常情况下，在农业有机废弃物中不会有大量的毒性物质，但在养殖场进行消毒或防疫时会有较多的药物进入畜、禽粪便中，有些工业有机废弃物中也会带有一定量的毒性物质。有毒物质对沼气细菌具有毒害或抑制作用，有些剧毒性物质即便是很少一点进入沼气池中，也能导致沼气发酵遭到破坏，使正常产气的沼气池停止产气。对沼气细菌具有毒害或抑制作用的毒性物质主要有各类剧毒农药、有机杀菌剂、抗生素、驱虫剂、重金属化合物、可用于生产农药的植物及辛辣性植物等。在生产中要尽可能避免这些有毒物质进入沼气池内。

三、提高出气率的措施与应用

沼气中含有少量硫化氢，因此略带臭味。其发酵大致分两个阶段：一是微生物把复杂的有机物质中的糖类、脂肪、蛋白质降解成简单的物质，如低级脂肪酸、醇、醛、二氧化碳、氨、氢气和硫化氢等；二是由甲烷菌种的作用，使一些简单的物质变成甲烷。要正常地产生沼气，必须为微生物创造良好的条件，使它能生存、繁殖。沼气池必须符合多种条件。①沼气池要密闭。有机物质发酵成沼气，是多种厌氧菌活动的结果，因此要造成一个厌氧菌活动的缺氧环境。在建造沼气池时要注意隔绝空气，不透气、不渗水。②沼气池里要维持20～40℃，因为通常在这种温度下产气率最高。③沼气池要有充足的养分。微生物要生存、繁殖，必须从发酵物质中吸取养分。在沼气池的发酵原料中，人畜粪便能提供氮元素，农作物的秸秆等纤维素能提供碳元素。④发酵原料要含适量水，一般要求沼气池的发酵原料中含水80%左右，过多或过少都对产气不利。⑤沼气池的pH一般控制在7～8.5。

另外采用沼气发酵助剂，它是针对沼气发酵过程中不产气、产气率低、产气速度慢等现象，综合采用美、日、韩等国际微生物工程技术及其工艺流程的最新成果、精工研制而成的一种沼气促产添加剂，具有加快升温发酵、成倍提高产气率及产气速度等特点，深受国内外用户欢迎。沼气发酵助剂原理是含有甲烷菌生长、繁殖所需的营养物质和微量元素，利用其中的微量元素有效刺激甲烷菌，促使其快速繁殖；同时提高酶的活性和加快酶的反应速度，加速纤维素等大分子化合物的降解、分解过程；利用产品中所添加的菌种繁殖所必需的营养元素，更好地使菌种生长；利用混合加入吸附剂增加菌种和原料的接触面积，同时利用吸附放热为甲烷菌升温，增加热量，以利沼气池快速产气。

本章小结

厌氧发酵是一种不需供氧的发酵形式，其核心是将大分子的物质降解或转化成其他化合物，糖代谢的主途径是葡萄糖经 EMP 途径生成核心中间化合物——丙酮酸，然后再经过不同微生物的不同代谢途径生成各种化合物。例如，葡萄糖代谢成的丙酮酸经酵母发酵可生成乙醇、经乳酸菌同型乳酸发酵可生成乳酸、经异型乳酸发酵可生成乳酸和乙醇，如进入三羧酸循环（TCA）可生成柠檬酸、谷氨酸等一系列分解代谢产物。因此，微生物代谢受到各种微生物、酶、培养基、培养条件的影响，对此有各种发酵调控技术。厌氧发酵类型包括液态厌氧发酵、半固态厌氧发酵、固态厌氧发酵，其应用领域包括燃料乙醇、食用乙醇、葡萄酒、丁醇、乳酸、甘油等多种工业产物。厌氧发酵的核心是厌氧发酵反应器，按其结构、操作形式分为间歇操作厌氧发酵反应器、连续操作厌氧发酵反应器、半间歇半连续操作厌氧发酵反应器 3 种类型。

液态厌氧发酵是厌氧发酵的主要形式，应用领域包括燃料乙醇、食用乙醇、葡萄酒、甘油、乳酸、丁醇等工业化产物。其中乙醇发酵是最大宗的厌氧发酵，葡萄糖发酵乙醇的理论产率是 51.5%，但是乙醇发酵受到氧气存在的巴斯德效应，抑制乙醇发酵速度，杂醇油、甲醇、酯、糠醛等副产物都严重影响乙醇的产率。因此，从菌种、培养基组成、温度、pH 等的优化可提高乙醇产率。

混合培养与发酵在中国实用最多，包括酒曲制备、豆腐乳、豆豉（纳豆）、醋、沼气等系列化合物的生产。其中，沼气是严格厌氧发酵，农作物秸秆、人畜粪便等各种有机物经液化、酸化、产甲烷 3 个步骤生成沼气，可从接种污泥、厌氧条件、发酵温度、发酵原料的组成等因素提高沼气产气率。

思考题

1. 由葡萄糖经 EMP 途径生成丙酮酸的关键控制因素有哪些？
2. 厌氧反应器的基本组成有哪些？
3. 试述厌氧反应器的操作类型及其特点。
4. 乙醇厌氧发酵中，提高乙醇产率的措施有哪些？
5. 乙醇发酵中高级醇形成的途径有哪些？
6. 提高沼气发酵的产气率，需要考虑哪些影响因素？

主要参考文献

梁世中. 2002. 生物工程设备. 北京：中国轻工业出版社.
姚汝华，周世水. 2005. 微生物工程工艺原理. 2 版. 广州：华南理工大学出版社.
周世水，姚汝华. 2005. 酿酒酵母的基因改良. 酿酒科技，7：29-35.
周世水. 2005. 控制啤酒中高级醇含量的研究. 酿酒，32（3）：51-53.

第八章 发酵过程的优化

第一节 发酵过程优化概述

发酵过程优化是指在已经获得高产菌种或基因工程菌的基础上，在发酵罐中通过操作条件的控制或发酵装备的改型改造，实现目标代谢产物生产的高产量、高转化率与高生产强度，这是发酵过程优化与控制的最基本的3个目标函数。①产量，即目的产物的最终浓度或总活性；②转化率，即基质或反应底物向目的产物的转化百分数；③生产强度或生产效率，就是目的产物在单位时间内单位生物反应器体积下的产量。目的代谢产物的最终浓度或总活性是发酵产品质量的一个标志。由于通常情况下，发酵过程代谢产物的浓度或总活性比较低，提高最终浓度或总活性可以极大地减少下游分离精制过程的负担，降低整个过程的生产费用。产物生产强度是生产效率的具体体现。在某些传统和大宗发酵产品的生产过程中，如乙醇、有机酸和某些有机溶剂的发酵过程，其下游分离精制过程相对容易，但人们仍要同时考虑产物的生产强度和最终浓度，这样才能够从商业角度上与化学合成法相竞争。起始反应底物向目的产物的转化率，考虑的是原料使用效率的问题。在使用昂贵的起始反应底物或反应底物对环境形成严重污染的发酵过程中，原料的转化率至关重要，转化率通常要求接近100%(98%～100%)。通过优化发酵过程的环境因子、操作条件及操作方式，可以得到所期望的最大终产物浓度、最大生产效率或最高原料转化率。但是，通常情况下这3项优化指标不可能同时取得最大的数值。例如，在乙醇发酵过程中，通常情况下连续操作的生产效率最高，但其最终浓度和原料转化率却明显低于流加操作或间歇操作。提高某一项优化指标，往往需要以牺牲其他优化指标为代价，这时，需要对发酵过程进行整体的性能评价。

一、发酵过程的特征

发酵过程的特征体现在：①动力学模型呈高度的非线性。②随着发酵或生物反应的进行，或者随着发酵批次的不同，过程的动力学模型参数常变化不定，呈现强烈的时变性特征。对于某些生物过程，甚至无法用数学模型来对动力学特性进行定量的描述。③除了某些简单的物理状态变量和化学状态变量，如温度、pH、压力、气体分压、溶氧浓度外，绝大多数生物状态变量（如生物量、营养物质浓度、代谢产物浓度、生物活性等）是很难在线测量的。尽管近年来生物电极和传感器技术的飞速发展，使得某些生物状态变量的在线测量成为可能，但测量噪声、稳定性、苛刻的维护操作条件、价格等因素依然制约着生物电极在生物过程中的实际应用。④最后，生物过程由于涉及许多物理过程和化学反应，其相互之间的作用和影响必然造就了生物过程的响应速度慢、在线测量带有大幅度时间滞后的特征。生物过程的上述特性，使得基于线性动力学模型的传统的控制和优化理论难以适应和满足生物过程控制和优化的要求。随着发酵罐中微生物大规模培养技术的深入研究，以及对分批发酵过程参数的时变性、多样性、耦合性和不确定性的认识，建立以过程动力学为基础的数学模型，又引入了一系列现代控制理论，其中有静态和动态优化、系统识别、自适应控制、专家系统、模糊控制、神经元网络，以及各种混沌现象的研究，以实现过程优化。近年来代谢工程研究与生化工程的研究逐渐结合起来，从宏观走向微观，把代谢网络中代谢流分配与化学计量结合起来，并通过计算机仿真得到许多有价值的结果。这些在基因水平和细胞水平的代谢调控研究为深入理解微生物过程起着重要的作用，但是在实际发酵操作时，由于发酵过程酶学研究的困难，以及过程特征数据采集和处理的困难，发酵工艺优化研究的基本思路仍旧是寻找培养基配方和确定最佳温度、pH、溶解氧等采用动力学为基础的以最佳工艺控制点为依据的静态操作方法，实际上这只是化学工程宏观动力学概念在发酵工程上的延伸。系统生物学的发展，为透彻理解和调控发酵过程优化提供了新的思路和方法。

二、发酵过程优化的研究内容

发酵过程通常是在一个特定的反应器中进行。由于微生物反应是自催化反应，其自身也是反应器，所有要从细胞这个微反应器中出来的物质都必须通过细胞和环境之间的边界线，使得所有在细胞体内（即生物相）所发生的反应都与环境状况（即非生物相）密切联系在一起。实际的生物反应系统是一个非常复杂的三相系统，即气相、液相和固相的混合体，且三相间的浓度梯度相差很大，达几个数量级。要对如此复杂的系统进行优化研究，必须做大量的假设使问题得以简化，因为有关生物反应的单个步骤，进/出细胞物质的传递及反应器内的混合等问题的研究已经相当成熟，如果能通过适当的假设使复杂的反应过程简化至能够进行定量讨论的程度，一般来说就能够实现反应过程的优化。

发酵过程和化工过程最主要的不同之处在于发酵过程有微生物参与。微生物作为有生命的一种物质，其行为与化学催化剂相比更加难以控制，因而导致某些发酵过程参数难以检测，过程可控性也比化工过程有所下降。因此，如何把发酵过程模型化的概念和一些微生物生理学的基本问题结合起来已经成为生化工程学者在进行发酵过程优化时的主要问题之一。因为只有了解微生物的生理生化特性，才能更好地驾驭微生物，使之造福于人类。

为了追求经济效益，发酵工厂的规模不断扩大，由于反应器结构不当或控制不合理引起的投资风险也急剧增加。要规避这种风险，就必须首先在实验室中对发酵过程优化进行研究，特别是对生物反应宏观动力学和生物反应器进行研究。简而言之，生物反应动力学重点研究内容是有关生物过程、化学过程与物理过程之间的相互作用。例如，生物反应器中发生的细胞生长、产物生成、底物消耗和传递过程等的规律。生物反应动力学研究的目的是为描述细胞动态行为提供数学依据，以便进行数量化处理。生物反应宏观动力学是发酵过程优化的基础。生物反应器则是发酵过程的外部环境，反应器类型对发酵过程的效率及发酵过程优化的难易程度影响很大。发酵过程优化的目标就是使细胞生理调节、细胞环境、反应器特性、工艺操作条件与反应器控制之间这种复杂的相互作用尽可能地简化，并对这些条件和相互关系进行优化，使之最适于特定发酵过程的进行。发酵过程优化主要涉及以下 4 个方面的研究内容。

1. 细胞生长过程研究

如果不了解微生物的生理特性和胞内的生化反应，研究反应动力学是没有意义的，更谈不上发酵过程的优化。因此，细胞生长过程的研究是发酵过程优化的重要基础研究内容。研究细胞的生长过程，不仅要清楚地了解微生物从培养基中摄取营养物质的情况和不同营养物质对细胞生长速率和比速率的影响，还要确定营养物质通过代谢途径转化后的去向及不同环境条件下微生物的代谢产物分布。在分批培养过程中，随着微生物生长和繁殖，细胞、底物和代谢产物的浓度等均不断发生变化，微生物的生长可分为 4 个阶段：延滞期、对数生长期、稳定期和衰亡期。添加一些关键营养因子（如氨基酸和 Mg^{2+} 等）可缩短细胞生长的延滞期，使其在较短的时间内进入对数生长期，缩短发酵时间，提高生产强度。

2. 微生物反应的化学计量

微生物利用底物进行生长，同时合成代谢产物，底物中的含碳物质作为能源和碳源一起促进细胞内的合成反应。理论上，所有投入的碳和氮都可以在生物反应器的排出物——菌体细胞、剩余底物及代谢产物中找到，因此微生物反应的化学计量似乎是件容易的事情，然而事实却并非如此。缺少传感器、在生化系统中进行连续检测的困难，或者由于对微生物的生理特性缺乏深入的认识而导致遗漏了代谢产物，这些都会使得发酵过程的质量衡算很难进行，而对来自工业研究的动力学数据进行质量衡算则更困难。对微生物反应进行化学计量和质量衡算的优越性在于：即使没有任何有关该微生物反应动力学的参考资料，运用基于化学计量关系的代谢通量分析方法，仍可以提出该微生物代谢途径的可能改善方向，为过程优化奠定基础。为了表示出微生物反应过程中各物质和各组分之间的数量关系，最常用的方法是对各元素进行原子衡算。如果碳源由 C、H、O 组成，氮源为 NH_3，细胞的分子式定义为 $CH_xO_yN_z$，忽略其他微量元素 P、S 和灰分等，此时用碳的定量关系式表示微生物反应的计量关系是可行的。

$$CH_mO_n + aO_2 + bNH_3 \longrightarrow cCH_xO_yN_z + dCH_uO_vN_w + eH_2O + fCO_2 \tag{8-1}$$

式中，CH_mO_n 为碳源的元素组成；$CH_xO_yN_z$ 为细胞的元素组成；$CH_uO_vN_w$ 为产物的元素组成；下标 m、n、u、v、w、x、y、z 为与一个碳原子相对应的氢、氧、氮的原子数；a、b、c、d、e、f 为一分子 CH_mO_n 所对应的 O_2、NH_3、$CH_xO_yN_z$、$CH_uO_vN_w$、H_2O、CO_2 的分子数。

对各元素作元素平衡，可以求得各未知数。

3. 生物反应动力学

生物反应动力学是发酵过程优化研究的核心内容，主要研究生物反应速率及其影响因素。发酵过程的生物反应动力学一般指微生物反应的本征动力学或微观动力学，即在没有反应器结构、形式及传递过程等工程因素的影响时，微生物反应固有的反应速率。除了反应本身的性质外，该反应速率只与各反应组分的浓度、温度及溶剂性质有关。在一定反应器内检测到的反应速率（即总反应速率）及其影响因素，属于宏观动力学研究的范畴。根据宏观动力学及其对反应器空间和反应时间的积分结果，可推算达到预计反应程度（转化率或产物浓度）所需要的反应时间和反应器容积，从而进行反应器设计。建立动力学模型的目的就是为了模拟实验过程，对适用性很强的动力学模型，还可以推测待测数据，进而确定最佳生产条件。

发酵过程优化涉及非结构模型和结构模型的建立。如果把细胞视为单组分，则环境的变化对细胞组成的影响可忽略，在此基础上建立的模型称为非结构模型。非结构模型是在实验研究的基础上，通过物料衡算建立起的经验或半经验的关联模型。它是原始数据的拟合，可以体现主要底物浓度的影响。大多数稳态微生物反应都能用相当简单的非结构模型来描述，但只有当细胞内各种成分均以相同的比例增加，即所谓平衡生长状态时才能这样处理。如果由于细胞内各组分的合成速率不同而使各组分增加的比例不同，即细胞生长处于非均衡状态时，非结构模型与外推范围可能有出入，此时就必须运用从生物反应机制出发推导得到的结构模型。在考虑细胞组成变化的基础上建立的模型，称为结构模型。在结构模型中，一般选取 RNA、DNA、糖类及蛋白质的含量作为过程变量，将其表示为细胞组成的函数。但是，由于细胞反应过程极其复杂，加上检测手段的限制，以致缺乏可直接用于在线确定反应系统状态的传感器，给动力学研究带来了困难，致使结构模型的应用受到了限制。

4. 生物反应器工程

生物反应器工程包括生物反应器及参数的检测与控制。生物反应器的形式、结构、操作方式、物料的流动与混合状况、传递过程特征等是影响微生物反应宏观动力学的重要因素。在工程设计中，化学计量式、微生物反应和传递现象都是需要解决的问题。参数检测与控制是发酵过程优化最基本的手段，只有及时检测各种反应组分浓度的变化，才有可能对发酵过程进行优化，使生物反应在最佳状态下进行。

总的来讲，发酵过程控制与优化的研究内容就是要回答和解决以下几个方面的问题。

1）过程控制和优化的目标函数是什么？

2）有没有能够描述过程动力学特征的数学模型可以用？如何建立上述模型？

3）为实现优化目标，需要掌握什么样的情报？需要计测（在线或离线计测）哪些状态变量？

4）用来实现优化与控制的操作变量是什么？

5）可以在线计量的状态变量是什么？并据此可以推定什么样的不可测状态变量、过程特性或模型参数和环境条件？

6）过程的外部干扰可能有哪些？它们对于过程控制和优化的影响是什么？

7）实现优化与控制的有效算法是什么？如何利用选定的算法求解最优控制条件？

8）控制和优化算法能否适时解决由于环境因子或细胞生理状态的变化而造成的最优控制条件的偏移，从而实现过程的在线最优化？

三、用于发酵过程控制和优化的各类数学模型

合适的数学模型是实现过程控制和优化的基础。用于发酵过程控制和优化的数学模型有很多，它们的类型和复杂程度不同，对生物过程本质把握的真实程度不同，建模方法不同，在过程控制和优化中的应用方式也不同。

在对生物过程进行定量分析时，从分子水平的角度来考虑遗传基因的复制和传递、蛋白质的合成、生物酶催化和抑制作用等，再从整体上考虑细胞内所发生的所有反应，在理论上讲是非常重要的。然而，从过程控制和优化的角度来讲，将细胞内成百上千个反应网络全部进行解析，既没有可能又没有实际意义。因此，人们往往更着眼于那些能够直接反映操作参数和过程状态参数间的关系，着眼于将复杂反应体系的限速步骤单独提取出来加以模型化的、低元次的、统合性的模型。

用于发酵过程控制和优化的模型多种多样，大致可以将它们分成三类。

第一类是包含有代谢网络模型在内的，细致到考虑细胞内构成成分变化的结构式模型。这类模型几乎考虑了参与生物过程的所有反应网络，有的甚至还考虑到反应物和产物在细胞内的扩散、吸收等物理现象。这类模型可以最真实可靠地把握过程的内在本质和特

征。但是，由于这类模型必然要涉及过多的状态方程式和模型参数，另外还由于胞内物质的测量困难等问题，建模自身也是一件非常困难的事情。难于直接将这类模型用于发酵过程的控制和优化中。

第二类模型是非结构数学模型，这类模型是发酵过程控制和优化中使用最广泛的模型。非结构式模型是把生物过程的理论定量与经验公式结合起来的综合形式的模型。发酵过程状态变量一般以浓度或产物活性的形式表示，如菌体浓度、基质浓度、各类产物浓度等。这类模型用几个到十几个常微分方程组形式的状态方程式来表述生物过程的特征，操作变量也以变量的形式写入到状态方程式中。状态方程式中的几个最重要的动力学模型参数，如细胞的比增殖速率、基质的比消耗速率、代谢产物的比生成速率等，可以根据微生物种类和发酵体系的不同，选取不同的经验公式或模型来加以描述。例如，选取 Monod 模型来表述细胞比增殖速率，选用 Luedeking-Piret 方程来描述产物的比生成速率等。这种模型没有考虑参与生物过程的所有反应网络，反映的仅仅是过程表现的动力学特征，所考虑顾及的状态变量和模型参数有限，建模相对比较简单，而且模型参数一般也具有明确的物理和化学意义。基于 Pontryagin 最大值原理、格林定理、动态规划法及遗传算法等的最优化控制方法和计算都是利用上述非结构式模型为基础的。虽然非结构式模型在结构上已经作了很大的简化，但它依然是以强烈的非线性为特征的。如果不对模型进行适当处理和线性化，反馈控制器的设计与调整仍然不可以直接套用基于线性系统的过程控制理论。另外，模型参数的不准确或在发酵过程中产生偏移，也会导致最优化控制结果的劣化。

第三类模型则正好与第一类模型截然相反，它们是基于发酵过程状态变量（如温度、溶氧浓度、CO_2 浓度等）和操作变量（如搅拌转速、通气速率等）时间序列数据的模型。这类模型考虑的是发酵过程某一时段内状态变量和操作变量之间的表观动力学特性，而根本不考虑过程的本质和各类反应的机制，模型本身也不具有明确的物理和化学意义，因此，这类模型是一种纯粹的黑箱性质的模型。在生物过程的控制和优化中，有两种黑箱模型最为常见，也应用得最为广泛：一种是基于过程状态变量和操作变量时间序列数据的回归模型；另一种则是所谓的人工神经网络模型。前者主要用于构建在线自适应控制系统和在线最优化控制系统，而后者则主要用于过程的状态预测、模式识别、过程输入和输出变量的非线性回归等领域，同时与过程控制和优化的实施也有着非常密切的关联。表 8-1 列出了用于描述细胞生长、产物合成和底物消耗的常用模型。

表 8-1　用于描述细胞生长、产物合成和底物消耗的常用模型

模型类型	动力学方程
细胞生长模型	$\mu=\mu_{\max}\dfrac{S}{K_S+S}$（Monod 方程）
	$\mu=\mu_{\max}\left(1-e^{-S/K_S}\right)$（Teissier 方程）
	$\mu=\dfrac{\mu_{\max}S^n}{K_S+S^n}$（Moser 方程）
	$\mu=\dfrac{\mu_{\max}S}{K_SX+S}$（Contois 方程）

续表

模型类型	动力学方程
产物合成模型	$q_P=Y_{P/X}\mu$（生长偶联型） $q_P=\alpha\mu+\beta$（部分偶联型） $q_P=\beta C_X$（非偶联型）
底物消耗模型	$-\frac{dC_S}{dt}=\frac{1}{r_{X/S}^*}\mu C_X+mC_X+\frac{1}{Y_{P/S}}q_P C_X$（考虑代谢维持与产物合成的底物消耗模型）

四、基于过程动力学模型的发酵过程优化

温度是微生物很重要的环境条件之一。因为微生物的生长和产物的合成都是在各种酶催化下进行的，温度是保证酶活性的重要条件，从酶动力学来看，温度升高，反应速率加大，生长代谢加快，生产期提前。但因酶本身很易受热而失去活性，温度越高，酶失活越快，表现在菌体易于衰老、发酵周期缩短，从而影响产物的最终产量。因此，在发酵系统中必须保证稳定而合适的温度环境。

微生物反应过程中，并非一定要保持恒温，因为微生物生长的最适温度并不一定与生成代谢产物的最适温度相等。下面以丙酮酸发酵生产过程中的温度控制策略为例来说明。为进一步提高丙酮酸菌株（*Torulopsis glabrata*）积累丙酮酸的效率，在对丙酮酸发酵过程中动力学模型及温度与这些模型参数的关系进行详尽分析的基础上，提出最优的温度控制模式，以实现丙酮酸的过量高效积累。

案例　丙酮酸发酵过程最佳温度控制策略

1. 建丙酮酸发酵过程动力学模型

随着发酵培养基中丙酮酸浓度的增加，最终细胞浓度逐渐降低，当丙酮酸达到一定浓度时，细胞生长完全受到抑制。因此，*T. glabrata* CCTCC M202019 生长过程可以用式(8-2)表示

$$\frac{dX}{dt}=\mu_m X\left(1-\frac{X}{X_m}\right)\left(1-\frac{p}{p_m}\right) \tag{8-2}$$

丙酮酸的合成与菌体生长为部分偶联型，用式（8-3）描述

$$\frac{dp}{dt}=Y_{P/X}\frac{dX}{dt}+m_p X \tag{8-3}$$

基质葡萄糖的消耗用式（8-4）描述

$$-\frac{ds}{dt}=Y_X\frac{dX}{dt}+m_X X \tag{8-4}$$

μ_m与温度之间关系用多项式（8-5）描述

$$\mu_m=[B(T-T_{min})]^2 \tag{8-5}$$

式中，μ_m 为最大比生长速率；X_m 为最大细胞干重；p_m 为产物抑制常数；$Y_{P/X}$为与细胞生长相关的产物合成系数；m_p 为与菌体浓度相关的产物合成系数；Y_X 为与细胞生长相关的基质消耗系数；B 为经验常数；T_{min}为细胞生长的最低理论温度。

2. 求解及验证

根据上面的关系式，求解不同温度下细胞生长、葡萄糖消耗及丙酮酸合成动力学模型并验证。

采用不同温度下丙酮酸分批发酵结果结合模型拟合计算，得到各温度下分批发酵动力学模型参数（μ_m、X_m、p_m、$Y_{P/X}$、Y_X、m_X 和 m_p），其与温度的关系如图 8-1 和表 8-2 所示。

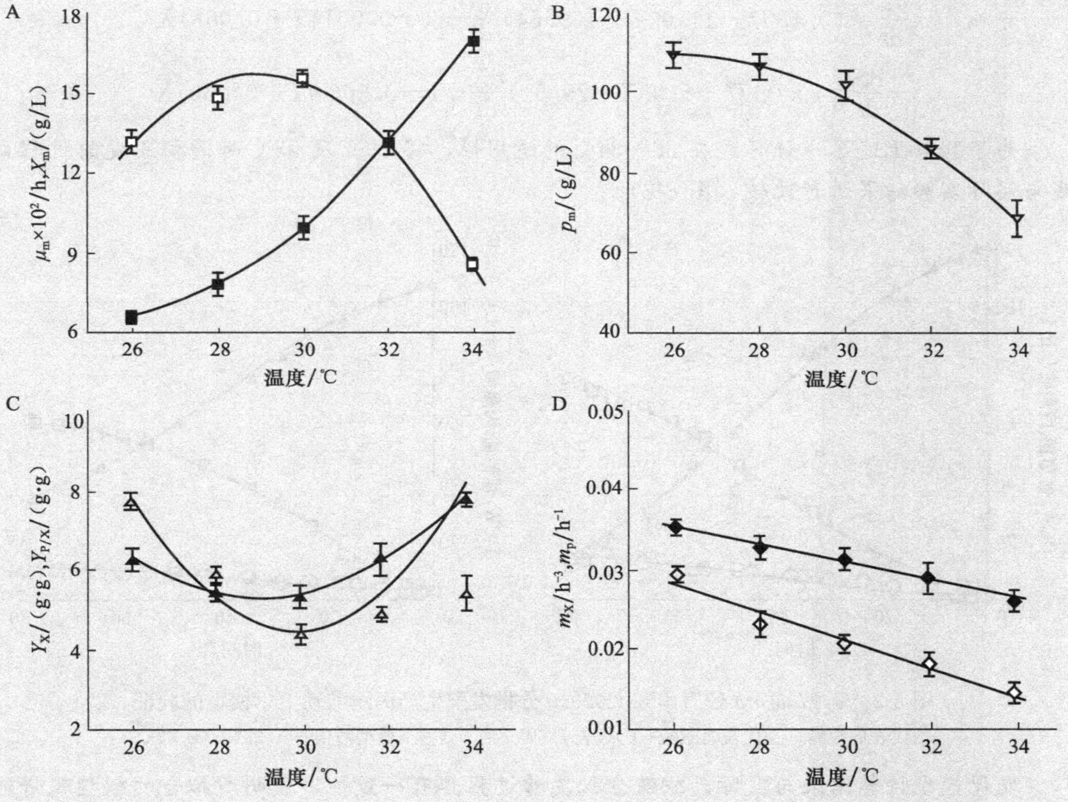

图 8-1　模型参数与温度之间的关系

■表示 μ_m；▽表示 p_m；□表示 X_m；▲表示 $Y_{P/X}$；△表示 Y_X；◆表示 m_X；◇表示 m_p

A. 温度和比生长速率及菌体浓度的关系；B. 温度和产物浓度的关系；C. 温度和菌体得率及以菌体为基准的产物得率的关系；D. 温度和菌体维持系数及产物合成维持系数的关系

表 8-2　温度与动力学参数关系及模型表示

参　数	方　程	R^2
μ_m	$\mu_m=[0.02\ (T-14.09)]^2$	0.992
X_m	$X_m=-0.35T^2+20.87T-292.29$	0.998
p_m	$p_m=-0.71T^2+37.33T-383.49$	0.997
$Y_{P/X}$	$Y_{P/X}=0.18T^2-11.02T+169.64$	0.957
Y_X	$Y_X=0.09T^2-5.09T+79.51$	0.989
m_X	$m_X=-0.0009T+0.060$	0.984
m_p	$m_p=-0.0014T+0.068$	0.965

得到 *T. glabrata* CCTCC M202019 依赖于温度的分批发酵生产丙酮酸的动力学模型如下：

$$\frac{\mathrm{d}X}{\mathrm{d}t}=[0.02(\mathrm{T}-14.09)]^2\times X\left(1-\frac{X}{-0.35T^2+20.87T-292.29}\right)\times\left(1-\frac{P}{-0.71T^2+37.33T-383.49}\right)$$

$$\frac{\mathrm{d}P}{\mathrm{d}t}=(0.18T^2-11.02T+169.64)\frac{\mathrm{d}X}{\mathrm{d}t}+(-0.0014T+0.068)X$$

$$-\frac{\mathrm{d}S}{\mathrm{d}t}=(0.09T^2-5.09T+79.51)\frac{\mathrm{d}X}{\mathrm{d}t}+(-0.0009T+0.060)X$$

为了验证上述 3 个计算式在 26～34℃的适用性，将 29℃及 33℃时丙酮酸发酵过程曲线与实际实验结果进行比较（图 8-2）。

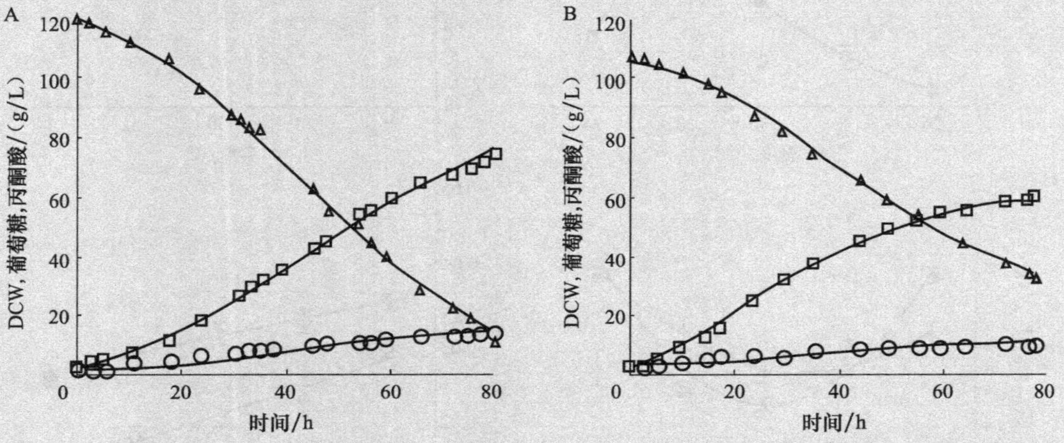

图 8-2　*T. glabrata* CCTCC M202019 分批发酵生产丙酮酸动力学模型的验证
△代表葡萄糖；□代表丙酮酸；○代表 DCW（绝干含量)-模型数值；A. 29℃；B. 33℃

发现模型计算结果与实际丙酮酸分批发酵过程具有一致性，表明所拟合的模型较好地描述了 26～34℃丙酮酸分批发酵过程。

3. 分析温度对丙酮酸发酵动力学参数的影响

对所拟合的动力学模型及相关参数分析发现：①在所研究的温度范围内，μ_m 随温度升高而增大。所考察温度条件下（26～34℃）初始菌体量 X 相同，因而细胞生长速率正比于 μ_m，即细胞生长延滞期随着温度的升高而不断缩短。同理，可得产酸延滞期随着温度的升高而不断缩短。②当温度低于 30℃，X_m 随温度的增加而增加；当温度超过 30℃，X_m 随温度的增加而降低。计算得到 *T. glabrata* CCTCC M202019 理论最低生长温度为 14.09℃。③p_m 随温度的增加而逐步降低，表明较高的温度下丙酮酸对菌体生长的抑制作用较强，当丙酮酸积累至较高浓度时，应降低发酵温度以减轻其抑制作用。④Y_X 和 $Y_{P/X}$随温度的增加先降低后升高，表明合适的温度有利丁丙酮酸的合成。⑤m_X 和 m_p 随温度升高成线性递减，表明较高的温度导致发酵后期单位细胞消耗葡萄糖和生产丙酮酸的能力逐渐下降。

4. 确定丙酮酸分阶段温度控制策略

取最优控制的目标函数为丙酮酸浓度 P 最大。其他数值条件为：初始菌体浓度 $X_0=1g/L$，初始丙酮酸浓度 $P_0=0$，初始葡萄糖浓度 $S_0=120g/L$，残余葡萄糖浓度 $S_{end}\leqslant 5g/L$，发酵时间 $t\leqslant 80h$，发酵温度 26～34℃，积分时间步长为 1h。计算得到丙酮酸分批发酵温度控制轨迹如图 8-3 所示。结果发现：①在发酵前期（0～8h）适当提高发酵温度，可缩短细胞生长延滞期，提高细胞生长速率和丙酮酸积累速率；②发酵中期（8～42h）逐步降低发酵温度，可继续维持较高的细胞生长速率和丙酮酸合成速率；③发酵后期（42h 以后）将温度维持在 27℃，可以提高 p_m（产物抑制常数）、m_X（最大细胞干重）和 m_p（与菌体浓度相关的产物合成系数），进而减轻高浓度丙酮酸对细胞生长的抑制作用，并提高细胞催化产酸能力。

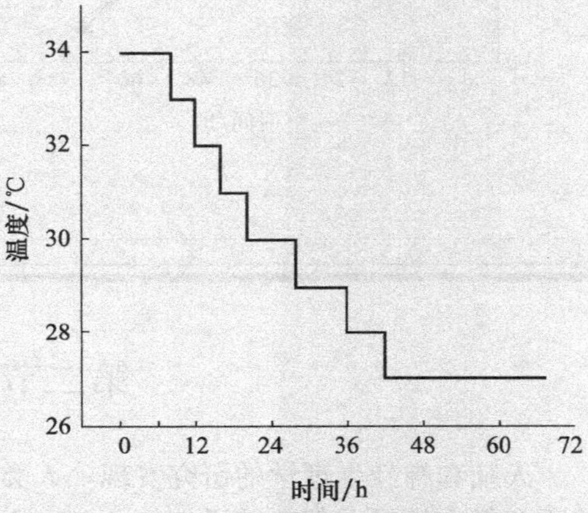

图 8-3　基于模型的丙酮酸发酵温度控制轨迹

采用图 8-3 所示的温度控制策略对丙酮酸分批发酵过程进行控制，与 30℃恒定温度分批发酵结果进行比较（图 8-4），结果发现：在发酵初始时维持较高的发酵温度，细胞不经过延滞期而进入快速生长期，调控温度后丙酮酸一直维持较高的增长速度至发酵结束，整个过程葡萄糖和氯化铵的消耗速率明显加快。最终发酵周期缩短 12h，丙酮酸产量（89.4g/L）、对葡萄糖产率（0.76g/g）和生产强度[1.32g/(L·h)]则分别提高了 25.7%、16.9% 和 48.3%。

以上的实例说明基于动力学模型确定了温度分阶段控制策略，实现了丙酮酸发酵生产的高产量、高产率和高生产强度的统一。

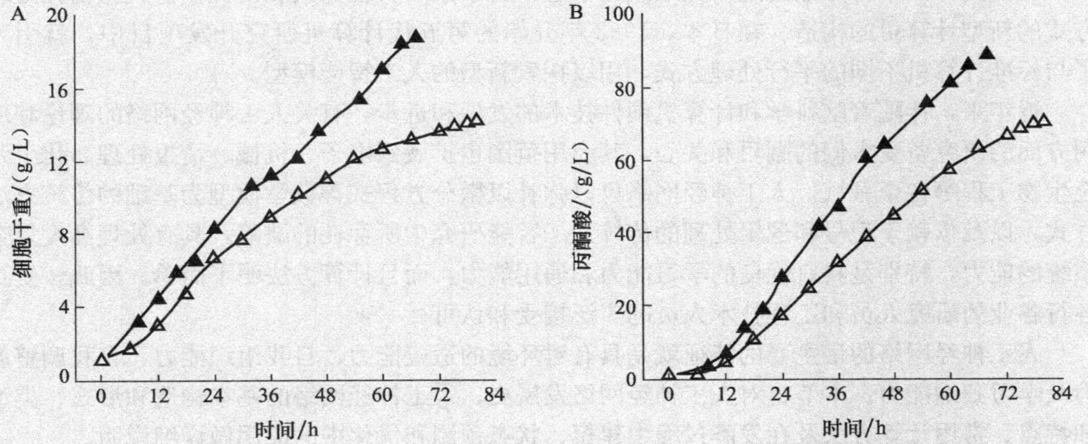

图 8-4　最优温度控制条件下和恒定 30℃下的丙酮酸发酵过程比较

△表示 30℃恒温发酵；▲表示变温发酵

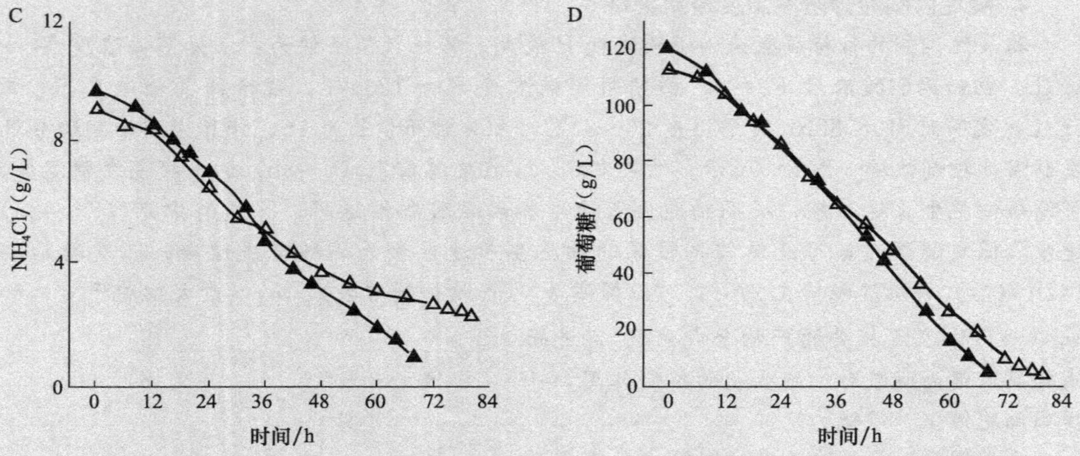

图 8-4（续）

第二节　神经网络

人脑和神经生理学的研究发现，人类的大脑中存在着大约 100 亿个神经元（神经细胞）。差不多每个神经元都有着详细的分工，它们以非线性或非周期性的方式接收信号，然后再将信号传递给其他的神经元。而每一个神经元当中，又存在着数百个乃至数十万个被称为突触的物质，突触的共同作用决定和控制了神经元的活动规律。随着人脑和神经生理学研究的不断进展，人类正在逐步地了解和认识人脑信号传递的结构，以及人类神经回路网为什么会有如此优秀和奇妙的情报处理功能。

在美国，以平行分散处理研究小组为中心，科学家一直在探索和研究模仿人脑情报处理方式的新型计算机的构造。在日本，1982 年开始的第五代计算机研究开发项目中，就引入了与标准计算机不同的平行处理方式，用以探索新型的人工智能模型。

近年来，伴随着脑科学和计算机硬件技术的发展和进步，有关人工神经网络的理论和应用方面的研究备受人们的瞩目和关心，其应用范围也扩展到电子、机械、情报处理、化工乃至生物工程等各个领域。人工神经网络可以弥补以微分方程式等数学模型为基础的传统方法方式，以及依赖于记号和逻辑处理的传统人工智能研究中所存在的缺陷，具有处理高度复杂系统的能力，特别是具有优良的学习能力和通用能力，而且计算方法明了简单。因此，受到各行各业的研究人员和工程技术人员的广泛接受和认可。

人工神经网络的最主要的特征就是具有对环境的适应能力、自我组织能力、自我调整能力及学习归纳能力。本节将对人工神经网络发展史、人工神经网络的基本构造和形式、类型和特点、常用计算方法及在发酵过程中建模、状态预测和优化中的应用做详细说明。

一、神经网络发展史

神经网络系统理论的发展历史是不平衡的，自 1943 年心理学家 McCulloch 和数学家

Pitts 提出神经元生物学模型（简称 M-P 模型）以来，至今已经有 70 年的历史了。在这 70 年的发展历史中，大体可以分为以下几个发展阶段。

1. 初级阶段

自 1943 年提出 M-P 模型以来，至 20 世纪 60 年代为止，这一段时间可以称为神经网络系统理论发展的初期阶段，这个时期的主要特点是多种网络的模型的产生与学习算法的确定。例如，1944 年 Hebb 提出了 Hebb 学习规则，该规则至今仍是神经网络学习算法的一个基本规则；1957 年 Rosenblatt 提出了感知器模型；1962 年 Widrow 提出了自适应线性元件模型等。这些模型和算法在很大程度上丰富了神经网络系统理论。

2. 停滞期

20 世纪 60 年代到 20 世纪 70 年代，神经网络系统的发展处于一个低潮时期，造成这种情况的原因是发展过程中遇到了本质的困难，即电子线路交叉极限的困难（对 n 个神经元就存在 n^2 条连线）。在当时的条件下，神经元数量 n 的大小受到极大的限制，因此，神经网络系统不可能完成高度集成化、智能化的计算任务。同时，神经网络系统理论本身也有很多不完善的地方。因此，神经网络系统理论与应用研究工作进展缓慢。此外，这一时期正是数字计算机发展的全盛时期，无论在硬件、软件还是技术应用和商品市场方面都取得了突飞猛进的发展，使得大批有才华的科学家的注意力都转移到数值计算机方面了。

3. 黄金时期

从 20 世纪 80 年代开始，是神经网络系统理论发展的黄金时期。这个时期最具标志性的人物是美国加州工学院的物理学家 Hopfield。他于 1982 年和 1984 年在美国科学院院刊上发表了两篇文章，提出了模仿人脑的神经网络模型，即著名的 Hopfield 模型。Hopfield 网络是一个互连的非线性动力学网络，它解决问题的方法是一种反复运算的动态过程，这是符号逻辑处理方法所不具备的性质。

20 世纪 80 年代，关于智能计算机发展道路的问题日趋迫切地提到日程上来，由于计算机的集成度日趋极限状态，但数值计算的智能水平与人脑相比，仍有较大的差距，就需要从新的角度来思考智能计算机的发展道路问题。这样一来，神经网络系统理论重新受到重视。因此，20 世纪 80 年代后期到 20 世纪 90 年代初期，神经网络系统理论形成了发展的热点，多种模型、算法和应用问题被提出。现在神经系统网络理论与技术的发展主要集中在两个方面：硬件技术方面（美国和日本均实现了规模超过 1000 个神经元的网络系统）和神经网络系统理论的研究方面（主要进展有 Boltzmann 机的理论的研究、细胞网络的提出和性能指标的分析等）。

二、神经细胞和神经网络结构模型

如图 8-5 所示，神经细胞由细胞体、枝状突起和轴索 3 个部分组成。细胞体和枝状突起通过轴索与其他神经细胞结合，形成突触。突触是信号的输出部分，轴索是传达信号的回路。神经细胞内多钾离子，而体液内多钠离子，因此，神经细胞的内部与其外部的体液间存在位差，称为膜电位。当从其他

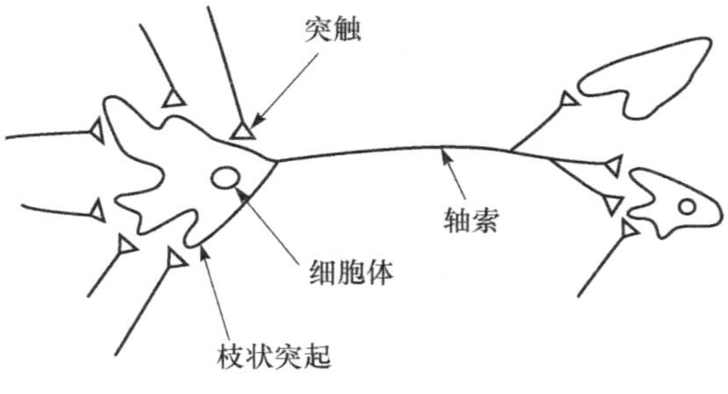

图 8-5　神经细胞的构造

神经细胞传递来的膜电位总和超过某一阈值，回路打开，神经细胞摄入钠离子，在短时内膜电位形成正电位，神经细胞处于膜励起的兴奋状态，如图 8-6 所示。励起电位通过轴索传到突触，在此分泌产生神经传递物质，再将信号传递给其他神经细胞。在向其他神经细胞传递的神经传递物质中，既有兴奋型的物质，也有抑制型的物质。

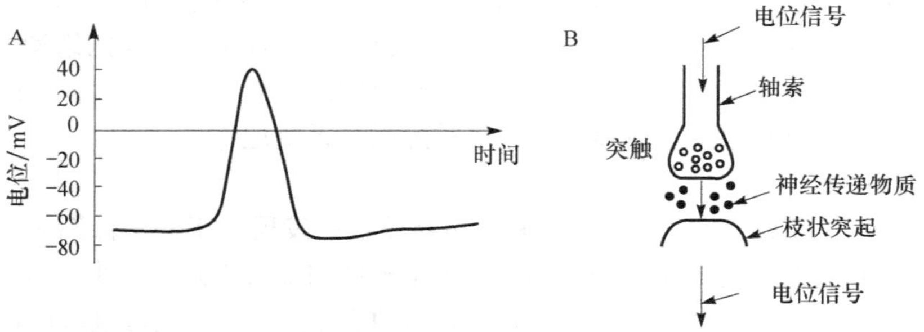

图 8-6 通过突触进行信号传递的过程

A. 静止膜电位；B. 信号传递模式

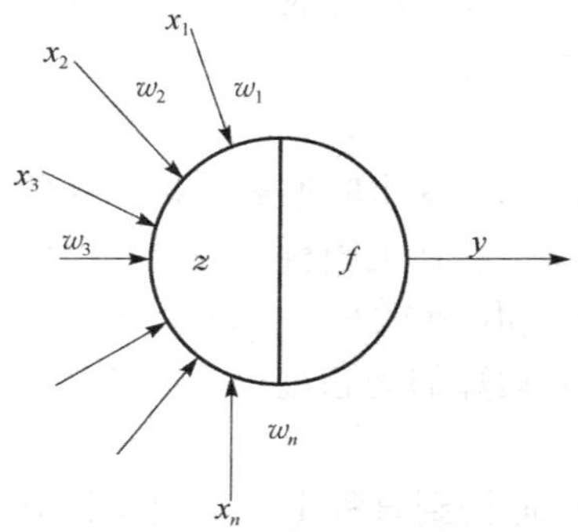

图 8-7 人工神经细胞的数理模型

按照以上被神经生理学家发现和证实的神经细胞的工作模式，1943 年 McCilloch 和 Pitts 提出了如图 8-7 所示的人工神经细胞的数理模型，即神经元可以看成是一个多输入单输出的情报处理单元（元素），膜电位的变化量 y（单元输出）可以看成是所有输入元素的加权之和 z 的函数［式（8-6）］。

$$z=\sum_{k=1}^{n}w_k x_k \tag{8-6}$$

$$y=f(z) \tag{8-7}$$

式（8-7）中的函数 f 通常可以利用以下函数表达式来表现网络的非线性特征。

阈值型，为阶跃函数。

$$y=f(z)=z-\theta=\begin{cases}1 & (z\geqslant\theta)\\0 & (z<\theta)\end{cases}\quad(\theta=0) \tag{8-8}$$

式中，θ 就是所谓的“阈值”。当所有输入元素的加权之和 z 超过阈值 θ 时，单元输出 y 取 1，否则取 0。图 8-8A 就是阶跃函数的图形表现。

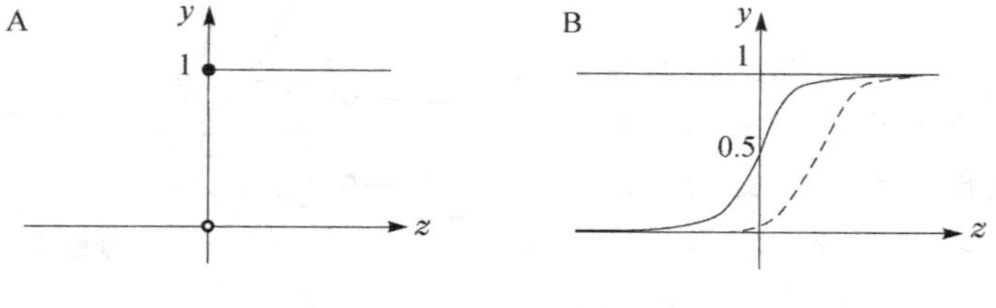

图 8-8 人工神经细胞的输出函数形式

A. 阶跃式模型；B. Sigmoid 模型

另一种函数的表达形式则称为 Sigmoid 函数，它也是最常见的人工神经网络数理模型的表达形式。Sigmoid 函数可以用式（8-9）来表示，即

$$y=f(z)=\frac{1}{1+\exp\{-(z-\theta)\}} \tag{8-9}$$

图 8-8B 就是 Sigmoid 函数的图形表现。当阈值 $\theta=0$ 时，Sigmoid 函数如图中的实线所示。而当阈值 $\theta\neq 0$ 时，Sigmoid 函数则如图中的虚线所示。

三、神经网络的互连模式

根据连接方式的不同，神经网络的神经元之间的连接有如下几种形式。

1. 前向网络

前向网络结构示意图如图 8-9 所示，神经元分层排列，分别组成输入层、中间层（也称为隐含层，可以由若干层组成）和输出层。每一层的神经元只接受来自前一层神经元的输入，后面的层对前面的层没有信号反馈。输入模式经过各层次的顺序传播，最后在输出层上得到输出。感知器网络和 BP（back propagation）网络均属于前向网络。

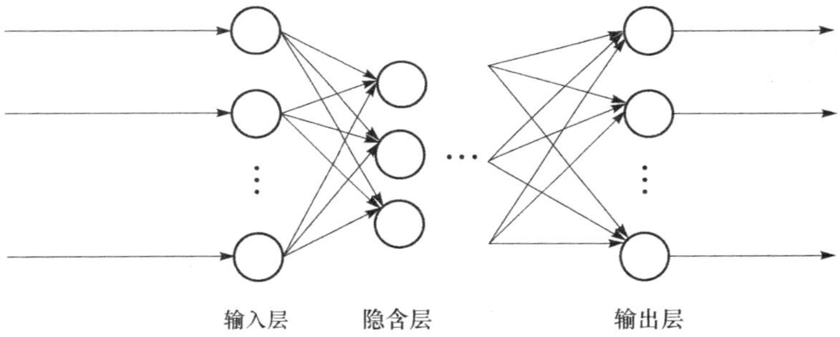

图 8-9　前向网络结构示意图

2. 有反馈的前向网络

其结构如图 8-10 所示，从输出层对输入层有信息反馈，这种网络可用于存储某种模式序列，如神经认知机和回归 BP 网络都属于这种类型。

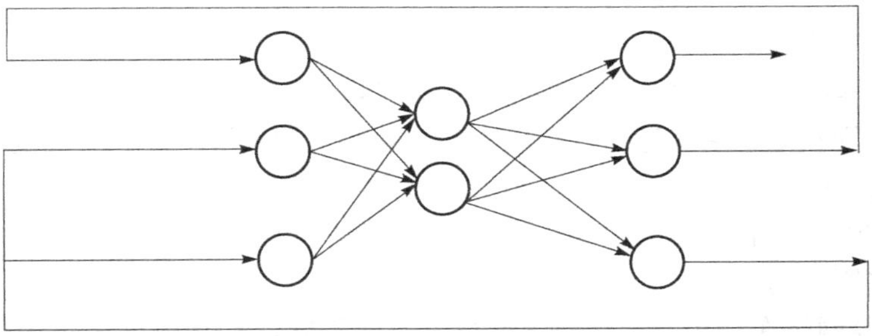

图 8-10　有反馈的前向网络结构示意图

3. 层内有相互结合的前向网络

其结构如图 8-11 所示，通过层内神经元的相互结合，可以实现同一层内神经元之间的横向抑制或兴奋抑制。这样可以限制每层内可以同时动作的神经元，或者把每层内的神经元

分为若干组，让每一组作为一个整体进行运作。例如，可利用横向抑制机制把某层内具有最大输出的神经元挑选出来，从而抑制其他神经元，使之处于无输出的状态。

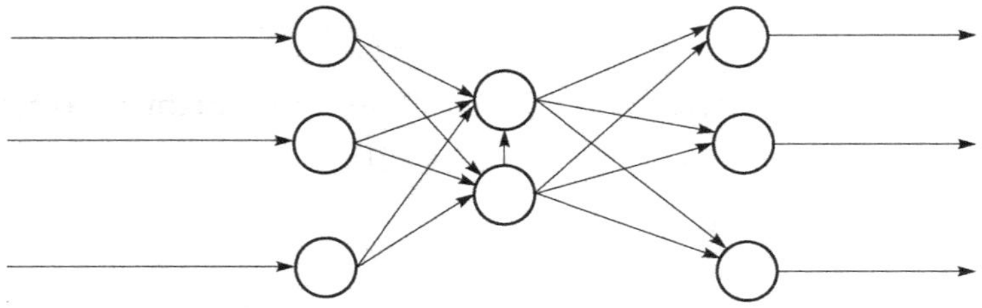

图 8-11　层内有相互结合的前向网络结构示意图

4. 相互结合型网络（全互连或部分互连）

相互结合型网络结构示意图如图 8-12 所示，这种网络在任意两个神经元之间都可能有连接。Hopfield 网络和 Boltzmann 机均属于这种类型。在无反馈的前向网络中，信号一旦通过某种神经元，该神经元的处理就结束了。而在相互结合网络中，信号要在神经元之间反复传递，网络处于一种不断改变状态的动态之中。信号从某初始状态开始，经过若干次变化，才会达到某种平衡状态。根据网络的结构和神经元的特性，网络的运行还有可能进入周期振荡或其他（如混沌等）平衡状态。

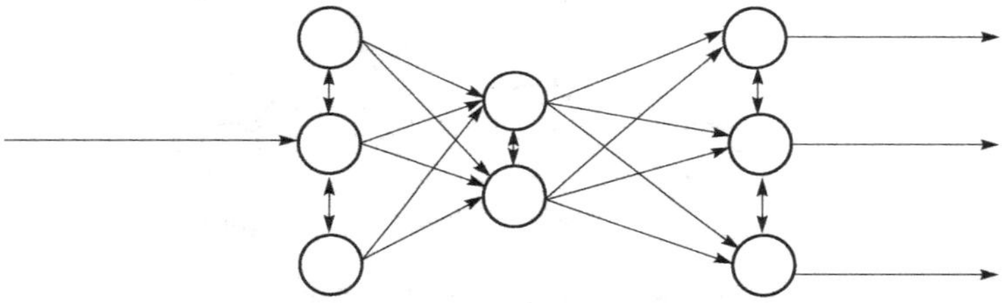

图 8-12　相互结合型网络结构示意图

四、神经网络的特性及实现

神经网络采用物理上可实现的器件或采用计算机来模拟生物体中神经网络的某些结构和功能，并应用于工程领域。神经网络的着眼点不在于利用物理器件完整地复制生物体中的神经细胞网络，而是抽取其中可利用的部分来克服目前计算机或其他系统不能解决的问题，如学习、控制、识别和专家系统等。随着生物和认知科学的发展，人们对大脑的认识和了解越来越深入，神经网络必然会获得更加广阔的发展空间和应用范围。

虽然人工神经网络和真正的生物神经网络有差别，但由于它汲取了生物神经网络的部分优点，具有一些固有的特性。

1）人工神经网络在结构上与目前的计算机本质不同，它是由很多小的处理单元互相连接而成的，每个处理单元的功能简单，但大量简单的处理单元集体的、并行的活动得到预期的识别、计算的结果，具有较快的速度。

2）人工神经网络具有非常强的容错性，即局部的或部分的神经元损坏后，不会对全局的活动造成很大的影响。

3）人工神经网络记忆的信息是储存在神经元之间的连接权值上，从单个权值中看不出存储信息的内容，因而是分布式的存储方式。

4）人工神经网络的学习功能十分强大，它的连接权值和连接的结构都可以通过学习得到。

人工神经网络模型的建立模式如图 8-13 所示，向网络层数和各层神经元数已经确定的人工神经网络提供一系列被称为“教师信号”（如进行培养基优化时的培养基各组分浓度和目标产物浓度）的输入输出数据，通过比较人工神经网络和教师信号的输出，并采用适当的学习训练方法，逐步渐进地修改人工神经网络各层各神经元间的结合系数（结合强度），使得人工神经网络的输出值与教师信号逐步趋向一致（误差最小）。20 世纪 80 年代以来，研究者们开发出了各种各样的学习训练方法，用来构建人工神经网络模型（确定人工神经网络各层各神经元间的结合系数）。其中比较知名的方法有：①误差逆向传播法；②霍普菲尔德网络法；③波茨曼机器法；④竞争学习法；⑤自我联想记忆法。在人工神经网络中最重要和运用最广泛的是阶层型神经网络，而在各类学习训练方法中最重要同时也是应用最广泛的则是误差逆向传播法，本节重点讲述误差逆向传播法。

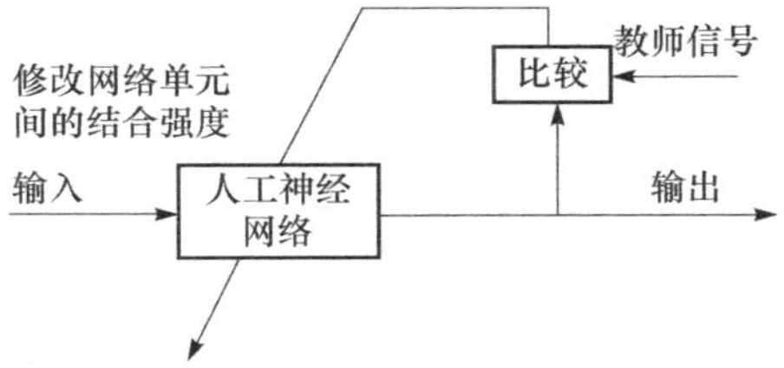

图 8-13 人工神经网络模型的建立模式

五、人工神经网络的误差逆向传播学习算法简介

考虑图 8-14 所示的标准的 3 层阶层型人工神经网络。假定输入层的神经元数为 N_A，第 k 个神经元的输出为 a_k；中间层只有一层、神经元数为 N_B，第 k 个神经元的输出为 b_k；输出层的神经元数为 N_C，第 k 个神经元的输出为 c_k。人工神经网络的学习过程就是通过逐步修改人工神经网络各层各神经元间的结合系数（w_{ki}，v_{km}，…）使得人工神经网络输出层各神经元的输出值 c_k 和教师信号 d_k 逐步趋向一致（$k=1$，2，…，N_C），使得式（8-10）所示的目标函数，即网络输出层中所有神经元的输出值与相应的教师信号的总误差值达到最小。最常用的方法就是利用梯度法进行反复迭代计算，逐步渐进地求解出“最优”的结合系数。

$$E_1 = \min_{w_{ki}, v_{km}} \left\{ E = \frac{1}{2} \sum_{k=1}^{N_C} (c_k - d_k)^2 \right\} \tag{8-10}$$

标准形式的误差逆向传播迭代计算方法如下：

$$\begin{aligned} w_{ki}(n+1) &= w_{ki}(n) - \eta \delta_k^{(3)} b_i + \alpha \Delta w_{ki}(n) \\ v_{km}(n+1) &= v_{km}(n) - \eta \delta_k^{(2)} a_m + \alpha \Delta v_{km}(n) \end{aligned} \tag{8-11}$$

这里，

$$\begin{aligned} \Delta w_{ki}(n) &= w_{ki}(n) - w_{ki}(n-1) \\ \Delta v_{km}(n) &= v_{km}(n) - v_{km}(n-1) \end{aligned}$$

式中，$\delta_k^{(2)}$ 和 $\delta_k^{(3)}$ 分别可以看成是式（8-10）中的目标函数 E_1 对第 2 层第 k 单元之间结合系数的导数和 E_1 对第 3 层第 k 单元之间结合系数的导数。限于篇幅，这里对 $\delta_k^{(2)}$ 和 $\delta_k^{(3)}$ 的具体计算公式予以省略。n 表示反复迭代的次数，η 则被称为学习系数，其值在 0 到 1 之间，即 $0<\eta<1$。而 Δw_{ki} 和 Δv_{km} 分别就是所谓的惯性项，参数 α 则被称为惯性系数，其值也在 0 和 1 之间，即 $0<\alpha<1$。按照式（8-6）的计算方式，各层各神经元的结合系数的修正是从输

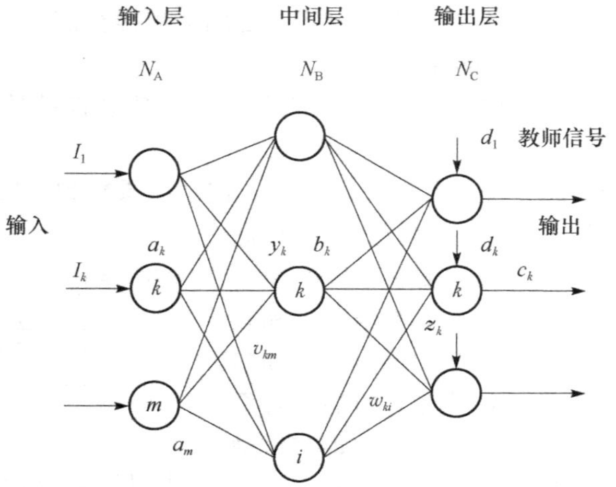

图 8-14　典型的 3 层阶层型人工神经网络误差逆向传播学习算法

出层逐步向中间层和输入层反向展开的。因此，人们把这种输出层的评价误差逆向传播的计算方法，称为误差逆向传播法。

在过去，建立 ANN 模型都是按照上述学习算法的计算步骤，自我编制计算机程序来进行的。近年来，随着计算机软件技术，特别是科学计算软件的发展和进步，Matlab 等含有人工神经网络模型软件工具箱的标准科学计算软件开始问世，并广泛地被研究者们所使用。在使用 Matlab 的 ANN 模型软件包时，只要向工具箱输入已知的教师信号系列数据，指定神经网络的层数和各层的神经元的个数，规定中间层和输出层的输出函数的形式，以及指定学习系数和惯性系数即可，从而可以省去繁琐的计算机编程过程。

具体的“标准”计算步骤如下：

1）假定一共有 M 套输入输出数据可以作为学习和训练用的教师信号，即 M 套过程输入和输出（教师信号）的数据对。在所有的输入输出数据中挑选其最大值，然后对数据对在 [0，1] 或 [−1，1] 进行归一化。

2）在 [0，1] 随机地产生各层各神经元间的初始结合系数（…，w_{ki}，…，v_{km}，…），并将所有初始惯性项（…，$\Delta w_{ki}(0)$，…，$v_{km}(0)$，…）的值规定为 0。

3）启动 Matlab 的 ANN 模型软件包。指定神经网络的层数和各层的神经元的个数，规定中间层和输出层的输出函数的形式，指定学习系数和惯性系数。

4）将 M 套过程输入和输出（教师信号）的数据对分别输入到人工神经网络的输入层和输出层。

5）运转软件，直到总的 2 乘误差收敛到某一规定的数值以下为止。

六、人工神经网络在发酵过程中的应用

基于人工神经网络的非线性回归模型：如图 8-15 所示，人工神经网络在发酵过程建模中的一个重要应用就是对间歇发酵过程中的输入变量（如培养基成分、初糖浓度、初始温度和 pH 等）与过程输出变量（如最终的代谢产物活性或浓度、生物量等）之间的关系进行回归和关联。

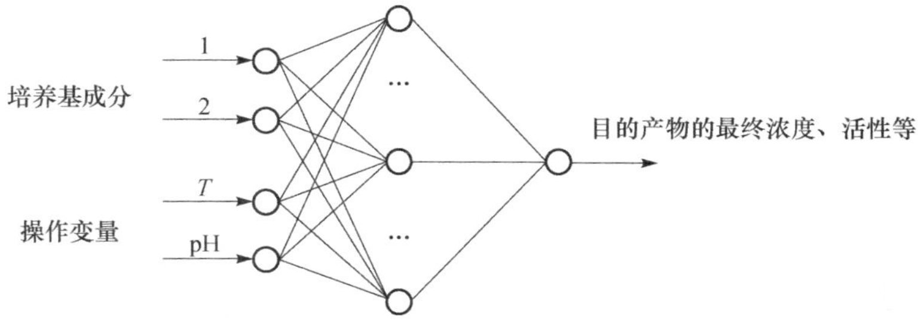

图 8-15　利用人工神经网络的非线性回归模型对间歇发酵初始条件与最终目标进行关联

利用微生物放射形土壤杆菌（*Agrobacterium radiobacter*）间歇发酵生产生物酶 hydantoinase 的过程中，在最终发酵时间确定的条件下，有两个指标被认为是该发酵过程的目标函数（输出变量）：一个是生物酶 hydantoinase 的活性 y_1；另一个则是生物量的大小 y_2。而培养基中 4 种物质的浓度被认为是影响目标函数大小的主要因素，它们是糖蜜（x_1）、NH_4NO_3（x_2）、NaH_2PO_4（x_3）和 $MnCl_2$（x_4）。按照表 8-3 的实验设计，得到 20 套实验数据，再利用如下的非线性二阶多项式的回归曲线来确定过程输入和输出的关系。

$$y_k = a_0 + \sum_{i=1}^{4} (a_i^{(1)} x_i) + \sum_{i=1}^{4} (a_i^{(1)} x_i^{(2)}) + \sum_{i=1}^{4} (a_{ij} x_i x_j) \tag{8-12}$$

式中，$k=1$，2；$i=1$，2，…，4；$j=i+1$，…，4。

表 8-3　确定输入和输出变量之间关系的实验设计

浓度水平	输入变量/(g/L)			
	糖蜜(x_1)	NH_4NO_3(x_2)	NaH_2PO_4(x_3)	$MnCl_2$(x_4)
−2	7.5	0.75	7.5	0
−1	10	1	10	0.025
0	12.5	1.25	12.5	0.05
1	15	1.5	15	0.075
2	17.5	1.75	17.5	0.1

使用上述非线性的二阶回归多项式得到的过程输入和输出之间的关系，其回归的精确度不是很高。对于生物酶 hydantoinase 的活性 y_1 和生物量的大小 y_2 而言，相应的回归方程的关联系数 R^2 分别只有 0.799 和 0.812。这说明使用非线性的二阶回归多项式的方法难以准确地描述和表现存在于间歇发酵过程输入和输出之间的高度复杂和非线性化的关系。

为此，人们使用两个人工神经网络分别来描述 4 个输入变量与输出变量，即生物酶活性 y_1 或生物量大小 y_2 之间的关系。每个神经网络都是 3 层阶层型结构。输入层有 4 个神经元，中间层的神经元数量通过试行误差确定为 6，而输出层的神经元数为 1。在建立神经网络模型的过程中，中间层和输出层的隐含函数使用标准的 Sigmoid 函数，计算方法使用标准形式的误差逆向传播法的计算公式。在图 8-16 中，所有 20 套实验数据中有 17 套用作人工神经网络的学习和训练数据，另外 3 套未参与神经网络学习和训练的数据也被输入到所得到的神经网络模型中，用以验证和测试神经网络模型的通用能力。

图 8-16 中的对角线表示各测量值和计算值之间没有误差，即计算值（预测值）100%准确。图 8-16 中不论是学习和训练数据，还是验证和测试数据，神经网络模型的计算值与实际测量值都交汇在对角线的附近；而二次多项式回归模型的计算值与实测值的交汇

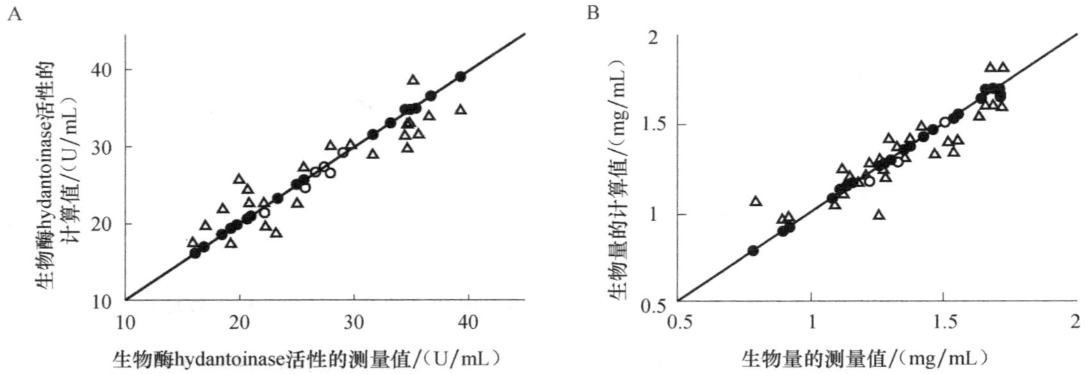

图 8-16 使用人工神经网络的非线性回归模型与使用二次多项式回归模型的性能比较

●表示 ANN 模型的结果，学习数据；○表示 ANN 模型的结果，测试数据；△表示 RSM 模型的结果；A. 生物酶 hydantoinase 活性的比较；B. 生物量的比较

点则大都偏离了对角线。这说明神经网络模型在回归精度和通用能力上都要比二次多项式回归方法优越。

案例 基于人工神经网络-遗传算法的樟芝发酵培养基优化

樟芝（*Antrodia camphorata*），又名牛樟菇、牛樟芝，是一种生长于台湾牛樟树腐朽内壁的药用丝状真菌。研究表明，樟芝具有抗肿瘤、保肝、抗炎症、调节免疫等良好的生物活性。由于樟芝自然产量极低，子实体人工栽培技术尚未产业化，导致近年来樟芝子实体十分昂贵。采用生物技术方法液态培养获得樟芝发酵产物是目前的主要方法。丝状真菌的发酵过程具有影响因素较多、高度非线性和复杂性等特征。人工神经网络（ANN）为研究非线性问题提供了强有力的解决办法。与回归方程需要预先给定函数不同，ANN 是以实验数据为基础经过有限次的迭代计算而获得的一个反映实验数据内在联系的数学模型，具有极强的非线性处理能力。遗传算法（GA）是借鉴生物界自然选择和群体进化机制形成一种全局寻优算法，通过 GA 可以对 ANN 模型进行全局性的训练，最终得到最佳方案。

1. ANN 模型的建立

采用逆向传播（BP）方法建立 ANN 模型。模型中含有输入层、隐含层和输出层，以樟芝孢子浓度和发酵培养基中葡萄糖、蛋白胨、黄豆粉的浓度为输入值，以发酵终止时樟芝生物量为输出值。隐含层和输出层的传递函数分别为 tansig 函数和 purelin 函数，同时用 trainer 算法训练网络，当均方误差（MSE）达 1×10^{-3}时，网络停止训练。为了评价模型的拟合能力和预测能力，分别计算所建立模型的均方根误差（RMSE）、方差（R^2）和预测标准误差（SEP）。

$$\mathrm{RMSE}=\sqrt{\frac{\sum (Y_{i,e}-Y_{i,p})^2}{n}}$$

$$R^2=1-\frac{\sum (Y_{i,e}-Y_{i,p})^2}{\sum (Y_{i,e}-Y_e)^2}$$

$$SEP=\frac{RMSE}{\bar{Y}_e}\times 100\%$$

2. 人工神经网络建模

以实验数据作为BP神经网络的训练样本，根据实验因素的个数和优化指标的个数设计神经网络的结果，然后用实验数据对神经网络进行训练。为防止过拟合情况发生，在满足训练精度的情况下，中间隐层节点数目尽可能少选，本实验选择的隐含层节点数为6。隐含层和输出层的传递函数分别为tansig函数和purelin函数，同时用trainbr算法训练网络，当均方误差达1×10^{-3}时，网络停止训练。实验结果表明，样本训练能较快地达到收敛（图8-17）。模型模拟结果与实验值的拟合度较好（图8-18），两者之间的相对误差在5%以内，说明建立的神经网络性能良好，不需要再添加训练样本。

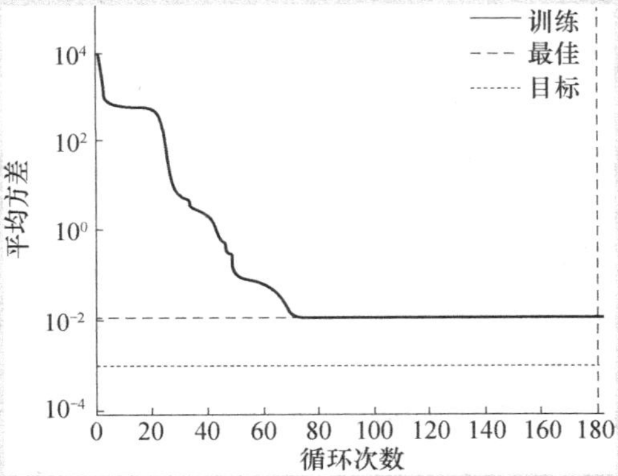

图8-17　BP神经网络训练过程

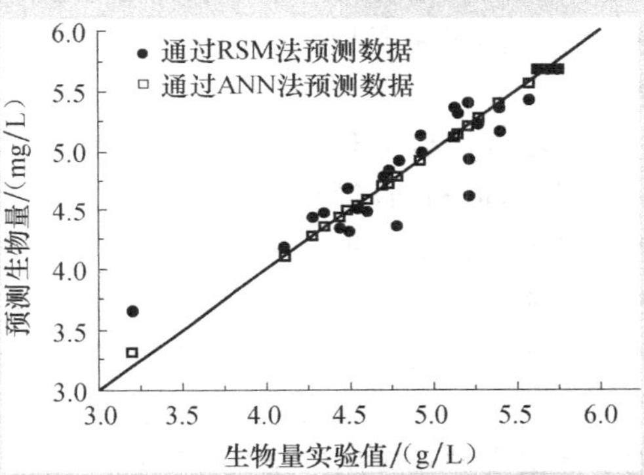

图8-18　实验生物量和RSM、ANN模型预测生物量比较

3. 遗传算法优化

遗传算法是借鉴生物界自然选择和群体进化机制所形成的一种随机搜索算法，它以高效、自适应及全局搜索的优势在很多领域中得到应用。它的搜索面广，寻优速度快，得到的结果能以较大概率接近全局最优解。因此，通过遗传算法可以对ANN模型进行全局性的训练，最终得到最佳方案。本实验中，遗传算法寻优过程见图8-19。经过61次优化计算，遗传算法得到的樟芝生物量理论最大值为6.2g/L，并获得发酵最佳接种量及培养基组成：孢子浓度1.76×10^5个/mL，葡萄糖29.1g/L，蛋白胨9.4g/L，黄豆粉2.8g/L。在该培养条件下，经过3次重复实验得到樟芝的生物量为(6.1±0.2)g/L，说明ANN-GA预测的培养基组成起到了较好的实验效果。

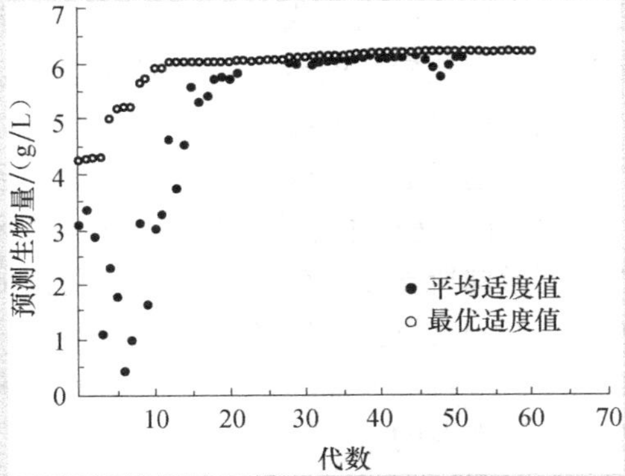

图8-19　遗传算法寻优过程

第三节 细胞代谢流分布

微生物本身在代谢、繁殖过程中经济合理地利用和合成自身所需的各种物质和能量，使细胞处于平衡生长状态，而人类却利用微生物积累生物物质或代谢产物。微生物细胞这种自身固有的代谢网络相对于人类的需求而言是矛盾的。由于微生物菌种本身遗传特性的限制，通过优化生产工艺条件难以大幅度提高产物的产率。为了大量积累某种代谢产物，就必须打破微生物原有的平衡状态。发酵工业以代谢控制发酵理论为指导，应用基因突变改造微生物原有的调节系统，产生新的菌株，但总是难尽如人意。随着对微生物生理、生化研究的深入及基因工程技术的日臻完善，人们通过基因克隆技术和应用分析生物学相关的遗传学手段进行有精确目标的基因操作改变微生物代谢途径的某些关键步骤，实现目的基因代谢活性的提高，从而提高代谢物的产率；或者通过基因重组技术改变微生物的代谢途径以生产传统发酵工业无法获得的新产品。人们把这种涉及多种基因的基因工程称为代谢工程，也称为途径工程。

微生物代谢调节和控制的方式很多，如在酶学水平上进行调节，其中以调控代谢通量（即代谢物生成与消耗的速率）的方式最重要。由于代谢通量提供了在整体细胞功能和代谢过程中各种途径参与程度的度量标准，可以说代谢通量是构成细胞生理学的基本决定因素，体内途径通量大小的精确量化是细胞生理学和代谢工程学的一个重要目标，尤其是从代谢产生的角度看，总是希望尽可能地将底物转化成有用产物。代谢通量分析（metabolic flux analysis，MFA）是代谢途径通量确定的一个强有力的方法，因此，通过利用主要胞内反应的化学计量模型及应用围绕代谢物的质量平衡关系，就可计算出胞内通量。一组已测量的胞外通量被用作计算的输入，通常是底物的吸收速率和代谢物的分泌速率。通量计算的最后结果是一幅代谢通量图，图中显示通量计算中所包括的生化反应及稳态速率（即通量）的估计值，图中的每个反应就发生在该稳定状态。代谢通量图的真正价值在于所观测到的通量差别，即当用不同菌种或在不同条件下所得到的代谢通量图进行相互比较所得的通量差别。正是通过这种比较，遗传和环境扰动的影响才能充分予以评价，而且在这样的途径内的特定途径及反应的重要性才能被准确地描述。

除了途径通量化外，代谢通量分析能够提供其他重要的细胞生理特征方面附加的信息。

1）细胞途径中分支点控制（节点的刚性）的识别。通过比较不同操作条件的变化及用不同变异株所导致的分支点通量分配比的变化，分支点的柔性或刚性就可被评估。一般来说，刚性分支点抵抗通量分配比的变化，而柔性分支点倾向于更适应通量分配比的变化。代谢网络这些特征方面的知识在合理地解释通量的类型中是重要的，而这些变化对改变产物得率是最为有效的。

2）替代途径的识别。生物反应化学计量式的列出（这是 MFA 的基础），需要由底物转化为产物的实际的生化反应路线的详细知识。然而，这对许多微生物来说可能不是很清楚的，因为已在不同生物体中识别出几条替代途径并且知道是在不同条件下运行。在此，重要的是重复途径的定义：连接一组输入代谢物与一组输出代谢物的可行的及可观察的反应序列。MFA 在识别途径中具有重要作用：其能同样好地重复产生胞外代谢物的宏观通量测量，在这方面，其能消除由于不能满足物料平衡而不可能的替代途径。

3）未测量的胞外通量的计算。有时能被测量的胞外通量数目小于计算未知胞内通量所需的数目。在这种情况下，通过利用先前实验所确定的通量分配比，有可能计算胞外未测量通量。例如，各种副产物的生产速率，这可通过利用化学计量模型和已测量的通量来计算。如果这些通量的测量变得可以利用，那么它们与模型预测的一致性程度可用于模型证实或修正。

4）最大理论得率的计算。计算理论得率是基于从一个指定的底物生成最多的产物，以构成代谢网络的化学计量式。通量分配比以生成产物量最大来确定。此外，必须关注代谢中间物和流通代谢物之间的关系。当然，有可能确定特定条件下的理论得率，然而，在复杂的代谢网络中，以 MFA 为基础的更为正规的方法是更可取的。理论得率的计算为实际过程提供了一个基准，而且对于已给的应用也能识别具有特别吸引力的替代途径。此外，它们提供了在最高得率的条件下代谢活性的一个有用的标记，而最高得率是在寻求最优控制策略时所追求的。

一、代谢通量分析的基本理论

代谢通量分析最基本的依据是描述底物如何转化为代谢产物和生物物质的生化反应，动态质量平衡方程为

$$\frac{\mathrm{d}C_{m,i}}{\mathrm{d}t}=r_{m,i}-\mu C_{m,i} \tag{8-13}$$

式中，$r_{m,i}$为第 i 个胞内代谢物净合成速率的向量；$C_{m,i}$为第 i 个胞内代谢物的浓度；t 为时间，h；μ 为比生长速率。

对包含 K 个胞内代谢物和 J 个胞内反应的代谢网络来说，可用向量符号表征其质量守恒矩阵。

$$\frac{\mathrm{d}X_m}{\mathrm{d}t}=r_m-\mu X_m \tag{8-14}$$

式中，X_m为胞内代谢物（或中间产物）的浓度向量；r_m为一个包含在 J 个反应中的胞内代谢物净合成速率的向量。

绝大多数情况下，胞内代谢反应的松弛时间（松弛时间是指从一个平衡状态过渡到另外一个平衡状态所需要的时间）在 1×10^{-4} s 之内，远远低于细胞生长及细胞培养动力学的松弛时间（>100s），甚至在细胞所处环境受到强烈扰动之后，不同代谢物库的浓度也会迅速调整到新的平衡状态。因此，假设胞内代谢物处于拟稳态是完全合理的，即胞内无代谢物的积累。

$$0=\frac{\mathrm{d}X_m}{\mathrm{d}t}=r_m-\mu X_m \tag{8-15}$$

式中，r_m 为 J 个反应中的胞内代谢物的净合成速率，即流进和流出一条途径的代谢物通量之和；μX_m 为由于细胞生长而对代谢物库的稀释作用。

由于大部分途径代谢物的胞内浓度非常低，相比于影响同一代谢物的其他通量，这种稀释效应的影响可以忽略。于是上式进一步简化为

$$0=r_m=\boldsymbol{G}^T v \tag{8-16}$$

式中，$\boldsymbol{G}$ 为矩阵。根据拟稳态假设，在利用 MFA 计算途径通量时可以只考虑位于代谢网络分支点的代谢物，而线性反应序列中的所有途径中间物都可以忽略。以 EMP 途径中的 1,3-磷酸甘油酸转化为磷酸烯醇式丙酮酸为例，该转化过程包括 3 步反应，其化学计量式为

1,3-二磷酸甘油酸＋ADP⟶3-磷酸甘油酸＋ATP

3-磷酸甘油酸⟶2-磷酸甘油酸

2-磷酸甘油酸⟶磷酸烯醇式丙酮酸

其中3-磷酸甘油酸和2-磷酸甘油酸分别参与两个反应，根据稳态质量平衡原则有

$$v_1-v_2=0,\quad v_2-v_3=0 \tag{8-17}$$

式中，v_1、v_2 和 v_3 分别表示上述3个反应的净正反应速率。

可见，3个反应的速率相等，因此可以把这3个反应合并成一个总反应：1,3-二磷酸甘油酸转化为磷酸烯醇式丙酮酸，正反应速率为 v_1。应当注意的是，这种合并并不改变总的自由度，因为一个反应速率移除的同时也伴随着一个质量平衡方程的消除。很明显，在建立代谢途径的化学计量关系时，只需考虑在网络分支点的代谢物，这种简化使得化学计量模型的复杂性显著降低，这对于MFA计算是非常有用的。

为简化线性方程组计算过程，鼓励使用向量矩阵方法，如式（8-16）所示。这个向量方程式描述了包含 K 个代谢物和 J 个生化反应（途径通量）的代谢网络的质量守恒计量式，由 K 个线性代数式组成。由于反应数目 J 总是大于途径代谢物数目 K，该线性方程组的自由度为：$F=J-K$，必须先测量向量 v 中的某些元素才能计算其余未知数。如果 v 中恰好已知 F 个通量，该系统就成为正定系统，有唯一解；如果超过 F 个通量被测量，则该系统为超定系统，说明存在额外方程，可以用于总体平衡一致性检验、通量测定准确度及拟稳态假设验证等；如果已知通量少于 F，系统为不定系统，此时必须引入其他约束条件或确定一个整体优化原则，才能求解未知通量。

对于正定系统，利用向量矩阵的方法进行计算是很容易的。根据线性代数的方法，把已知通量合并在一个新的向量 v_m 中，未知通量合并在向量 v_c 中；类似的，把已知反应的计算系数合并到矩阵 $\boldsymbol{G}_m$，其余反应的计算系数合并到矩阵 $\boldsymbol{G}_c$。于是式（8-16）改写为

$$0=\boldsymbol{G}^{\mathrm{T}}v=\boldsymbol{G}_m^{\mathrm{T}}v_m+\boldsymbol{G}_c^{\mathrm{T}}v_c \tag{8-18}$$

因为已知通量恰好有 $F=J-K$ 个，因此 $\boldsymbol{G}_c$ 是一个 $K*K$ 维方阵，如果该矩阵可以求逆，则

$$v_c=-(\boldsymbol{G}_c^{\mathrm{T}})^{-1}\boldsymbol{G}_m^{\mathrm{T}}v_m \tag{8-19}$$

$\boldsymbol{G}_c$ 矩阵求逆的前提是其方程组必须是线性不相关的，即方程组中没有一个方程式是其他方程的线性组合。这可以通过矩阵求秩进行检验：如果矩阵满秩［$\mathrm{rank}(\boldsymbol{G}_c)=K$］，即矩阵 $\boldsymbol{G}_c$ 的行列式值非零，矩阵就能求逆，未知通量 v_c 就能计算；如果矩阵 $\boldsymbol{G}_c$ 的秩小于 K，该矩阵为奇异矩阵，式（8-16）不能求解，这种系统实际上是一种不定系统。

矩阵 $\boldsymbol{G}_c$ 的秩小于 K 的可能原因有以下两种。

1）矩阵 $\boldsymbol{G}_c$ 中的方程组是线性相关的，即其中的至少一行是其他行的线性组合。这可以通过计算总化学计量矩阵 $\boldsymbol{G}$ 的秩来判断，如果 $\mathrm{rank}(\boldsymbol{G})=K$，则矩阵 $\boldsymbol{G}$ 中至少有一个子矩阵方阵可以求逆；如果 $\mathrm{rank}(\boldsymbol{G})<K$，则矩阵 $\boldsymbol{G}_c$ 不可求逆。由于代谢网络中通常存在大量生化反应，各反应计量式之间的线性相关问题经常发生。在这种情况下，必须消除所有线性相关的反应和相应的额外信息。

2）即使矩阵 $\boldsymbol{G}$ 满秩，也有可能 $\mathrm{rank}(\boldsymbol{G}_c)<K$。这一般是由于某些已知量是多余的，要求解该矩阵方程，需测量其他数据，而已知通量可用于一致性检验。

二、代谢通量分析的案例分析

进行代谢网络分析的基本步骤包括代谢网络的构建、代谢通量的求解、代谢节点性质的解析等。下面通过案例来说明线性相关的代谢途径，以及如何利用矩阵方程计算较为复杂代谢网络中的通量分布。

案例 兽疫链球菌发酵生产透明质酸

1. 代谢网络的构建

兽疫链球菌 *S. zooepidemicus* 是一类营养要求极为严格的微生物，与链球菌属各菌种一样都为化能异养型菌，兼性厌氧，最低营养要求一般是复杂的，并可能需要氨基酸、嘌呤、肽、维生素等，缺乏完整的TCA循环，其构成菌体的C元素，大多为有机氮源提供。兽疫链球菌中心代谢是EMP途径，因为在正常的发酵条件下，有80%左右的葡萄糖同型发酵生成乳酸。所需的能量大部分只能由葡萄糖经EMP途径代谢生成丙酮酸（1mol葡萄糖代谢得2mol ATP）来提供。

透明质酸（HA）是UDP-*N*-乙酰葡萄糖胺（UDP-GlcNAc）和UDP-葡萄糖醛酸（UDP-GlcA）在透明质酸合成酶作用下合成的。葡萄糖由EMP途径形成6-磷酸果糖，然后可在两种酶作用下形成6-磷酸葡萄糖胺，进而合成UDP-GlcNAc。虽然详细的机制还不太清楚，但通过糖醛酸途径合成UDP-GlcA已被许多研究所证实。这两种前体的形成都不需破坏葡萄糖骨架。

之所以有许多营养物质需要外源提供，是因为兽疫链球菌的TCA循环是不完全的，不能提供合成氨基酸、核苷酸等的前体物质。许多链球菌需要至少十几种氨基酸才能生长，在采用化学合成培养基培养兽疫链球菌时，需要添加十几种氨基酸及碱基、维生素等才能使细胞进行正常的生长代谢。发酵过程中所生成的乳酸、HA及乙酸的量同样也证明该菌种TCA循环极其微弱或不能进行，因此在构建代谢网络时，忽略TCA循环，细胞代谢所需的氨基酸、碱基等均来自培养基。这样就得到了兽疫链球菌生物合成HA的反应网络，如图8-20所示（图中代谢网络中各种代谢物的代号、英文缩写及中文名称见表8-4）。

2. 代谢网络理论分析

对于HA发酵，可测的胞外代谢物为底物、菌体、HA、乳酸、乙酸。兽疫链球菌细胞组成的数据采用了Verduyn等通过测定得到的酵母的有关数据。与之相似，蛋白质成分参考van Dijken和Heijnen的数据，RNA和脂类成分参考Bruinenberg等的数据。假设在细胞生长的各个阶段细胞的组成不变，考虑到细胞生命活动需要一定的维持能，网络中包含了ATP分解的途径。整个代谢网络中的反应见表8-5，系数矩阵的秩$R(S)$与待测速率相等。

3. 分批发酵不同阶段的代谢网络模型

在通常条件下，兽疫链球菌发酵生产HA的分批发酵过程可分为3个阶段。第一个阶段为细胞生长的延滞期（初糖浓度为50g/L，0～8h），这个阶段细胞生长、产物合成和底物消耗速率都较慢；第二个阶段（8～13h），细胞生长、产物合成和底物消耗速率都比较快；而第三个阶段（13～16h），HA合成速率减慢，而菌体生长却还保持较快的生长速率。图8-21～图8-23是不同的发酵阶段（3h，10h，14h）的代谢网络模型。

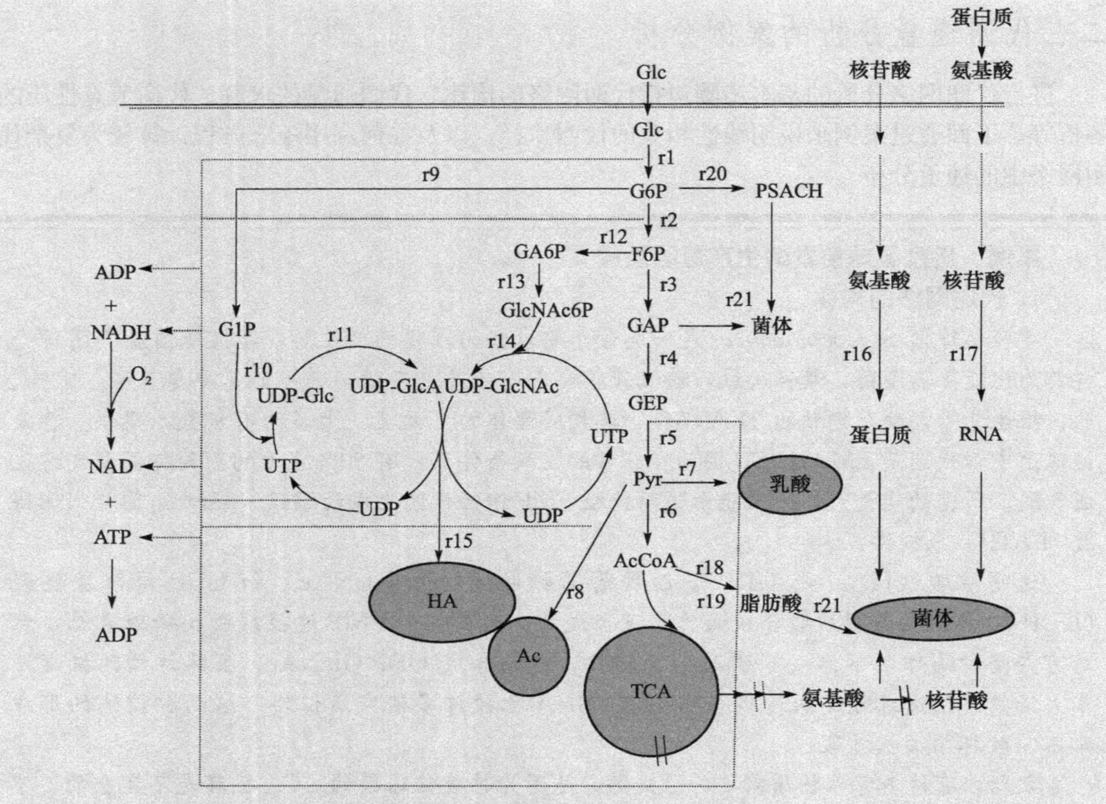

图 8-20 兽疫链球菌 H23 合成透明质酸的代谢网络图

‖表示代谢途径部分受阻；‖表示代谢途径受阻

表 8-4 代谢网络中各种代谢物的代号、英文缩写及中文名称

x1	Ac	乙酸
x2	AcCoA	乙酰辅酶 A
x3	Biomass	菌体
x4	F6P	6-磷酸果糖
x5	Pal	棕榈油酸
x6	Ol	油酸
x7	G1P	1-磷酸葡萄糖
x8	G6P	6-磷酸葡萄糖
x9	GA6P	6-磷酸葡萄糖酸
x10	GAP	3-磷酸甘油醛
x11	Glc	葡萄糖
x12	GlcNAc6p	*N*-乙酰 6-磷酸葡萄糖
x13	HA	透明质酸
x14	LA	乳酸
x15	PEP	磷酸烯醇式丙酮酸
x16	PSACH	细胞多糖
x17	Pyr	丙酮酸
x18	UDP-Glc	UDP-葡萄糖
x19	UDP-GlcA	UDP-葡萄糖醛酸
x20	UDP-GlcNAc	UDP-*N*-乙酰葡萄糖

表 8-5 兽疫链球菌合成透明质酸的代谢网络反应

糖酵解途径

1. Glc+ATP ⟶ G6P+ADP
2. G6P ⟶ F6P
3. F6P+ATP ⟶ 2GAP+ADP
4. GAP+ADP+NAD ⟶ PEP+ATP+NADH
5. PEP+ADP ⟶ Pyr+ATP
6. Pyr+CoA+NAD ⟶ AcCoA+NADH

乳酸合成

7. Pyr+NADH ⟶ LAC

乙酸合成

8. Pyr+1/2O_2+ADP ⟶ CO_2+Ac+ATP

透明质酸合成

9. G6P ⟶ G1P
10. G1P+UTP ⟶ UDP-Glc
11. UDP-Glc+NAD ⟶ UDP-GlcA+NADH
12. F6P ⟶ GA6P
13. GA6P+AcCoA ⟶ GlcNAc6P
14. GlcNAc6P+UTP ⟶ UDP-GlcNAc+CoA
15. UDP-GlcNAc+UDP-GlcA ⟶ HA+2UDP

氨基酸聚合

16. 氨基酸+4ATP ⟶ 4.824 8 蛋白质+4ADP

核酸合成

17. 核苷酸+3.227 9ATP+2.227 9H_2O ⟶ 9.466RNA+3.227 9ADP

脂肪合成

18. 8AcCoA+15ATP+15NADH ⟶ Pal（棕榈油酸）+8CoA+15ADP+15NAD
19. 9AcCoA+17ATP+17NADH ⟶ Ol（油酸盐）+9CoA+17ADP+17NAD

细胞多糖

20. 0.166 7G6P+0.166 7ATP ⟶ PSACH（多糖）+0.1667ADP

细胞合成

21. 0.47003 蛋白质+0.35376PSACH+0.05234RNA+0.00344Pal+0.00344Ol+0.00266GAP ⟶ 菌体

ATP 消耗

22. ATP ⟶ ADP
23. ATP+UDP ⟶ ADP+UTP
24*. NADH+H^++ADP+1/2O_2 ⟶ NAD+ATP+H_2O

4. 不同溶氧水平下 HA 代谢网络模型

由于细胞代谢是由一个受到精密调控而又彼此协调的代谢网络来完成的，在通常情况下，细胞在代谢过程中会尽可能维持最优的资源配置。细胞对不同的环境条件会做出不同的响应，但所形成的新平衡应该是经过最优化后的平衡。初糖浓度的改变，没有能使代谢通量分布发生较大的变化，这是一种细胞在环境条件改变后对资源重新优化后的结果；但在不同的溶氧水平下，资源重新配置后的结果却使代谢网络发生较大的改变。

虽然不同的DO没有改变代谢途径，但却使代谢通量发生很大的改变。图 8-24～图 8-26 为发酵进行到 8h 后，即发酵进入第二阶段，控制不同 DO 时的代谢通量模型。对各图进

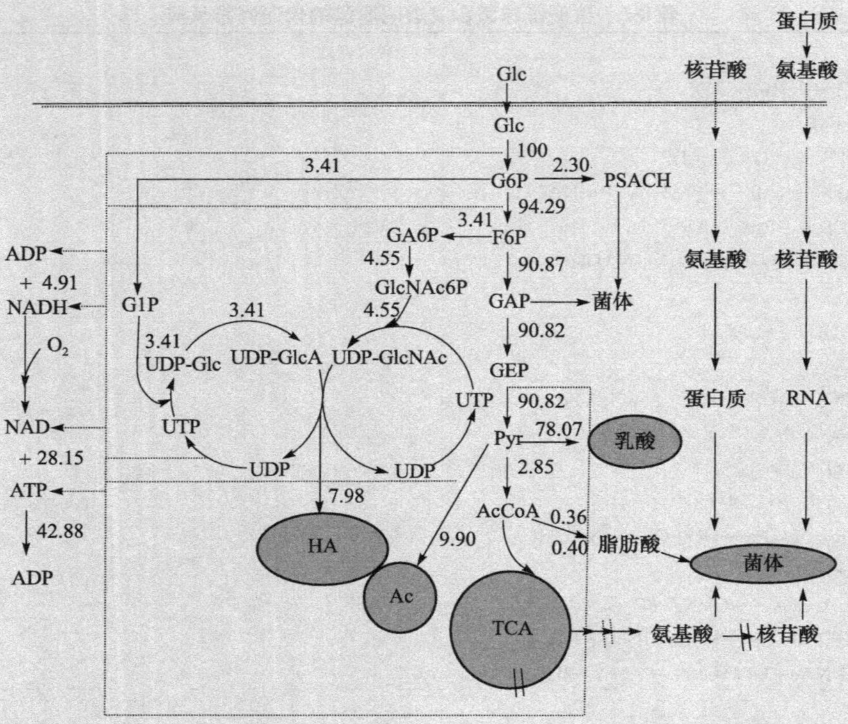

图 8-21　分批发酵第一阶段代谢网络模型（3h）

表示代谢途径部分受阻；表示代谢途径受阻

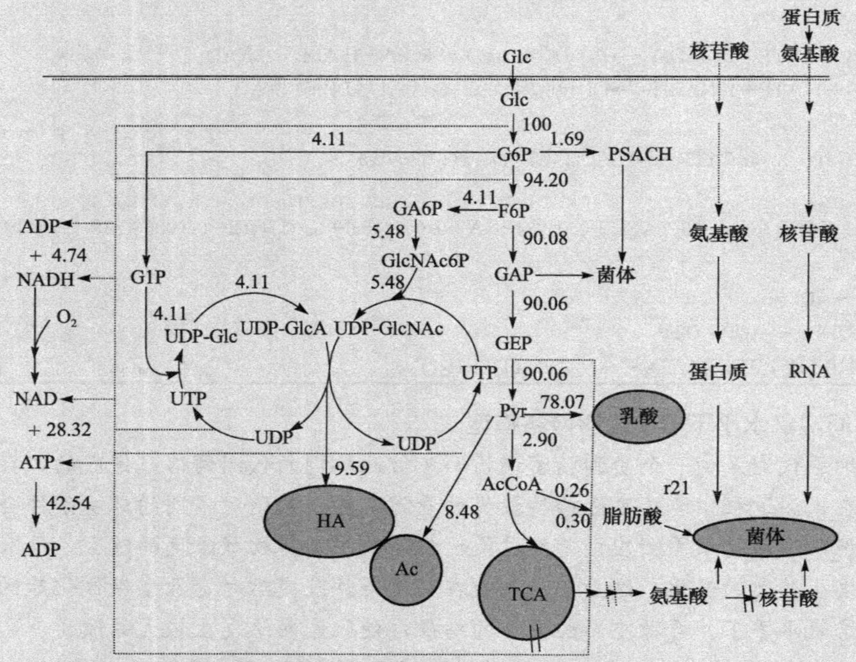

图 8-22　分批发酵第二阶段代谢网络模型（10h）

表示代谢途径部分受阻；表示代谢途径受阻

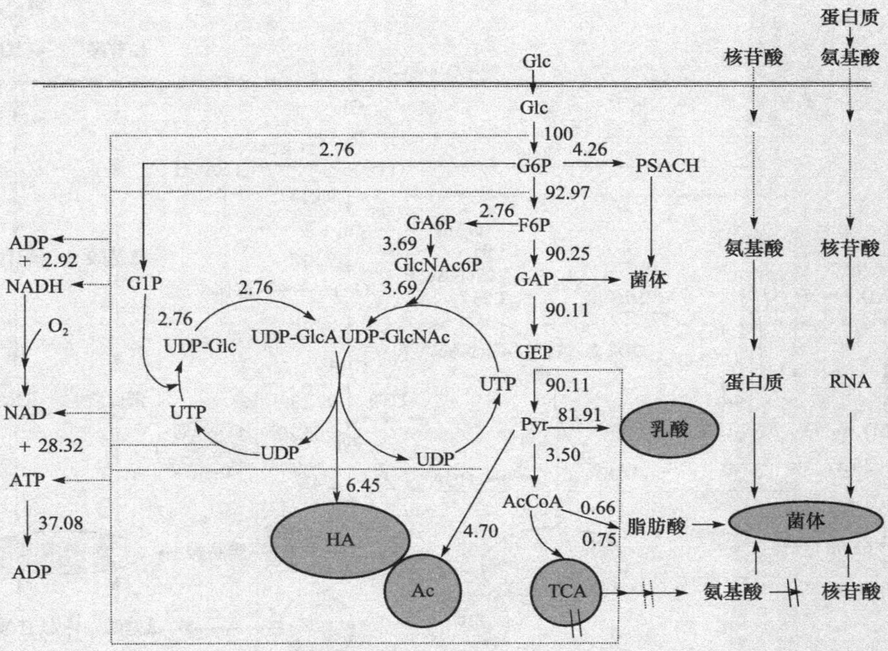

图 8-23　分批发酵第三阶段代谢网络模型（14h）

‖表示代谢途径部分受阻；‖表示代谢途径受阻

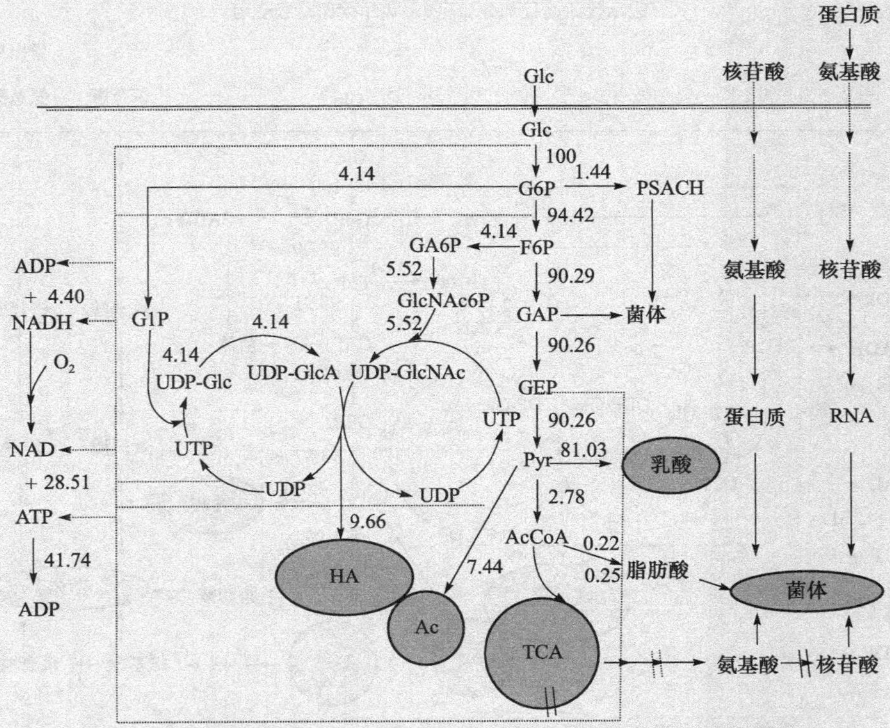

图 8-24　分批发酵第二阶段 DO 控制在 1% 时的代谢网络模型

‖表示代谢途径部分受阻；‖表示代谢途径受阻

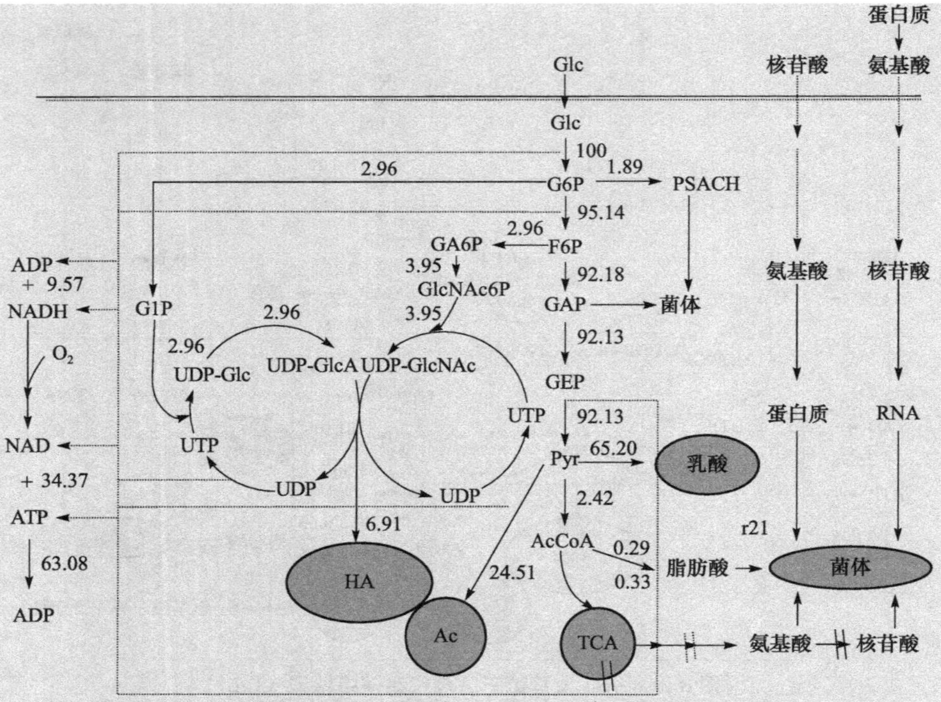

图 8-25 分批发酵第二阶段 DO 控制在 5%时的代谢网络模型

‖表示代谢途径部分受阻；‖表示代谢途径受阻

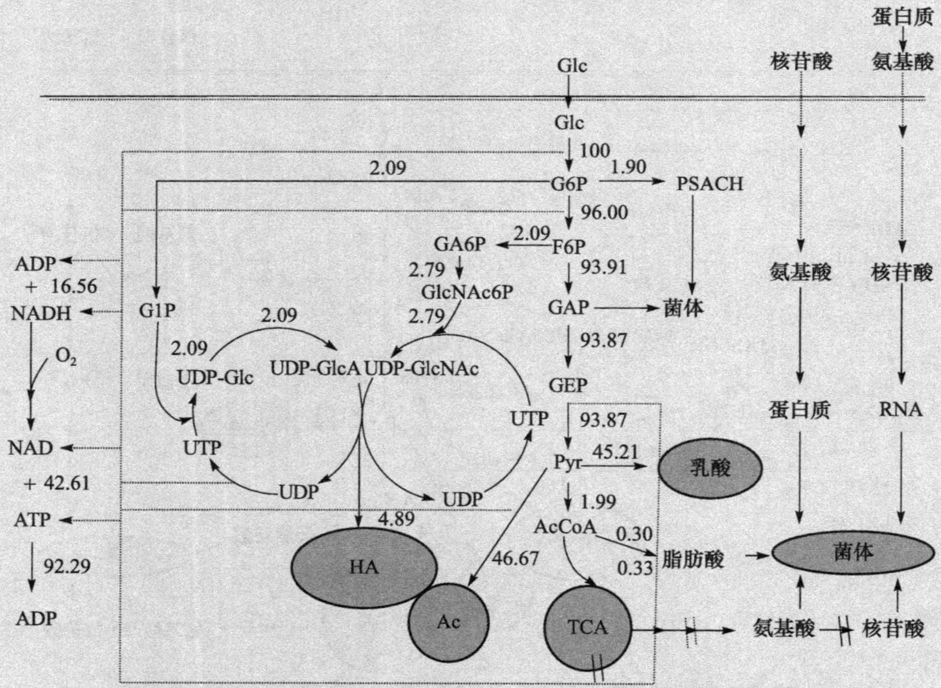

图 8-26 分批发酵第二阶段 DO 控制在 10%时的代谢网络模型

‖表示代谢途径部分受阻；‖表示代谢途径受阻

行分析后可以发现，无论是细胞还是产物的合成通量都产生了极大的变化。溶氧 1%时，代谢网络的通量与分批发酵第一阶段时的较为接近，这可能是因为两种情况下 DO 相差不大，氧的摄入量较为接近所致。提高溶氧后，虽然 EMP 途径的通量改变不大，但 Pyr 之后的流量进行了重新分配，合成乙酸的通量大大增加，CO_2 胞外通量也加大；相应地，乳酸合成通量减小，合成乙酰辅酶 A（AcCoA）通量也略有减小；另外，合成 HA 的通量与合成菌体的通量之比迅速增大。DO 的增加刺激了 Pyr 氧化酶的活力，使得 Pyr 的分配发生了较大的改变。随着这种改变，EMP 途径也作了适量的调整，影响最大的是合成各细胞组成成分的通量和合成 HA 前体的通量，表现出 HA 合成通量随 DO 增加而降低，菌体合成通量随 DO 增加而大幅增加。

5. 代谢节点对 HA 合成的影响

代谢网络中联结不同代谢途径的点称为代谢节点，对产物合成量产生较大影响的则称关键节点，通常关键节点仅是所有代谢节点中的一部分。代谢节点分析的主要方法是确定关键节点的通量分配比，如果一个节点在受到扰动时，通量分配比保持不变，则说明这个节点是刚性的，若改变显著则说明其为弹性节点，介于其间的是弱刚性节点。

分析图 8-20 可以发现，G1P 和 GA6P 是合成 HA 的前体，说明 G6P 节点和 F6P 节点是合成 HA 的关键节点，AcCoA 是合成前体 GlcNAc-6P 的原料，所以 Pyr 节点也是一个关键节点。图 8-27～图 8-29 为这 3 个节点在发酵第一阶段和控制不同 DO 的第二阶段经

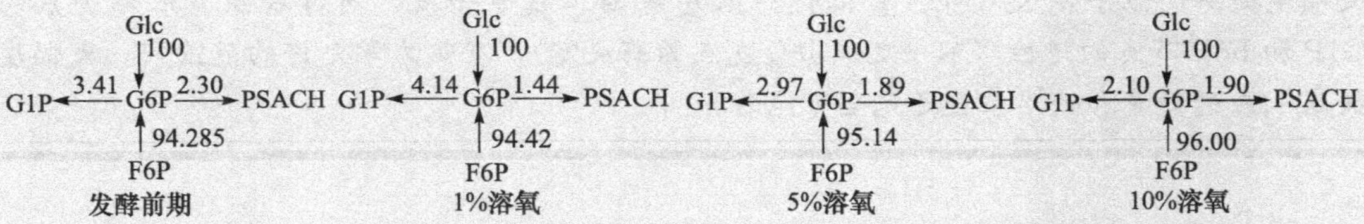

图 8-27　不同发酵阶段或条件下 G-6-P 节点代谢通量分配

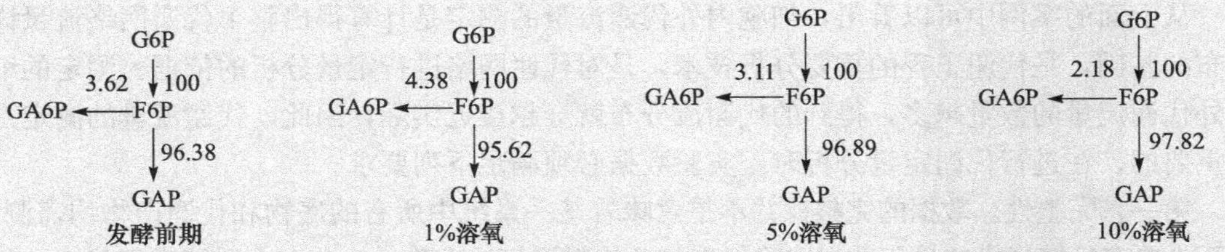

图 8-28　不同发酵阶段或条件下 F-6-P 节点代谢通量分配

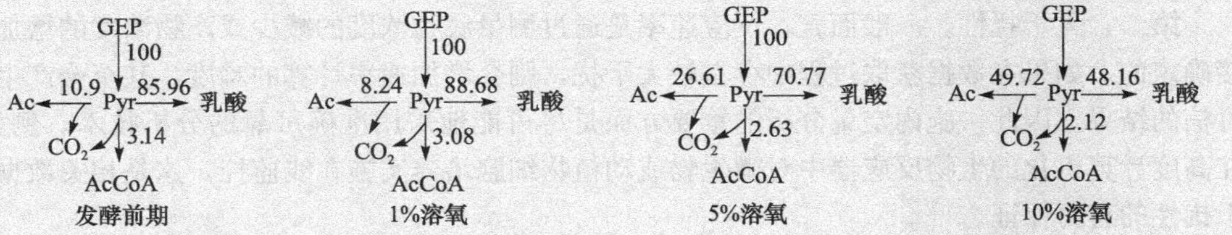

图 8-29　不同发酵阶段或条件下 Pyr 节点代谢通量分配

通量标准转换后的代谢通量图。由于G1P和GA6P都为HA合成的前体，G6P节点和F6P节点为相互依赖的节点，对HA合成所起的作用相同，从图中数据可以看出，在不同情况下，这两个节点沿EMP途径的分量始终占流入量的绝大部分，而合成HA前体的通量仅为流入量的一小部分，不同条件并不能显著改变代谢流的分配流向，同时HA在发酵过程中对细胞代谢没有反馈抑制作用，可以认为这两个节点为弱刚性节点。对于Pyr节点来说，虽然不同条件下节点的流量分配产生了很大的变化，并且所产生的分支代谢产物乳酸和乙酸都会有较强的反馈抑制作用，但AcCoA的分量没有大的变化，同时合成的HA的量也没有表现出反馈抑制作用，所以可以说Pyr节点相对乳酸和乙酸合成来说是弹性节点，而对HA来说则更接近刚性节点。

有关节点的性质，Stephanopoulos和Vallino曾做了较为详细的阐述。不同性质的节点，对产物的形成起着不同的作用。对于刚性节点，环境条件的改变不能改变其通量分配比，若其中一个分量改变，其节点流入流出量也会改变，以保证各分量之间稳定的分配比；对于弹性节点，当代谢途径受到扰动时，通量分配比可能会发生大的改变，而流入量却不一定改变，同时出现途径终端产物对节点的反馈抑制现象；而弱刚性节点则是介于其间的一种，受到扰动时，节点通量会作出相应的调整，但调整的幅度不会太大，如条件适宜，产物合成的通量可能会达到最大，在另一条件下也可能会较小。

由于有关合成HA的关键节点均为弱刚性节点，控制一定条件可使合成HA的产率系数在一定范围内有所提高。但若仅以条件优化的方法，使得HA的产量、产率系数有大幅度提高，似乎不太可能。可以设想采用基因工程等手段，同时增强有依赖关系的G1P和F6P节点的弹性（不一定仅由分支点的酶决定），在热力学允许的范围内，大幅度提高HA的产量和产率系数是完全可能的。

三、代谢通量的测定方法

从上面的案例中可以看出，细胞内外代谢流量的测定是计算得出整个代谢网络流量详细分布的基础，是代谢工程的重要分析技术，是对代谢网络进行定量分析的依据。测定的细胞内外代谢流量的数量越多，得到的代谢流分布就会越接近实际，因此，代谢流量的测定是非常重要的。在进行代谢定量分析时，实验数据必须满足下列要求。

第一，完整性。数据的完整性并不是意味着某一系统中所有的底物和代谢产物均需测定，但至少要有足够规模的量化数据以确保碳氮源物料平衡的准确。为此，在系统进行代谢分析过程中常常以组分明确的培养基或简单培养基取代复合培养基，以保证所测数据的完整。

第二，无干扰性。一般而言，反应速率是通过测量底物浓度的减少或产物浓度的增加间接确定的。如果在数据获取过程中存在较大干扰，则会增加速率计算的难度，甚至会产生不可信的结果。因此，胞内定量分析的重要方面是尽可能地采用准确可靠的分析技术。例如，在高度计算机化的生物反应器中对微生物或动植物细胞培养实施在线监控，这是相关数据无干扰性的有力保证。

第三，重现性。在保证实验数据可靠性的同时，必须保证实验数据具有重现性。

目前代谢流量的测定方法主要有核磁共振法、基于蛋白质谱的测定方法、基于同位素示踪的各种联合测定法、基于液相层析-电喷射离子化-串联质谱技术的代谢流测定方法。

四、基于代谢流量分析的L-谷氨酸发酵过程优化

L-谷氨酸生产菌株黄色短杆菌在不同发酵时期的代谢流分配不同，根据胞内主要反应构建的代谢网络模型和胞内代谢产物的质量平衡来计算物质代谢流分布情况对于提出合理的发酵过程优化策略具有重要意义。应用代谢流分析方法，根据发酵中、后期L-谷氨酸等代谢物的胞外浓度和积累（或消耗）速率，通过MATLAB软件线性规划得到发酵中、后期胞内代谢流分布。通过代谢流量分析，对发酵过程进行优化，显著提高合成L-谷氨酸的代谢流，从而提高L-谷氨酸产量。

案例　L-谷氨酸发酵过程优化

1. 代谢流平衡模型的建立

在L-谷氨酸生产菌黄色短杆菌中，中心代谢途径包括EMP、TCA、HMP途径及TCA循环的主要回补反应——磷酸烯醇式丙酮酸羧化酶催化反应和乙醛酸途径。基于以下原则或假设建立代谢网络：①发酵过程中、后期，细胞处于非生长时期或细胞浓度变化不大，可忽略菌体细胞的生长代谢；②NADPH供需平衡，即反应途径中消耗的NADPH与HMP途径、TCA循环产生的NADPH总数相等；③在细胞生长不旺盛阶段，由于大量无效循环的存在，ATP的消耗量和细胞维持能总量并不相等，不考虑ATP总量的平衡；④按照固定比例进行的反应及无分支点的中间反应，可简化为一个反应方程；⑤由同工酶催化的反应作为同一反应处理，不进行区分。综上所述，L-谷氨酸生物合成代谢网络如图8-30所示。

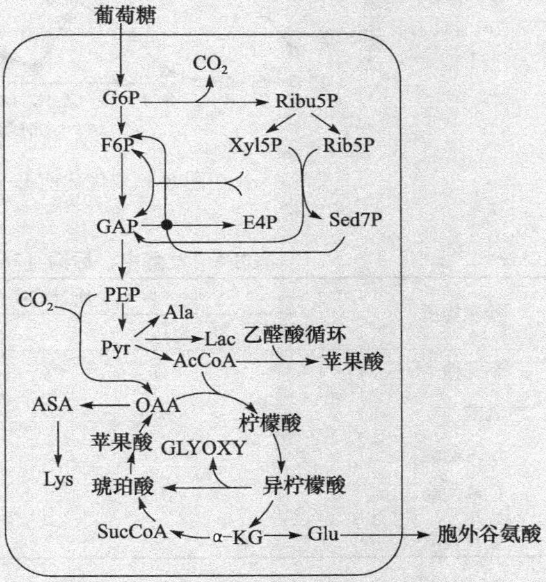

图8-30　L-谷氨酸生物合成代谢网络

AcCoA. 乙酰辅酶A；E4P. 赤藓糖-4-磷酸；F6P. 6-磷酸果糖；GAP. 3-磷酸甘油醛；G6P. 6-磷酸葡萄糖；OAA. 草酰乙酸；PEP. 磷酸烯醇式丙酮酸；Rib5P. 5-磷酸核糖；Ribu5P. 5-磷酸核酮糖；Sed7P. 7-磷酸景天庚酮糖；Xy15P. 5-磷酸木酮糖；Suc-CoA. 琥珀酰CoA；ASA. 天冬氨酸-半醛

由于方程数为29，未知数为24，方程自由度为5，即需测定5个速率才能确定代谢网络中的流量分配。选取葡萄糖、乳酸、L-丙氨酸、L-赖氨酸、L-谷氨酸为已知参量，通过离线分析测定其浓度，并进行数值微分，求得糖消耗速率及乳酸、L-丙氨酸、L-赖氨酸、L-谷氨酸的积累速率。将它们作为已知参量，代入代谢速率平衡方程，利用线性规划求得代谢流分布。另外，通过线性规划可求出极端情况下的代谢流分布。

2. 代谢流分布

10L 自控发酵罐 L-谷氨酸发酵过程曲线如图 8-31 所示，16h 后菌体量已无明显变化，细胞处于非生长时期，胞内代谢处于拟稳态。测定发酵中、后期（16～36h）葡萄糖的消耗速率及乳酸、L-丙氨酸、L-赖氨酸、L-谷氨酸的积累速率，结果见表8-6。对该过程（16～36h）进行代谢流分析。

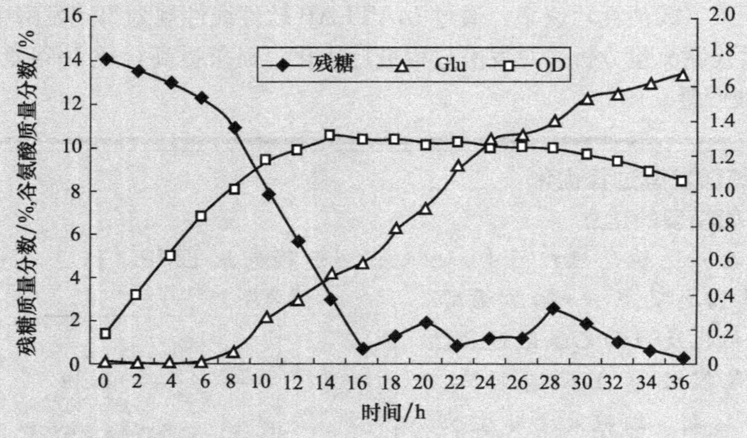

图 8-31　优化前 L-谷氨酸发酵过程曲线

表 8-6　发酵中、后期（16～36h）物质浓度及其变化

检测物质	质量浓度/(g/L) 16h	质量浓度/(g/L) 32h	消耗或生成速率/[g/(L·h)]
葡萄糖	7	10	8.3
乳酸	0.9	3.6	0.169
L-丙氨酸	1.7	2.3	0.0375
L-赖氨酸	0.3	1.3	0.0625
L-谷氨酸	42	122	5.0

利用 MATLAB 软件线性方案计算得到 L-谷氨酸发酵中、后期代谢流分布，与前期研究中通过途径分析获得的 L-谷氨酸合成的理想代谢流分布对比，结果见表 8-7。

3. L-谷氨酸发酵中、后期主要节点代谢流分析

PEP 节点代谢流分析 PEP 节点：实际与理论代谢流分布如表 8-7 所示。可以看出，碳架主要通过 EMP 途径进入 PEP 节点，代谢流量为 199.95。其中转化为丙酮酸的代谢流为 67.09，通过 CO_2 固定反应生成草酰乙酸的代谢流量为 32.86，葡萄糖磷酸化消耗 PEP 的代谢流量为 100。与理想代谢流分布相比，PEP 固定 CO_2 的反应代谢流量过低，草酰乙酸主要由 TCA 循环和乙醛酸途径来提供，从而降低了谷氨酸的碳得率。另外，丙酮酸合成的代谢流量过大，也导致了碳架溢流和副产物的生成。因此，发酵过程中强化 CO_2 固定反应，使得 PEP 更多地转化为草酰乙酸，减弱直接生成丙酮酸的代谢流，降低副产物的生成，有利于提高谷氨酸的产量。

表 8-7　发酵中、后期 L-谷氨酸合成的代谢流分布与理论代谢流分布比较

反应号	计算代谢流分布	理论代谢流分布
r1	100.00	100.00
r2	99.84	100.00
r3	99.95	100.00
r4	100.05	200.00
r5	67.09	0.00
r6	161.20	100.00
r7	0.16	0.00
r8	0.11	0.00
r9	0.05	0.00
r10	0.05	0.00
r11	0.05	0.00
r12	0.05	0.00
r13	119.54	100.00
r14	119.54	100.00
r15	77.88	100.00
r16	4.29	0.00
r17	3.66	0.00
r18	45.95	0.00
r19	45.95	0.00
r20	87.61	0.00
r21	41.66	0.00
r22	41.66	0.00
r23	32.86	100.00
r24	76.35	100.00
r25	4.05	0.00
r26	0.91	0.00
r27	0.93	0.00
r28	0.93	0.00
r29	73.59	100.00

注：r1 为 Glc+PEP ⟶ G6P+Pyr；r2 为 G6P ⟶ F6P；r3 为 F6P+ATP ⟶ 2GAP+ADP；r4 为 GAP+NAD+ADP ⟶ PEP+NADH+ATP+H_2O；r5 为 PEP+ADP ⟶ ATP+Pyr；r6 为 Pyr+CoA+NAD ⟶ AcCoA+CO_2+NADH；r7 为 G6P+H_2O+2NADP ⟶ RIBU5P+CO_2+2NADPH；r8 为 RIBU5P ⟶ XYL5P；r9 为 RIBU5P ⟶ RIB5P；r10 为 XYL5P+RIB5P ⟶ SED7P+GAP；r11 为 XYL5P+E4P ⟶ F6P+GAP；r12 为 GAP+SED7P ⟶ F6P+E4P；r13 为 AcCoA+OAA ⟶ CoA+CIT；r14 为 CIT ⟶ ICI；r15 为 ICI+H_2O+NADP ⟶ KG+CO_2+NADPH；r16 为 KG+CoA+NAD ⟶ SUCCoA+CO_2+NADH；r17 为 SUCCoA+ADP ⟶ SUC+CoA+ATP；r18 为SUC+FAD ⟶ Fum+$FADH_2$；r19 为 Fum ⟶ MAL；r20 为 MAL+H_2O+NAD ⟶ OAA+NADH；r21 为 ICI ⟶ SUC+GLYOXY；r22 为 AcCoA+GLYOXY ⟶ CoA+MAL；r23 为 PEP+CO_2 ⟶ OAA；r24 为 NH_3+KG+NADPH ⟶ Glu+H_2O+NADP；r25 为 Pyr+NADH ⟶ Lac+NAD；r26 为 Pyr+Glu ⟶ Ala+KG；r27 为 OAA+GLU+ATP+NADPH ⟶ α-KG+ASA+NADP+ADP+Pi；r28 为 ASA+PYR+NADPH+SucCoA+GLU+2H_2O+H ⟶ Lys+NADP+Suc+CoA+α-KG+CO_2；r29 为 Glu=Gluex。

异柠檬酸节点代谢流分析：异柠檬酸是L-谷氨酸合成的重要节点，也是L-谷氨酸合成的前体物质。异柠檬酸节点处的代谢流分布直接关系到L-谷氨酸的产率。由表8-7可知，实际进入异柠檬酸节点的代谢流量为119.54，其中进入合成L-谷氨酸生物途径的代谢流为77.88，远低于理想代谢流。其主要原因在于有41.66的代谢流通过乙醛酸循环和TCA循环转化为草酰乙酸，从而大大降低了L-谷氨酸的产率。因此，在发酵过程中严格控制溶氧水平，调节TCA循环和乙醛酸循环的代谢流量显得尤为重要。

基于代谢流分析的L-谷氨酸发酵过程优化：上述代谢流分析结果表明，在L-谷氨酸的发酵过程中，强化CO_2固定反应，减少副产物的生成，降低乙醛酸循环的代谢流量是提高L-谷氨酸得率的关键。据报道，采用低糖流加工艺，限制葡萄糖的供应，可以激活CO_2固定反应，同时减少副产物（特别是有机酸）的生成。因此，改进谷氨酸发酵控制方案，设定初糖质量浓度为80g/L，采用脉冲补料方式控制残糖质量浓度在10g/L左右；同时，进一步降低溶氧水平，控制溶氧在5%左右，从而有效地提高了L-谷氨酸的产酸水平。改进工艺前、后36h L-谷氨酸及副产物浓度变化见图8-32。可以看出，采用优化后的发酵控制工艺，10L发酵罐分批补料发酵36h，L-谷氨酸产酸可达141g/L。

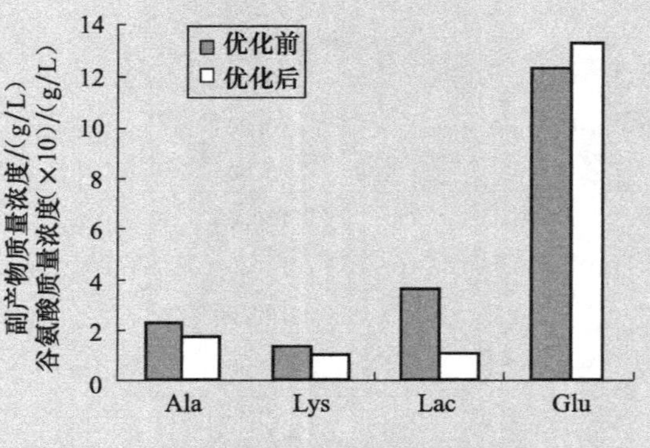

图8-32　36h发酵产物浓度变化

本章小结

本章系统阐述了发酵过程优化的研究内容、用于发酵过程控制和优化的各类数学模型，并且重点介绍了目前广泛用于发酵过程优化与控制的神经网络与细胞代谢流分布理论。通过介绍神经网络与细胞代谢流分布理论的基本概念、主要内容及在发酵过程优化中的应用，本章系统归纳了运用神经网络与细胞代谢流分布理论建立数学模型的方法及步骤，以及其对发酵过程优化的指导。通过分析应用神经网络与细胞代谢流分布理论实现发酵过程优化的案例，本章进一步阐述了该理论在发酵优化方面的应用方法。此理论方法可以运用到其他发酵产物在发酵过程的优化与控制，实现目标代谢产物生产的高产量、高转化率与高生产强度的相对统一。

思考题

1. 试归纳应用发酵过程动力学模型实现发酵过程优化的主要步骤，并查阅相关资料，举例说明其在其他发酵产物和发酵过程中的应用。

2. 总结神经网络建模及遗传算法优化的方法实现发酵过程优化与控制的一般方法和主要步骤。

3. 查阅资料，总结细胞代谢流分布理论的最新进展及应用。

主要参考文献

杜军，陈宁，刘辉，等. 2008. 基于代谢流量分析的L-谷氨酸发酵过程优化. 中国食品学报，8（2）：30-34.

陆震鸣，何喆，许泓瑜，等. 2011. 基于人工神经网络-遗传算法的樟芝发酵培养基优化. 生物工程学报，27（12）：1773-1779.

许庆龙，刘立明，史仲平，等. 2008. 基于动力学模型的丙酮酸分批发酵温度控制策略. 化工学报，59（8）：2065-2070.

第九章 发酵和分离的耦合技术

第一节 发酵和分离的耦合技术概述

一、生物反应-分离耦合过程的定义及其特征

生物反应过程是指利用生物催化剂从事生物技术产品的生产过程，对其生产过程和工艺的研究将成为加速生物技术产业化的一个重要方面。因此，它是生物技术产业化成功的核心和关键。由于许多生物反应过程中普遍存在着产物或副产物对反应速率的抑制作用，这种抑制将降低生物催化剂的活力，抑制细胞生长，从而成为制约过程效率的“瓶颈”。如果在反应过程中利用工程手段及时地分离出产物或副产物，从而消除其抑制，就能实现生物催化剂活性的长期保持或细胞的高密度生长，并提高目的产物的产率。因此，一种将上下游技术结合在一起的新技术过程——生物反应-分离耦合过程近年来日益受到研究人员的重视。

生物反应-分离耦合过程（integrated bioreaction-separation process），也被称为原位产物分离过程（*in situ* product removal，ISPR）或提取生物转化（extractive fermentation or bioconversion），即在生物反应发生的同时，选择一种合适的分离方法及时地将对生物反应有抑制或毒害作用的产物或副产物选择性地从细胞或生物催化剂周围原位移走的过程。原则上，生物反应-分离耦合过程具有如下3个特征：①耦合过程是一种集成式单元操作，其生物反应器具有特殊的结构。②实现产物及时分离的方法多种多样，但必须考虑产物的特性及具体的生物反应体系来合理选择和设计。③耦合过程作为一种新的反应工程技术，可适用于各类生物反应过程。

二、生物反应-分离耦合过程的种类及分离技术的选择依据

基于生物反应过程及产品的多样性，生物反应-分离耦合过程的形式和所涉及的分离技术也各不相同。生物反应-分离耦合过程至今尚未有统一的分类标准。一般地说，生物反应-分离耦合过程的流程大致可分为两类，即原位的生物反应与分离耦合过程（bioreaction with *in situ* internal product removal）和异位的生物反应与分离耦合过程（bioreaction with separator in external recycling loop）。从生物反应的体系来看，可以分为生物催化-分离耦合过程、微生物反应-分离耦合过程、动植物细胞培养-分离耦合过程3种。

生物反应与分离耦合的关键是选择一种合适的分离技术来实现产物或副产物的原位移走。分离技术的选择应综合考虑以下几个方面：①充分考虑产物或副产物的理化特性和生物学特性以选择最佳的分离技术，要具有较大的分离系数和较好的选择性。②分离技术应具备生物相容性，即合适的分离技术应对生物反应不造成负面影响，不会造成生物催化剂或细胞

的失活、变性和死亡，也不会改变生物反应的代谢和调节机制，同时也不会对产品造成污染。③必须关注耦合过程环境的流体特性，因为流体力学性质决定并影响分离过程的传质，从而极大地影响分离的容量和速度，如高黏度的非牛顿型流体就不适合用膜分离技术。④分离剂应易于与反应体系分离，产物应易于从分离剂中提出来，再生后的分离剂应可以重复利用。⑤工程及经济因素，理想的分离技术应是操作费用低、性能稳定、工程上易实现、寿命长的技术。而在这 5 个需要考虑的因素里，充分了解目标产物的理化性质则是选择合适的原位分离技术的前提条件。Freeman 等指出在选择生物反应-分离耦合过程的分离技术时需要考虑到的产物理化性质包括分子质量、疏水性、挥发性、荷电性及特异性的亲和力等。

根据生物反应-分离耦合过程所选择的分离技术的不同，本章将分别介绍几种常用的生物反应-分离耦合技术（包括透析培养、膜分离和培养耦合、发酵与蒸馏耦合、萃取发酵、吸附培养），以及利用典型的耦合反应案例对各种分离技术的应用进行具体分析。

三、生物反应-分离耦合过程的研究现状

生物反应-分离耦合过程的研究最早兴起于 20 世纪 60 年代末，而大部分的研究工作则出现在 20 世纪 90 年代之后，涉及的生物反应体系有生物转化、微生物反应和动、植物细胞培养。

1. 生物转化-分离耦合过程

生物转化是生物反应过程中的一种形式，生物催化剂（酶或细胞）可以大大提高反应速率，增强反应的选择性，但它不能改变反应的平衡，从而不能改变反应的转化率；生物催化剂另一特点就是它有时会受抑制性产物的反馈抑制，从而影响产物的积累。而耦合过程的引入则有利于提高底物的转化率和产物的生成速率。生物转化与分离耦合过程最成功的应用实例是葡萄糖异构化酶催化生产高果糖浆，其过程通过模拟移动床分离果糖与葡萄糖耦合异构化反应，大大提高了葡萄糖转化率与果糖含量。在分离技术方面，液膜分离技术、双水相分离技术、超临界流体萃取技术等也被引入耦合过程，这些技术的应用也日渐成熟。

2. 发酵-分离耦合过程

最早的发酵-分离耦合过程研究对象就是发酵获得的初级代谢产物，如对低沸点的有机溶剂（如乙醇、丙酮和丁醇等）的生产及高沸点的有机酸（如 L-乳酸、乙酸、丙酸和丁酸等）的生产，分离技术方面主要采用的是真空蒸发、汽提、萃取、透析、离子交换、吸附等。如果说初级代谢产物大多由于附加值较低而不能充分体现耦合过程优越性的话，那么利用耦合过程生产高附加值的次级代谢产物则具有很大的工业应用前景。但由于次级代谢产物的生产体系比较复杂，有些产品本身不太稳定，这方面的研究难度较大，也是目前发酵-分离耦合体系的研究重点。

3. 动、植物细胞培养-分离耦合过程

动、植物细胞培养已成为生化工程的重要研究领域之一，由于动、植物细胞培养过程中的产物主要是初级代谢产物，这些产物的积累往往对细胞的生长和产物的进一步积累有一定的抑制作用，而且过程中还会产生对代谢和生长有一定抑制作用的小分子物质（如乳酸和氨）。在生产过程中分离除去这些产物或副产物有利于提高生产效率。近年来，生物反应-分离耦合技术在这一领域的应用研究日益引起重视。目前报道得较多的是膜反应器中动物细胞培养生产单克隆抗体的技术和植物组织培养生产次级代谢物等过程，有些过程已经工业化。

四、生物反应-分离耦合过程的发展趋势

1. 生物反应体系不断广延

其研究和应用对象除了初级代谢产物外，更多地转向高附加值的药物产品（如抗生素等）、食品添加剂（如维生素、色素、香料等）和一些高分子质量的产物（如酶、治疗用的蛋白质、单抗、生物碱等），虽然初级代谢产物发酵与分离耦合过程的研究为该过程本身的发展和完善作出了重要的贡献，但从工业化角度考虑，高附加值的产品的生产过程为耦合技术提供了更具工业应用前景的广阔空间。

2. 耦合过程的内涵不断深化

耦合过程的目的是为了消除产物和副产物累积而引起的反馈抑制作用，现在的研究在此基础上更加深入和细化。耦合过程包括有抑制或毒害作用的副产物的选择性分离，选择性地供给营养底物，不可发酵底物或老龄化细胞的分离等。

3. 新分离技术不断出现

这主要体现在两个方面：新的选择性强、生物相容性好的生化分离方法的开发和应用（如基于分子识别的分离方法）；将传统分离技术杂化使耦合过程的选择性更好、效果更理想，如膜基萃取、膜吸附渗透、吸附和萃取等。

4. 耦合过程的工艺中多种分离技术的集成

为实现抑制性产物的有效分离，有时需要同时采用多种分离手段。近年来这方面的报道日趋增多。

总之，生物反应-分离耦合过程在消除产物或副产物的抑制，提高产物产率和生产效率，简化产物的后处理工艺，降低投资成本和操作费用方面具有优势，是一种具有重要理论意义和工业应用价值的生产技术，它代表了生物生产的一种集成化发展趋势，值得广泛研究和推广应用。

第二节 透析培养

一、透析培养的研究历史

最初的透析培养是1896年Metchnikoff利用火棉胶囊所进行的研究，他在动物的腹腔里接入装有霍乱菌的火棉胶囊，证实存在着可溶性毒素，并以增加毒素的实验来研究抗毒素的血清疗法。之后又有人在动物体内对伤寒菌、鼠疫菌、肺炎菌等做透析培养的研究。1900年，Carnot为了获得毒性强的肺炎菌毒素，用火棉胶膜袋置于普通培养基中进行培养试验。同年，Raffner用同样的试验，证明了试管透析培养的可能性。这就使透析培养扩大到体外系统进行。

由于制作薄膜囊的工艺与材料的限制，多年来透析培养技术未得到发展。直到改变了这一状况后，才使透析培养的实用性大大地增加，并促进了对它的研究。

1946年，Polson等对D型肉毒梭菌透析培养获得成功。1950年，Sterne等用直径为0.14m的长透析管，由一端向管内反穿成一个双壁管——环形空间装3.5L的培养液，将它置于50L的玻璃瓶内，被35L的培养基包围着。C型肉毒梭菌和D型肉毒梭菌的透析培养毒素毒力分别为2×10^6 MLD/mL与100×10^6 MLD/mL（MLD为最小致死剂量），比常法分

别提高了 20 倍与 100 倍。这一设计证实了微生物与培养基之间距离虽较远，但它们之间又有相互联系的概念。在生产实践中肉毒梭菌成为采用透析培养的先例。将此透析毒素制备类毒素，其抗原效价比常法可提高 500～1000 倍（结合力测定）。

1963 年，Gerhardt 等设计了一种透析培养瓶，将粘质赛氏杆菌置于 30℃的摇瓶机上进行 48h 培养。当氧供给速率为 1mol/(L·h) 时，可得到 1.66×10^{11}个/mL 活菌，菌体密度为 18mg/mL，而非透析培养时为 5.6mg/mL。

Gallup 等为了放大透析培养装置，把培养液室与培养基储存室分开，在两室之间置一个透析器，各室用管道和泵使培养物与培养基在透析器中循环进行培养（图 9-1）。透析器内交替地夹着一系列的薄金属框、膜片和隔板。每片隔板都是完整的一块，可用硅橡胶订制以供衬垫，并备有进、出口孔和支持膜片的突起。每一个突起是一个等边锥体，能够均匀地支住膜片和促进液的旋流，从而提高透析的效率，防止细胞的沉积，控制液体流动的方向与流速。粘质赛氏杆菌经 48h 透析培养，活菌数可增加至 2.5×10^{12}个/mL，离心后细菌可达到试管容量的一半。

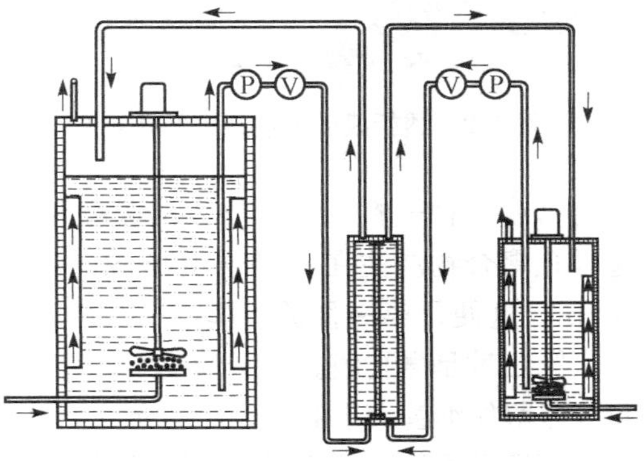

图 9-1　Gallup-Gerhardt 透析培养器系统示意图
左代表培养基室；中代表透析器；右代表培养室；P 代表泵；V 代表阀门；⟶代表培养基和培养物循环方向

除了上述用膜透析培养外，还有利用两种不同物理状态的界面的扩散屏障（栅栏）作用进行培养，即界面透析培养。

二、透析培养的原理和技术

1. 透析

当化学膜的两侧物质浓度存在差异时，物质就会从浓度高的一侧向浓度低的一侧渗透，直到两侧浓度相等。这种被动扩散的平衡受到下列因素影响：①溶液温度越高，物质运动速度越快、扩散速度也越快，达到平衡时间就越短；②半透膜的面积越大，单位时间内通过的物质就越多，达到平衡时间就越短；③浓度越高，扩散越快，而水分子则向反方向移动，水从压力高的一侧移向低的一侧。

半透膜对于物质的通透性是比较复杂的，它不仅取决于膜孔径的大小，而且还和膜中所含液体的性质、膜本身的化学性质、粒子的被吸附性及所带的电荷符号等许多因素相关。例如，当大分子被半透膜隔开时，它会通过半透膜吸引带有和它相反电荷的小离子透过半透膜，而阻止带有和它相同电荷的小离子透过半透膜。又例如，高分子的电介膜的微孔壁上含有固定不动的离子化基团，在膜孔径小到一定程度时，同这种基团带有相同电荷符号的离子就不能通过这种半透膜。

用电镜对膜的超微结构观察（图 9-2），这种多孔膜有海绵样或泡沫样性质，由微小的曲折通道组成。膜的孔隙常由水充满，因而小的溶质分子即可通过通道扩散，又可由水网流携带。后者常不被认为是扩散，但是它占大部分情况，尤其是存在压力差时。

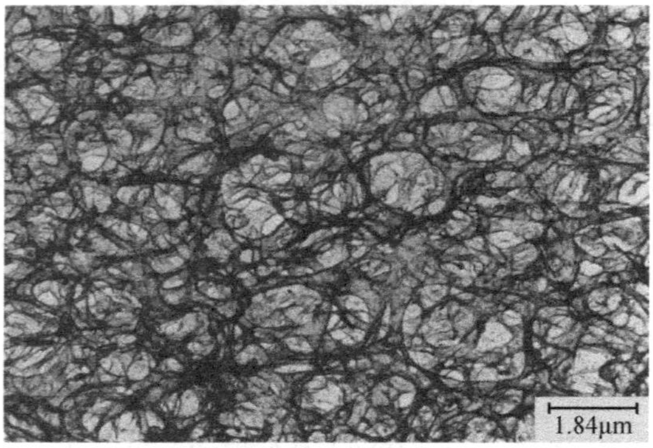

图 9-2　透析膜的电镜超微结构观察

2. 透析膜的种类

用于透析培养的膜片称为透析膜或超微孔膜。目前主要有 3 种类型的膜适用于透析培养。

第一种是由可再生的纤维素制作而成，其平均孔径为 5nm，但是依透析管的大小而稍微有所不同。这种类型的透析膜能阻挡如酶或毒素之类的大分子，但允许糖和盐之类的小分子通过。壁的厚度随着透析管的大小而变化，空隙率和孔隙度随着水合程度的不同而变化。这种膜可制成火棉胶、羊皮纸、玻璃纸或各种塑料。最近推出的膜型被描述为各向异性，但基本上是一个非常薄的膜，它是超微孔聚合物浇注在支撑层上形成的多孔材料。这种渗透薄膜可铸有孔隙的大小为 0.3～10nm。这便是第一种透析膜——超微孔膜。

第二种是微孔膜。其平均使用孔径为 200nm，但适用范围可缩小至约 25nm。这种类型的膜能截留如细菌大小的颗粒，但允许大部分的溶质通过，包括大分子。这种类型的膜有市售的纤维素酯，也称为过滤膜（或膜过滤器）。这种膜材料可能变化很大，最近已趋于用塑料（如聚乙烯醇）。石棉、无釉陶瓷、烧结金属或玻璃也已被用来制造膜过滤器及更一般的过滤器等。这种类型的透析膜的缺点在于所用到的材料的相对厚度和粗糙的空隙度。

第三种类型的膜更适用于透析培养，因为只有气体可以穿透它。这种类型的膜材料一般由硅橡胶或聚四氟乙烯等制成，一般没有明显的孔隙度，而是表现为溶剂中溶解的分子的迁移扩散。这种膜称为溶液透过膜。

从上述膜的类型的介绍中我们可以看出，对透析膜的选择，主要取决于能使实验性能达到最好的那些性能。然而，一般来说，要求透析膜能够在培养期间截留微生物在膜上，能够耐受高压灭菌，结构耐用，不会被细菌酶溶解，能高效地使溶质扩散。虽然膜孔隙率、无效空间和厚度基本上决定了透析膜的扩散率，我们仍可以直接把葡萄糖或其他一些有代表性的营养物质作为一个测试或参考溶质进行比较。近年来，在理论方面对透析膜的渗透性、孔隙度和流体力学特性的测量都有了进一步的研究。

3. 透析培养

透析培养是人们模拟生活中的某些现象，采用人工膜进行透析培养来研究它们的机制。例如，鸡胚的绒毛膜为天然膜，这种浆膜下层为营养储库，通过膜面不断地提供各种细胞生长与繁殖的养料，而细菌性腹膜炎是一个典型的病理性例子。

所谓透析培养是指在围有半透膜的培养环境中，使微生物生长的方法。营养物透过半透膜扩散到透析袋内，微生物利用其营养而生长。微生物因为不能透过膜而留在透析袋，代谢产物透过膜扩散到培养基中。结果使维持生长的培养基被简化，抑制生长的因子减少，从而达到促进微生物生长的目的。

为了发挥透析培养的效应，培养基储存室必须要比培养室大，或者改成可添补形式。在改变它们的比率时，以调整薄膜的面积来控制。还要考虑营养浓度、渗透效率、液体流动的速率等参数，以及选择稳定型的薄膜。

微生物透析培养有下列主要特点：①由于透析膜可隔绝培养基中大分子物质进入培养室，同时细菌的代谢产物也可通过透析膜扩散到培养基储存室。在培养室中可获得较为纯化的细胞或高分子产物。②透析培养时细菌的对数生长期有明显的延长，从而获得稠密的细菌体（图 9-3）。在整个生长期和停滞期内，活菌数几乎接近总菌数的 100%。在非透析培养中，当生长期结束，活菌数就迅速降低。③透析培养的细菌无论是在培养中或经过洗涤和储存后都能保持一定活力。④透析培养时空气通过膜扩散，不是直接地接触培养物，这样可以免去因直接通气而使微生物变性的危险或消泡剂毒性的影响。

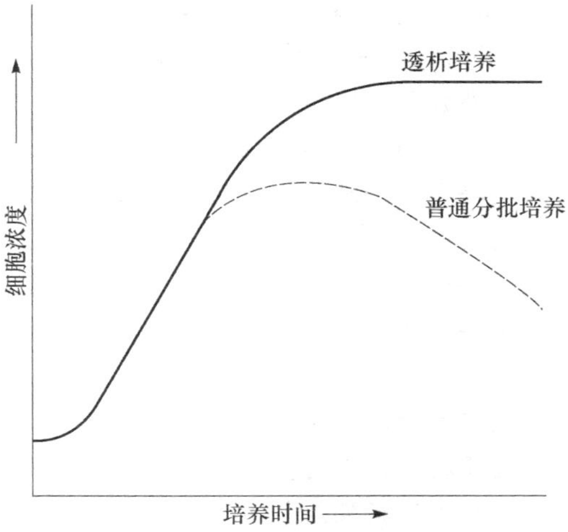

图 9-3　透析培养和普通分批培养系统中微生物细胞增长曲线示意图

三、透析培养的应用案例

案例 1　乳杆菌的发酵

有很多株乳杆菌都可用于牛奶的发酵，但其高密度发酵却受到发酵过程中不断积聚的乳酸的抑制。一方面，由于发酵中产生了大量的乳酸，要调节 pH，需加入大量碱液，这样就导致了营养培养基的稀释；另一方面，若以葡萄糖为主要基质，浓缩程度有限，在高细胞密度补料时也会发生培养基的稀释。发酵过程中存在的这些问题都影响了细胞的高密度生长。因此，生物量的单位含水量是一个关键参数。

虽然也有不少超滤技术用于培养基中代谢物的转移，然而存在着膜的堵塞及其放大能力受到限制等问题。因此，较为成功的乳杆菌发酵可用透析培养的方法进行。

第一次应用透析培养方法的是 1977 年的 Osborne，他得到了相当于 30～40g/L 干细胞的 1.0×10^{11} 个/L 的活细胞。但它所要求的膜面积和 0.6m^3/kg 的耗水量对于工业化生产来说是不现实的。1980 年 Stieber 和 Gerhardt 应用连续透析工艺所产生的平均细胞干重约为 5g/L。1997 年 Krahe 报道了在膜透析反应器（0.1μm 的聚醚磺酸膜）和连有外部透析模块（0.2μm 的聚酰胺膜）的实验室规模反应器中应用分批投料透析的经验。多孔膜的作用是透析分离乳酸及从补给的溶液和调 pH 所用的碱液中除去水分。连有外部透析模块的反应系统可产出的细胞密度高达 100g/L，产率为 1.45g/(L · h)。

案例 2　胞外酶的高浓度生产

应用膜透析反应器发酵的首例是 *Staphylococcus carnosus*（肉葡萄球菌）的胞外酶生产，其生产工艺是一种通过膜补给高浓度基质的间歇性模式，因为只有这样才能避免脂肪酶因接触到含有大豆胨和酵母提取物的专门营养液中的杂质而被破坏。如果用透析膜不断更新高浓度的基质，46h 内可产出 60g/L 的干细胞和 227mg/L 的脂肪酶。脂肪酶的生产和生物量的形成直接相关。设计实验方案和最佳补料策略需用到数学模型。

案例 3　螺旋藻的高密度培养

螺旋藻（*Spirulina platensis*）是优质可食用微藻。迄今为止，螺旋藻是已知光合作用效率最高的生物，极其适合高密度培养。人们已尝试多种光生物反应器进行螺旋藻的高密度培养，如鼓泡式、气升式及管道式等。管道式光生物反应器具有产量高、污染少、可利用太阳能等优点，但也存在不易清洁、溶质和气体不均衡、流体和传质力学受限等缺点。异养培养不受光的限制，适于大型发酵装置，是微藻高密度培养的发展策略。但是，异养培养导致螺旋藻色素蛋白含量明显减少，品质降低。因此，探索螺旋藻高密度培养技术仍然是微藻食品工业的热点。采用简易的渗透膜培养装置，探讨一种提高光合效率、营养利用率的螺旋藻高密度培养新方法，在发展和优化螺旋藻工业化生产过程、提高产率、节省原料等方面将具有一定的指导意义和实际应用价值。

应用透析袋组装光生物反应器（OT 法），与鼓泡式生物反应器（AB 法）和摇瓶（SB 法）进行对比实验，探讨利用渗透膜建立高密度培养螺旋藻方法的可行性。

如图 9-4 所示，OT 法培养螺旋藻的最大生物量是另外两种培养方式的 3～5 倍［OT 法为（9.6±0.8)g/L，AB 法为（1.8±0.2)g/L，SB 法为（3.8±0.3)g/L］，生长速率明显提高［OT 法为 0.044g/(L·h)，AB 法为 0.029g/(L·h)，SB 法为 0.034g/(L·h)］，螺旋藻细胞倍增时间缩短（OT 法为 15.9h，AB 法为 23.3h，SB 法为 20.7h）。应用 OT 法简易培养装置，获得的最大生物量与已报道的高密度产量相当，进一步优化该培养系统，将取得更高的单位产量。

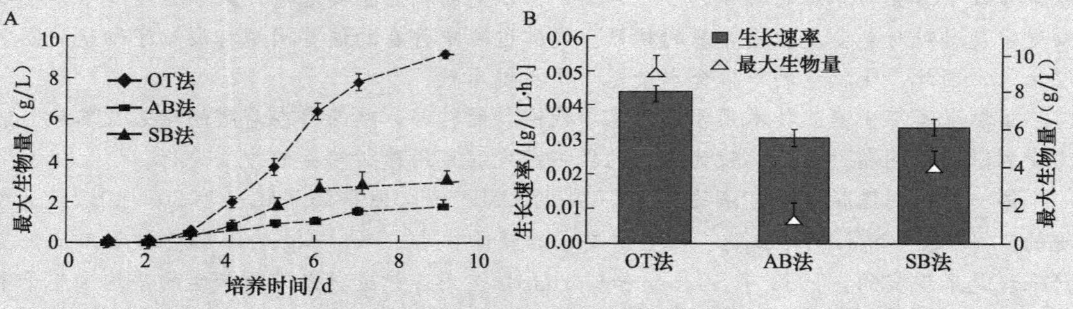

图 9-4　透析法高密度培养对螺旋藻生长的影响

A. 3 种培养方式下螺旋藻的生长曲线；B. 3 种培养方式下螺旋藻的生长速率和最大生物量

结果表明，透析培养有利于培养液的再生利用，减少废液污染，螺旋藻细胞高密度增殖可高效利用培养基中的营养源，减少有机物在培养液中的积累。透析培养基于半透膜的渗透作用和半封闭特性的实验原理，透析培养值得在微藻工业中应用推广。

案例 4　用杂交瘤细胞生产单克隆抗体

作为哺乳细胞的发酵实例，杂交瘤细胞的单克隆抗体生产是在一个有内置式径向流固定床的膜透析反应器中进行的，其反应过程以杂交瘤细胞系长达 75d 的抗青霉素酰胺酶单抗的发酵过程阐明。

在稀释率为 $0.2d^{-1}$ 时，培养腔达到最高的单抗浓度（368.1mg/L），比悬浮细胞恒化器高出 10 倍。因为实验中是通过膜供应低分子质量的营养物质，所以培养基的效率较低。为了弥补这一缺陷，可采取“营养分离”补料策略：标准培养基（无蛋白质）被分离成浓缩营养液（10 倍）和全部是无机化合物的缓冲盐溶液两部分。根据发酵罐的几何原理，在整个发酵器中，要得到 1 倍的盐浓度，缓冲液要 1.24 倍浓缩。为防止浓缩营养液的沉淀，pH 要调到相当恰当的范围以抑制谷氨酰胺的分解，因此谷氨酰胺要单独补加。此实验在两个含完全培养基的腔中同时进行。在分批发酵 70h 后，内腔被 10 倍的营养浓缩液连续灌注（稀释率 $0.12d^{-1}$）。为了将氨控制在有害浓度之下（pH7.1 时 5.96mmol/L），在 148h 时开始用透析液灌注外腔（稀释率 $0.15d^{-1}$）。葡萄糖、谷氨酰胺、乳酸盐和氨的浓度在 600h 时达到稳定状态水平。当实验在 850h 结束时，产物（单克隆抗体）的浓度达 475mg/L，葡萄糖和谷氨酰胺几乎利用完全（98%）。稳定状态的数值用动力学模型能得到很好的描述。

第三节　膜分离和培养耦合

一、引言

膜分离技术是一门新兴的高科学技术。虽然膜分离现象在自然界（尤其是在生物界）普遍存在，而且早在 18 世纪四五十年代就有人进行了揭示，但是长期以来并未受到人们应有的重视。直到 20 世纪 30 年代，由于过滤微生物和其他微小颗粒的需要，德国建立了世界上首座生产微滤膜的工厂。20 世纪 50 年代，由于发展原子能工业的需要，离子交换膜应运而生，并在此基础上发展了电渗析工业。到了 20 世纪 60 年代初，由于海水淡化的需要，人们用一种新的方法——相转化制膜法成功地制备了世界上第一张实用的反渗透膜，这一重大突破震动了整个世界，膜分离技术终于受到了全世界的广泛关注，各种新型膜材料、膜工艺、膜装置、膜过程和应用技术不断涌现，膜技术从此走上了飞速发展的新阶段。

继电渗析和反渗透之后，超滤、纳滤、渗析、气体分离、渗透汽化、液膜等多种膜过程和膜技术相继工业化，并迅速在各个领域得到广泛应用；微滤工业也进入了一个新的发展阶段；膜分离技术和传统分离技术的结合又派生出如膜蒸馏、膜萃取、膜吸收、膜色谱、膜亲和、膜反应器和膜控制释放等许多新型膜过程和膜技术。膜分离技术由于兼有分离、浓缩、纯化和精制的功能，又有高效、节能、环保、分子级过滤及过程简单，易于自动化控制等特性，目前已广泛用于水处理、环保、食品、电子化工、冶金、医药、生物、能源、石油、仿生等领域，产生了巨大的经济效益和社会效益，已成为当今分离科学中最重要的手段之一。

随着膜分离技术及膜材料的不断发展，在微生物发酵领域中，人们也逐渐开始利用这一先进技术来提高发酵过程的效率及进行发酵过程的连续化。同一般的化工过程相比，微生物的培养过程有其独特的特点，一般表现为缓慢增长的发酵前期、迅速增殖的对数生长期和停止增长的稳定期。提高发酵过程效率的有效办法是维持对数生长期的生长速度，使发酵保持在最佳状态。在短时间内获得高浓度菌体。由于通常对数生长期的维持时间较短，其原因除了能源不足、pH变化的影响、营养成分缺乏等因素外，另一个主要因素就是代谢产物的积累对菌体生长的抑制作用。如果在发酵过程中，不断地将这些抑制性代谢产物排除出去，同时又不使细胞流失，并不断补加新的营养成分和能源，就可以实现发酵过程的高浓度菌体和维持高的反应速率。膜分离和发酵过程耦合正好解决了这个技术难题。随着膜材料制造技术的不断发展和完善，膜分离和培养耦合的技术正逐步从实验室走向工业化。

二、基本概念和原理

1. 膜分离原理

广义的“膜”分隔两相界面，并以特定的形式限制和传递各种化学物质。膜是具有选择性分离功能的材料。利用膜的选择性分离实现料液的不同组分的分离、纯化、浓缩的过程称为膜分离。它与传统过滤的不同在于，膜可以在分子范围内进行分离，并且这一过程是一种物理过程，不需发生相的变化和添加助剂。

膜分离技术是利用膜的选择性，以膜的两侧存在一定量的能量差作为推动力，由于溶液中各组分透过膜的迁移速率不同而实现的分离。其实质是小分子物质透过膜，而大分子物质被截留。膜必须是半透膜。膜分离的推动力可以是多种多样的，一般有浓度差、压力差、电位差等。

膜分离技术的优点是：①处理效率高，设备易于放大；②可在室温或低温下操作，适合于热敏性物质的分离；③化学与机械强度最小，减少损失；④无相转变节省能量；⑤选择性好，可在分离、浓缩的同时达到部分纯化目的；⑥选择合适的膜与操作参数可得到较高回收率；⑦系统可密闭循环，防止外来污染；⑧不外加化学物，透过液（酸、碱和盐溶液）可循环使用，降低成本并减少对环境的污染。

2. 膜的分类

膜的孔径一般为微米级，依据其孔径的不同（或称为截留分子质量），可将膜分为微滤膜、超滤膜、纳滤膜和反渗透膜（图 9-5）。

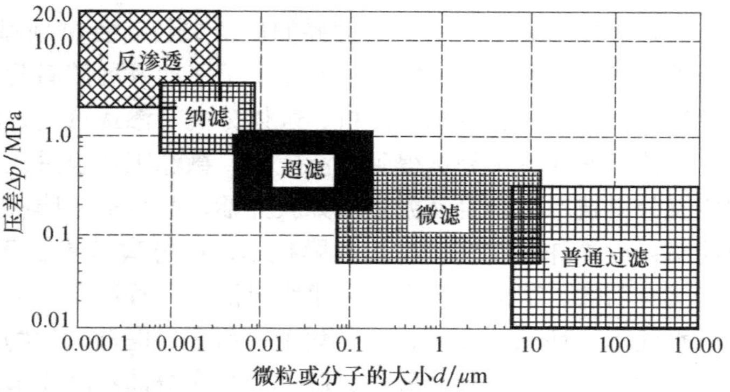

图 9-5　不同膜过滤所需的压差及其能筛分的微粒大小

（1）微滤　微滤（MF），又称微孔过滤，对于微滤而言，膜的截留特性是以膜的孔径来表征，通常孔径为 0.1～10μm，故微滤膜能对直径大的菌体、悬浮固体等进行分离。其可作为一般料液的澄清、保压过滤、空气除菌。

微滤属于精密过滤，其基本原理是筛孔分离过程。微滤膜的材质分为有机和无机两大类，有机聚合物有醋酸纤维素、聚丙烯、聚碳酸酯、聚砜、聚酰胺等；无机膜材料有陶瓷和金属等。鉴于微孔滤膜的分离特征，微孔滤膜的应用范围主要是从气相和液相中截留微粒、细菌及其他污染物，以达到净化、分离、浓缩的目的。

(2) *超滤*　超滤（UF）是介于微滤和纳滤之间的一种膜过程，膜孔径为 1nm～0.05μm。对于超滤而言，膜的截留特性是以对标准有机物的截留分子质量来表征，通常截留分子质量为 1000～300 000kDa，故超滤膜能对大分子有机物（如蛋白质、细菌）、胶体、悬浮固体等进行分离，广泛应用于料液的澄清、大分子有机物的分离与纯化、除热源。

超滤是一种能够将溶液进行净化、分离、浓缩的膜分离技术，超滤过程通常可以理解成与膜孔径大小相关的筛分过程。以膜两侧的压力差为驱动力，以超滤膜为过滤介质，在一定的压力下，当水流过膜表面时，只允许水及比膜孔径小的小分子物质通过，达到溶液的净化、分离、浓缩的目的。

(3) *纳滤*　纳滤(NF）是介于超滤与反渗透之间的一种膜分离技术，孔径为几纳米，因此称为纳滤。对于纳滤而言，膜的截留特性是以对标准 NaCl、$MgSO_4$、$CaCl_2$ 溶液的截留率来表征，通常截留率为 60%～90%，相应截留分子质量为 100～1000kDa，故纳滤膜能对小分子有机物等与水、无机盐进行分离，实现脱盐与浓缩的同时进行。基于纳滤分离技术的优越特性，其在制药、生物化工、食品工业等许多领域显示出广阔的应用前景。

(4) *反渗透*　反渗透(RO）是利用反渗透膜只能透过溶剂（通常是水）而截留离子物质或小分子物质的选择透过性，以膜两侧静压为推动力而实现的对液体混合物分离的膜过程。反渗透的截留对象是所有的离子，仅让水透过膜，对 NaCl 的截留率在 98%以上，出水为无离子水。反渗透是膜分离技术的一个重要组成部分，因具有产水水质高、运行成本低、无污染、操作方便、运行可靠等许多优点，而成为海水和苦咸水淡化，以及纯水制备的最节能、最简便的技术。目前，其已广泛应用于医药、电子、化工、食品、海水淡化等许多行业。反渗透技术已成为现代工业中首选的水处理技术。反渗透法能够去除可溶性的金属盐、有机物、细菌、胶体粒子、发热物质，即能截留所有的离子，反渗透膜在生产纯净水、软化水、无离子水、产品浓缩、废水处理方面已经广泛应用。

3. 膜组件和膜反应器

膜组件是膜分离装置的核心，目前工业上常用的膜组件有板框式、管式、螺旋卷式、中空纤维式、毛细管式和槽条式等。其中，中空纤维和螺旋卷式膜组件多用于水处理及低黏度、低污染物料的分离，而管式和板框式膜组件多用于中高黏度和中高污染物料的分离。

工业上使用的膜分离过程要求膜对被分离体系具有适当的选择性和足够高的透水率，能有效地控制浓差极化和膜污染，膜具有较长的使用寿命，膜组件的清洗、消毒与灭菌方便而有效。

膜反应器是膜和化学或生物化学反应相结合的系统或设备。它利用膜的各种特有的功能，实现产物的原位分离、反应物的控制输入、反应与反应的耦合、两相反应相间接触的强化及反应、分离、浓缩的一体化等，从而达到提高反应转化率、改善选择性、延长催化剂的使用寿命、缓解反应所需的苛刻条件等目的。连续发酵、细胞的高密度培养和目的产物的高表达是发酵工业追求的目标。利用膜实现微生物细胞的固定化和产物的原位分离是促进细胞高密度培养、增加代谢产率、实现连续发酵的有效措施。

1968年，Blatt首次提出膜反应器的概念。随着膜分离技术的发展及逐步和生物反应、生物分离技术的结合，膜生物反应器有了很大的发展。和传统的间歇反应器相比，膜生物反应器有以下优点：可实现连续操作；酶可重复利用，有利于降低生产成本，提高生产效率和经济效益；对有产物抑制的反应系统，通过反应-分离耦合可降低反应液中产物浓度，减小产物抑制；若反应可逆，则促进反应平衡向产物方向转移，提高原料的转化率和反应器的生产能力等。另外，膜反应器是研究酶催化反应动力学、产物抑制、底物抑制、酶失活的一种强有力的手段。膜生物反应器已经在物质的生物催化转化、微生物发酵产品生产、有机废水的生物降解及动植物细胞培养等方面得到了广泛的应用。

膜生物反应器是由膜构成的生物反应器，大体可分为膜发酵器（细胞循环发酵）、酶膜生物反应器和膜动植物细胞培养器3种。

（1）*细胞循环发酵*　目前的发酵生产方式大多为分批间歇式。在传统间歇式反应器中，酶或微生物处于游离或溶解状态，它有如下缺点：①因存在开、停车过程，设备利用率低；②生产能力低，设备费用高；③不同批次产品质量有一定的变化；④在反应结束时，需分离酶或微生物，或者使其失活，从而增加了费用；⑤由于采用的生物催化剂浓度较低，且有时存在产物抑制效应，完成反应时间长。

细胞循环发酵（即MBR系统）是直接将发酵罐与膜分离器组合而构成。当发酵罐中生物量达到所希望的高数值时，即可利用泵将带有细胞的发酵液通过膜分离器循环返回发酵罐，发酵产物将随着发酵液的渗透离开发酵罐，使发酵罐内产品的浓度维持在低抑制或无抑制范围，促进细胞高密度的生成，同时获得高体积的产率。为维持连续发酵，发酵罐连续补充营养物，使其进料流量与渗透流量相当，维持系统恒定的液体水平，实现稳态操作。而渗透液送去后加工，以回收产品。以乙醇生产为例，由于发酵过程中必需营养补给的限制及产品浓度的提高，使细胞的生长受到抑制，传统间歇式反应器中的菌体质量浓度最高为1×10^8个/mL。而采用细胞循环发酵时，菌体质量浓度最高可达4×10^9个/mL（80g/L），乙醇产率为30g/h，是分批发酵的20倍。

（2）*酶膜生物反应器*　采用固定化酶存在如下缺点：①酶活力往往会损失，损失率为10%～90%；②酶与基质反应时，会因空间位阻或扩散困难而影响酶活性发挥作用；③固定化费用比较高。

在固定化细胞或固定化酶反应器中应用膜技术，比较成功的是使用不对称中空纤维固定细胞的膜反应器。例如，乙醇发酵制乙酸，氧的供给是发酵的控制因素。将醋酸菌固定在中空纤维的外表面上，空气从纤维内通过，透过膜供给在膜表面的醋酸菌，培养液在膜表面上流动将乙醇转变为乙酸。

（3）*膜动植物细胞培养器*　常用的膜动植物细胞培养器是中空纤维管生物反应器，它既可用来培养悬浮生长的细胞，又可用来培养贴壁依赖性细胞，细胞质量浓度最高可达1×10^9个细胞/mL。一般让细胞在管束外空间中生长，尽量使培养基浓度梯度和细胞微环境差别减至最小。

三、膜分离和发酵耦合的应用案例

目前的发酵生产大多采用间歇式，由于发酵过程供给底物有限，耗用大量营养物培养出来的生物活性物质的使用寿命受到了限制。对于产物抑制的发酵过程，随着发酵液中目的产物浓度的提高，直接影响转化速率和产率。将膜分离与生物反应器相结合组成的膜生物反应器系统，可以将发酵产物或副产物从反应区连续地分离出来，打破反应的平衡，从而大大提高反应转化率和转化速度，实现连续式生产，具有过程能耗低、效率高，设计、操作简单等特点。

在循环发酵过程中，膜将细胞截留而让发酵产品透过，浓缩后的细胞回到发酵罐中循环使用，渗透液输出回收产品。由于连续抽出产品和供给培养液，提高了发酵产率，还可以使某些不稳定的生物产品（如蛋白质）生成后立即从发酵液中抽出，避免进一步降解。

案例 1　膜生物反应器连续发酵法制取二羟基丙酮的研究

二羟基丙酮（dihydroxy acetone）作为重要的化工、生化原料在精细化工、食品工业、化妆品工业和水质净化等方面存在着广泛的应用前景。例如，以二羟基丙酮为主要成分的保鲜剂可用于果蔬、水产品、肉制品的防腐保鲜。微生物发酵法制备可应用于食品工业领域的二羟基丙酮已引起人们的关注。其中以甘油为底物，用醋酸杆菌（*Acetobacter suboxybans*）间歇发酵生产二羟基丙酮已有报道，但因底物和产物的反馈抑制导致产率不高。虽然有多级反应器连续发酵生产二羟基丙酮可使这一问题在一定程度上得到改善，但仍存在有底物和产物的抑制作用。利用膜生物反应器（MBR）连续发酵制取二羟基丙酮，可有效地实现在生物反应的同时进行产物的分离，即在同一反应体系中同时实现菌体积累和产物转化。通过膜的选择性滤过作用，及时引出产物，使菌体和产物二羟基丙酮随时实现分离，避免了产物二羟基丙酮在菌体细胞周围的高浓度积累，消除了产物对菌体的抑制。可使生物转化的平衡反应向所需方向移动，从而获得较高的催化稳定性；并得到不含细胞的澄清透过液，使反应和分离同时进行，大大简化了后续的分离、纯化过程。

冯屏等以醋酸杆菌（*A. suboxybans*）间歇发酵合成二羟基丙酮为基础，研究了在MBR连续培养过程中菌体生长特性和各基本参数的影响，进行了甘油生物转化二羟基丙酮条件的优化，实验证实了醋酸杆菌在MBR中连续发酵的可能性。连续培养在工作体积0.3L，带有可引出装置的超滤膜组件的中空纤维膜管的连续培养系统（图 9-6）中进行，工作面积0.09m^2，反应温度30℃，用5%NaOH调节pH至5.5。连续发酵的种子培养与发酵初始条件同间歇发酵。当菌体生长至对数期，开启连续反应装置。通过蠕动泵，不断加入新鲜培养液，并同时通过膜组件滤出等量体积的不含菌体细胞的澄清发酵液。

结果表明，利用膜生物反应器可连续发酵制取二羟基丙酮，其体积产率较间歇发酵提高2～3倍，连续发酵时间为400h。与单批发酵不同，在MBR连续发酵中稳定期延长，使二羟基丙酮的积累在较长的时间内进行，提高了菌体使用率。在稳定期虽然恒定地向菌体引入培养基各组分，并同时不断分离出代谢产物，但菌体数量并不增加，大部分的营养基消耗于细胞以ATP的形式积累能量，和与此同时发生的二羟基丙酮的生物合成及部分的菌体细胞修复。此时，菌体浓度和二羟基丙酮的浓度均保持恒定。这证实了醋酸杆菌在菌体细胞减缓生长或完全停止生长时，仍可氧化甘油生成二羟基丙酮。

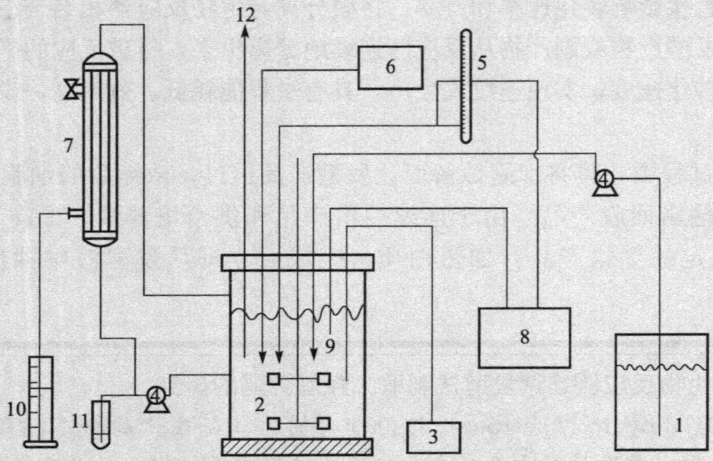

图 9-6 膜分离耦合连续发酵装置示意图

1. 培养液储罐；2. 发酵罐；3. 温控器；4. 泵；5. 5%NaOH；6. 空气过滤器；7. 膜组件；8. 控制仪；9. 电极；10. 产物收集罐；11. 发酵液收集罐；12. 尾气

案例 2 应用沉浸式膜生物反应器连续培养虫草

虫草是我国的名贵中草药，主要活性成分为虫草菌素和虫草多糖等，具有补肺益肾、止咳化痰之功效。其营养和药理价值已得到证明，近些年，国内外市场日趋扩大。但是由于其生长地理的特殊要求及严格的寄生性，造成虫草资源的极其稀少，大力开展虫草的研究具有很大价值。

目前，深层发酵时存在虫草多糖的产物抑制现象，很难进一步提高其产量。膜生物反应器用于微生物多糖的生产研究最近也有报道，但很少见于虫草多糖的生产。宁尚勇等采用沉浸式膜生物反应器连续发酵生产胞外虫草多糖，及时分离产物，控制产物的积累，有效防止虫草多糖的消耗，而虫草菌丝体截留在反应器内，虫草多糖在反应器外积累收集，从而提高了胞外多糖的总产量。这对于探索虫草及其他真菌胞外多糖的高效生产也具有一定意义。

膜生物反应器系统（图 9-7）由一个 5L 发酵罐、中空纤维膜组件（膜孔径 0.1μm，膜面积 0.04m^2）和控制系统组合而成。

由图 9-8 可知，虫草发酵 7d 时，虫草多糖浓度最高达 7.8g/L，葡萄糖浓度降至 5.64g/L，此时开始连续培养，由于培养基稀释原因发酵液内多糖急剧降低；到第 11d，膜反应器内反应和分离趋于平衡；发酵持续 6d 后，终止发酵，发酵液内菌丝体浓度达 33.2g/L，胞外多糖浓度平均 5.2g/L，产率为 312mg/(L·h)。实验表明，利用膜生物反应器系统有利于胞外多糖和菌丝体的分离，是实现细胞高密度培养的有效工具，而且虫草胞外多糖产率较间歇发酵提高 10 倍。实验采用膜组件在使用过程中膜污染主要为可逆污染，膜组件可反复利用，证明沉浸式膜生物反应器应用于虫草连续培养生产虫草胞外多糖是完全可行的。

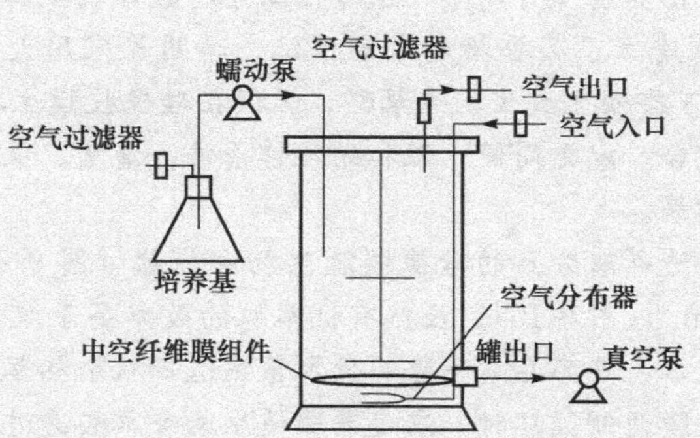

图 9-7　沉浸式膜生物反应器系统示意图

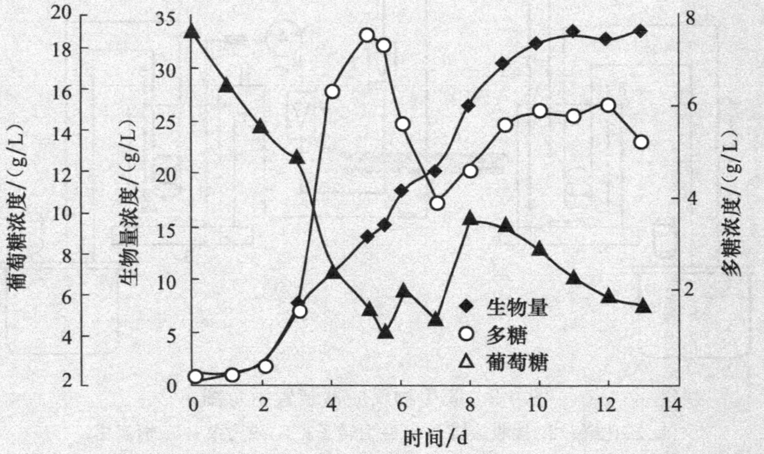

图 9-8　膜生物反应器系统中虫草的生长及合成多糖的情况

案例 3　萃取式膜生物反应器用于制备生物香草醛

香草醛（vanillin），化学名为 3-甲氧基-4-羟基苯甲醛，具有香荚兰、奶油香味，全球消费量每年都在 1.2 万 t 左右，但只有不足 1%是植源性的香荚兰萃取物，量少价高，不能满足日益增长的消费需求。

用生物技术生产的香草醛称为生物香草醛（biovanillin），可作为天然香草醛的等同品，并有一些成功的实例。但在一般的生物转化过程中，香草醛的积累对微生物或酶都具有抑制作用。香草醛是中间代谢物，会因持续氧化为香草酸而不易积累，因此生产效率低、工艺流程长；代谢产物分离提纯会带入大量杂质，造成产品品质和使用安全性降低，与天然等同品的生产要求相悖。能够较好解决这些问题的方法是生产分离耦合化。例如，利用硅橡胶膜渗透汽化，但操作过程复杂，膜污染较严重；利用吸附树脂选择性吸附，但成本较高，生物香草醛的洗脱仍无法避免杂质混入。

硅橡胶膜生物反应器具有操作简单、选择性高等特点，在生物产品分离耦合中显示出优异的性能，已成功地建立了芳香物质分离系统。冯明等采用大豆脂氧合酶（SBLOX，EC 1.13.11.12）催化丁香油生成生物香草醛，尝试在硅橡胶膜生物反应器系统中以渗透萃取的方式进行分离耦合，以更简便、温和的操作条件，清洁、廉价的操作方式制备生物香草醛，取得了较好结果。

实验构建了用于渗透萃取分离的硅橡胶膜生物反应器（图 9-9），膜器为圆形平板式结构，有效面积 0.024m^2（图 9-10）。虽然有机萃取的效率高于双水相萃取，但有机溶剂容易残留、增加处理成本、产品品质下降，故本系统选择双水相萃取。当上游转化液和下游接收液分别在硅橡胶膜两侧循环时，浓度差驱使生物香草醛透过硅橡胶膜。

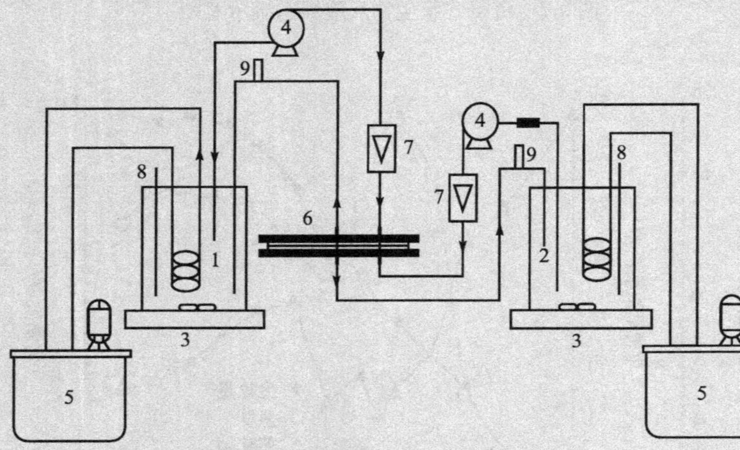

图 9-9 膜生物反应器装置示意图

1. 转化罐；2. 接收液罐；3. 磁力转子；4. 磁力泵；5. 恒温槽；6. 膜器；7. 转子流量计；8. 温度计；9. 取样口

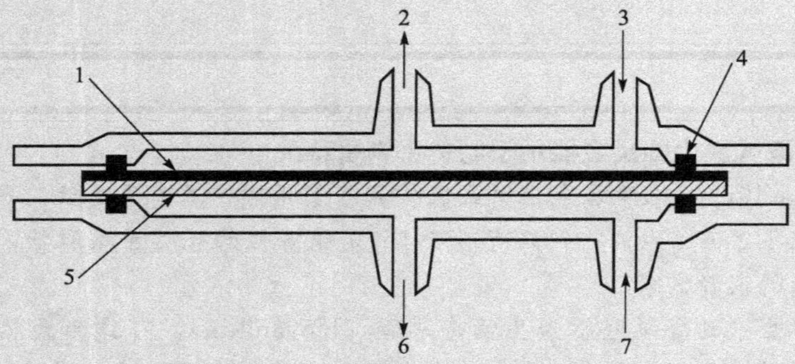

图 9-10 膜器结构简图

1. 硅橡胶膜；2. 上游出口；3. 上游进口；4. 密封螺栓；5. 支撑部件；6. 接收液出口；7. 接收液进口

实验结果表明，与摇瓶实验相比，在很大程度上消除了产物的抑制和香草醛的氧化损失，丁香油转化率从 0.45%提高到 1.04%，香草醛在下游萃取液中的最高质量浓度达

130.1mg/L，远高于摇瓶实验的 11.13mg/L，活性炭优化后的转化率为 1.09%，下游萃取液最高质量浓度为 136.48mg/L，香草醛的 HPLC 峰面积比为 96.77%。萃取式膜生物反应器能在上游催化反应产生的同时，以渗透萃取的方式将香草醛持续地萃取出来，达到了生产分离的良好耦合，不仅提高了生物转化率，也简化了下游处理过程。经活性炭优化后，丁香油转化率是摇瓶实验的 2.5 倍，接收液成分单一，产物处理简单，膜生物反应器的优异性能得到充分体现。膜生物反应器在生物香草醛生产中的应用不仅限于酶促反应，在微生物生物转化中也具有应用潜力。

第四节　发酵与蒸馏耦合

一、基本概念和原理

1. 真空发酵

真空发酵最初是为了消除乙醇发酵过程的终产物抑制而提出来的。虽说近年来对高浓度乙醇发酵已有许多新成果，有人已可以使成熟发酵醪液的乙醇浓度提高到 18.9%，但通常的乙醇发酵醪液的乙醇浓度在 4.7%～10%。而当乙醇浓度太大时就会显示代谢终产物的反馈抑制，甚至酵母会停止繁殖。

（1）*真空发酵的原理*　真空发酵是 Ramalingham 和 Cysewski 提出来的，其原理是在发酵的同时，保持发酵罐内一定的真空度，使发酵液处于沸腾状态，将易挥发的产物从发酵液中分离出来，从而达到消除代谢终产物的抑制和边发酵边分离的目的。挥发出来的产物可以通过冷凝、吸附、吸收等方法加以回收。

一种物质的沸点是随气压变化而改变的，气压越低沸点也越低。例如，乙醇在 760.0mmHg① 气压下的沸点为 78.15℃，在 129.7mmHg 下沸点降到 39.20℃，在 70.0mmHg 下则降至 27.96℃。因此，在乙醇发酵时维持发酵罐内一定的低气压（真空度），就能使发酵醪液处于沸腾状态，乙醇蒸汽被蒸馏出去，从而使醪液中始终保持低浓度乙醇，这样就不会发生高浓度乙醇的抑制作用。

（2）*真空发酵工艺*　按照真空发酵的原理，只需将一个真空发酵罐和一部真空压缩机（真空泵）连接起来，并将抽出的气体（包括乙醇和水蒸气、CO_2）经过分凝器、总凝器凝结送到收集器，即可构成一套真空发酵的装置。据文献记载，真空发酵的运作方式可以采用半连续式、连续式，还可以采用细胞循环真空连续式运作。

（3）*真空发酵的优缺点*　现有资料表明，真空发酵有如下优点：①能消除代谢产物的抑制作用。例如，在很多乙醇真空发酵试验中，测得发酵罐内的乙醇浓度都在 1%以下，低于产物抑制浓度，有利于发酵过程的持续进行。②能直接利用高浓度糖发酵。例如，试验中糖浓度可达 33.4%；另有试验是在高达 50%的糖浓度下进行的。而传统的连续发酵的培养基糖浓度一般仅为 10%。③提高生产速率缩短发酵时间。例如，有试验表明，在 30℃，32mmHg 下采用细胞循环真空连续发酵，50%的糖浓度经 19h 即可使糖降到 1.0%。与传统

---

① $1mmHg = 1.333\,22 \times 10^2 Pa$

发酵相比，时间缩短了2/3。④大大减少发酵废水排放量。这是真空发酵的上述优点（高糖、快速）带来的一个积极的环境保护效果。

真空发酵虽然有明显的优点，但是这种发酵方式本身也有一些弊端：①需要定期喷入纯O_2，并不断地排走发酵液中不断积累的非挥发性组分，以保持细胞的活力。②发酵过程产生的CO_2，不易冷凝，必须压缩到常压才能排走，能耗较大。③真空操作设备负荷大，操作费用高，负压操作还极易引起污染。

这些都是目前真空发酵还暂时无法彻底解决的问题，也使得真空发酵难以在工业应用上取得较大的进展，而这些缺点还需要进一步研究克服。

2. 闪蒸式发酵

闪蒸式发酵是闪蒸浓缩稀物料的原理应用于移去发酵产物而构成的一种发酵技术。因此，有人认为，闪蒸式发酵实际上可以看做真空发酵的一种简单的变型。

闪蒸式发酵的基本原理是将真空发酵罐通过管道和一控制阀与连接真空泵的所谓低压闪蒸罐连通。当发酵罐发酵一定时间后，开启控制阀，这时发酵醪液由发酵罐突然进入低压空间，由于压力差较大，则醪液中的一部分溶剂将急剧汽化（蒸发），并被真空压缩机抽走。如图9-11所示，根据闪蒸原理，为了造成两罐之间较大的压力差，显然只能间歇开启阀门，闪蒸发酵为间歇式操作。

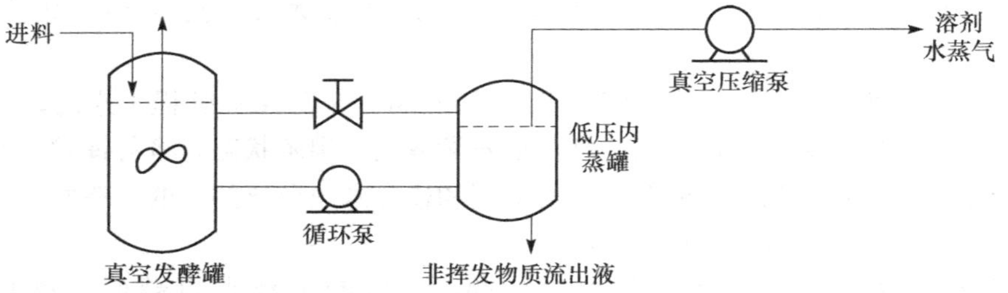

图9-11　闪蒸式发酵工艺示意图

有资料证明，当发酵罐乙醇浓度为2.2%～2.3%时，开启闪蒸系统，闪蒸罐抽真空至80mmHg，进行一次闪蒸。如此进行闪蒸发酵，比相同条件下的传统间歇式发酵的乙醇生产速率要提高30%。据报道，在丙酮-丁醇-乙醇发酵中也有用此法进行生产的。

3. 膜蒸馏式发酵

膜蒸馏（membrane distillation，MD）是一种采用疏水微孔膜，以膜两侧蒸汽压力差为传质驱动力的膜分离过程。例如，当不同温度的水溶液被疏水微孔膜分隔开时，由于膜的疏水性，两侧的水溶液均不能透过膜孔进入另一侧，但由于暖侧水溶液与膜界面的水蒸气压高于冷侧，水蒸气就会透过膜孔从暖侧进入冷侧而冷凝，这与常规蒸馏中的蒸发、传质、冷凝过程十分相似，称其为膜蒸馏过程。膜蒸馏发酵系统示意图如图9-12所示。

（1）膜蒸馏的特征　　膜蒸馏过程必须具备以下特征以区别于其他膜过程：①所用的膜为微孔膜；②膜不能被所处理的液体润湿；③在膜孔内没有毛细管冷凝现象发生；④只有蒸汽能通过膜孔传质；⑤所用膜不能改变所处理液体中所有组分的气液平衡；⑥膜至少有一面与所处理的液体接触；⑦对于任何组分该膜过程的推动力是该组分在气相中的分压差。

（2）膜蒸馏过程的优点与弱点　　膜蒸馏的优点：①膜蒸馏过程几乎是在常压下进行，设备简单、操作方便，在技术力量较薄弱的地区也有实现的可能性；②在非挥发性溶质水溶液的

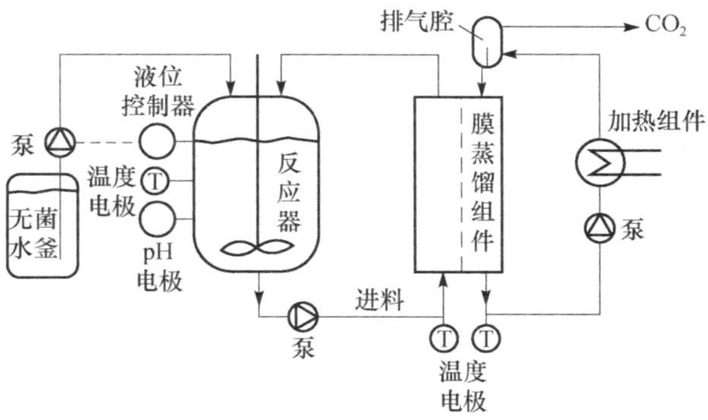

图 9-12　膜蒸馏发酵系统示意图

膜蒸馏过程中，因为只有水蒸气能透过膜孔，所以蒸馏液十分纯净，可望成为大规模、低成本制备超纯水的有效手段；③该过程可以处理极高浓度的水溶液，如果溶质是容易结晶的物质，可以把溶液浓缩到过饱和状态而出现膜蒸馏结晶现象，是目前唯一能从溶液中直接分离出结晶产物的膜过程；④膜蒸馏组件很容易设计成潜热回收形式，并具有以高效的小型膜组件构成大规模生产体系的灵活性；⑤在该过程中无需把溶液加热到沸点，只要膜两侧维持适当的温差，该过程就可以进行，有可能利用太阳能、地热、温泉、工厂的余热和温热的工业废水等廉价能源。

膜蒸馏的弱点：①膜蒸馏是一个有相变的膜过程，汽化潜热降低了热能的利用率，因此在组件的设计上必需考虑到潜热的回收，以尽可能减少热能的损耗，与其他膜过程相比，膜蒸馏在有廉价能源可利用的情况下才更有实用意义；②膜蒸馏与制备纯水的其他膜过程相比通量较小，因此目前尚未实现在工业生产中应用，如何提高膜蒸馏的通量也就成为一个重要的研究课题；③膜蒸馏采用疏水微孔膜，与亲水膜相比在膜材料和制备工艺的选择方面都十分有限。

(3) 膜蒸馏的分类　　根据扩散到膜冷凝侧蒸汽冷凝方式的不同，膜蒸馏分为多种类型，如直接接触膜蒸馏（DCMD）、气隙膜蒸馏（AGMD）、气扫式膜蒸馏（SGMD）和真空膜蒸馏（VMD），如图 9-13 所示。

1) 直接接触膜蒸馏。DCMD 结构简单，通量较大，膜的两侧分别与热的水溶液及冷却水直接接触。这种形式膜蒸馏的缺点是大量热量从热侧直接进入冷侧，热效率低，在运行时，除膜组件外，还需有回收热量的装置。

2) 气隙膜蒸馏。AGMD 透过侧不直接与冷溶液相接触，而保持一定的间隙，透过蒸汽在冷却的固体表面（即冷凝板，如金属板）上进行冷凝，降低透过侧的压力，其传质推动力大小与直接接触膜蒸馏相当，均为水的饱和蒸汽压。其热效率高，冷凝产品可以准确计量，特别适合于实验室研究使用。其缺点是通量低，结构复杂，且不适用于中空纤维膜，限制了其商业推广。

3) 气扫式膜蒸馏。与吹扫渗透汽化一样，SGMD 用载气吹扫膜的透过侧，以带走透过的蒸汽，其传质推动力除了蒸汽的饱和蒸汽压外，还有由于载气的吹扫而形成的负压，传质推动力比直接接触膜蒸馏和气隙膜蒸馏大。

4) 真空膜蒸馏。VMD 透过侧用真空泵抽真空，以造成膜两侧更大的蒸汽压差，挥发组分从冷侧引出后冷凝，是恒温的膜过程。目前其主要用于去除溶液中的易挥发组分。这种膜蒸馏的热传导损失可以忽略，因而可用来测定温度边界层的传热效率。但这种方式的膜蒸馏两侧的料液压差大，为防止料液进入膜孔，需采用较小孔径的膜。真空膜蒸馏比其他膜蒸馏过程具有更大的传质通量，因此近几年来受到比较大的关注。

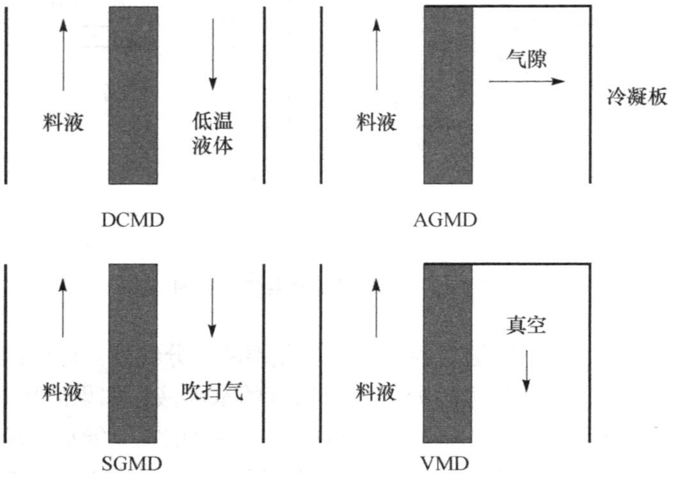

图 9-13 不同类型膜蒸馏示意图

(4) *膜蒸馏的膜材料及组件* 用于膜蒸馏的膜材料至少应满足疏水性和多孔性两个要求，以保证水不会渗入到微孔内和具有较高的通量。目前，膜蒸馏过程膜材料的研究开发主要集中于 3 种膜材料，即聚四氟乙烯（PTFE）、聚偏氟乙烯（PVDF）和聚丙烯（PP）。基于上述膜材料，膜蒸馏用膜的制备方法主要有拉伸法、相转化法、表面改性法、共混改性法及复合膜法。近年来，为了提高分离膜的综合性能，不同膜材料优势互补的复合膜材料的研究也越来越引起研究者的兴趣。

膜蒸馏过程可能采用的组件形式有板（框）式、卷式、管式和中空纤维式。其中，由于平板膜易于清洗、检查或更换，大多数实验室规模的膜组件采用板式膜组件。管式或中空纤维式膜组件通常作为组件的固定部分而不易更换，但在工业应用中，由于中空纤维膜不需额外支撑部件，边界层阻力比板式膜组件小，同时还具有更大的膜比表面积，生产能力更高，中空纤维膜组件比板式膜组件更具吸引力。

二、发酵与蒸馏耦合的应用案例

案例 1 真空发酵生产乙醇的研究

乙醇发酵过程实际上是微生物的代谢过程，酵母菌在无氧条件下通过酵解（EMP）途径产生乙醇，这是一种典型的产物抑制反应。酵母细胞在厌氧环境中产生的乙醇达到一定浓度时，将会影响酵母菌的生长。有研究显示，分别按 0%、1%、3%、5%、7%、9%的含量将乙醇加入培养基中培养 12h，考察其对菌体生长的影响。结果表明，培养基中乙醇含量越少，菌体生长越好；随着乙醇含量的升高，对菌体生长的抑制越明显；然而当乙醇含量达 5%时，酵母细胞仍能保持生长，体现了对乙醇一定的耐受性；当乙醇浓度高于 7%时，菌体的繁殖速度非常缓慢，抑制作用十分明显。

发酵法生产乙醇存在产物抑制现象，传统的乙醇发酵由于不能将产物乙醇从发酵液中及时分离出来而产生严重的抑制效应，明显降低了生产能力、提高了生产成本，同时也限制了发酵原料液中含糖量的提高和发酵醪中乙醇浓度的提高，增加了原料糖化和无水乙醇制取过程的能耗。为了消除产物乙醇对发酵过程的抑制作用，众多研究者提出了很多发酵和分离同时进行的新的乙醇生产工艺，其中较为成功的就是真空发酵法生产乙醇。

王泽云等以早籼米为原料采用连续细胞循环-真空发酵耦合工艺，通过连续细胞循环提高发酵液中的菌体浓度，通过抽真空消除产物乙醇的抑制作用，从而实现乙醇发酵和真空发酵相结合。

由于常压连续细胞循环发酵工艺的产物——乙醇不能及时分离，为避免高浓度乙醇的抑制作用，须限制流加培养基的葡萄糖浓度低于100g/L，降低了乙醇生产速率。另外，早籼米糖化液的葡萄糖浓度通常在200～250g/L，若采用上述工艺则要将糖化液稀释，这将提高后续的无水乙醇制备工序的能耗。为此，本文将连续细胞循环与真空发酵相结合，从而实现了无水乙醇抑制的高菌体浓度、高流加葡萄糖浓度的高速率乙醇发酵。

连续细胞循环-真空发酵是在常压连续细胞循环发酵的基础上进行的，即在常压连续细胞循环发酵190h之后，开启真空发酵的制冷系统，2h之后，冷凝器温度降至－10℃以下，开始抽真空，测葡萄糖和乙醇浓度降至所要求的浓度后，流加糖化液发酵培养基，开始连续细胞循环-真空发酵（发酵条件：30℃，200r/m，pH自然，流加培养基的葡萄糖浓度250g/L）。

实验结果表明，通过细胞连续循环，有效地提高了发酵液细胞浓度，系统稳定时的细胞浓度为14.5g/L；通过抽真空使发酵液的乙醇浓度控制在30～40g/L，消除了乙醇对酵母细胞的抑制作用。实验中乙醇生产速率最高可达23.03g/(h·L)，比普通分批发酵过程乙醇生产速率1.7～2.0g/(h·L)提高了10～13倍。

案例2　同步闪蒸汽提发酵制乙醇

乙醇发酵是典型的产物抑制过程，发酵的同时部分地移出乙醇，可极大地提高发酵强度，降低生产成本。在目前的乙醇发酵-分离耦合技术中，闪蒸发酵和汽提发酵具有操作简单、对发酵醪液影响小、易于工业应用的优势，但也存在以下不足：汽提发酵乙醇分离效率较低，并受到空气压缩机能力的制约；闪蒸发酵会造成醪液的溶氧水平过低，不利于菌体的生长。最大发酵强度与过程本身乙醇分离能力有关，为了进一步提高乙醇的原位移出能力，刘振等对新工艺过程——同步闪蒸汽提发酵制乙醇进行了研究，该过程相当于对发酵醪的乙醇进行了二级分离，强化了过程移出乙醇的能力；通入的惰性气体可以和无菌空气以适当的比例混合，保持醪液中稳定的溶氧条件，并且可代替机械搅拌；惰性气体可选择代谢副产物CO_2循环利用并回收。

实验采用了侧环式反应器，图9-14是实验流程示意图。

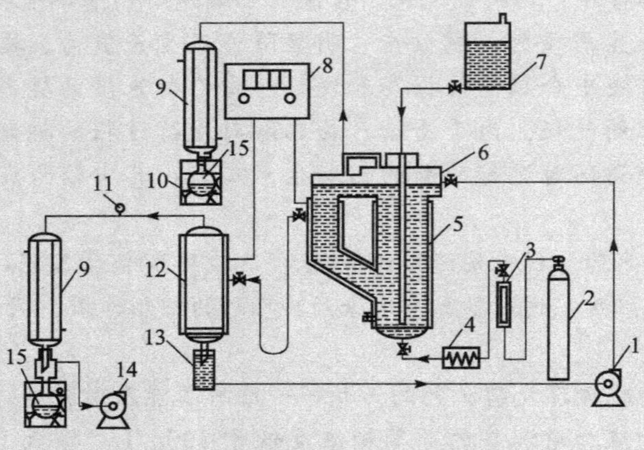

图 9-14　闪蒸汽提发酵工艺实验流程示意图

1. 蠕动泵；2. CO_2 气瓶；3. 转子流量计；4. 气体预热器；5. 保温加热带；6. 连续发酵罐；7. 补料罐；8. 控温仪表；9. 冷凝器；10. 冰水浴；11. 真空表；12. 闪蒸罐；13. 缓冲罐；14. 真空泵；15. 产品罐

在试验中，发酵一段时间（18h）后，乙醇质量浓度较高，开始进行汽提闪蒸操作。发酵过程中加入无菌水保持醪液体积不变。控制条件为：CO_2 通气量 0.2m^3/h，进入闪蒸罐的流速 10mL/min，温度 30℃。

结果表明，该过程集合了闪蒸发酵和汽提发酵的优点，在发酵的同时能更有效地原位分离乙醇，从而提高发酵强度。通过与普通发酵、闪蒸发酵、汽提发酵等过程进行间歇实验比较，同步闪蒸汽提发酵过程具有发酵强度高的优势；而且，采用耐高温酵母高温发酵，提高通气量、闪蒸罐的进料流速可进一步提高其发酵强度。该过程简单、高效，具有工业应用的潜力。

案例 3　膜蒸馏耦合生产乙醇的研究

膜蒸馏是一种新型的分离技术，是以疏水性微孔膜两侧蒸汽压差为传质推动力的膜分离过程，这使得应用膜蒸馏耦合发酵过程，从水溶液中脱除挥发性溶质成为可能。

姚鹏等对固定化酿酒酵母细胞发酵与膜蒸馏耦合生产乙醇进行了实验研究。首先，实验测定了平板膜蒸馏器的分离性能及游离酵母细胞发酵动力学和固定化酵母细胞发酵动力学；然后，将游离细胞发酵罐及固定化细胞反应器分别与平板膜蒸馏装置相耦合构成膜生物反应器，对酵母细胞发酵与膜蒸馏分离乙醇耦合过程进行了研究。实验装置如图 9-15 和图9-16 所示。

可控制温度和搅拌转速的发酵罐有效体积为 1.5L，固定化细胞反应器有效体积为 0.15L。自行设计安装的膜蒸馏器有效面积为 300cm^2，它是一个气隙膜蒸馏装置（原料液与冷却介质由气隙隔开，渗透液由气隙中流出）。膜装置内流道设计为折线，以保证料液过膜时线速度足够快，从而消除浓差极化。

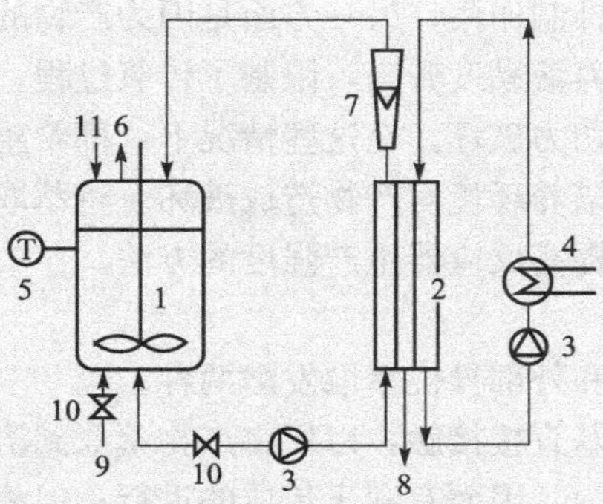

图 9-15　游离酵母细胞乙醇发酵-膜蒸馏耦合装置

1. 发酵罐；2. 膜蒸馏器；3. 循环泵；4. 冷却装置；5. 温控装置；6. 排气口；7. 转子流量计；8. 渗透液收集口；9. 无菌空气入口；10. 阀门；11. 补料口

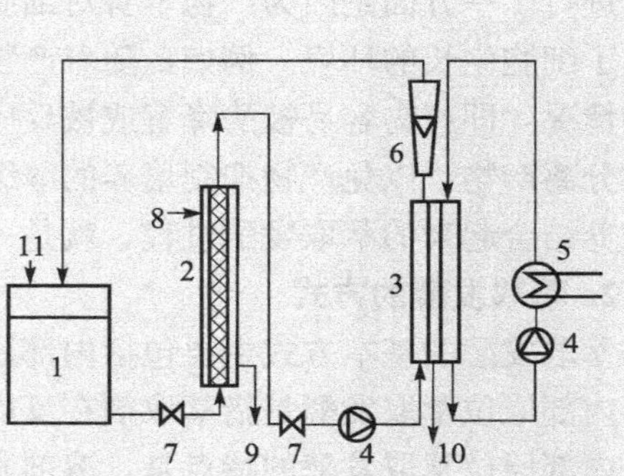

图 9-16　固定化细胞乙醇发酵-膜蒸馏耦合装置

1. 培养基储罐；2. 固定化细胞反应柱；3. 膜蒸馏器；4. 循环泵；5. 冷却装置；6. 转子流量计；7. 阀门；8. 恒温水入口；9. 恒温水出口；10. 渗透液收集口；11. 补料口

结果发现，在游离酵母细胞发酵中，间歇培养 13h，发酵液中乙醇质量浓度、酵母细胞密度（单位体积发酵液内细胞个数）和葡萄糖转化率、乙醇产率分别为 32g/L、5.7×10^{11} 个/L 和 77%、3.5g/(h·L)；而在同样培养条件下，用细胞密度为 1×10^{12} 个/L 凝胶的固定化酵母进行间歇发酵，12h 后的乙醇质量浓度、葡萄糖转化率和乙醇产率分别为 39g/L、79%和 22.6g/(h·L)。将固定化酵母细胞发酵与膜蒸馏耦合，乙醇产率可达 30.0g/(h·L)。

本研究表明，实验所构建的固定化酵母细胞发酵与膜蒸馏耦合装置可成功地用于生产乙醇。通过对酵母细胞的固定化可大幅度地提高反应器内的乙醇体积产率，降低发酵液对膜的污染程度。发酵与膜蒸馏的耦合操作则选择性地移走了发酵液中的乙醇，从而消除了产物抑制。为获得更好的耦合发酵效果，有必要对该过程进行进一步的研究，如改变发酵培养基中糖浓度、直接移走部分发酵液、对被污染的膜进行在线清洗等，这些方法对乙醇生产过程可能都是有利的。

第五节　萃取发酵

一、基本概念和原理

1. 萃取发酵的概念

萃取是用一种溶剂将溶质（如发酵产物乙醇）从另一种溶剂（如水）中抽提出来的分离技术。这种操作单元早在 20 世纪 40 年代已在化工产品分离中得到应用。它具有选择性好、传质快、能耗低、生产力大、周期短、易于连续操作、可实现自动化等优点，实际上在发酵产品分离中也已被广泛应用。将萃取引入发酵过程，实现边发酵边萃取（在线萃取）产物，用来消除终产物抑制，就形成了一个新的概念——萃取发酵。

在利用微生物或植物细胞生产有用物质的过程中，常常发现产物的生成会抑制培养的进一步进行。一方面是因为产物本身对细胞有毒性或有抑制作用；另一方面是因为产物的生成恶化了细胞生长的环境。例如，随着产物的积累，培养液黏度升高，限制了传氧过程；还有一种情况，即产物容易被酶降解或被反应器的搅拌剪切力破坏。在这些情况下，都希望能够随时分离产物，以免产物抑制培养的继续进行，或者培养环境对产物造成破坏。将萃取技术与培养结合起来的萃取发酵过程，就是一种可以有效提高反应器生产强度的方法。

2. 萃取发酵的方式

萃取发酵的基本方式主要包括内部原位萃取发酵和外部异位萃取发酵两种。

内部原位萃取发酵是指萃取剂在反应器中与培养基直接接触，以便将产物萃取到溶剂中去。内部原位萃取发酵的特点是：溶剂和液相混合均匀，因而有利于传质的进行；但溶剂也可能在培养液中容易形成稳定的乳化作用，这对溶剂与产物的分离不利，而且有机溶剂对生物细胞可能造成毒害。

外部异位萃取发酵是指将培养液引出反应器，萃取剂和培养液在另外的萃取装置中接触来萃取产物的过程。用这种方法可以减轻内部溶剂萃取中的乳化问题，减少有机溶剂毒性，有的系统采用了其他装置对回流入反应器的培养液进行一定处理，来更彻底地消除“分子”毒性，但是采用这种方式时，有机溶剂的消耗较大，能耗也会相应地提高。

3. 萃取溶剂的选择

萃取发酵的萃取溶剂选择是成败的关键。合适的溶剂应尽可能满足下列要求。

1）溶剂应当有较大的分配系数。根据萃取原理，分配系数 $K=C_1/C_2$＝萃取相的浓度/萃余相的浓度，分配系数是决定溶质能否分离的参数，其大小取决于溶质的性质，溶剂的性质和水（通常的一相）的性质。

可见所选溶剂的 K 值越大，越容易把物质从水相中萃取到所选溶剂中，K 值越大越可以用更少量的溶剂和更少的次数将物质从水相萃取到所选溶剂中，萃取的效率越高。

2）溶剂的生物相容性好，即对微生物无毒或毒性低。由于有机溶剂对微生物存在“相”毒性和“分子”毒性（Bar 等曾建议将两相系统中溶剂对微生物的影响分为“相”毒性和“分子”毒性，“相”毒性由两相界面引起，“分子”毒性由溶解于水中的有机溶剂作用而引起)，这种有机溶剂应该有良好的疏水性，对生物细胞无毒害或毒害较小。

生物相容性指数 $\log P$（有机溶剂在水—正辛醇两相系统中的分配系数的对数值）是用来衡量有机溶剂的疏水性的重要指标。一般认为 $\log P<2$，生物相容性差；$2<\log P<4$，生物相容性一般；$\log P>4$，生物相容性较好，即疏水性较强而且通常对生物催化剂没有毒性。

$\log P$ 可根据物质的分子结构，采用 Rekker 的疏水片段常数法（一种类似于 UNIFAC 的基团贡献法）进行预测。Daugulis 对生物催化的萃取反应系统所应采用的溶剂选择策略进行了研究，他们认为有可能对各种有机溶剂进行组合使它们既表现出优良的萃取性能又表现出良好的生物相容性。采用这种策略，就有可能使用那些适于萃取但生物相容性相对低的有机溶剂。不过，生物相容性并不是衡量有机溶剂适用性的唯一指标。在 Qureshi 等的研究中，虽然油醇是一种优良的萃取剂，而且油醇的生物相容性指数 $\log P$（7.0）高于有机溶剂对这种生物的临界值（5.0），但由于油醇对生物体的一些不明抑制作用，他们所采用的直接萃取方法并没有完全成功。

另外，研究者通过实验发现，将细胞固定化，可以较大程度地减少有机溶剂和生物细胞的接触，因而有效地缓解有机溶剂的毒害作用。而细胞固定化本身就是一种提高发酵强度的有效手段，用固定化消除这种毒害作用，可谓一举两得。目前，有关酵母细胞固定化技术已发展很快，已产生许多方式方法可供选择，如包埋法、交联法、载体结合法等。把细胞固定化技术与萃取发酵结合起来，能达到更好的效果。

3）溶剂在水相中不易乳化，也不与水互溶。

4）溶剂可进行化学药物灭菌或压热灭菌处理，即灭菌处理时不改变成分和性质，也不易气化。

5）溶剂黏度较低。

6）溶剂易从产物中分离出来。

事实上这些条件都能满足的溶剂是很难找到的。因此，人们在选择溶剂时首先着重考虑前两个条件。

萃取与发酵过程相结合具有许多优势。但要使萃取发酵应用于工业生产，仍有一定难度，具体表现在：①难以确定合适的萃取剂（选择系数大、分配系数大、对菌体无毒副作用等）；②萃取剂成本偏高；③某些工艺过程相对复杂。

4. 超临界流体萃取

以前的研究大多集中在萃取剂的选择，而目前则比较关注萃取方法的改进。例如，双水相发酵萃取生物反应法，即在发酵液中新增两个或多个不相容相，可使乙醇、微生物细胞和其他发酵物分级富集沉积，降低发酵产物抑制且便于多相分离，可得到含乙醇较高的发酵。此外，也有研究者建议使用超临界流体萃取。20 世纪 80 年代以来，超临界流体萃取技术取得迅速发展，已成为现代化高效提取分离的一项新技术。

超临界流体萃取（supercritical fluid extraction，SCFE）是一种较新型的萃取分离技术，其起源于 20 世纪 40 年代，20 世纪 70 年代投入工业应用并取得成功。过去，分离天然的有机成分一直沿用水蒸气蒸馏法、压榨法、有机溶剂萃取法等。水蒸气蒸馏法需要将原料加热，不适用于化学性质不稳定成分的提取；压榨法得率低；有机溶剂萃取法在去除溶剂时会造成产品质量下降或有机溶剂残留；超临界流体萃取法则有效地克服了传统分离方法的不足，利用在临界温度以上的高压气体作为溶剂，分离、萃取、精制有机成分。

（1）*超临界流体萃取技术的基本原理*　超临界流体（supercritical fluid，SCF），是超过临界温度（T_c）和临界压力（P_c）的非凝缩性的高密度流体。超临界流体没有明显的气液分界面，既不是气体，也不是液体，是一种气液不分的状态，性质介于气体和液体之间，具有优异的溶剂性质，黏度低，密度大，有较好的流动、传质、传热和溶解性能。流体处于超临界状态时，其密度接近于液体密度，并且随流体压力和温度的改变发生十分明显的变化，而溶质在超临界流体中的溶解度随超临界流体密度的增大而增大。超临界流体萃取正是利用这种性质，在较高压力下，将溶质溶解于流体中，然后降低流体溶液的压力或升高流体溶液的温度，使溶解于超临界流体中的溶质因其密度下降溶解度降低而析出，从而实现特定溶质的萃取。

超临界流体萃取兼具精馏和液液萃取的特点，操作参数易于控制，溶剂可循环使用，适合于发酵过程产物的分离，能实现无溶剂残留的特点。

（2）*超临界萃取技术的流体材料*　已研究过的萃取剂有多种，如乙烯、乙烷、正戊烷、一氧化亚氮、二氧化碳、六氟化硫、甲醇、乙醇、丁醇、氨和水等。

用超临界萃取方法提取天然产物时，一般用CO_2作萃取剂。这是因为：①临界温度和临界压力低（$T_c=31℃$，$P_c=7.84\times10^6Pa$），操作条件温和，对有效成分的破坏少，因此特别适合于处理高沸点热敏性物质，如香精、香料、油脂、维生素等。②CO_2可看做与水相似的无毒、廉价的有机溶剂。③CO_2在使用过程中稳定、无毒、不燃烧、安全、不污染环境，且可避免产品的氧化。④CO_2的萃取物中不含硝酸盐和有害的重金属，并且无有害溶剂的残留。⑤在超临界CO_2萃取时，由于CO_2的临界密度（$\rho=0.448g/cm^3$）是常用超临界溶剂中最高的，对有机物溶解能力强、选择性好；被萃取的物质通过降低压力或者升高温度即可析出，不必经过反复萃取操作，所以超临界CO_2萃取流程简单。

因此，超临界CO_2萃取特别适合于对生物、食品、化妆品和药物等的提取和纯化。在环境化学中它能出色地替代许多有害、有毒、易挥发、易燃的有机溶剂；它还可看做与水最相近、价格最便宜的溶剂；它可以从环境中来，用于化工过程后再回到环境中去，无任何毒副作用。因其有完全“绿色”的特性而广泛应用。当然，最重要的原因还是其较温和的临界条件（$T_c=31℃$，$P_c=7.84\times10^6Pa$）。

但是，单一的超临界萃取溶剂对某些溶解度很低、选择性不高的物质具有局限性，因此，在纯气体溶剂中加入附加组分（即夹带剂）得到了广泛的研究。

夹带剂作为混合溶剂的一种，可强烈影响超临界气体的溶解能力、选择性及压力-体积-温度性质，其作用是：①大大增加被分离组分在气相中的溶解度；②可使溶质的选择性（分离因子）大大提高；③增加溶质溶解度对温度、压力的敏感程度；④同有反应的萃取精馏相似，可作反应物；⑤能改变溶剂的临界参数。

（3）*超临界萃取技术的特点*　超临界流体萃取技术在萃取和精馏过程中，作为常规分离方法的替代，有许多潜在的应用前景。其优势特点有以下3点。

1）操作温度低。能较完好地使萃取物的有效成分不被破坏，不发生次生化，可在接近常温下完成萃取工艺，对热敏性成分不会产生影响；特别适合那些对热敏感性强、容易氧化分解、破坏成分的提取和分离。

2）在高压、密闭、惰性环境中，选择性萃取分离天然物质精华。在最佳工艺条件下，能将提取的成分几乎完全提出，从而大大提高了产品的收率和资源的利用率。

3）萃取工艺简单，效率高且无污染。萃取过程通常将原料和超临界流体一同进入萃取釜，在萃取釜内超临界流体有选择地将原料中的组分溶解在其中，然后含有萃取物的超临界流体经过恒温降压或恒压升温进入分离釜，在分离釜内将萃取物与超临界流体分离，分离后的超临界流体经过精制可循环使用。

二、超临界流体萃取发酵的应用案例

案例1　原位萃取发酵耦合工艺高产丁醇

丁醇是一种优良的有机溶剂和重要的化工原料，还是一种极具潜力的新型生物燃料。丁醇可由化学合成法和发酵法生产，其中发酵法生产丁醇曾是20世纪40年代仅次于乙醇发酵的第二大发酵产业，但在20世纪60年代由于石化工业的发展使其逐渐衰退，而近年来随着石化资源的耗竭和温室效应等环境问题的日益突出，利用可再生资源生产化工原料和能源物质受到了高度重视，发酵生产丁醇技术又重新受到了关注。

生物发酵制备丁醇的产物中还包含大量的丙酮和少量的乙醇（产物统称 ABE）等，整个发酵过程会受到严重的产物抑制，当产物 ABE 浓度达到一定值时，发酵菌体停止生长，因此必须采用有效的方法将产物 ABE 从发酵液中移除，降低产物抑制，从而提高发酵产率和降低工业成本。为了在生产过程中实现产物的在线分离，可以采用吸附、汽提、反渗透、渗透汽化和萃取等分离技术与发酵过程相耦合的方法，其中萃取发酵耦合工艺具有选择性好、回收率高、设备简单、操作简便、快速及易于实现自动控制等特点，被认为是丁醇发酵过程中最有应用前景的发酵分离耦合技术。

王鑫昕等开展了原位萃取发酵耦合工艺高产丁醇的有机溶剂的筛选、配比的研究。合适的有机溶剂一定要满足以下几个要求：对生产的菌体尽量无毒；对发酵产物分离好；与发酵培养基非乳化。其中，生物相容性常成为限制性因素。

实验选择了油-20%癸醇、油-40%癸醇、正辛醇、正庚醇、乙酸乙酯这 5 种有机萃取剂进行实验，结果发现以正辛醇、正庚醇和乙酸乙酯为有机相时，其水相中的菌体没有明显生长。由此可见，正辛醇、正庚醇和乙酸乙酯对菌体毒性较大，生物相容性较差，不适宜作为原位萃取的有机相；而以油-20%癸醇和油-40%癸醇为萃取体系时，得到的 OD 值远大于选用其他萃取剂进行试验时得到的 OD 值，并且从 48h 生长曲线来看，菌体生长状况也比较正常。因此，油-癸醇体系的生物相容性较好。但从 48h 生长曲线比较，油-20%癸醇和油-40%癸醇为萃取体系的 OD 值结果，癸醇比例的增大相应减小了 OD 值，说明癸醇对细胞的毒性较大，在油-癸醇体系中，癸醇比例应当适当放低，因此选择油-20%癸醇为萃取体系。

经 72h 发酵后，按照 1∶5 的比例，加入油-20%癸醇的有机相得到的总丁醇和总溶剂的质量浓度增大，生产强度也显著提高。结果表明，其中，丁醇总生产强度比未加入有机相的对照组提高了 62.8%，总溶剂的生产强度也提高了 42.3%。此外，丙酮和乙醇的产量并没有明显的提高，这说明了油-癸醇体系对于丁醇的高选择性萃取作用。

实验通过生物相容性测试、萃取体系配比选择、萃取发酵试验，初步解决了高效萃取剂及高丁醇生产强度的问题，使丁醇的总产量和生产强度都得到了提高。

案例 2　固定化酵母乙醇萃取发酵研究

乙醇是用途最广和用量最大的有机溶剂之一，发酵法生产乙醇由于原料来源于可再生的植物，乙醇就被视为可长期持续供应的清洁能源，加上世界正面临的能源危机和环境污染，燃料乙醇发酵研究和产业化具有很大的战略意义和社会效益。

提高乙醇产率的有效途径主要有：①增加细胞浓度，实现高浓度细胞培养；②及时分离出发酵液中的乙醇，消除产物抑制作用。实现高浓度细胞乙醇快速发酵常用细胞再循环技术和细胞固定化技术，另一方面萃取技术可以很好地解决产物乙醇对酵母的抑制作用，用合适的对酵母毒害较小的萃取剂将产物乙醇不断分离出来，可以有效地的提高生产效率。

将可实现高浓度细胞培养的细胞固定化技术与发酵分离耦合技术——萃取发酵相结合，研究固定化酵母乙醇萃取发酵，旨在探寻一条乙醇高效生产的新途径。

乙醇萃取发酵方面，萃取剂的筛选工作国外研究较多，国内基本未有这方面的研究报道。文献报道的常用溶剂如下。

1）二丁酸邻苯二酸酯：成本高昂，且国内供货极少，故不采用。

2）邻苯二甲酸二异辛酯：价格便宜，国内供货良好，但较为乳稠，对乙醇吸收效果欠佳，分层效果不理想。

3）蓖麻油：价格便宜，易于购买，且无毒性，但对乙醇吸收效果不佳，和发酵液混合后，需要较长时间分层，十分黏稠。

4）油醇：国内供货稀少，进口试剂价格昂贵，有刺鼻气味。相关报道中多见购买工业用油醇，进行某种处理后使用，考虑到试验条件所限，未采用。

5）聚丙烯乙二醇：国内供货少，乙醇萃取方面未见资料报道，多见于其他有机产物的萃取分离。

6）十二烷醇：20℃以下呈固态，由于一般发酵温度均在30℃左右，使其保持在液态不是难题。相关报道较为常见，也是研究最多的有机溶剂，其对乙醇的分配系数一般，但价格便宜，国内有一定供货，是现阶段较为适用的乙醇发酵萃取剂。

综合分析，选择十二烷醇作为萃取发酵的萃取剂。另外，实验表明十二烷醇对固定化酵母细胞活性影响不大，用十二烷醇进行萃取发酵是可行的。细胞固定化技术与萃取发酵相结合，可以实现乙醇发酵反应与分离的有机结合，既能够有效地提高乙醇发酵强度，又能够解除产物的抑制作用。

案例3　超临界CO_2萃取发酵法生产番茄红素

番茄红素主要存在于成熟番茄中，是一种脂溶性不饱和碳氢化合物，属于类胡萝卜素的一种。番茄红素的分子式为$C_{40}H_{56}$，相对分子质量为536。研究表明，在所有的类胡萝卜素中，番茄红素具有最强的单线态氧淬灭作用，其对单线态氧的淬灭作用是β-胡萝卜素的两倍。此外，番茄红素具有抗氧化作用。番茄红素能降低人类患胃癌、前列腺癌、胰腺癌、结肠癌、口腔癌和子宫癌的危险性，对预防和治疗心脑血管疾病、动脉硬化等具有重要的作用。目前，番茄红素被广泛应用于食品、医药、化妆品和保健品等行业。

超临界CO_2萃取技术是利用超临界CO_2作萃取剂，利用该状态下的CO_2具有的高渗透能力和高溶解能力，对非极性混合物萃取分离的一项新技术。采用超临界CO_2萃取技术生产的产品具有无残留、无污染，可避免萃取物在高温下的热劣化，保护生理物质的活性，保持萃取物的天然风味等特点。

张邦建等在实验中发现番茄红素与其他脂类及蛋白质等形成紧密的化学复合体，超临界CO_2不能完全破碎这些复合体，因此，夹带剂的添加十分必要。夹带剂的加入能明显地改变超临界CO_2的相行为，显著提高溶质在超临界CO_2中的溶解度，改善超临界CO_2

对溶质组分的选择性，提高萃取率。研究者在萃取压力30MPa、萃取温度50℃、萃取时间1.5h、CO_2流量为25kg/h的条件下，选用乙醇、乙酸乙酯、乙酸甲酯和丙酮进行单因素试验，结果发现选用乙醇作为夹带剂，番茄红素的萃取率最高，另外，在选择夹带剂时还要考虑不破坏萃取物质的天然性质。从产品安全性、经济性和实用性等方面考虑，本试验选用成本低、无毒的乙醇作夹带剂。

乙醇的体积分数对番茄红素的萃取率也有很大影响，当乙醇体积分数较低时，其中所含的水分会使原料结块，从而影响通透性，使萃取釜内部的萃取过程难以进行；当乙醇体积分数升高，乙醇对番茄红素的溶解大于水带出杂质的干扰，萃取率升高；当乙醇体积分数大于90%，因其极性过强而影响了番茄红素的提取。因此，从尽量接近萃取目标，充分、经济、合理地利用夹带剂的角度出发，加入乙醇的体积分数为90%为宜，此时番茄红素的萃取率从73%增至92%，在此工艺条件下可得到纯度达90%以上的番茄红素，且提取到的番茄红素无异味、无溶剂残留。

第六节　吸附培养

一、原理

1. 吸附原理

吸附（absorption）是溶质从液相或气相转移到固相的现象。利用固体吸附的原理从液体或气体除去有害成分或提取回收有用目标产物的过程称为吸附操作。吸附操作所使用的固体一般为多孔微粒，具有很大的比表面积，称为吸附剂（adsorbent）。在微生物发酵培养的过程同时利用吸附剂除去有害成分或提取回收有用目标产物的技术称为生物反应过程的吸附原位分离技术。

固体表面的分子或原子与液体表面分子一样，处于特殊的状态，具有不饱和的剩余力，即存在着表面力。因此，它们能够吸附外界物质，如分子、原子或离子，使这些外界物质在吸附剂表面附近形成多分子层或单分子层，从而降低表面能，使自身达到稳定状态。人们将物质从流动相（气体或液体）浓缩到固体表面的过程称为吸附作用，把在表面上能够发生吸附作用的固体称为吸附剂，被吸附的物质称为吸附物。由于不同性质的固体物质的表面自由能不同，对其他物质的吸附能力也不同。

吸附剂对溶质的吸附作用按吸附作用力区分主要有3类，即物理吸附、化学吸附和离子交换吸附。物理吸附基于吸附剂与溶质之间的分子间力，即范德华力。化学吸附是吸附剂表面活性点与溶质之间发生化学结合、产生电子转移的现象。离子交换吸附通过静电引力吸附带有相反电荷的离子，吸附过程中发生电荷转移。

固体物质一般具有多孔性和非多孔性两种类型，非多孔性固体只具有很小的比表面积，可以通过粉碎使其颗粒尺寸变小而增加其比表面积。多孔性固体由于颗粒内微孔的存在而具有很大的比表面积，甚至每克可达数百平方米。非多孔性固体的比表面积仅取决于外表面，而多孔性固体的比表面是由外表面和内表面共同组成。内表面积可比外表面积大数百倍，并且具有较高的吸附势，多孔吸附剂的应用更为广泛。

2. 影响吸附的因素

固体在溶液中的吸附比较复杂，影响因素也比较多，主要有吸附剂、吸附质、溶剂的性质及吸附过程的具体操作条件等。下面将分别讲述这些主要因素的影响。

(1) *吸附剂的性质*　吸附剂的结构决定其理化性质，理化性质对吸附的影响很大。一般要求吸附剂的吸附容量大，吸附速度快，吸附后也要容易洗脱，机械强度好等。吸附容量除了外界条件外，主要与比表面积有关，比表面积越大，空隙度越高，吸附容量越大。吸附速度主要与颗粒度和孔径分布有关，颗粒度越小，吸附速度就越快。孔径适当，有利于吸附物向空隙中扩散。因此，要吸附相对分子质量大的物质时，就应该选择孔径大的吸附剂，要吸附相对分子质量小的物质，则需选择比表面积大及孔径较小的吸附剂；而对于极性化合物，需选择极性吸附剂；对于非极性化合物，应选择非极性吸附剂。

(2) *吸附质的性质*　吸附质的性质也是影响吸附的因素之一，根据吸附质的性质可以预测相对吸附量的大小，有以下几条规律：①能使表面张力降低的物质，易为表面所吸附，这条规律是用Gibbs（吉布斯）吸附方程式推出来的。也就是说固体的表面张力越小，液体被固体吸附的越多。②溶质从较易溶解的溶剂中被吸附时，吸附量较小。③极性吸附剂易吸附极性物质，非极性吸附剂易吸附非极性物质，因而极性吸附剂适宜从非极性溶剂中吸附极性物质，而非极性吸附剂适宜从极性溶剂中吸附非极性物质。④对于同系列物质，吸附量的变化是有规律的。排序越后的物质，极性越差，越易被非极性吸附剂所吸附。例如，活性炭是非极性的，在水溶液中是一些非极性有机化合物的良好吸附剂；硅胶是极性的，其在有机溶剂中吸附极性物质较为合适。

(3) *温度*　吸附一般是放热的，因此只要达到了吸附平衡，升高温度会使吸附量降低。但在低温时，有些吸附过程往往在短时间达不到平衡，而升高温度会使吸附速度加快，并出现吸附量增加的情况。

对蛋白质或酶类的分子进行吸附时，被吸附的高分子是处于伸展状态的，因此这类吸附是一个吸热过程，在这种情况下，温度升高，会增加吸附量。

生化物质吸附温度的选择，还要考虑它的热稳定性。对酶来说，如果是热不稳定的，一般在0℃左右进行吸附；如果比较稳定，则可在室温操作。

(4) *溶液pH*　溶液的pH往往会影响吸附剂或吸附质解离情况，进而影响吸附量。对蛋白质或酶类等两性物质，一般在等电点附近吸附量最大，各种溶质吸附的最佳pH需要通过实验确定。

3. 几种常用的吸附剂

吸附是表面现象，一般固体都有或强或弱的吸附能力，在选择吸附剂时，要求吸附剂具有以下特性：对被分离的物质具有很强的吸附能力，即平衡吸附量大；有较高的吸附选择性；有一定的机械强度，再生容易；性能稳定，价廉易得。下面介绍几种发酵工业上常用的吸附剂。

(1) *活性炭*　活性炭是非极性吸附剂，因此在水溶液中吸附力最强，在有机溶剂中吸附力较弱，常用于从极性溶媒尤其是从水溶液内吸附非极性溶质。在一定条件下，活性炭对不同物质的吸附力不同，一般遵守下列规律：①吸附芳香族化合物的能力大于脂肪族化合物，可借此性质将芳香族氨基酸与脂肪族氨基酸分开。②对相对分子质量大的化合物的吸附力大于相对分子质量小的化合物。例如，对肽的吸附力大于氨基酸，对多糖的吸附力大于单糖。③活性炭有碱性、酸性或中性的。当用于抗生素的提炼时，如果抗生素不能被酸性或碱性的活性炭所吸附，或吸附后难于由活性炭中洗脱，则应把活性炭加以适当的处理，使其具有相当的活性。例如，酸性的活性炭可用稀碱溶液洗涤，而碱性的活性炭则可用稀酸溶液洗涤，然后再用无盐水冲洗到中性即可应用。④活性炭吸附溶质的量在未达到平衡前，一般随温度提高而增加。

活性炭广泛应用于发酵工业中许多发酵产品的提取、精制和分离过程，如味精等发酵产品的脱色及多种抗生素的提取与精制。在应用于抗生素的提炼过程中时，要对活性炭进行必要的处理（如干燥去水，除去无机盐中钙离子、镁离子、铁离子等），其目的在于以各种方法去除吸着的物质，使吸附剂的活性表面活化。

由于活性炭作为吸附剂的选择性差，应用于抗生素的提取与精制时，单级吸附不能使抗生素纯度提高很多，只是用于抗生素的初步提炼，除去溶液中的色素。

（2）硅胶　硅胶是一种广泛使用的极性吸附介质，其优点是化学性质稳定、吸附量大。硅胶是以硅酸盐为原料制成的。将硅酸钠溶液经酸处理，产生硅溶胶，同时发生凝聚作用，产生絮状沉淀，放置一段时间凝聚完全后，收集沉淀物，充分漂洗去除可溶性杂质，得到原料硅胶，然后加工成各种不同型号的硅胶。在硅胶的制备过程中，絮凝作用的快慢决定硅胶表面积的大小，也就决定硅胶吸附能力的大小。而絮凝作用的速度与酸化时的 pH 有密切关系。一般在 pH3～4 的条件下凝聚的硅胶比较疏松，每克硅胶产生的表面积大（表面积为 $800m^2$）；在 pH6 的环境中凝聚的硅胶比较结实密集，每克硅胶产生的表面积小（表面积小于 $400m^2$）。

硅胶的吸附能力取决于其含水量。当含水量小于 1%时，吸附活性最高；含水量大于 20%时，吸附活性最低。使用过的硅胶，其吸附量有明显的下降，需要进行再生处理。

（3）氧化铝　氧化铝属于极性吸附剂，适用于非极性或极性较小的溶媒，氧化铝也属于无机离子交换剂，常用于色层分离。工业用氧化铝的吸附量差别很大（和含水量有关），但经过活化处理之后可以满足生产的要求。通常活化处理是将氧化铝用稀酸洗涤，洗净后在 150～200℃下烘 16h，随着灼烧越完全，其含水量越低，则吸附容量越大。

氧化铝除具有分子吸附剂的性质外，还具有离子交换剂的性质，这是因为它是两性化合物。氧化铝经硝酸处理后，成为 $(Al_2O_3)_m^+$：NO_3^-，为阴离子交换剂；而以 NaOH 处理后，则主要应用于色层分离法精制和分离抗生素。此时发生的不是单级吸着过程，而是在动态下进行的吸着和解吸的多次反复过程。

（4）离子交换树脂　离子交换是利用溶液中各种带电粒子与离子交换剂之间结合力的差异进行物质分离的操作方法。带电粒子和离子交换剂之间的作用力是静电力，它们结合是可逆的，即在一定的条件下能够结合，条件改变后也可以被释放出来。离子交换树脂的单元结构由 3 部分组成：交联的具有三维空间立体结构的网络骨架（通常以 R 表示），联结在骨架上的功能基［活性基，如—SO_3—$N(CH_3)_3^+$］及和活性基所带的相反电荷的活性离子（即可交换离子，如 H^+、OH^-）。惰性不溶的网络骨架和功能基是联成一体的，不能自由移动。活性离子则可以在网络骨架和溶液间自由迁移。当树脂处在溶液中时，其上的活性离子可以与溶液中的同性离子，按与树脂功能基的化学亲和力不同产生交换过程。

（5）吸附树脂　自从 1957 年首次成功地合成具有大孔结构和大表面积的高分子吸附剂以来，随着合成技术的进展，各种不同性能的高分子吸附剂相继问世。高分子吸附剂是选用一些离子交换树脂，采用不同的方法去掉其上的功能基团，保留多孔的骨架，依据树脂骨架和溶质分子间的分子吸附（并不发生离子交换）原理而设计的一类吸附剂。由于它以离子交换树脂为基础，吸附性质与活性炭、硅胶等相似，称为吸附树脂，也称为大网络聚合物吸附剂。

目前市售的吸附树脂，按链接分子结构可分为非极性、中等极性和极性3种。吸附树脂的名称尚未统一，往往由各生产企业自行命名，如国外常见的Amberlite XAD系列、Diaion HP系列等。

与活性炭等经典吸附剂相比，吸附树脂具有选择性好、解吸容易、理化性质稳定、机械强度好、可反复使用和流体吸力较小等优点。特别是可以按照需要，通过不同的原料和合成条件改变其孔径大小、骨架结构和极性，因此，适用于吸附各种有机化合物。目前，已应用于维生素 B_{12}、大环内酯类抗生素及多肽类抗生素的提取。对于一些弱电解质或非离子型的生物活性物，不能用离子交换树脂提取的，可考虑用吸附树脂。

不少研究者对采用树脂吸附的原位分离技术耦合微生物发酵法生产高附加值的生物产品进行了相关的研究，包括酶、色素、抗生素等。例如，Millitzer 等在研究 *Staphylococcus carnosus* 发酵生产胞外酯酶的过程中，通过在摇瓶发酵3h后添加疏水性的吸附树脂，最后酯酶的回收率达85%以上，纯度也获得了很大的提高；Kim 等在研究 *Serratia* sp. KH-95 发酵生产红色素的过程中，发现在发酵10h后添加10%的HP-20树脂有利于红色素的累积，树脂中的红色素含量达5.92g/L，与常规的发酵工艺相比，耦合工艺使色素产量提高31%；Gastaldo 等通过添加聚苯乙烯骨架的树脂使 *Actinoplanes* sp. A8924 发酵生产黄色霉素的产量从350mg/L提高到了1500mg/L；Lee 等通过添加5%的HP-20树脂极大地缓解了替考拉宁生物合成的反馈抑制效应，使 *Actinoplanes teicomyceticus* 发酵生产替考拉宁的产量提高了4.2倍。吸附树脂的添加不仅能起到提高抗生素产量的作用，还能优化抗生素的组成。例如，Lam 等发现在 *Micromonospora chersina* 发酵生产抗肿瘤抗生素时，通过添加1%的HP-20树脂或XAD-8树脂可使其中有效的A组分的含量分别提高4.7倍、6.9倍，并能抑制其他生物活性较差的结构类似物的合成。

除了采用在发酵液中直接加入吸附树脂的这种原位耦合的模式，研究人员同时还在探索另一种更为复杂的耦合模式——异位耦合的模式，即将发酵液先引入装有吸附剂的“吸附器”内，使目标产物被吸附在吸附剂上，而发酵液则返回至生物反应器内。例如，Wang 等将5%的XAD-5树脂装填于层析柱中，并在粘质沙雷氏菌发酵20h时将发酵液通过蠕动泵从5L发酵罐中引出，然后以从下往上的模式进入层析柱内使发酵液与树脂充分接触后再返回至发酵罐。通过这种耦合工艺不仅使灵菌红素的回收率从50%提高到了83%，同时还大大简化了分离、纯化步骤。

与国外相比，国内对吸附树脂应用于生物反应与分离耦合过程的研究则起步较晚，尤其是在抗生素等高附加值生物产品的耦合发酵生产方面，国内的研究明显不足，仅有一些初步的探索。焦瑞身在放线菌酮发酵过程中加入多孔非离子型吸附树脂，发现添加XAD-4树脂后菌体产生的防线菌酮中约有98%都被吸附于树脂上；窦德献在研究庆大霉素的发酵过程中，发现在发酵过程中直接添加苯乙烯阳离子交换树脂可以消除由于庆大霉素积累引起的产量下降问题，使庆大霉素的产量提高了20%。

综上可见，采用树脂吸附的原位分离技术在解决生物反应过程中常见的产物抑制问题等方面具有令人满意的效果，可以实现高效连续的生物反应，同时又不影响产物回收。

二、吸附培养的案例及分析

案例1　大孔吸附树脂分离纯化普那霉素的研究

在抗生素发酵工业中，无数的实践证明抗生素自身的积累就能起到反馈抑制作用，如青霉素、氯霉素、环己酰亚胺等就具有限制自身生物合成的作用。另外，产物在积累的过程中常经受降解，包括自身分泌的酶的作用和化学分解作用。因此，若能在抗生素合成的同时有效地移走抗生素本身，降低它在发酵液中的浓度，则除了能有效地减少被降解的可能性外，还能缓解由抗生素自身带来的反馈抑制作用，最终提高抗生素的产量。

近年来，大孔吸附树脂在医药工业中的应用越来越多，已广泛应用于抗生素、维生素、天然产物、生化药物等的分离纯化中。国外报道的新抗生素（包括了各类不同结构的化合物），大多都是以大孔吸附树脂为手段，通过吸附分离法进行分离、纯化的。

下面将以普那霉素发酵过程为例来说明树脂吸附的原位分离技术在抗生素发酵中的应用。通过对发酵过程中原位添加大孔吸附树脂对普那霉素生产菌 *Streptomyces pristinaespiralis* XC 416 的生长和普那霉素合成的影响进行考察，为将发酵与分离耦合技术应用于抗生素的生产提供实验依据，同时为抗生素等高附加值产品的生产提供一种新的思路。

普那霉素（pristinamycin）是由始旋链霉菌产生的一种链阳性菌素类抗生素，对包括甲氧西林耐药的金黄色葡萄球菌、万古霉素耐药的肠球菌等在内的大多数革兰氏阳性菌均具有较强的杀菌活性，且抗生素后效应较长，是治疗顽固性革兰氏阳性菌感染的特选药物。

由于普那霉素能溶于甲醇、乙醇、丙酮、乙酸乙酯及三氯甲烷，微溶于水，不溶于石油醚，分离、纯化一般采用溶剂萃取法。但此法耗用大量溶剂、成本较高、收率较低。如果能在发酵过程加入大孔吸附树脂进行发酵与原位分离同步进行的操作，既能解决用溶剂萃取法进行分离、纯化所出现的问题，还能缓解由普那霉素自身带来的反馈抑制作用，最终提高普那霉素的产量。

（1）选择合适的大孔吸附树脂　　根据需要吸附分离的物质的性质，选择合适的大孔吸附树脂。从结构上看，在普那霉素分子中存在着“内酯环”的结构，类似于大环内酯类抗生素，因此可选用非极性树脂作为吸附剂。实验选择了10种不同的非极性大孔吸附树脂，不同型号树脂的吸附结果如表9-1所示。

表9-1　不同型号大孔吸附树脂对普那霉素吸附性能的比较

树脂	吸附量/(mg/g)	吸附率/%	解析率/%	回收率/%
SD300	12.2	40.7	80.2	32.6
HP20	20.9	69.7	90.1	62.8
SP207	28.6	95.3	80.6	76.8
JD-1	26.4	88.0	82.5	72.6
D4020	10.3	34.3	81.3	27.9
D4006	13	43.3	73.9	32.0
D3520	10.5	35.0	85.5	29.9
HZ817	19.1	63.7	77.8	49.5
CAD-40	11.8	39.3	70.7	27.8
XAD-16	29.2	97.3	76.5	74.5

由表 9-1 可见，树脂 SP207、JD-1 和 XAD-16 对普那霉素的吸附量都在 25～30mg/g，吸附率大于 85%，这可能是由于它们具有相对较大的比表面积；另外，SP207 和 JD-1 的解吸率均在 80%以上，而 XAD-16 的解吸率为 76.5%。综合吸附率和解吸率数据，SP207、JD-1 和 XAD-16 三者对普那霉素回收率的大小顺序依次为 SP207＞XAD-16＞JD-1。考虑到 SP207 和 XAD-16 是进口树脂，使用成本较高，最后选择 JD-1 树脂。

（2）JD-1 树脂的添加量　在摇瓶发酵 45h 时添加不同量的 JD-1 树脂，以不添加树脂的常规发酵为对照，发酵结束时测量菌体干重和普那霉素产量，结果如图 9-17 所示。从图 9-17A 可以看出，在发酵过程中添加一定量的 JD-1 树脂可以大幅度提高普那霉素的产量。当树脂添加量在 3%～8%（*W/V*）时，普那霉素的产量与树脂的加量成正比，当添加 8%（*W/V*）树脂时，普那霉素的产量达 1360mg/L，为对照的 2.78 倍。随着树脂加量的继续增大，普那霉素的产量维持在 1360mg/L 左右，而树脂对普那霉素的吸附容量则逐渐下降。从图 9-17B 可以看出，随着树脂添加量的增大，生物量逐渐降低，但普那霉素对菌体的得率逐渐增大。综合考虑普那霉素的产量及树脂的使用成本等因素，选择 JD-1 树脂的添加量以 8%（*W/V*）为宜。

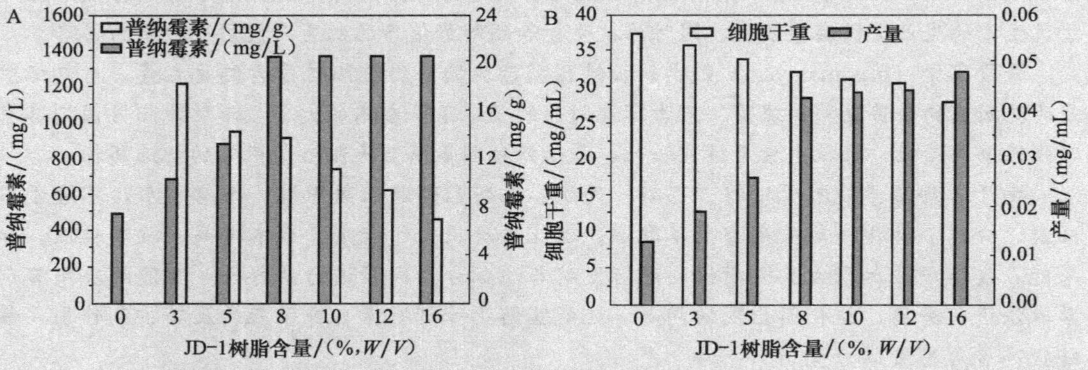

图 9-17　JD-1 树脂不同添加量对普那霉素发酵的影响

（3）JD-1 树脂的添加时间　从图 9-18A 可以看出，在发酵过程中添加 JD-1 树脂有利于普那霉素的合成，尤其是在 40～45h 时添加 JD-1 树脂，普那霉素的产量能有 1300～1360mg/L，为对照的 2.5 倍以上。这是由于 DJ-1 树脂的添加及时地消除或缓解了普那霉素的反馈调节作用，从而极大地发挥了菌株的潜能。从图 9-18B 可以看出，DJ-1 树脂的添加不利于菌体的生长，尤其是在 0～25h 时添加 DJ-1 树脂，生物量只有对照的 53%～58%。这可能是由于在发酵初期添加 DJ-1 树脂后，培养基中的某些疏水性营养成分（如豆饼粉水解物中的一些成分）被树脂吸附，从而对菌体的生长产生较大的影响。JD-1 树脂的适宜添加时间为 40～45h。

（4）添加 JD-1 树脂的摇瓶发酵曲线　在发酵 45h 时添加 8%（*W/V*）JD-1 树脂的摇瓶发酵曲线如图 9-19 所示，发酵 45h 添加树脂后普那霉素的产量达 1353mg/L，与常规发酵时的产量提高了 1.75 倍。JD-1 树脂的添加有效地降低了普那霉素在胞外发酵液中的浓度，解除或减轻了普那霉素对自身生物合成的反馈调节作用。可见 JD-1 树脂的加入量是合适的。

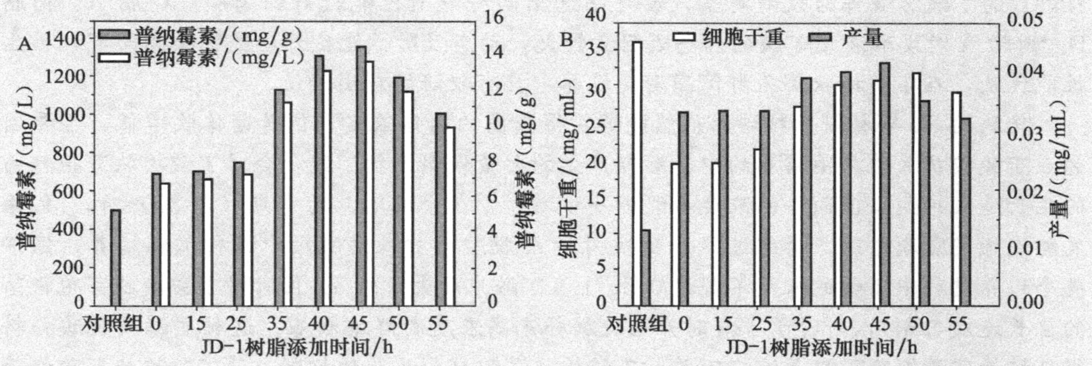

图 9-18　不同时间加入 JD-1 树脂对普那霉素发酵的影响

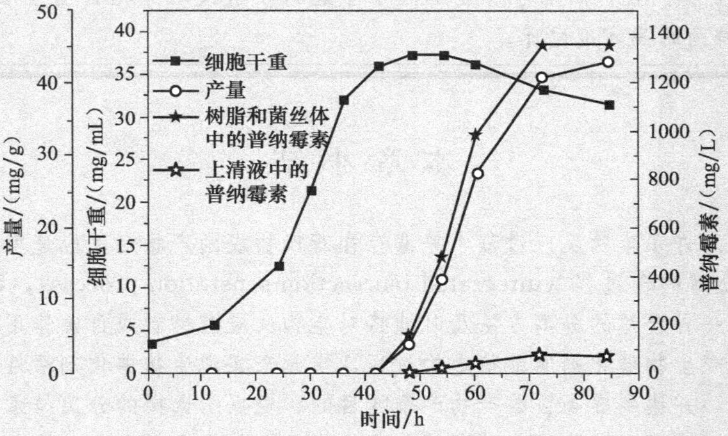

图 9-19　发酵 45h 时添加 8%（*W*/*V*）JD-1 树脂后的摇瓶发酵曲线

案例 2　离子交换法解除丁酸梭状芽孢杆菌发酵液中丁酸抑制的研究

丁酸梭状芽孢杆菌是一种专性厌氧芽孢杆菌，具有调节人体肠道微生态平衡、耐热耐酸、对常用抗生素有抗性等特点，在临床上被广泛用于治疗肠道疾病，是较理想的有开发前景的微生态制剂。

丁酸梭状芽孢杆菌为革兰氏阳性厌氧杆菌，能发酵葡萄糖、蔗糖、果糖、乳糖等糖类，代谢产物主要为丁酸，其次还有乙酸和乳酸等。要实现丁酸梭状芽孢杆菌的高密度培养，必须解除其代谢产物丁酸对丁酸梭状芽孢杆菌自身生长的抑制作用。因此，有针对性地解除这种抑制，实现丁酸梭状芽孢杆菌的高密度培养，已成为研究和开发丁酸梭状芽孢杆菌微生态制剂的关键。

史文玉等进行了离子交换法解除丁酸梭状芽孢杆菌发酵液中丁酸抑制的研究，取得了较好的成果。他们根据树脂对丁酸溶液与发酵液中丁酸的静态吸附性能的理论研究，从 18 种树脂种类中初步筛选出 D201×4、S-8、NKA、树脂 A、树脂 B 等 8 种树脂，以

10g/L 的丁酸溶液作为吸附对象，最终筛选出两种吸附性能较好的树脂：树脂 A、树脂 B。树脂 A 对发酵液中丁酸的静态吸附量较大，动态吸附性能良好，洗脱峰高而窄，再生性能优良，在丁酸梭状芽孢杆菌高密度培养中具有较好的应用价值。

传统的 5L 罐补料分批培养虽然能够获得较高的菌体浓度，但是菌体收率低，主要因为在丁酸梭状芽孢杆菌培养的中、后期产生的大量代谢产物丁酸，会对丁酸梭状芽孢杆菌的生长造成抑制，使菌体的浓度不能进一步增加。在分批培养的中期（即 8h）时，5L 罐发酵液经陶瓷膜过滤，再经过离子交换树脂 A 脱酸后打入发酵罐中进行循环培养，保证整个培养过程中丁酸的浓度不超过 0.5g/L（丁酸浓度大于 0.5g/L 时对丁酸梭状芽孢杆菌的生长造成抑制），同时于 12h 时开始流加补充高浓度新鲜培养基。这种发酵液脱酸补料循环培养实验解除了培养液中丁酸对丁酸梭状芽孢杆菌生长的抑制，使丁酸梭状芽孢杆菌的浓度能够持续增加，与传统的 5L 罐补料培养实验相比，菌体浓度获得较大幅度的提高，达 1.2×10^9 个/mL，解除了原发酵液中丁酸对丁酸梭状芽孢杆菌生长的抑制，实现丁酸梭状芽孢杆菌的高密度培养。

本章小结

本章主要针对许多生物反应过程中普遍存在着产物或副产物对反应速率的抑制现象，介绍了生物反应-分离耦合过程（integrated bioreaction-separation process），即在生物反应发生的同时，选择一种合适的分离方法及时地将对生物反应有抑制或毒害作用的产物或副产物选择性地从细胞或生物催化剂周围移走的过程，借此来实现生物催化剂活性的长期保持或细胞的高密度生长，并达到提高目的产物产率的目的。根据所选择的分离技术的不同，本章分别对透析培养、膜分离和培养耦合、发酵与蒸馏耦合、萃取发酵和吸附培养这 5 种不同的生物反应-分离耦合过程的基本概念、原理及如何根据生物反应的特性选择合适的分离耦合技术进行了阐述，并利用典型的耦合反应案例对各种分离技术的应用进行具体分析，为发酵工业生产提供理论和实践的依据。

思考题

1. 生物反应与分离耦合的关键是选择一种合适的分离技术来实现产物或副产物的原位移走，如何根据生物反应过程的需要，选择合适的分离技术？

2. 乙醇发酵过程中，产物对微生物有抑制作用，有哪几种发酵-耦合技术可以用于解除这种抑制作用，它们各自的优缺点是什么？

3. 除了本章着重介绍的 5 种生物反应-分离耦合技术外，在实际生产中，还有哪些类型的生物反应-分离耦合技术，其原理和特点是什么？请举例说明。

主要参考文献

陈龙祥，由涛，张庆文，等. 2009. 膜分离技术在发酵及食品工业中的应用. 中国酿造，(3)：1-4.

金付强，王建梅，胡素琴，等. 2010. 萃取耦合发酵生产生物丁醇的研究进展. 现代化工，30 (2)：52-56.

李凤刚，李长海，贾冬梅，等. 2010. 大孔离子交换树脂应用的研究进展. 广州化工，38 (1)：7-9.

岑沛霖，林建平，江龙法，等．1997．生物反应与分离耦合过程的研究现状和趋势．化工时刊，11（5）：34-39．
王许云，张林，陈欢林．2007．膜蒸馏技术最新研究现状及进展．化工进展，26（2）：168-179．
王雪根，何若平，欧阳平凯．1999．生物反应-分离耦合过程研究综述．江苏化工，27（1）：7-12．
张亚磊，陈砺，严宗诚，等．2011．乙醇发酵分离耦合技术的研究进展．广东农业科学，38（13）：86-90．
Cheng H C，Wang F S. 2008. Optimal biocompatible solvent design for a two-stage extractive fermentation process with cell recycling. Computers & Chemical Engineering，32：1385-1396.
Freeman A，Woodley J M，Lilly M D. 1993. *In situ* product removal as a tool for bioprocessing. Nature Biotechnology，11：1007-1012.
Huang H J，Ramaswamy S，Tschirner U W，et al. 2008. A review of separation technologies in current and future biorefineries. Separation and Purification Technology，62：1-21.
Schügerl K，Hubbuch J. 2005. Integrated bioprocesses. Current Opinvon Microbiology，8：294-300.
Soto M L，Moure A，Domínguez H，et al. 2011. Recovery，concentration and purification of phenolic compounds by adsorption：A review. Journal of Food Engineering，105：1-27.
Stark D，von Stockar U. 2003. *In situ* product removal（ISPR）in whole cell biotechnology during the last twenty years. Adv Biochem Eng Biotechnol，80：49-175.
Woodley J M，Bisschops M，Straathof A J J，et al. 2008. Future directions for *in-situ* product removal（ISPR）. J Chem Technol Biotechno，83：121-123.

第十章 发酵工程节能减排

第一节 发酵工程节能减排的技术措施

一、概述

为确保实现“十二五”节能减排约束性目标，缓解资源环境约束，应对全球气候变化，促进经济发展方式转变，建设资源节约型、环境友好型社会，增强可持续发展能力，节能减排是中国的一个重要任务，不仅是政府行动的目标之一，而且还可以让企业有重大的经济利益。

节能减排就是降低能源消耗、减少污染排放。随着节能减排政策的深化落实，高能耗、污染大的发酵类、化工类原料制药企业成为环保治理的重点。工业部门能源消费约占全国能源消费总量的70%，其中发酵行业能源消耗量比较大的有乙醇、啤酒、味精、柠檬酸等企业。

“十一五”时期，国家把能源消耗强度降低和主要污染物排放总量减少确定为国民经济和社会发展的约束性指标，把节能减排作为调整经济结构、加快转变经济发展方式的重要突破口。各地区、各部门认真贯彻落实党中央、国务院的决策部署，采取有效措施，切实加大工作力度，基本实现了“十一五”规划纲要确定的节能减排约束性目标，节能减排工作取得了显著成效。

1）为保持经济平稳较快发展提供了有力支撑。“十一五”期间，我国以能源消费年均6.6%的增速支撑了国民经济年均11.2%的增长，能源消费弹性系数由“十五”时期的1.04下降到0.59，节约能源6.3亿t标准煤。

2）扭转了我国工业化、城镇化快速发展阶段能源消耗强度和主要污染物排放量上升的趋势。“十一五”期间，我国单位国内生产总值能耗由“十五”后三年上升9.8%转为下降19.1%；二氧化硫和化学需氧量排放总量分别由“十五”后三年上升32.3%、3.5%转为下降14.29%、12.45%。

3）促进了产业结构优化升级。2010年与2005年相比，电力行业300MW以上火电机组占火电装机容量比例由50%上升到73%，钢铁行业1000m^3以上大型高炉产能比例由48%上升到61%，建材行业新型干法水泥熟料产量比例由39%上升到81%。

4）推动了技术进步。2010年与2005年相比，钢铁行业干熄焦技术普及率由不足30%提高到80%以上，水泥行业低温余热回收发电技术普及率由开始起步提高到55%，烧碱行业离子膜法烧碱技术普及率由29%提高到84%。

5）节能减排能力明显增强。“十一五”时期，通过实施节能减排重点工程，形成节能能力3.4亿t标准煤；新增城镇污水日处理能力6500万t，城市污水处理率达77%；燃煤电厂投产运行脱硫机组容量达5.78亿kW，占全部火电机组容量的82.6%。

6）能效水平大幅度提高。2010年与2005年相比，火电供电煤耗由370g标准煤/(kW·h)时降到333g标准煤/(kW·h)，下降10.0%；吨钢综合能耗由688kg标准煤降到605kg标准煤，下降12.1%；水泥综合能耗下降28.6%；乙烯综合能耗下降11.3%；合成氨综合能耗下降14.3%。

7）环境质量有所改善。2010年与2005年相比，环保重点城市二氧化硫年均浓度下降26.3%，地表水国控断面劣五类水质比例由27.4%下降到20.8%，七大水系国控断面好于三类水质比例由41%上升到59.9%。

8）为应对全球气候变化做出了重要贡献。“十一五”期间，我国通过节能降耗减少二氧化碳排放14.6亿t，得到国际社会的广泛赞誉，展示了我负责任大国的良好形象。

“十一五”时期，我国节能法规标准体系、政策支持体系、技术支撑体系、监督管理体系初步形成，重点污染源在线监控与环保执法监察相结合的减排监督管理体系初步建立，全社会节能环保意识进一步增强。

我国正处在经济社会发展的重要阶段，随着经济的快速发展和人民生活水平的不断提高，工业化、城镇化进程加快，能源需求将大幅度上升。能源是人类赖以生存的物质基础。人均能源资源占有量少、国内保障程度低，从长远和总量上看能源供给不足是我国的基本国情。

为此我国提出了相关的政策，提出了“十二五”节能减排总体目标是：到2015年，全国万元国内生产总值能耗下降到0.869t标准煤（按2005年价格计算），比2010年的1.034t标准煤下降16%（比2005年的1.276t标准煤下降32%）。“十二五”期间，实现节约能源6.7亿t标准煤。

2015年，全国化学需氧量和二氧化硫排放总量分别控制在2347.6万t、2086.4万t，比2010年的2551.7万t、2267.8万t各减少8%，分别新增削减能力601万t、654万t；全国氨氮和氮氧化物排放总量分别控制在238万t、2046.2万t，比2010年的264.4万t、2273.6万t各减少10%，分别新增削减能力69万t、794万t。

以上目标，国家发展改革委、环保总局下发了《关于做好淘汰落后造纸、酒精、味精、柠檬酸生产能力工作的通知》（简称《通知》），《通知》中提到：酒精行业主要淘汰100万t产能的3万t/年以下酒精生产线（废糖蜜制酒精除外），味精行业主要淘汰18.2万t产能的3万t/年以下酒精生产线，柠檬酸行业主要淘汰4.75万t产能的2万t/年及以下柠檬酸生产线。

二、节能措施

1. 主要工艺技术的节能

淘汰落后的高耗能生产工艺，通过改进工艺技术与原技术的能源效率比较，体现新工艺、新技术、新材料在提高质量、减少消耗方面的功效。例如，乙醇行业，糖化中应用耐高温的淀粉酶和高转化率糖化酶用于乙醇生产过程中的低温液化工艺和连续糖化工艺；采用大罐浓醪发酵代替传统发酵；蒸馏工段采用差压蒸馏工艺等。味精行业中，采用高产酸菌种，提高发酵液氨基酸浓度，从而间接节约能源；谷氨酸提取中引进先进的浓缩连续等电工艺，减少无效水的引入，减少了污水蒸发过程蒸汽消耗。啤酒行业，糖化中应用耐高温α-淀粉酶和高浓糖化工艺；采用大罐浓醪发酵代替传统发酵；纯生啤酒无菌包装代替传统的包装工序；啤酒厂锅炉分层燃烧代替传统煤锅炉。

2. 主要设备的节能

用新型节能工艺设备替代落后工艺设备，通过对选择的先进工艺设备进行能效比较，可计算新设备应用可节省能源的数量。发酵行业大部分产品用压缩空气量较大，空压机耗电成为发酵企业能耗大户。例如，企业有自备电厂，即可采用背压式汽轮机，利用蒸汽带动压缩机为生产供风，可代替原有空压机。使用后的蒸汽再并入蒸汽母管继续使用，从而节约大量电能。

另外，对企业高耗能电机安装变频器和安装节能照明系统也是企业目前普遍采用的节能措施。

三、减排措施

前面已讲过减排就是减少污染排放，实施对生态环境的保护，从国情出发实行节能减排，以协调自然和社会的和谐关系，使人类社会进入一个更高的境界。1987 年，联合国世界环境与发展委员会（WCED）出版了《我们共同的未来》。其中提出了“持续发展”的思路，强调指出：“决策者必须在制定政策时确保经济增长绝对建立在它的生态基础上，确保这些基础受到保护和发展，以使它可以支持长期的增长，因而环境保护是持续发展思想所固有的特征，它集中解决环境问题的根源而不是病状”。因此，必须建立设置可靠的生产状态，推行清洁生产，协调生产和环保关系，采用更改、转化、替代、革新等方法，减少污染排放，实行我国发酵工业可健康的持续发展，确保生态兼容性包括保持环境基本参数的稳定，减少乃至消除污染的生成和排放，控制人工合成的有害化学物质进入生物圈。提高资源生产率包括源头减量化，组织再循环，实施以预测和预警为前提的预防战略，谋求经济发展和环境保护的双赢，考察优化产品和过程的生命周期，封闭物质循环系统，尽量减少消耗性排放，减少废料，作为资源重新利用废料，控制有害化学产品的生产、使用和扩散。

1. 原料资源的综合利用

原料是生产过程的源头，需要对原料成分进行全面分析，并建立组分在生产过程中的物料平衡，掌握它们的流向，尽快寻找合适的用途，以实现对原料的“吃光榨尽”。例如，甘蔗榨汁的糖液，可生产饮料，更多是结晶制糖，残余的甘蔗糖蜜经处理后可用于乙醇发酵或谷氨酸发酵，而甘蔗渣可用于造纸、制备水产养殖改良剂，或者水解纤维素成糖再发酵生产燃料乙醇。

2. 水资源的综合利用

水是发酵工业生产的重要原料，我们对它进行合理的分类，实行有效的合理利用，不仅可减少环境污染，还可减少水费用，减少经济成本。实施闭合回路循环用水体系，将供水、用水和净水作为一个完整的系统来考虑统筹安排，尽量少从水源取水，除非特殊用途和补充系统中水的损失。使用适当处理过的生产废水、城市污水和地表水，达到节约用水，一水多用的目的。例如，啤酒企业的生产污水经处理转变成二级标准水，可供车间用作机台（冷冻机、空压机、风机、泵）的冷却水，以及冲洗车间地板、花圃浇水、冲厕所等非生产用水；对工艺用水进行净化，以再生、启用复用技术，建立污水和废水排放的闭路循环系统。

3. 二次资源综合利用

在生产产品过程中，一般还含有原料、中间产物和未提取完的产品等，将它们作为宝贵资源进行综合地循环利用。例如，发酵后的谷氨酸母液结晶析出味精，而残留母液仍含有2%左右的谷氨酸，该残留母液中的谷氨酸可通过离子交换柱法回收，或者浓缩后再进行结晶析出，或者作为含氨基酸的营养液直接用作饲料等使用。

4. 废物综合利用

发酵废液是一种含有微生物生长所必需的营养复杂的混合物。在相对高的浓度下，应使混合物中的可溶性和不可溶性的物质加以利用。例如，啤酒酿造的酵母泥，不仅可以制备成干酵母粉作为饲料或酵母片作为营养强化剂，还可制备成酵母浸提物，或者从酵母中提取B族维生素，作为很好的天然维生素来源。

5. 改革工艺和设备

改革老工艺，采用绿色工艺技术，如超临界流体技术、超高压技术、仿酶催化技术、基因工程技术、分子设计技术、高能辐射技术等，淘汰陈旧设备，采用高效装备。

最后进行必要的末端治理，将少量的废水送往城市污水处理场，废渣集中送往废料填埋场。

第二节　啤酒厂生产用水及热量回收案例

一、啤酒厂生产用水及回收

啤酒生产用水可分为4个方面，即酿造用水（包括糖化用水、洗糟用水、啤酒稀释用水）、冷却用水（包括冷冻、空压、密封泵和CO_2回收等冷却用水）、洗涤用水（包括CIP清洗系统、环境清洗用水等）、锅炉用水。成品啤酒中水的含量最大，属于酿造用水，俗称“啤酒的血液”，直接进入啤酒，是啤酒中最重要的成分之一，对全部酿造过程，对啤酒的风味很重要。酿造用水除必须符合国家饮用水标准外，还应满足啤酒酿造的特殊要求。

我国啤酒厂的吨酒耗水量较大，平均耗水量为12～16t/千升酒，下降到5t/t啤酒，这有赖于冷却水的循环使用技术、真空低温煮沸技术等，废水排放量也由耗水量的90%下降为50%左右。但啤酒厂的废水属于二类废水，GB19821—2005啤酒工业污染物排放标准，对啤酒工业废水规定主要有SS、BOD_5、COD_{Cr}等3大项规定。啤酒厂废水具体分为3类：首先有大量的冷却水和冲洗水，如冷却水，制冷水，洗瓶机最后洗涤水等。这些水的量较大，但无污染可回收再用，以减少排污量和水耗。其次，是含有大量有机物的废水，如洗糟水、冷热凝固物的洗涤水、酵母洗涤水、容器设备清洁水等，它们含有大量的有机物，是主要的污染源，但有一部分可循环再利用。再次，含有无机物的水，它主要来自包装车间的洗涤水，含有碱和洗涤剂，具有腐蚀性，必须进行处理后方能排放。

针对上述情况，无论是锅炉、冷冻、还是酿造、包装都离不开用水，而且用量很大。啤酒厂寻找充足的酿造和生产用水水源已成为十分紧迫的问题之一，这一问题与社会供水、废水处理与净化设备及充足的水贮备有着密切的关系。因此，啤酒厂不仅要有足够大的原水储量，而且还有足够大的处理后水的储容量，避免因水处理故障时受其干扰而影响连续运转。设置相应容量的热水罐可将废热以热水的形式回收利用。我国已是啤酒生产大国，在各项技术经济指标上都有相应的提高，要与啤酒生产大国相称。企业以经济效益为中心，降低成本，提高经济效益是形式的需要，是竞争的需要，作为一个高水平的啤酒厂如何在符合工艺要求的前提下尽可能地节水，已成为啤酒厂刻不容缓的事情。目前，大多数啤酒厂家均从以下两个途径进行节约用水和回收再利用。

1. 设计合理的工艺，选择合理的设备，降低清洗用水

在糖化车间麦汁制备过程中，工艺上降低加热面两侧的温度差，提高被加热麦汁的线速度，设备上提高加热面的光洁度或使用不粘层做表面，降低结垢的程度从而降低清洗用水。

在酿造车间，严格控制工艺操作，在输送发酵液时避免输送速度过大、输送压差过大造成翻泡，使泡沫沉积在容器的表面，导致 CIP 清洗用水偏大；设备上严格控制发酵罐、过滤机、清酒罐和输酒管道内表面的光洁度，防止工艺过程中的起泡，减轻 CIP 清洗用水。

在产品包装上，尽量使用一次性包装，减轻回收型包装清洗用水量大的问题；尽量以生产纯生啤酒为主，减轻啤酒巴氏杀菌用水量大的问题，因为啤酒巴氏杀菌需要消耗一定的水。

在 CIP 清洗方面，采用合理的清洗方法、清洗设备，选用除垢能力强、消毒效果好的清洗剂，方可改善 CIP 系统的清洗效果，而且大大地节约了清洗时间。

2. 循环使用辅助用水

在 CIP 清洗方面，CIP 清洗的预洗水经过过滤回收到 CIP 罐后进行循环冲洗；将最后一次清洗水回收作为第一次清洗用水；酸碱清洗后回收至储罐，经澄清、过滤、补足浓度后循环使用。

在水处理系统中，水处理产生的浓水在水处理过程中适当补加原水后参与水处理循环，当达到极限电导值后回收用于废水 COD 的稀释水，或者用于锅炉的润煤水，或者用于下水道冲洗水。

收集所用压缩机的冷却水，冷却降温过滤后再送到各使用点循环使用。收集二次蒸汽的冷凝水作为锅炉用水、绿化用水、下水道冲洗用水、废水 COD 处理的稀释用水。

总之，了解啤酒生产过程中的各点的水的性质，充分考虑水的可回收和再利用因素，这对节水有着重要的意义，从而达到循环用水的要求，减少了排放的影响因素。

二、热能的节约与回收

啤酒生产企业对热能的节约和回收利用是一笔很可观的财富，是降低成本、提高经济效益的一个很好途径。

啤酒生产过程的热能消耗量大，共分成 3 大类，即糖化车间（热能消耗占全厂热能消耗的 57%左右）、包装车间（热能消耗占全厂热能消耗的 25%左右）、其他（热能消耗占全厂热能消耗的 18%左右）。其中，糖化车间和包装车间是热能节约和回收的重点区域。热能消耗主要由输入消耗（如投料水加热、洗糟水加热、清洗水加热、糖化醪液升温加热、麦汁煮沸加热、CIP 系统加热、巴氏杀菌或瞬时灭菌加热等）和输出损耗（如物料、容器管道等冷却后重新加热的热能损耗，水分蒸发和二次蒸汽热能损耗，由温度差造成的固、液、气之间的热传递损耗，在高温下从容器管道外壁向外发散的热损耗等）两部分组成。目前，啤酒企业根据啤酒生产工艺特点从以下几个方面挖潜力搞技改，以减少“输入热消耗”为基础，做了如下热能的节约与回收：①采用不锈钢和碳钢复合材料的加热容器，提高导热系数，使用先进的加热设备，提高蒸汽和冷凝水的流动速度以提高加热效果，减少冷凝水和不凝汽对传热效果的影响。②采用酶法糖化工艺，减少不必要的过度煮醪和过长的煮沸时间。③麦汁冷却采用薄板一段冷却法。即先将酿造水冷为1～2℃作为冷媒，与热麦芽汁在板式换热器中进行热交换，使95～98℃麦芽汁冷却为6～8℃去发酵，而1～2℃酿造水升温为80～88℃，进入热水箱，作糖化生产用水。其优点是冷耗可节约30%左右，冷却水可回收使用，节省能源。④提高设备和管道的内表面的光洁度，减少污染和结垢，CIP清洗尽量采用常温清洗方法。⑤包装车间尽量启用一次性瓶，在满足啤酒瓶清洗和消毒灭菌的前提下，降低洗瓶温度，将其控制在60～70℃，淘汰高温85～90℃的洗瓶温度。⑥严格控制工艺过程的污染，降低了成品酒杀菌的PU值（巴氏灭菌单位），从而降低升温区和杀菌区的温控，缩短巴氏杀菌时间，或者生产纯生啤酒。⑦选用低导热系数的保温材料和合理的保温厚度对高温容器、管道进行保温，控制保温隔离层表面与外界大气温度差为5～10℃。⑧合理布置新型疏水器回收锅炉整齐的冷凝水再利用。⑨合理的利用回收麦汁煮沸过程中热能，在过滤槽与煮沸锅之间增设一麦汁预热器，将过滤后麦汁经过麦汁预热器，将麦汁从74℃预热为92～94℃，再用蒸汽加热麦汁为100～106℃。煮沸锅的二次蒸汽通过蒸汽冷器将78℃的水加热到97℃，然后储存于热能回收缸，并用来预热麦汁。麦汁预热器经交换出来的78℃热水送蒸汽冷器，再用回收的二次蒸汽将其加热到97℃，如此循环使用，蒸汽冷器出来的冷水通冷水冷器被冷却到30℃，同时将常温自来水（15℃）的冷水加热到85℃，此85℃的热水泵入热水罐中备用。而无需任何热源。用于加热麦汁的热水耗热通常需总蒸发量的4%～4.5%。采用能源回收系统相对系统方法可节省能源75%左右。⑩采用高麦芽汁浓度发酵、稀释技术，无论从制备麦芽汁到发酵，使用同样多的蒸汽热能、发酵冷却水能耗，但是高浓度啤酒用充CO_2的无菌水，稀释成150%～200%的啤酒，这是有效降低能源的措施。

目前，沈阳华润雪花啤酒有限公司、青岛第二啤酒厂及武汉百威国际啤酒有限公司等几家大公司最早引进了热能回收装置（图10-1）。以后陆续有的极少几家厂家也引进了这

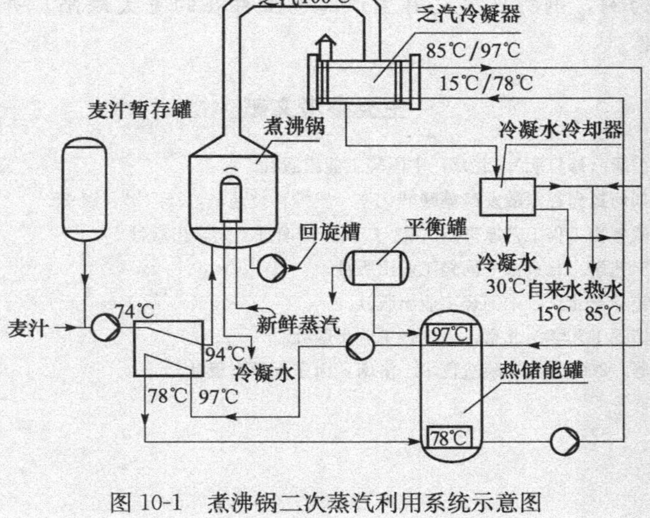

图10-1　煮沸锅二次蒸汽利用系统示意图

项节能装置，国内尚未普遍采用。并且设有啤酒生产装备制造厂家能够制造糖化二次蒸汽热能回收装置。

根据用途的不同，二次蒸汽的冷凝可采用一级或二级冷却方式。如果进行二级冷却，则在第一级冷却中可将热水加热成高温水，而第二级冷却可将冷水变成热水，这样可最大限度地将二次蒸汽中的热量转移到热水中加以生产利用。如果一天生产的麦汁锅次多，则产生的热水量会超过糖化车间自身的需求量，因此，多数啤酒厂都采用一级冷却方式的冷凝器。

本章小结

发酵工业一向被认为是原材料、能量（电、煤）消耗的大户，同时又是废物排放大户。因此，极需大力开展以节约资源、能源、减少排放为目的的新工艺、新技术、新装备的推广及革新。本章系统介绍了节能措施，具体包括工艺技术方面的节能措施及节能工艺装备方面的节能措施。减少发酵过程中的废弃物的排放，关键是要充分利用原料，综合利用各种资源，以减少废物的产生或变废为宝。本章最后以啤酒厂的水资源的综合利用及热能回收措施及装置为例，介绍了节能减排的具体做法。

思考题

1. 目前发酵工程行业中出现可持续发展观的重大举措有哪些？实现循环经济的重要性如何？

2. 目前发酵过程中存在的主要问题是什么？

3. 实现节能减排的有效途径有哪些？

4. 请分析某一具体发酵技术产品的蒸发和干燥技术系统，它们是高能耗技术，探讨如何降低它们的能耗？

5. 以某一产品为例，剖析目前发酵生产工艺上存在的重大缺陷，并设计一个节能减排的清洁生产技术方案。

主要参考文献

管敦仪. 2007. 啤酒工业手册（修订版）. 北京：中国轻工业出版社.

李以安，刘金发. 2006. 如何提高谷氨酸发酵糖酸转化率. 发酵科技通讯，35（3）：24-25.

姚汝华，周世水. 2005. 微生物工程工艺原理. 2版. 广州：华南理工大学出版社.

于信令. 1997. 味精生产工艺学. 北京：中国轻工业出版社.

张克旭. 1992. 氨基酸工艺学. 北京：中国轻工业出版社.

章克昌. 2010. 酒精与蒸馏酒工艺学. 北京：中国轻工业出版社.

周广田，聂聪，崔云前，等. 2004. 啤酒酿造技术. 济南：山东大学出版社.